大数据管理与应用概论

刘 平 刘业峰 编著

清华大学出版社
北京

内 容 简 介

本书从理论、技术和应用三个维度构建课程体系结构。理论篇包括：大数据概述、大数据管理基础理论(数据资产理论、数据权理论、大数据思维、大数据伦理)和大数据管理主要职能(大数据发展规划、大数据组织架构、数据开放与共享、大数据交易、大数据安全)；技术篇包括：大数据相关技术(云计算、物联网、人工智能、区块链)和大数据关键技术(数据采集与预处理、数据存储与管理、数据处理与分析、数据呈现与可视化)；应用篇分别从管理职能视角(大数据预测与决策、大数据与市场营销、大数据与人力资源管理、财务大数据分析、大数据与研发、大数据与生产运营等方面)和行业领域视角(经济、社会、政务、文化、生态文明等领域)梳理了大数据的应用。

本书既适用于大数据管理与应用专业的导论课程，也适用于经管类其他专业及非计算机类理工科专业进行数字化转型升级的必修课程。此外，它还是教师提高数字素养的重要读物。

图书在版编目(CIP)数据

大数据管理与应用概论 / 刘平, 刘业峰编著.

北京 : 清华大学出版社, 2025. 2. -- ISBN 978-7-302

-67930-1

Ⅰ. TP274

中国国家版本馆CIP数据核字第2025VU6866号

责任编辑：刘金喜
封面设计：周晓亮
版式设计：妙思品位
责任校对：成凤进
责任印制：沈　露

出版发行：清华大学出版社
　　　　网　　　址：https://www.tup.com.cn，https://www.wqxuetang.com
　　　　地　　　址：北京清华大学学研大厦A座　　　　邮　　编：100084
　　　　社 总 机：010-83470000　　　　邮　　购：010-62786544
　　　　投稿与读者服务：010-62776969，c-service@tup.tsinghua.edu.cn
　　　　质量反馈：010-62772015，zhiliang@tup.tsinghua.edu.cn
印 装 者：涿州汇美亿浓印刷有限公司
经　　销：全国新华书店
开　　本：185mm×260mm　　印　张：22.5　　字　数：534千字
版　　次：2025年2月第1版　　印　次：2025年2月第1次印刷
定　　价：69.80元

产品编号：105451-01

一、大数据时代推动数字中国建设

当今世界已经进入大数据时代。党中央、国务院高度重视大数据在我国国民经济和社会发展中的重要作用，进行了一系列工作部署，有助于中国从"数据大国"迈向"数据强国"。

2014年，"大数据"首次出现在我国政府工作报告中，此后"大数据"连续多年被写入政府工作报告，上升为国家战略，逐渐成为被热议的词汇。2015年，国务院正式印发《促进大数据发展行动纲要》，其明确指出，坚持创新驱动发展，加快大数据部署，深化大数据应用，已成为稳增长、促改革、调结构、惠民生和推动政府治理能力现代化的内在需要和必然选择。2016年，工业和信息化部(简称工信部)印发的《大数据产业发展规划(2016—2020年)》指出，数据是国家基础性战略资源，是21世纪的"钻石矿"。

《飞轮效应：数据驱动的企业》一书中指出，在商业世界中，数据一直都不是什么新鲜的东西，但是当海量的数据积累所造就的"大数据"时代的到来，经济的新增量已经逐渐露出了面纱。大数据将逐渐成为现代社会基础设施的一部分。对于任何企业来说，数据都是其商业皇冠上最为耀眼夺目的那颗宝石。数据是企业发展的基础设施和"核武器"。数据资源成为企业新型动力源，数据分析系统成为企业腾飞的动力系统，决定了企业运行的速度与高度。

2019年的政府工作报告中明确提出，深化大数据、人工智能等研发应用，培育新一代信息技术、高端装备、生物医药、新能源汽车、新材料等新兴产业集群，壮大数字经济。2020年的政府工作报告中又提出，发展新一代信息网络，拓展5G应用，建设数据中心；全面推进"互联网+"，打造数字经济新优势。

2021年3月通过的《中华人民共和国国民经济和社会发展第十四个五年规划和2035年远景目标纲要》(简称《国家"十四五"规划纲要》)明确提出，迎接数字时代，激活数据要素潜能，加快建设数字经济、数字社会、数字政府，以数字化转型整体驱动生产方式、生活方式和治理方式变革。

2021年10月，中共中央政治局进行了第三十四次集体学习，主题是推动我国数字经济健康发展。习近平总书记指出，发展数字经济是把握新一轮科技革命和产业变革新机遇的战略选择。他强调，充分发挥海量数据和丰富应用场景优势，促进数字技术与实体经济深度融合，赋能传统产业转型升级，催生新产业新业态新模式，不断做强做优做大我国数字经济。

2021年11月，工信部发布的《"十四五"大数据产业发展规划》指出，数据是新时代重要的生产要素，是国家基础性战略资源。大数据是数据的集合，以容量大、类型多、速度快、精度准、价值高为主要特征，是推动经济转型发展的新动力，是提升政府治理能力的新途径，是重塑国家竞争优势的新机遇。到2025年，大数据产业测算规模突破3万亿元，年均复合增长率保持在25%左右。

2022年1月，国务院公开发布的《"十四五"数字经济发展规划》指出，数字经济是继农业经济、工业经济之后的主要经济形态。该《规划》强调，数字经济发展速度之快、辐射范围之广、影响程度之深前所未有，正推动生产方式、生活方式和治理方式深刻变革，成为重组全球要素资源、重塑全球经济结构、改变全球竞争格局的关键力量。

2022年10月16日，习近平总书记在党的二十大报告中明确提出，加快发展数字经济，促进数字经济和实体经济深度融合，打造具有国际竞争力的数字产业集群。

2023年2月，中共中央、国务院印发的《数字中国建设整体布局规划》指出，建设数字中国是数字时代推进中国式现代化的重要引擎，是构筑国家竞争新优势的有力支撑。加快数字中国建设，对全面建设社会主义现代化国家、全面推进中华民族伟大复兴具有重要意义和深远影响。

如今，大数据浪潮正在迅速地朝人们涌来，并将触及各个行业和生活的诸多方面。大数据浪潮将比之前发生过的浪潮更大、触及面更广，给人们的工作和生活带来的变化和影响更深刻，也将悄然地改变人们的生活方式和思维习惯。维克托·迈尔-舍恩伯格(Viktor Mayer-Schönberger)在《大数据时代：生活、工作与思维的大变革》一书中明确指出，大数据时代最大的转变就是思维方式的三种转变：总体而非抽样、混杂而非精确、相关而非因果。

具体而言，有了大数据技术的支持，科学分析完全可以直接针对全集数据而不是抽样数据；抽样分析需要追求精确性，而大数据时代需要的是响应效率，具有"秒级响应"的特征；传统的数据分析注重因果关系，在大数据时代，因果关系不再那么重要，人们转而追求相关性。

大数据对整个社会的影响是深刻的、全面的。以大数据这个新型生产要素作为纽带，把云计算、物联网、区块链、人工智能等新质生产力凝聚在了一起。数字产业化与产业数字化覆盖了整个社会的方方面面，同时也促使新型生产关系正在形成。

2022年12月，中共中央、国务院印发的《关于构建数据基础制度更好发挥数据要素作用的意见》指出，数据作为新型生产要素，是数字化、网络化、智能化的基础，已快速融入生产、分配、流通、消费和社会服务管理等各环节。该《意见》强调，完善数据要素市场体制机制，在实践中完善，在探索中发展，促进形成与数字生产力相适应的新型生产关系。

随着云计算、物联网、区块链、人工智能等信息技术的迅猛发展，大数据在电子商务、媒体营销、物流交通、金融科技、旅游娱乐、医疗卫生、工业农业等诸多行业得到了广泛应用。如今，大数据应用已经进入经济、政治、文化、社会、生态文明建设各领域，继而逐步形成数字中国。

二、教材开发迫在眉睫

产业发展离不开人才，加强大数据人才队伍建设迫在眉睫。《大数据产业发展规划(2016—2020年)》在分析面临的形势时指出，大数据基础研究、产品研发和业务应用等各类人才短缺，难以满足发展的需要。该《规划》在保障措施中强调，建立适应大数据发展需求的人才培养和评价机制。加强大数据人才培养，整合高校、企业、社会资源，推动建立健全多层次、多类型的大数据人才培养体系。鼓励高校探索建立培养大数据领域专业型人才和跨界复合型人才机制。支持高校与企业联合建立实习培训机制，加强大数据人才职业实践技能培养。

《"十四五"数字经济发展规划》指出，提升全民数字素养和技能，实施全民数字素养与技能提升计划，深化数字经济领域新工科、新文科建设。《数字中国建设整体布局规划》在保障措施中强调，增强领导干部和公务员数字思维、数字认知、数字技能；统筹布局一批数字领域学科专业点，培养创新型、应用型、复合型人才；构建覆盖全民、城乡融合的数字素养与技能发展培育体系。

2022年12月，为提升教师利用数字技术优化、创新和变革教育教学活动的意识、能力和责任，教育部发布了《教师数字素养》(教科信函〔2022〕58号)。教师数字素养框架包括5个一级维度、13个二级维度和33个三级维度。一级维度包括数字化意识(具体分为数字化认识、数字化意愿和数字化意志3个二级维度)、数字技术知识与技能(具体分为数字技术知识和数字技术技能2个二级维度)、数字化应用(具体分为数字化教学设计、数字化教学实施、数字化学业评价和数字化协同育人4个二级维度)、数字社会责任(具体分为法治道德规范和数字安全保护2个二级维度)，以及专业发展(具体分为数字化学习与研修、数字化教学研究与创新2个二级维度)。

目前，世界已经进入大数据时代，我国高等教育正在全力推进"四新"(新工科、新医科、新农科、新文科)建设，开展深度数字化改造升级。因此，新文科建设应紧紧抓住大数据应用这条主线，促进传统专业的转型升级。

大数据开发与应用涉及三个主要环节：大数据技术、大数据管理和大数据应用。与之相对应的是大数据技术人才、大数据管理人才和大数据应用人才，如图1所示。大数据技术人才是大数据产业发展的基础力量；大数据管理人才是大数据产业发展和应用推广的核心力量；大数据应用人才是大数据广泛推广应用的重要力量，涉及面最广，需求量最大。

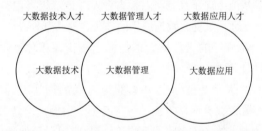

图1　大数据开发与应用的三个环节及相关人才

新工科的数据科学与大数据技术专业(一般设在信息学院、计算机学院)依托计算机科学与技术专业应运而生，侧重于培养大数据领域的专业型技术人才(与图1左侧圆环相关)，目前已有近千所本科院校开设了此专业，发展相对比较成熟；新文科的大数据管理与应用专业(一般设在经管学院)发展较晚，侧重于培养跨学科复合型的大数据管理和应用人才(与图1中间圆环相关，参见专栏1-6)，哈尔滨工业大学、东北财经大学等五所大学于2018年首次开设该专业，目前也只有200余所本科院校开设了此专业。众多传统专业与图1右侧圆环相关，这也是传统专业数字化转型升级的理论基础和现实需要。

自新文科的大数据管理与应用专业开设以来，大数据管理与应用概论即为其专业基础课、必修课和专业核心课程，同时也逐渐成为经管类其他专业及非计算机类理工科专业进行数字化转型升级的必修课。

一个专业具备科学完整的课程体系、一门课程拥有完善的知识结构，这不仅是其成熟发展的重要标志，也是其顺利发展的前提条件。然而，新文科的大数据管理与应用专业在人才培养方案、课程体系、教学内容和专业教材等方面都处于探索阶段，特别是作为专业基础课程的大数据管理与应用概论课程更是尚待完善。

目前，有关大数据管理与应用概论的教材大多是由理工科计算机科学与技术、数据科学与大数据技术等专业的教师编写的，技术内容较多，技术性较强，这些教材与新文科的大数据管理与应用专业的侧重点并不相同，更适合新工科的数据科学与大数据技术专业使用。

因此，构建适合新文科的大数据管理与应用概论课程体系并编写相应的教材就显得尤为迫切。该课程体系的构建和相关教材的开发不仅可以满足新文科的大数据管理与应用专业的需要，还可以兼顾经管类其他专业及非计算机类理工科专业拓展大数据管理与应用基础知识的需要，助力传统文科专业及非计算机类理工科专业进行数字化转型升级。

三、重构"345542"课程体系

大数据管理与应用概论是大数据管理与应用专业必要的先修课程，面向大一学生开设。同时，它也是经管类其他专业及非计算机类理工科专业进行数字化转型升级的必修课程，是系统性研究大数据及其管理和应用活动规律性的一门学科。大数据管理与应用作为独立的学科，是大数据管理原理和大数据应用实践的结合。

学习该课程，不仅有助于学生了解大数据的内涵和特点、大数据与社会经济发展的关系，以及大数据管理与应用的主要学科知识和课程体系，还有助于学生建立大数据思维、认知大数据相关技术、从管理和应用的角度掌握大数据管理基本理论和大数据技术基础知识、熟悉海量数据处理的基本流程及与之匹配使用的主要技术和工具、具备大数据应用的基本能力。对于大数据管理与应用专业的学生来说，学习该课程可以为学习后续专业课程打下良好基础；对于经管类其他专业及非计算机类理工科专业的学生来说，学习该课程可以起到拓宽视野、掌握大数据应用的作用。对于其他社会各界人士起到提高数字素养的作用。

目前流行的大数据管理与应用概论课程体系主要从数据科学与大数据技术专业相关课程演变而来，专业技术含量较多，对于大数据管理与应用专业而言，有些过深，非必要；有关大数据管理的基本职能方面的内容几近空白，虽有涉猎，但是很零星，不系统；有关大数据应用方面的内容有不少案例，但是缺乏系统性归类和梳理。

为此，本书重构了大数据管理与应用概论课程体系，新的课程体系强化了大数据管理基础理论与主要职能的内容。对于大数据技术基础方面的内容本着"必需、够用"的原则去处理；对于大数据应用方面的内容则是从管理职能和行业领域两个视角(横向和纵向两个维度)进行系统归类和梳理，展现了大数据在个人、社会和国家等不同层面发挥的巨大作用。

从图1中可以看出，大数据管理既与大数据技术相关，又与大数据应用相连。因此，可以从理论、技术和应用三个维度(层面)来构建大数据管理与应用概论知识体系，其中大数据管理理论是核心和重点，大数据技术基础是基石和保障，大数据应用实践是落脚点和价值体现。

第一维度(层面)是理论，理论是认知的必经途径，也是被广泛认同和传播的基线。本书中从大数据的特征和定义理解行业对大数据的整体描绘和定性；从对大数据价值的探讨来深入解析大数据的珍贵所在；从大数据发展足迹洞悉大数据的发展趋势；从大数据隐私这一特别且重要的视角审视人和数据之间的长久博弈关系。

第二维度(层面)是技术，技术是大数据价值体现的手段和前进的基石。本书中分别从

云计算、物联网、人工智能、区块链等大数据相关技术和数据采集与预处理技术、分布式存储技术、大数据处理与分析技术、数据呈现与可视化等大数据关键技术的发展来说明大数据从采集、存储，到处理、分析、形成结果的整个过程。

第三维度(层面)是应用，应用是大数据的最终价值体现。本书中分别从管理职能视角(如大数据预测与决策、大数据与市场营销、大数据与人力资源管理、财务大数据分析、大数据与研发、大数据与生产运营等)和行业领域视角(如在经济、政治、文化、社会、生态文明建设等社会经济发展各领域的应用)看大数据应用，即从横向和纵向两个维度进行归类和梳理，描绘大数据已经展现的美好景象及即将实现的蓝图。

从前文可知关于大数据技术已有众多相对成熟的研究，从中进行必要的取舍与整合即可。但是，关于大数据管理的研究既不系统也不全面，因此，构建大数据管理基础理论与主要职能就成为重中之重的议题。从一般性而言，大数据管理和应用的各个方面必然离不开亨利·法约尔(Henri Fayol)提出的计划、组织、指挥、协调和控制五项管理的基本职能。这些基本职能的学习应该是在管理学课程中完成的。从特殊性而言，应该重点考虑与大数据管理息息相关的基础理论和主要职能。

通过认真研究梳理，在构建大数据管理的基本框架时应重点考虑大数据概述、数据资产理论、数据权理论、大数据思维、大数据伦理，以及大数据发展规划、大数据组织架构、数据开放与共享、大数据交易、大数据安全(大数据治理体系)等。前五项内容是大数据管理的基础理论，后五项内容是大数据管理的主要职能。掌握大数据管理基础理论是研究大数据管理主要职能的前提和条件，大数据管理主要职能是大数据管理基础理论的延伸和发展。

重构后的课程体系可以概括为"345542"，即"三个维度、四个理论、五项职能、五项技术(1+4，大数据及相关技术)、四个关键和两个视角"(见图2)。本书从理论、技术与应用三个维度构建整个课程知识体系。首先，在理论部分，重点探讨数据资产理论、数据权理论、大数据思维、大数据伦理四个基础理论和大数据发展规划、大数据组织架构、数据开放与共享、大数据交易、大数据安全五项主要职能；其次，在技术部分，从管理和应用需要的角度介绍云计算、物联网、人工智能、区块链和大数据五项技术，重点介绍数据采集与预处理、数据存储与管理、数据处理与分析、数据可视化呈现四个大数据关键技术；最后，在应用部分，从管理职能和行业领域两个视角精选具有代表性的典型成果展示大数据应用价值。

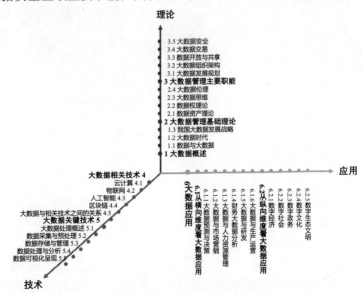

图2　大数据管理与应用概论课程体系结构

需要说明以下两点内容。

第一，大数据应用广泛，内容丰富，《"十四五"大数据产业发展规划》中就列举了16个行业之多。然而，很多应用是相似的，如果在本书中重复介绍，不仅会增加不必要的篇幅，还会造成边际学习收益递减，浪费宝贵的学习时间。因此，从管理职能和行业领域两个视角(即横向和纵向两个维度)精选具有代表性的典型成果来展示大数据的应用价值是明智之举。

第二，大数据管理主要职能有"一明一暗"两条线，分别从宏观和微观两个层面阐述其主要内容。"一明"是指从宏观层面来看，大数据管理主要职能包括大数据发展规划、大数据组织架构、数据开放与共享、大数据交易、大数据安全，这些内容集中在第3章；"一暗"是指从企业内部来看，大数据管理主要职能包括企业数据组织、数据规划、数据采集、数据分析、数据应用，这些内容分散在第3章、第5章和第6章。

企业数据组织是指企业数据管理组织架构及协调机制，这是基本的组织保障(详见3.2.4节)；数据规划是企业数据工作的计划开端(详见3.1.3节)；这里的数据采集是从业务管理的视角出发的(详见3.3.1节和3.3.3节)，与第5章的数据采集与预处理技术的角度不同；数据分析，从技术实现上与数据处理和分析技术相关，从结果呈现上与数据呈现和可视化技术相连，因此，可以借用数据可视化技术与业务管理相结合的相关内容(详见5.5节)；数据应用可以从管理视角来看大数据应用的相关内容(详见6.1节)，也涉及部分从行业视角看大数据应用的相关内容(详见6.2节)。

以最易体现价值的"数据应用"为牵引，以"数据组织"为保障，启动"数据规划"，简化"数据采集"难度，标准化及智能化"数据分析"过程，最终用多样的应用场景工具实现敏捷的行动，从而达成以始为终的数据驱动闭环，如图3所示。

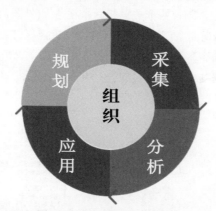

图3　企业大数据管理循环图

在本书的撰写过程中突出的主要特点如下。

(1) 整合课程体系，注重应用能力培养。重新构建符合面向实践应用的大数据管理与应用概论课程体系，强化大数据管理基本职能。对于大数据技术基础方面的内容本着"必需、够用"的原则处理，对于大数据应用方面的内容则是分别从管理职能方面的应用和行业方面的应用进行归类和梳理。

(2) 立足学以致用，加强实践训练。注重理论与实践相结合，突出应用性和实践性，增加数字战略规划、数据管理方法等实践性较强且又非常实用的内容，结合大数据管理与应用的实际案例，可以较好地满足应用型人才培养的需要。

(3) 注重语言流畅，做到通俗易懂。在分章撰写关于大数据管理与应用概论的重点内容和实用内容时，注重语言的表达方式，尽量避免大段文字，争取做到像讲故事一样娓娓道来，使学生易于理解和接受。

在教材体例上充分考虑案例教学法的需要，每章开篇设有导入案例，在每章正文中，不仅穿插了专栏，用于介绍当今的一些新趋势、新观点或典型案例，帮助学生开阔视野，加深对重点问题的理解和掌握，还穿插了概念辨析，有助于学生加深对难点问题、易混淆概念的理解和掌握。在部分章后设有阅读材料，以拓宽学生的知识面，加深对正文内容的理解和认识。

本书各章的基本体例结构如下。

(1) 学习目标与重点：说明本章的学习目标及对各部分内容的掌握程度。

(2) 导入案例：引发学习兴趣，引入思维环境。

(3) 本章正文：本章的核心内容。

(4) 专栏：穿插于正文中，用于介绍当今的一些新趋势、新观点或典型案例，帮助学生开阔视野，加深对重点问题的理解和掌握。

(5) 概念辨析：穿插于正文中，有助于学生加深对难点问题、易混淆概念的理解和掌握。

(6) 关键术语：本章涉及的关键概念索引。

(7) 本章内容结构：本章核心内容的体系结构。

(8) 阅读材料：此类资料篇幅要大于专栏，是相对比较完整的补充阅读材料，用于拓宽学生的知识面，加深对正文内容的理解和认识。

全书突出案例教学和互动交流、研讨。

另外，拟将配套出版综合练习册，包括名词解释、判断、填空、单项选择、多项选择、简答、简述、计算分析、案例分析、观点阐述、搜索思考等题型。

四、突出“精”“准”“新”“活”“实”5个显著特征

本书是根据应用型人才的培养目标和“以人为本、学以致用”的办学理念编写而成的。理论部分以“精、新、实”为原则，以“必需、够用”为度，精选必要的内容，而其余内容则引导学生根据兴趣和需求有目的、有针对性地自学；实践部分则突出应用能力的培养，加大实践教学的力度，创新实践教学的内容和形式，以此为依据，统筹考虑和选取教学内容。本书内容新颖、精辟，能及时把最新科研成果引入教学，突出了课程内容的应用性与先进性。

大数据管理与应用概论是一门综合性、实用型的课程，既涉及理论与技术，又涉及应用。因此，本书以“好读、实用、操作性强”为编写宗旨和目标，具有“精”“准”“新”“活”“实”5个显著特征。

- “精”：理论部分力求简洁、精炼，用结构式描述法替代长篇大论的大段文字描述法，好读、易记，便于理解，使学生从宏观的角度对大数据管理与应用有整体且全面的认识，至于从微观角度进行的学习研究则是各门专业课的任务。因此，本书舍弃晦涩难懂的专业内容和繁杂的公式，力求用通俗易懂的语言讲清其间的逻辑关系和深奥的道理。

- "准"：准确阐明大数据管理的理论和概念，力求使理论体系全面、完整、准确。为此，在编写过程中参阅了大量研究成果并进行了深入的调查研究，设定了本书目前的结构和内容。

- "新"：近年来，我国大数据管理与应用的理论与实践取得了长足进展，迫切需要对相关内容进行更新。因此，本书注重采用最新数据，主要数据截至2023年，部分数据截至2024年初。

- "活"：本书采用了大量典型的案例且编写手法灵活，这从前面的体例结构中可以得到充分的印证。

- "实"：本书内容系统、实用、符合国情，有利于学生循序渐进地学习，具有较强的可操作性。在案例的选取上，注重选取经典案例和学生熟悉的最新案例，以提高学生的参与度。

本书由沈阳工学院的刘平教授起草写作大纲并担任主撰写人，沈阳工学院的刘业峰、徐佳澍、张超，以及沈抚改革创新示范区美中育才学校的谭梦雅等教师参与了部分内容的撰写工作，梁琦、刘宇、沈稚童、于子柔等参与了部分资料的整理工作，清华大学出版社在本书编辑与出版方面给予了大力支持，在此一并表示衷心的感谢。此外，本书中的部分概念参考了百度百科、智库百科、搜狗百科、百家号等网络资源，未能逐一列明来源，在此向相关网站及作者表示由衷的感谢。

本书PPT教学课件、教学大纲、授课教案可通过扫描下方二维码下载。

教学资源下载

鉴于编者水平有限，书中难免存在欠妥与疏漏之处，恳请广大读者批评指正。服务邮箱：476371891@qq.com。

刘平

2024年秋于沈抚改革示范区

目 录

上 篇 理论篇

中　篇　技术篇

下 篇　应用篇

上 篇

理论篇

第1章

大数据概述

学习目标与重点

- 了解大数据发展历程和我国大数据发展战略。
- 掌握数据的概念和价值、大数据带来的影响，以及大数据时代的技术支撑。
- 重点掌握大数据的内涵与特征、大数据管理与应用专业的人才定位。

导入案例

淘宝商城(天猫)"双十一"

自从2009年淘宝商城(天猫)在11月11日开展"品牌商品5折优惠"活动以来，这一天的交易额由2009年的0.5亿元，一直狂飙到2012年的191亿元，正式超过美国"网络星期一"(可扫描二维码获悉)的交易额，成为世界上交易额最大的购物狂欢节。2021年，其交易额飙升至5403亿元，与2009年相比增长了1万多倍(见图1-1)。这一系列惊人的创举背后是什么？是大数据。它成就了阿里巴巴，也成就了中国的电商时代。

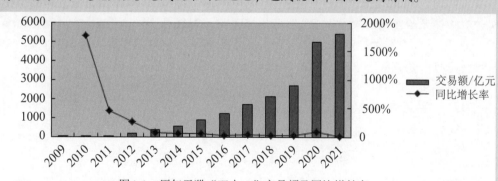

图1-1 历年天猫"双十一"交易额及同比增长率

2009年交易额为0.5亿元。首届"双十一"，当时网购还不太盛行，但是依然在短短一天内创造了0.5亿元的销售额，那个时代很少有购物平台能达到这个高度。

2010年交易额为9.36亿元。这一年中国网络购物市场与电商行业表现出强劲的发展态势，淘宝商城"双十一"销售额同比增长高达1772%。

"网络星期一"

2011年交易额为52亿元。该年实现了里程碑式的飞跃，交易额约为上一年的5倍。

2012年交易额为191亿元。该年被业内称为"双十一"的爆发点，这一年淘宝商城正式更名为天猫。"双十一"当日，天猫与淘宝的总销售额达到191亿元。其中，天猫的销售额达132亿元，淘宝的销售额达59亿元。

2013年交易额为350.19亿元。

2014年交易额为571亿元。

2015年交易额为912亿元。

2016年交易额为1207亿元。

2017年交易额为1682.69亿元。全球消费者通过支付宝完成的支付总笔数达14.8亿笔，同比增长41%。全球225个国家和地区加入天猫"双十一"全球狂欢节。

2018年交易额为2135亿元。开场2分5秒突破100亿元；4分1秒达200亿元；9分5秒达300亿元；15分0秒达400亿元；26分3秒达500亿元；1小时47分成交额超过1000亿元。参与品牌达到了18万家，涵盖零食、服装、家电、数码、医疗、美妆等领域。

2019年交易额为2684亿元。

2020年交易额为4982亿元。

2021年交易额为5403亿元。

2022年以后未公布成交数据。

2023年11月8日，世界互联网大会蓝皮书新闻发布会在浙江乌镇举行，中国网络空间研究院现场发布了《中国互联网发展报告2023》和《世界互联网发展报告2023》。这两份报告显示2023年前三季度我国电子信息制造业生产稳步恢复，信息通信行业整体运行向好，软件和信息技术服务业运行态势平稳，软件业务收入呈两位数增长。

2023年前三季度，我国网上零售额达10.8万亿元，同比增长11.6%；直播电商等新业态发展势头强劲，全国直播电商销售额达1.98万亿元，同比增长60.6%，占网络零售额的18.3%；我国跨境电商进出口总额达1.7万亿元，同比增长14.4%，我国与30个"丝路电商"伙伴国跨境电商的进出口额占我国跨境电商全球进出口总额的30%左右，为全球数字经济发展注入了动力。

国家统计局2024年2月29日发布的《中华人民共和国2023年国民经济和社会发展统计公报》显示，我国软件和信息技术服务业完成软件业务收入12.33万亿元，比上年增长13.4%。信息传输、软件和信息技术服务业增加值5.52万亿元，增长11.9%。全年实物商品网上零售额13.02万亿元，按可比口径计算，比上年增长8.4%，占社会消费品零售总额比重为27.6%。

思考：

1. 为何"双十一"可以实现如此巨大的交易额？

2. 大数据带来的影响还有哪些？

数据(data)并不是一个新鲜的词汇，从古至今就一直存在。当数据急剧膨胀出现"数据爆炸"时，大数据(big data)概念应运而生，大数据时代悄然来临。大数据的核心还是数据，只不过是海量数据的汇集，这带来了质的变化和飞跃，使人类社会进入了大数据时代，数据由配角变成了主角。

目前，大数据已经不再是"镜中花""水中月"，大数据的影响力和作用力正迅速波及经济社会的每个角落，所到之处或是颠覆，或是提升，让人们深切感受到了大数据实实在在的威力。企业和研究机构也纷纷加大技术、资金和人员的投入力度，加强对大数据关键技术的研发与应用，以期在大数据时代占得先机、引领市场。

世界各国政府均高度重视大数据技术研究、产业发展和推广应用，纷纷把大数据上升为国家战略并加以重点推进，我国也不例外。2014年，"大数据"首次出现在我国政府工作报告中。2015年，国务院正式印发《促进大数据发展行动纲要》。2016年，工信部发布了《大数据产业发展规划(2016—2020年)》。2021年3月通过的《国家"十四五"规划纲要》中专设第五篇"加快数字化发展，建设数字中国"。2021年11月，工信部发布了《"十四五"大数据产业发展规划》。2022年1月，国务院公开发布《"十四五"数字经济发展规划》。2022年12月，中共中央、国务院印发了《关于构建数据基础制度更好发挥数据要素作用的意见》。2023年2月，中共中央、国务院印发了《数字中国建设整体布局规划》。由此可以看出，由大数据到数字经济，继而上升到数字中国建设的整体脉络。

本章阐述的是大数据管理与应用的基础知识。首先阐明什么是数据、什么是大数据；其次阐述大数据时代的由来与发展；最后梳理我国大数据发展战略的演变历程。

1.1　数据与大数据

1.1.1　数据

1. 数据的概念

在《现代汉语词典(第7版)》中，数据被定义为"进行各种统计、计算、科学研究或技术设计等所依据的数值"。简而言之，数据就是数值，也就是人们通过观察、实验或计算得出的结果，是科学实验、检验、统计等所获得的，用于科学研究、技术设计、查证、决策等的数值。数据有很多种，如最简单的数字(digit)，以及文字、图像、声音、视频等。

作为计算机术语，数据是指对客观事件进行记录并可以鉴别的符号，是对客观事物的性质、状态、相互关系等进行记载的物理符号或这些物理符号的组合，是可识别的、抽象的符号。数据不仅指狭义上的数字，还可以是具有一定意义的文字、字母、数字符号的组合，以及图形、图像、视频、音频等，其是客观事物的属性、数量、位置及其相互关系的抽象表示。

简而言之，数据是事实或观察的结果，代表着对某件事物的描述，是对客观事物的逻辑归纳，是用于表示客观事物的未经加工的原始素材，可以对其进行记录、分析和重组。数据可以是连续的值，如声音、图像，它们称为模拟数据；也可以是离散的值，如符号、文字，它们称为数字数据。

在计算机科学中，数据是所有能输入计算机并被计算机程序处理的符号的介质的总称，是用于输入电子计算机进行处理，具有一定意义的数字、字母、符号和模拟量等的通称。计算机存储和处理的对象十分广泛，表示这些对象的数据也随之变得越来越复杂。

专栏1-1

数据组织形式

计算机系统中的数据组织形式主要有两种，即文件和数据库。

(1) 文件。计算机系统中的很多数据都是以文件形式存在的，如Word文件、文本文件、网页文件及图片文件等。通常，一个文件的文件名包含主名和扩展名，其中扩展名用来表示文件的类型，如文本、图片、音频、视频等。在计算机中，文件是由文件系统负责管理的。

(2) 数据库。计算机系统中另一种非常重要的数据组织形式就是数据库。如今，数据库已经成为计算机软件开发的基础和核心，在人力资源管理、固定资产管理、制造业管理、电信管理、销售管理、售票管理、银行管理、股市管理、教学管理、图书馆管理、政务管理等领域发挥着至关重要的作用。从1968年IBM公司推出第一个大型商用数据库管理系统IMS到现在，数据库已经经历了层次数据库、网状数据库、关系数据库和NoSQL数据库等多个发展阶段。关系数据库仍然是目前数据库的主流，大多数商业应用系统都构建在关系数据库的基础之上。但是，随着Web 2.0的兴起，非结构化数据迅速增加，目前人类社会产生的数据中有90%是非结构化数据，因此，能够更好地支持非结构化数据管理的NewSQL数据库和NoSQL数据库应运而生。

资料来源：林子雨. 大数据导论[M]. 北京：人民邮电出版社，2020.

《中华人民共和国数据安全法》(以下简称《数据安全法》)第三条指出，本法所称数据，是指任何以电子或者其他方式对信息的记录。由此可见，《数据安全法》肯定了"数据的双层结构"，即数据是对信息的记录，而信息是数据的内容。

信息作为汉语词语，是指音讯、消息、通信系统传输和处理的对象，泛指人类社会传播的一切内容。人通过获得、识别自然界和社会的不同信息来区别不同事物，得以认识和改造世界。在一切通信和控制系统中，信息是一种普遍联系的形式。电子学家、计算机科学家认为"信息是电子线路中传输的以信号作为载体的内容"。

信息与数据既有联系，又有区别。数据是信息的表现形式和载体，可以是符号、文字、数字、语音、图像、视频等，是物理性的；信息是数据有意义的表示，是数据的内涵，用于对数据进行解释，是逻辑性和观念性的。数据与信息是形与质的关系，但在现实生活中，两者常常被混用。

专栏1-2

数据的语义

数据的表现形式还不能完全表达其内容，需要经过解释，数据和关于数据的解释是不可分的。例如，93是一个数据，它可以是某个学生某门课的成绩，也可以是某个人的体重，还可以是某班级的学生人数。数据的解释是指对数据含义的说明，数据的含义称为数据的语义，数据与其语义是不可分的。

2. 数据的重要性

随着信息化进程的加快，人们在日常生产和生活中都会产生大量的数据，数据已经渗透到当今每一个行业和业务职能领域，成为重要的生产要素。《大数据产业发展规划

(2016—2020年)》指出，数据是国家基础性战略资源，是21世纪的"钻石矿"。《"十四五"大数据产业发展规划》指出，数据是新时代重要的生产要素，是国家基础性战略资源。《关于构建数据基础制度更好发挥数据要素作用的意见》指出，数据作为新型生产要素，是数字化、网络化、智能化的基础。

《飞轮效应：数据驱动的企业》一书中指出，在商业世界中，数据一直都不是什么新鲜的东西，但是随着海量的数据积累所造就的"大数据"时代的到来，经济的新增量已经逐渐露出了面纱。大数据将逐渐成为现代社会基础设施的一部分。对于任何企业来说，数据都是其商业皇冠上最为耀眼夺目的那颗宝石。数据是企业发展的基础设施和"核武器"。数据资源成为企业新型动力源，数据分析系统成为企业腾飞的动力系统，决定了企业运行的速度与高度。

2019年，《中共中央关于坚持和完善中国特色社会主义制度、推进国家治理体系和治理能力现代化若干重大问题的决定》首次将"数据"列为生产要素。2020年，《中共中央、国务院关于构建更加完善的要素市场化配置体制机制的意见》再次将"数据"作为一种新型生产要素写入中央文件。数据成为国家的重要战略资源，影响着国家和社会的安全、稳定与发展。

专栏1-3

信息化

(1) 一般定义。信息化的概念起源于20世纪60年代的日本，最初是由日本学者梅棹忠夫(Tadao Umesao)提出来的，而后被译成英文传播到西方，西方社会从20世纪70年代后期才开始普遍使用"信息社会"和"信息化"的概念。1997年，我国召开的首届全国信息化工作会议，将信息化和国家信息化定义为"信息化是指培育、发展以智能化工具为代表的新的生产力并使之造福于社会的历史过程。国家信息化是在国家统一规划和组织下，全面推动现代化信息技术在农业、工业、科学技术、国防及社会生活等各个方面的深入应用。这一过程旨在深入开发和广泛利用信息资源，从而加速实现国家的现代化进程"。

(2) 标准定义。信息化代表了信息技术被高度应用，信息资源被高度共享，从而使得人的智能潜力和社会物质资源潜力被充分发挥，个人行为、组织决策和社会运行趋于合理化的理想状态。同时，信息化也是在IT产业发展与IT广泛应用于社会经济各部门的基础上，不断运用IT改造传统的经济、社会结构，从而达成如前所述的理想状态的一段持续的过程。

资料来源：信息化.百度百科[EB/OL]. https://baike.baidu.com/. 作者有删改

3. 数据的意义与价值

如果只是单纯地采集和存储，那么数据就只是数据库中的0和1，很难说有什么价值。数据自身是没有价值的，或者说，数据的价值是微乎其微的，其价值是被赋予的。

数据的价值来源于人们对数据的分析和应用，基于数据的研究已经衍生出很多的研究课题，如大数据、信息化等。通过研究数据，人们通常能够看到或推断出很多表面看不到的信息，研究的过程就是赋予数据价值的过程。

从数据的应用角度来看，数据的应用价值体现在科研、商业和社会方面。

(1) 科研价值。科研是科技进步的基础，科研活动所取得的每一步进展，都需要基于大量的数据或数据集来进行训练、测试和验证。

(2) 商业价值。数据的商业价值主要体现在大数据和舆情分析方面。例如，对人的行为数据进行分析，从而更精准地提供产品或服务，进而获得更大的商业收益。

(3) 社会价值。以数据为基础取得的所有技术进展及成果都会反过来起到造福人类社会的作用，并在造福社会的同时推动社会意识形态等的进步和提高。在诸多推动人类社会发展的新技术中，人工智能是首屈一指的。

数据的价值在于可以为人们提供答案。人们收集数据往往是为了达到某个特定的目的，数据的价值则是随着人们对其不断地发现和利用而逐渐显现的。在过去，一旦数据的基本用途实现了，往往就会被删除，一方面是由于过去的存储技术落后，人们需要删除旧数据来存储新数据，另一方面是人们没有认识到数据的潜在价值。例如，消费者在购物网站搜索一件衣服，当输入关键词(如性别、颜色、布料、款式)后，可以很容易地找到自己心仪的产品，当购买行为结束后，这些数据就会被消费者删除。但是，购物网站会记录和整理这些购买数据，当海量的购买数据被收集后，就可以预测未来将流行的产品的特征等，购物网站再将这些数据提供给各类生产商，帮助它们在竞争中脱颖而出，这就是数据价值的再发现。

数据的价值不会因为不断被使用而减少(折旧、贬值)，反而会因为不断重组而变得更大。例如，将一个地区的物价、地价、高档轿车的销售数量、二手房转手的频率、出租车密度等各种不相关的数据整合到一起，可以精准地预测该地区的房价走势。这种方式已经被国外很多房地产网站所采用。而这些被整合起来的数据并不妨碍下一次出于其他目的而被重新整合。也就是说，数据并没有因为被使用一次或两次而发生价值衰减，反而会在不同的领域产生更多的价值。

基于数据的价值特性，有形的数据具有了无形资产的价值特性，各类被收集来的数据应当被尽可能长时间地保存下来，同时也应当在一定条件下与全社会分享，以产生更大的价值。数据的潜在价值往往是收集者无法想象的。

2012年，美国白宫科技政策办公室发布了《大数据研究发展倡议》，将数据定义为"未来的新石油"(见图1-2)，并表示一个国家拥有数据的规模、活性及解释运用的能力将成为综合国力的重要组成部分，未来对数据的占有和控制甚至将成为陆权、海权、空权之外的另一种国家核心资产。

图1-2 "未来的新石油"

目前，拥有大量数据的谷歌、亚马逊、腾讯、阿里巴巴、京东等公司，各季度的利润总和高达数十亿美元，并仍在快速增长，这些都是数据价值的最好体现。因此，若要实现大数据时代思维方式的转变，就必须正确认识数据的价值。数据已经具备了资本的属性，可以用来创造经济价值。

清华大学互联网产业研究院的罗培、王善民撰文指出，数据要素的巨大价值和潜能可分为三个层次：第一个层次，数据是"新资源"；第二个层次，数据是"新资产"；第三个层次，数据是"新资本"。

专栏1-4

数据化，不是数字化

数据化和数字化大相径庭。数据化是指一种把现象转变为可制表分析的量化形式的过程。数字化指的是把模拟数据转换成用0和1表示的二进制码，这样计算机就可以处理这些数据了。大数据发展的核心动力来源于人类测量、记录和分析世界的渴望。量化一切，是数据化的核心。数据化就是要从潜在的数据中挖掘出巨大的价值，然后揭示出新的深刻洞见。

简而言之，数字化带来了数据化，但是数字化无法取代数据化。数字化把模拟数据变成计算机可读的数据，与数据化有本质上的不同。例如，谷歌公司有一个野心勃勃的计划，即让世界上所有的人都能通过网络免费阅读版权条例允许的书籍。

首先要将图书的每一页都进行扫描，然后将其存入谷歌服务器的一个高分辨率数字图像文件中，从而将书本上的内容转化为网络上的数字文本形式，这样任何地方的任何人都可以方便地进行查阅了。然而，这还需要用户知道自己要找的内容在哪本书上，或者必须在浩瀚的内容中寻觅自己需要的片段。因为这些数字文本没有被数据化，所以它们不能通过搜索词被找到，也不能被分析。谷歌公司所拥有的只是一些图像，这些图像只有依靠人的阅读才能转化为有用的信息。

谷歌公司知道，这些信息只有被数据化，它的巨大潜在价值才会被释放出来。因此，谷歌公司使用了能识别数字图像的光学字符识别软件来识别文本的字、词、句和段落，如此一来，书页的数字化图像就转换成了数据化文本，可以被计算机查询、检索、分析和重组。

资料来源：维克托·迈尔-舍恩伯格，肯尼思·库克耶.大数据时代：生活、工作与思维的大变革[M].杭州：浙江人民出版社，2013.

1.1.2 大数据

从整个信息化历史进程来看，大数据是信息爆炸的产物。随着大数据时代的到来，"大数据"已经不仅仅是互联网信息技术行业的流行词汇，更是全社会的流行词汇。

1. 大数据的基本内涵

大数据并非一个确切的概念。最初，大数据是指需要处理的信息量过大，已经超出了一般计算机在处理数据时所能使用的内存量，因此工程师们必须改进处理数据的工具。这使得新的处理技术得以诞生，如谷歌的MapReduce和开源Hadoop平台。这些技术使得人们可以处理的数据量大大增加。

对于大数据，全球最具权威的IT研究与顾问咨询公司Gartner给出了这样的定义：大数据是需要新处理模式才能具有更强的决策力、洞察发现力和流程优化能力来适应海量、高增长率和多样化的信息资产。

全球知名咨询公司麦肯锡给出的定义是，一种规模大到在获取、存储、管理、分析方面大大超出了传统数据库软件工具能力范围的数据集合，具有海量的数据规模、快速的数据流转、多样的数据类型和价值密度低四大特征。

《"十四五"大数据产业发展规划》中指出，大数据是数据的集合，以容量大、类型多、速度快、精度准、价值高为主要特征，是推动经济转型发展的新动力，是提升政府治理能力的新途径，是重塑国家竞争优势的新机遇。

应当注意，上述定义并不能完全涵盖大数据的所有内涵，大数据并不是数据的简单翻版，由量变到质变所带来的一系列观念变化、思维转变才是其内涵的核心。

世界的本质就是数据，大数据将开启一次重大的时代转型。当然，真正的革命并不在于分析数据的机器，而在于数据本身和人们如何运用数据。大数据发展的核心动力来源于人类测量、记录和分析世界的渴望。大数据的核心就是挖掘出庞大的数据库独有的价值，是建立在相关关系分析法基础上的预测。

大数据的科学价值和社会价值体现在：一方面，对大数据的掌握程度可以转化为经济价值的来源；另一方面，大数据已经撼动了世界的方方面面，从商业科技到医疗、政府、教育、经济、人文，以及社会的其他领域。

大数据的精髓在于人们在坚持以数据为中心的基础上，分析数据时思维的三个转变，即总体而非抽样、混杂而非精确、相关而非因果。从因果关系到相关关系的思维变革是大数据的关键。

大量数据不等于大数据。大数据并非指大量数据简单无意义的堆积。数据间是否具有结构性和关联性是"大数据"与"大规模数据"的主要差别。"大数据"与"大规模数据""海量数据"等类似概念的最大区别就在于"大数据"这一概念中包含着对数据的处理行为。

2. 大数据的特征

大数据的特征常用"4V"和"5V"来概括。"4V"指的是容量(volume)大、类型(variety)多、速度(velocity)快、价值(value)高。"5V"则是在"4V"的基础上增加了一个特征——精度(veracity)准。

1) 容量大

容量大实际上就是指数据量大。从数据量的角度而言，大数据泛指无法在可容忍的时间内用传统信息技术和软、硬件工具对其进行获取、管理和处理的巨量数据集合，需要可伸缩的计算体系结构以支持其存储、处理和分析。按照这个标准来衡量，很显然，目前的很多应用场景中所涉及的数据量已经具备了大数据的特征。例如，微博、微信、抖音等应用平台中，网民发布的海量信息属于大数据。又如，遍布于人们工作和生活各个角落的传感器和摄像头自动产生的大量数据也属于大数据。

国家互联网信息办公室(简称国家网信办)发布的《数字中国发展报告(2022年)》指出，2022年我国数据产量达8.1ZB，同比增长22.7%，占全球数据总产量的10.5%，位居世界第二。截至2022年底，我国存储力总规模超1000EB，数据存储量达724.5EB，同比增长

21.1%，占全球数据总存储量的14.4%。2022年我国数字经济规模达50.2万亿元，总量稳居世界第二，同比名义增长10.3%，占国内生产总值比重提升至41.5%。值得一提的是，截至2022年底，我国移动物联网终端用户数达18.45亿户，净增4.47亿户，成为全球主要经济体中首个实现"物超人"的国家。数据存储单位之间的换算关系如表1-1所示。

表1-1 数据存储单位之间的换算关系

单位	换算关系	2^n	10^n
byte(字节)	1byte =8bit(比特)		
KB(kilobyte，千字节)	1KB = 1024 bytes	2^{10}	10^3
MB(megabyte，兆字节)	1MB = 1024 KB	2^{20}	10^6
GB(gigabyte，吉字节)	1GB = 1024 MB	2^{30}	10^9
TB(terabyte，太字节)	1TB = 1024 GB	2^{40}	10^{12}
PB(petabyte，拍字节)	1PB = 1024 TB	2^{50}	10^{15}
EB(exabyte，艾字节)	1EB = 1024 PB	2^{60}	10^{18}
ZB(zettabyte，泽字节)	1ZB = 1024 EB	2^{70}	10^{21}
YB(yottabyte，尧字节)	1YB = 1024 ZB	2^{80}	10^{24}
BB(brontobyte，珀字节)	1BB = 1024 YB	2^{90}	10^{27}
NB(nonabyte，诺字节)	1NB = 1024 BB	2^{100}	10^{30}
DB(doggabyte，刀字节)	1DB = 1024 NB	2^{110}	10^{33}

专栏1-5

计算机存储单位

计算机存储处理信息的最小单位是bit(比特)，存储单位从小到大依次为bit、byte、KB、MB、GB、TB、PB、EB、ZB、YB、BB、NB、DB。

比特(bit)也称为"位"，用于表示一个二进制数码0或1，分别代表逻辑值(真/假、yes/no)、代数符号(+/-)、激活状态(on/off)或任何其他两值属性。

字节(byte)是计算机存储容量的基本单位。1字节由8位(比特)组成，它表示作为一个完整处理单位的8个二进制数码。一个英文字母通常占用一字节，一个汉字通常占用两字节。

一般来说，字节按照进制1024(2^{10})来计算，每一千字节为1KB，注意，这里的"千"不是通常意义上的1000，而是指1024，但是可以按10^3概算。以此类推，每一千KB为1MB，每一千MB为1GB……

那么，1GB有多大呢？如果用来存放歌曲，每首歌曲的平均大小是4M，那么1GB存储卡可以存放256首歌曲；如果用来存放中国四大名著之一的《红楼梦》，其含标点约为87万字，那么大约可以存放671本《红楼梦》。

1TB、1PB、1EB、1ZB、1YB又有多大呢？1TB硬盘可以存储大约20万张照片；1PB大约占用两个数据中心机柜；1EB大约占用2000个机柜，占据一个街区的4层数据中心；1ZB大约占用1000个数据中心，占据纽约曼哈顿的1/5区域；1YB大约占用一百万个数据中心，占据特拉华和罗德岛两个州的区域。

随着数据量的不断增长，数据所蕴含的价值会从量变发展到质变。举例来说，受到照相技术的制约，早期人们每分钟只能拍1张照片，随着照相设备的不断改进，处理速度越来越快，发展到后来就可以每秒拍1张照片，而发展到每秒可以拍10张照片以后，就产生了电影。当照片数量的增长带来质变时，照片就发展成了电影。同样地，数据的质变也会发生在数据量的增长过程中。

2) 类型多

类型多是指数据类型繁多(如结构化、半结构化、非结构化数据等)、来源多样(如文本、图片、音频、视频等)等。

(1) 按照数据结构分类。按照数据结构划分，数据可以分为结构化数据和非结构化数据。

① 结构化数据：结构化数据是指存储在关系数据库中，可以用二维表结构进行逻辑表现的数据，如表1-2所示。结构化数据的特征是逻辑严谨、数据不能破坏、格式一致，其特点是任何一列数据不可以再细分，并且任何一列数据都具有相同的数据类型，可以对各个字段(如表1-2中的学号、姓名、班级、成绩等)进行查询检索。所有关系数据库(如SQL Server、Oracle、MySQL、DB2等)中的数据全部为结构化数据。

表1-2　学生成绩表

学号	姓名	班级	成绩
2022670011	刘伟强	22大数据01班	95
2022670045	张旭东	22大数据02班	88

② 非结构化数据：相对于结构化数据而言，非结构化数据是指不能用二维表结构来表现的数据。非结构化数据包括半结构化数据和无结构的非结构化数据。其中，半结构化数据是处于结构化数据和无结构的非结构化数据之间的数据，这种类型的数据格式一般较为规范，都是纯文本数据，可以通过某种特定的方式解析得到每项数据。比较常见的半结构化数据是日志数据及采用XML与JSON等格式的数据，每条记录可能都会有预先定义的规范，但是每条记录包含的信息可能不尽相同，也可能会有不同的字段数等。这类数据一般都是以纯文本的格式输出，管理维护相对而言较为方便。无结构的非结构化数据通常没有固定的格式，无法直接解析出其相应的值。常见的无结构的非结构化数据有网页、文本文档、地理位置信息、多媒体(声音、图像、视频等)信息等，个性化数据占绝大多数。其特征是结构不严谨、数据量大、允许数据丢失。这类数据不容易收集和管理，甚至无法直接查询和分析，所以对于这类数据需要用新型的非关系数据库进行存储。

(2) 按照数据的内容分类。按照数据的内容划分，数据可分为文本、图片、音频、视频等。

① 文本：文本数据是指不能参与算术运算的任何字符，也称为字符型数据。在计算机中，文本数据一般被保存在文本文件中。文本文件是一种由若干行字符构成的计算机文件，常见格式包括ASCII、MIME和TXT等。

② 图片：图片是指由图形、图像等构成的平面媒体。在计算机中，图片数据一般用图片格式的文件来保存。图片的格式很多，大体可以分为点阵图和矢量图两大类。常用的BMP、JPG等格式的图片属于点阵图；Flash动画制作软件所生成的SWF等格式的文件和Photoshop绘图软件所生成的PSD等格式的图片属于矢量图。

③ 音频：数字化的声音数据就是音频数据。在计算机中，音频数据一般用音频文件的格

式来保存。音频文件是指存储声音内容的文件，将音频文件用一定的音频程序执行，就可以还原以前录下的声音。音频文件的格式很多，包括CD、WAV、MP3、MID、WMA、RM等。

④ 视频：视频数据是指连续的图像序列。在计算机中，视频数据一般用视频文件的格式来保存。视频文件常见的格式包括MPEG-4、AVI、DAT、RM、MOV、ASF、WMV、DivX等。

(3) 按照数据产生主体的方式分类。按照数据产生主体的方式划分，数据可以分为最里层数据、次外层数据和最外层数据，如图1-3所示。

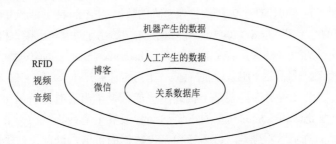

图1-3 按照数据产生主体的方式分类示意图

① 最里层数据：由企业应用而产生的数据，如关系数据库中的数据、数据仓库中的数据等。

② 次外层数据：由人工产生的数据，如社交媒体中的大量文字、图片和视频数据；企业应用的相关评论数据；电子商务在线交易、供应商交易的日志数据；等等。

③ 最外层数据：由机器产生的数据，如应用服务器日志(Web站点、游戏等)；传感器数据(天气、水、智能电网等)；图像和视频数据；RFID、一维条码、二维码扫描、生物特征识别等产生的数据；等等。

(4) 按照数据产生作用的方式分类。按照数据产生作用的方式划分，数据可分为交易数据和交互数据。

① 交易数据：交易数据是指来自电子商务或企业应用中的数据，如企业资源计划(ERP)、企业对企业电子商务(B2B)、企业对顾客电子商务(B2C)、顾客对顾客电子商务(C2C)、线上线下商务(O2O)等系统中的数据。这些数据存储在关系数据库和数据仓库中，可以执行联机分析处理(online analytical processing，OLAP)和联机事务处理(online transaction processing，OLTP)。

② 交互数据：交互数据是指来自相互作用的社交网络中的数据，如机器交互(设备生成交互)和社交媒体交互(人为生成交互)的新型数据。

这两类数据的有效融合将是大势所趋。大数据应用要有效集成这两类数据，并在此基础上实现对这些数据的处理和分析。

如此类型繁多的异构数据对数据处理和分析技术提出了新的挑战，也带来了新的机遇。传统数据主要存储在关系数据库中，但是，在类似Web 2.0等应用领域中，越来越多的数据开始被存储在NoSQL数据库，这就必然要求在集成的过程中进行数据转换，但这种转换的过程是非常复杂和难以管理的。传统的联机分析处理工具和商务智能工具大都面向结构化数据，而在大数据时代，对用户友好的、支持非结构化数据分析的商业软件将迎来广阔的市场空间。

3) 速度快

"速度快"具体体现在数据增长速度快、获取数据速度快、数据处理速度快。大数据的处理要快速及时，数据处理遵循"1秒定律"，要在很短的时间内，从大量的数据中及时为用户获取所需要的数据和信息。

大数据时代的数据产生速度非常快。在Web 2.0应用领域，在1分钟内，新浪可以产生2万条微博，Twitter可以产生10万条推文，Apple可以产生下载4.7万次应用的数据，淘宝平台可以卖出6万件商品，百度可以产生90万次搜索查询的数据，Facebook可以产生600万次浏览量。设在我国贵州省的"天眼"FAST(500米口径球面射电望远镜)的19波束接收机每天产生的原始数据约为500TB。大名鼎鼎的大型强子对撞机(large hadron collider, LHC)每秒大约产生6亿次的碰撞，产生的原始数据量高达40TB，同时有成千上万台计算机在分析这些碰撞的数据。

大数据时代的很多应用都需要基于快速生成的数据给出实时分析结果，用于指导生产和生活实践，数据处理和分析的速度通常要达到秒级甚至毫秒级响应，要求在几秒内就给出针对海量数据的实时分析结果，否则就会丧失数据的价值，因此，数据分析的效率成为人们关注的核心。这一点与传统的数据挖掘技术有着本质的区别，后者通常不要求给出实时分析结果，但对精确性要求较高。例如，用户在天猫或京东等电子商务网站进行网购时，用户的点击流数据会被实时发送到后端的大数据分析平台进行处理，平台会根据用户的特征，找到与其购物兴趣匹配的其他用户群体，然后把其他用户群体曾经买过的、而该用户还未买过的相关商品推荐给该用户。显然，这个过程的时效性很强，需要"秒级"响应，如果要过一段时间才给出推荐结果，那么很可能用户已经离开网站了，这就使得推荐结果变得毫无意义。所以，在这种应用场景中，效率是人们关注的重点，分析结果的精确度只要达到一定程度即可，不需要一味苛求更高的准确率。

4) 价值高

严格来说，大数据的一大特性是价值密度低但整体商业价值高。这里的"价值高"是指大数据的整体商业价值高。这是毋庸置疑的，否则世界各国也不会都如此重视大数据。但是大数据的价值密度低也是其显著的特征，不容忽视。

大数据虽然看起来很"美"，但是其数据价值密度远远低于传统关系数据库中的数据价值密度。在大数据时代，很多有价值的信息都是分散在海量数据中的，这就需要深度复杂的数据挖掘分析以及机器学习参与。

以监控视频为例，在连续不间断的监控过程中，一天中有用的视频可能只有一两秒。但是，为了能够获得这段有价值的视频，人们不得不投入大量资金购买监控设备、网络设备、存储设备，耗费大量的电能和存储空间，以保存摄像头连续不断产生的海量监控数据。

如果这个实例还不够典型，那么可以想象另一个更大的场景。假设一个电子商务网站希望通过微博数据进行针对性营销，为了达到这个目的，就必须构建一个能存储和分析新浪微博数据的大数据平台，使之能够根据用户的微博内容进行有针对性的商品需求趋势预测。愿景很美好，但是现实代价很大，这可能需要耗费数百万元甚至上千万元的资金构建整个大数据团队和平台，而最终带来的企业销售利润增加额可能会比投入的成本低许多。从这点来看，大数据的价值密度是较低的。

但是，当把这些价值密度低的海量数据汇集在一起时，就可能挖掘出很多人们预料不到的潜在价值，这就是大数据的巨大魅力。

正如《大数据时代：生活、工作与思维的大变革》一书中所说，大数据将逐步成为现代社会基础设施的一部分，就像公路、铁路、港口、水电和通信网络一样不可或缺。但就其价值特性而言，大数据却与这些物理化的基础设施不同，不会因为人们的使用而折旧和贬值。作为一种重要的战略资产，大数据已经不同程度地渗透到当今社会每个行业领域和部门，其深度应用不仅有利于企业经营活动，还有利于推动国民经济发展。

5) 精度准

Veracity译为真实性，这里指的是数据的准确性和数据的可信赖度，强调的是数据的质量。在处理大规模的数据量时，对技术体系是有较高要求的。在还没有形成现有的技术体系的年代，人们在处理庞大的数据集时往往束手无策，要么实效性非常差，要么干脆无法处理。

当时甚至流行一种做法——随机抽样，即随机地从庞大的数据集中抽取一部分进行处理，以这样的处理结果作为整个数据集的处理结果。为了追求真实性，可能会多随机抽取几次。但是这个结果其实是不准确的，并不能够体现这些数据完整的价值，甚至还可能得到错误的结论。如今大数据的技术体系相对成熟，人们不再使用随机抽样的方式了，而是对所有的数据进行高效的处理。与局部的抽样数据相比，使用一切数据为我们带来了更高的精确性，也让我们更清楚地看到了抽样样本无法揭示的细节信息。

注意，这里的精度准是针对数据总体的内涵而言，与抽样调查对抽样样本的精确性要求是两个不同的概念，详见"2.3 大数据思维"的相关内容。

1.1.3 大数据带来的影响

大数据在科学研究、经济社会发展和人力资源开发方面都具有重要而深远的影响。在科学研究方面，大数据使得人类科学研究在经历了实验科学、理论科学、计算科学三种范式之后，迎来了第四种范式——数据密集型科学。在经济社会发展方面，大数据决策逐渐成为一种新的决策方式，大数据成为提升国家治理能力的新方法，大数据应用有力地促进了信息技术与各行业的深度融合，大数据开发大大推动了新技术和新应用的不断涌现。在人力资源开发方面，大数据的兴起使得数据科学家成为热门职业，也催生了数据科学与大数据技术、大数据管理与应用等新工科专业和新文科专业，并促进了传统工科专业和文科专业的转型升级。

1. 大数据对科学研究的影响

大数据最根本的价值在于为人类提供了认识复杂系统的新思维和新手段。图灵奖获得者、著名数据库专家吉姆·格雷(Jim Gray)博士认为，人类自古以来在科学研究上先后历经了实验科学、理论科学、计算科学和数据密集型科学四种范式(见图1-4)。

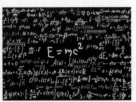

(a) 实验科学   (b) 理论科学   (c) 计算科学   (d) 数据密集型科学

图1-4 科学研究的四种范式

1) 实验科学

在最初的科学研究阶段，人类通过实验来解决一些科学问题，著名的比萨斜塔实验就是一个典型实例。1590年，伽利略(Galileo)在比萨斜塔上做了"两个铁球同时落地"的实验，得出了"重量不同的两个铁球同时下落"的结论，从此推翻了亚里士多德(Aristotle)"物体下落速度和重量成比例"的学说，纠正了这个持续了1900年之久的错误结论。

2) 理论科学

实验科学的研究受到当时实验条件的限制，难以实现对自然现象更精确的理解。随着科学的进步，人类开始采用数学、几何、物理等理论，构建问题模型，寻找解决方案。例如，牛顿第一定律、牛顿第二定律、牛顿第三定律构成了牛顿经典力学的体系，奠定了经典力学的概念基础，它的广泛传播和运用对人们的生活和思想产生了重大影响，在很大程度上推动了人类社会的发展。

3) 计算科学

1946年，随着人类历史上第一台通用计算机ENIAC的诞生，人类社会步入计算机时代，科学研究也进入了一个以"计算"为中心的全新时期。在实际应用中，计算科学主要用于对各种科学问题进行计算机模拟和其他形式的计算。通过设计算法并编写相应程序输入计算机运行，人类可以借助计算机的高速运算能力去解决各种问题。计算机具有存储容量大、运算速度快、精度高、可重复执行等特点，是科学研究的利器，推动了人类社会的飞速发展。

4) 数据密集型科学

随着数据的不断累积，上述三种范式在科学研究领域(特别是一些新的研究领域)已经无法很好地发挥作用，需要一种全新的范式来指导新形势下的科学研究。基于这种考虑，吉姆·格雷提出了一种新的数据探索型研究方法，并将其称为科学研究的"第四种范式"。

在大数据环境下，一切将以数据为中心，从数据中发现问题、解决问题，真正体现数据的价值。大数据成为科学工作者的宝藏，从数据中可以挖掘未知模式和有价值的信息，服务于生产和生活，推动科技创新和社会进步。如今，计算机不仅能进行模拟仿真，还能进行分析总结，得到理论。

虽然第三种范式和第四种范式都利用计算机来进行计算，但两者还是有本质的区别。在第三种范式中，一般是先提出可能的理论，再搜集数据，最后通过计算来验证。而在第四种范式中，是先有了大量已知的数据，然后通过计算得出之前未知的结论。

2. 大数据对经济社会发展的影响

大数据将会对经济社会发展产生深远的影响，具体表现在以下几方面。

1) 大数据决策成为一种新的决策方式

根据数据制定决策并非大数据时代所特有。从20世纪90年代开始，大量数据仓库和商务智能工具就开始用于企业决策。发展到今天，数据仓库已经是一个集成的信息存储仓库，既具备批量和周期性的数据加载能力，也具备数据变化的实时探测、传播和加载能力，并能结合历史数据和实时数据实现查询分析和自动规则触发，从而提供战略决策(如宏观决策和长远规划等)和战术决策(如实时营销和个性化服务等)的双重支持。

但是，数据仓库以关系数据库为基础，无论是在数据类型方面还是在数据量方面都存在较大的限制。如今，大数据决策可以面向类型繁多的、非结构化的海量数据进行决策分析。例如，政府部门可以把大数据技术融入"舆情分析"，通过对论坛、博客、社区等多种来源的数据进行综合分析，弄清或测验信息中本质性的事实和趋势，揭示信息中含有的隐性情报内容，对事物发展做出情报预测，协助政府决策，有效应对各种突发事件。

2) 大数据成为提升国家治理能力的新方法

大数据是提升国家治理能力的新方法，政府可以透过大数据揭示政治、经济、社会事务中传统技术难以展现的关联关系，并对事物的发展趋势做出准确预判，从而在复杂情况下做出合理、优化的决策；大数据是促进经济转型增长的新引擎，大数据与实体经济深度融合，将大幅度推动传统产业提质增效，促进经济转型、催生新业态，同时，大数据的采集、管理、交易、分析等业务也正在成长为巨大的新兴市场；大数据是提升社会公共服务能力的新手段，通过打通各政府、公共服务部门的数据，促进数据流转共享，可以有效促进行政审批事务的简化，提高公共服务的效率，更好地服务人民，提升人民群众的获得感和幸福感。

3) 大数据应用促进信息技术与各行业的深度融合

有专家指出，大数据将会在未来10年改变几乎每个行业的业务功能。互联网、银行、保险、交通、材料、能源、服务等行业不断累积的大数据将加速推进这些行业与信息技术深度融合，开拓行业发展的新方向。例如，大数据可以帮助快递公司选择运输成本最低的运输路线，协助投资者选择收益最大的股票投资组合，辅助零售商有效定位目标客户群体，帮助互联网公司实现广告精准投放，协助电力公司做好配送电计划以确保电网安全，等等。总之，大数据可以触及每个角落，人们的社会生产和生活都会因此发生巨大而深刻的变化。

4) 大数据开发推动新技术和新应用不断涌现

大数据的应用需求是大数据新技术开发的源泉。在各种应用需求的强烈驱动下，各种突破性的大数据技术将被不断提出并得到广泛应用，数据的能量也将不断得到释放。在不远的将来，原来那些依靠人类自身判断力的领域应用，将逐渐被各种基于大数据的应用所取代。例如，今天的汽车保险公司，只能凭借少量的车主信息对客户进行简单的类别划分，并根据客户的汽车出险次数给予相应的保费优惠方案，客户无论选择哪家保险公司都没有太大差别，但随着车联网的出现，"汽车大数据"将会深刻改变汽车保险业的商业模式。如果某家商业保险公司能够获取客户车辆的相关细节信息，并利用事先构建的数学模型对客户等级进行更加细致的判定，给予更加个性化的"一对一"优惠方案，那么毫无疑问，这家保险公司将具备明显的市场竞争优势，会获得更多客户的青睐。

综上所述，大数据的作用是在海量数据的基础上，通过计算分析获得有意义的结果，用于各类决策分析等。大数据能够帮助行为主体从原本毫无价值的海量数据中挖掘出有效信息，使数据能够从量变到质变，真正产生价值。

《"十四五"数字经济发展规划》中指出，数字化服务是满足人民美好生活需要的重要途径。数字化方式正有效打破时空阻隔，提高有限资源的普惠化水平，极大地方便群众生活，满足多样化、个性化需要。数字经济发展正在让广大群众享受到看得见、摸得着的实惠。

3. 大数据对人力资源开发的影响

1) 大数据对人力资源需求的影响

大数据的兴起使得数据科学家成为热门职业。2010年，在高科技劳动力市场上还很难见到数据科学家的头衔。后来，数据科学家逐渐发展为市场上比较热门的职业之一，具有广阔的发展前景，并代表着未来的发展方向。

互联网企业和零售、金融类企业都在积极争夺大数据人才，数据科学家成为大数据时代最紧缺的人才。据麦肯锡报告，到2018年，仅美国本土就缺少14万～19万具备数据深入分析能力的专业人才，而能够通过分析大数据促进企业做出有效决策的数据管理人员和分析师，也存在约150万人的缺口。

2021年，工信部发布的《"十四五"大数据产业发展规划》中提出，到2025年，大数据产业测算规模突破3万亿元。但大数据人才的培养数量和速度远远达不到产业规模增速，预计到2025年，大数据核心人才缺口将高达230万人，严重制约行业发展。

目前，中国用户还主要局限在结构化数据分析方面，尚未进入通过对半结构化和非结构化数据进行分析、捕捉新的市场空间的阶段。但是，大数据中包含了大量的非结构化数据，未来将会产生大量针对非结构化数据进行分析的市场需求，因此未来中国市场对掌握大数据分析专业技能的数据科学家的需求会逐年递增。

尽管有少数人认为，未来有更多的数据会采用自动化处理，会逐步降低对数据科学家的需求，但是仍然有更多的人认为，随着数据科学家给企业所带来的商业价值的日益体现，市场对数据科学家的需求会日益增加。

《大数据产业发展规划2016—2020年》(以下简称《规划》)在分析面临的形势时指出，大数据基础研究、产品研发和业务应用等各类人才短缺，难以满足发展的需要。该《规划》在保障措施中强调，建立适应大数据发展需求的人才培养和评价机制。加强大数据人才培养，整合高校、企业、社会资源，推动建立创新人才培养模式，建立健全多层次、多类型的大数据人才培养体系。鼓励高校探索建立培养大数据领域专业型人才和跨界复合型人才机制。支持高校与企业联合建立实习培训机制，加强大数据人才职业实践技能培养。《"十四五"数字经济发展规划》中指出，提升全民数字素养和技能，实施全民数字素养与技能提升计划，深化数字经济领域新工科、新文科建设。

2) 大数据对人力资源供给的影响

大数据开发与应用涉及三个主要环节：大数据技术、大数据管理和大数据应用。与之相对应的是大数据技术人才、大数据管理人才和大数据应用人才。大数据技术人才是大数据产业发展的基础力量；大数据管理人才是大数据产业发展和应用推广的核心力量；大数据应用人才是大数据广泛推广应用的重要力量，涉及面最广，需求量最大。

2014年，中国科学院大学开设首个"大数据技术与应用"专业方向，该专业面向科研发展及产业实践，培养信息技术与行业需求结合的复合型大数据人才；2014年，清华大学成立数据科学研究院，推出多学科交叉培养的大数据硕士项目；2015年10月，复旦大学大数据学院成立，在多学科交叉融合的基础上，聚焦大数据学科建设、研究应用和复合型人才培养；2016年9月，华东师范大学数据科学与工程学院成立，新设置"数据科学与工程"本科专业；2013年，厦门大学开始在研究生层面开设大数据课程；2016年，北京大学、对外经济贸易大学、中南大学成为国内首批设立"数据科学与大数据技术"专业的高校。

新工科的数据科学与大数据技术专业(一般设在信息学院、计算机学院)依托计算机科学与技术专业应运而生,侧重于培养大数据领域的专业型技术人才,目前已有近千所本科院校开设了此专业,发展相对比较成熟。

新文科的大数据管理与应用专业(一般设在经管学院)发展较晚,侧重于培养跨学科复合型的大数据管理和应用人才。哈尔滨工业大学、东北财经大学等五所大学于2018年首次开设该专业,目前也只有200余所本科院校开设了此专业。

专栏1-6

大数据管理与应用专业的人才定位

《用户行为分析:如何用数据驱动增长》一书中指出,大数据时代的理念已经出现很久了,对于数据价值的认知,越来越多的企业管理者也已经具备,那么为什么成功实现数据驱动的企业仍然凤毛麟角呢?该书总结为以下原因。

(1) 提不出需求。数据中台①是当下非常热门的系统建设类型,但是仔细审视大部分建设计划,充满了系统上线后可以支持业务的种种可能性。注意,这里的"可能性"并不都是业务部门提出的真实需求或理解认可的业务场景。事实上,数据驱动的世界是一个普遍存在指数级增长的世界(因为边际成本逐渐降低,当数据累积到一定程度后能够驱动的业务效果是呈指数级变化的),而人类认知世界的方式是线性的(经营者习惯地理解增长的方式是复制、递增,很难想象爆炸式的增长如何实现)。这就造成了既懂数据又懂业务的专家成为稀缺资源。缺少任何一面的知识,都很难能够提出既来自业务又超越当下的需求。

(2) 采集工作缺失。数据化和数字化是伴生的关系,很多企业已经投入大量资源进行数字化建设,但可惜的是,并没有同步启动数据化工作。其实在开发数字化系统的同时,预设好数据采集的接口,制定好统一的数据标准,能大幅减少后期数据化工作的投入。但往往由于数字化进程的紧迫,企业忽视进行数据采集和与数据标准相关的工作,致使后期拖延数月甚至数年都无法实现系统的数字化。

(3) 有报表无洞察。没有一个企业会说自己没有进行数据分析。每次在经营分析会上,企业管理者都会看到大量的数据报表,这些数据大多是对经营结果的总结和分解,但因为经营数据大多来自财务和管理数据,其相对简单的维度和数据量并不能支撑数据发掘的洞察方法。由于延续了这样的数据处理经验,当企业获得了更多、更丰富的用户数据后,团队提供的仍然是BI(商务智能)报表式的分析报告,用数据来陈列经营管理的事实,而不是借助更多的方法工具来发掘增长的机会。

(4) 有洞察无策略。洞察与策略的区别在于:洞察是对问题原因的发现和机会的发掘,而策略是可以转化成行动的判断。很多企业的数据部门划分在信息部门之下,属于支撑职能,而能够调动资源决定方向的是业务部门。如果数据工作不能和业务部门的行动策略紧密结合,那后果可想而知:大量的数据报告停留在PPT上,两个部门的交锋之处永远是数据部门提供的数据与业务部门的经验数据不符,而不是如何在数据应用过程中迭代下一步计划。

最后的困难是企业内部如果想建立一个数据团队,那么就需要很多的专业人才,然而这类人才目前还比较少,这就导致了企业在这方面的投资往往大于回报。

---

① 详见专栏2-1。

以上正是大数据管理与应用专业致力于破解的痛点和难题。工科数据科学与大数据技术专业培养的是大数据技术人才，文科大数据管理与应用专业培养的应该是既懂数据又懂业务和管理的专业人才。而经管类其他专业及非计算机类理工科专业进行数字化转型升级，也是要为其培养的人才架上数据的"翅膀"。

2019年4月，教育部、科技部等13个部门联合启动了"六卓越一拔尖"计划2.0，全面推进新工科、新医科、新农科和新文科建设，提高高校服务经济社会发展能力。自此，"新文科"概念浮出水面。与新工科、新医科、新农科相比，新文科出现得较晚，但随着上述计划的正式启动，新文科建设也引起了社会更广泛的关注。

吉林大学文科资深教授孙正聿认为，新文科的"新"应该是教育理念之新，主要体现在培养目标、教学内容、教育观念和人才评价四个方面。云南大学党委书记林文勋研究员认为，新文科并非人文与科技的简单相加，新文科之"新"主要体现在瞄准新方位、肩负新任务和运用新方法三个方面。北京大学副校长王博研究员认为，新文科的显著特征就是交叉融合，融合就是互动、创新和突破。数字人文是近年来新兴的文理交叉领域，为传统的人文研究和教学提供了新的研究方法和研究范式。因此，新文科建设应紧紧抓住大数据这条主线，开展深度数字化改造升级，加速促进传统专业的转型升级。

总之，大数据的作用是多方面的。正如《大数据时代：生活、工作与思维的大变革》一书中所说，大数据开启了一次重大的时代转型。就像望远镜让我们能够感受宇宙，显微镜让我们能够观测微生物一样，大数据正在改变人们的生活以及理解世界的方式，成为新发明和新服务的源泉，而更多的改变正蓄势待发。

不过，也诚如卡内基梅隆大学海因茨学院院长Ramayya Krishnan所言，大数据具有催生社会变革的能量，但释放这种能量，需要严谨的数据治理、富有洞见的数据分析和激发管理创新的环境。

1.2 大数据时代

随着云计算和大数据的快速发展，全球掀起了新的大数据产业浪潮，人类正从IT(information technology，信息技术)时代迅速向DT(data technology，数据技术)时代迈进，数据资源的价值也进一步得到提升。大数据之所以能成为一个"时代"，在很大程度上是因为这是一个可以由社会各界广泛参与，八面出击，处处结果的社会运动。当一个时代到来时，人们似乎总能寻觅到很多蛛丝马迹，但大数据时代却有所不同。它到来得如此迅猛，甚至让人始料未及。还记得央视《大数据时代》纪录片中反复提到的"改变"吗？数据，自古有之。而如今，大数据为人们的生活和生产方式带来了深刻的改变。

以大数据、云计算、移动互联为核心的互联网新技术、新模式与传统企业的融合、创新，以及互联网企业的跨界发展，正成为主流现象：青岛红领是一家服装企业，却被认为是一家大数据平台公司；特斯拉是一家汽车公司，但特斯拉车却被视为一个移动互联网终端；Google是一家互联网公司，但是Google无人驾驶汽车却引领了汽车业未来的重要发展趋势。

1.2.1 大数据的诞生与演变历程

从大数据的诞生与演变历程来看，大致可以划分为四个重要阶段：萌芽期(1980—2008年)、成长期(2009—2012年)、爆发期(2013—2015年)和快速发展期(2016至今)。

1. 大数据萌芽期(1980—2008年)

1980年,著名未来学家阿尔文·托夫勒(Alvin Toffler)在《第三次浪潮》一书中提到"大数据"一词。书中将"大数据"称为"第三次浪潮的华彩乐章"。

1997年10月,迈克尔·考克斯(Michael Cox)和大卫·埃尔斯沃思(David Ellsworth)在第八届美国电气电子工程师学会(IEEE)关于可视化的会议论文集中,发表了题为《为外存模型可视化而应用控制程序请求页面调度》的文章,这是美国计算机学会的数字图书馆中第一篇使用"大数据"这一术语的文章。

1999年10月,在IEEE关于数据可视化的年会上,设置了名为"自动化或者交互:什么更适合大数据?"的专题讨论小组,探讨大数据问题。

2001年2月,梅塔集团分析师道格·莱尼(Doug Laney)发布了题为《3D数据管理:控制数据容量、处理速度及数据种类》的研究报告。10年后,"3V"(volume、variety和velocity)作为定义大数据的3个维度被人们广泛接受。

2002年,"9·11"事件后,美国政府为阻止恐怖主义已经涉足大规模数据挖掘。

2005年9月,蒂姆·奥莱利(Tim O'Reilly)发表了《什么是Web 2.0》一文,并在文中指出"数据将是下一项技术核心"。

2007年,随着社交网络的激增,技术博客和专业人士为大数据概念注入新的生机。

2008年9月,《自然》杂志推出大数据专刊;计算社区联盟(Computing Community Consortium)发表的报告《大数据计算:在商业、科学和社会领域的革命性突破》中阐述了大数据技术及其面临的一些挑战。

这一阶段,"大数据"一词开始被提出,相关技术和概念得到传播,但没有实质性发展。

2. 大数据成长期(2009—2012年)

虽然阿尔文·托夫勒在1980年就极力赞扬大数据为"第三次浪潮的华彩乐章",但是直到2009年,"大数据"才开始成为IT行业的热词。

中国互联网络信息中心(CNNIC)统计数据显示,截至2009年12月,我国网民规模达到3.84亿人,互联网普及率达到28.9%,宽带网民规模达到3.46亿人,互联网数据呈爆发式增长。

2010年2月,维克托·迈尔-舍恩伯格与肯尼思·库克耶(Kenneth Cukier)在《经济学人》上发表了一份长达14页的大数据专题报告——《数据,无所不在的数据》,成为最早洞见大数据时代发展趋势的数据科学家。

2011年2月,《科学》杂志推出专刊《处理数据》,讨论了科学研究中的大数据问题。

2011年6月,全球知名咨询公司麦肯锡发布题为《大数据:下一个具有创新力、竞争力与生产力的前沿领域》的报告,指出"大数据时代已经到来"。

2011年12月,我国工信部印发《物联网"十二五"发展规划》,把信息处理技术作为4项关键技术创新工程之一提出来,其中包括海量数据存储、数据挖掘、图像视频智能分析,这些是大数据的重要组成部分。

2012年,美国白宫科技政策办公室发布《大数据研究发展倡议》,正式启动"大数据发展计划",大数据上升为美国国家发展战略,被视为美国政府继信息高速公路计划之后在信息科学领域的又一重大举措。

2012年7月，我国国务院发布的《"十二五"国家战略性新兴产业发展规划》中指出，加强以网络化操作系统、海量数据处理软件等为代表的基础软件、云计算软件、工业软件、智能终端软件、信息安全软件等关键软件的开发。

2012年12月，维克托·迈尔-舍恩伯格与肯尼思·库克耶出版著作《大数据时代：生活、工作与思维的大变革》，此后该书开始在国内风靡，推动了国内大数据的发展，并成为许多人了解大数据的启蒙书籍。该书开大数据系统研究之先河，提出了"世界的本质就是数据，大数据将开启一次重大的时代转型""真正的革命并不在于分析数据的机器，而在于数据本身和我们如何运用数据""大数据发展的核心动力来源于人类测量、记录和分析世界的渴望""大数据的精髓在于我们分析数据时的三个转变，从因果关系到相关关系的思维变革才是大数据的关键，建立在相关关系分析法基础上的预测才是大数据的核心"等观点。

2012年，世界经济论坛发布报告《大数据，大影响》，从金融服务、健康、教育、农业、医疗等多个领域阐述了大数据给世界经济社会发展带来的机会。

同年，赛迪智库软件与信息服务研究所发布《2012年大数据蓝皮书》。该书对大数据进行了全面、深入的分析和解读，在业内引起了广泛关注。

这一阶段，大数据市场迅速成长，伴随着互联网的成熟，大数据技术逐渐被大众熟悉和使用。

3. 大数据爆发期(2013—2015年)

2013年被称为"大数据元年"，BAT(百度公司、阿里巴巴集团、腾讯公司)各显身手，分别推出了创新性大数据应用。

2013年11月，国家统计局与阿里巴巴、百度等11家企业签署了战略合作框架协议，推动了大数据在政府统计中的应用。

2013年12月，中国计算机学会发布《中国大数据技术与产业发展白皮书》，系统总结了大数据的核心科学与技术问题，推动了中国大数据学科的建设与发展，并为政府部门提供了战略性的意见与建议。

2014年，"大数据"首次出现在我国政府工作报告中，"大数据"上升为国家战略。

2014年5月，美国政府发布《大数据：把握机遇，守护价值》白皮书，鼓励使用数据来推动社会进步。

2015年4月，全国首个大数据交易所——贵阳大数据交易所正式挂牌运营。

2015年8月，国务院印发《促进大数据发展行动纲要》，全面推进我国大数据发展和应用，加快建设数据强国。这是中国大数据发展的国家顶层设计和总体部署。

2015年10月，中共中央十八届五中全会提出"实施国家大数据战略"。

这一阶段，大数据终于迎来了发展的小高潮，包括我国在内的世界各国纷纷发表大数据发展战略，大数据时代悄然开启。

4. 大数据快速发展期(2016年至今)

2016年1月，《贵州省大数据发展应用促进条例》发布，成为全国第一部大数据地方法规。

2016年2月，教育部公布《2015年度普通高等学校本科专业备案和审批结果》，首次出现了"数据科学与大数据技术"专业，正式开启了大数据专业人才培养的计划。

2016年2月，国家发展和改革委员会(简称国家发改委)、工信部、中央网络安全和信化委员会办公室(简称中央网信办)同意贵州省建设国家大数据(贵阳)综合试验区,这也是首个国家级大数据综合试验区。

2017年1月,为加快实施国家大数据战略,推动大数据产业健康快速发展,工信部印发了《大数据产业发展规划(2016—2020年)》。

2017年4月,《大数据安全标准化白皮书(2017年)》正式发布,从法规、政策、标准和应用等角度,勾画了我国大数据安全的整体轮廓。

2018年4月,首届"数字中国"建设峰会在福建省福州市举行。

2019年11月,《中共中央关于坚持和完善中国特色社会主义制度、推进国家治理体系和治理能力现代化若干重大问题的决定》首次将"数据"作为生产要素写入中央文件,与劳动力、资本、土地、技术等传统要素并列。

2020年3月,《中共中央、国务院关于构建更加完善的要素市场化配置体制机制的意见》再次将"数据"作为一种新型生产要素写入中央文件,明确强调,要加快培育数据要素市场。

2021年3月通过的《国家"十四五"规划纲要》中明确提出,迎接数字时代,激活数据要素潜能,加快建设数字经济、数字社会、数字政府,以数字化转型整体驱动生产方式、生活方式和治理方式变革。

为了规范数据处理活动,保障数据安全,促进数据开发利用,保护个人、组织的合法权益,维护国家主权、安全和发展利益,2021年6月10日,第十三届全国人民代表大会常务委员会第二十九次会议表决通过了《中华人民共和国数据安全法》,于2021年9月1日起施行。

2021年11月,工信部发布的《"十四五"大数据产业发展规划》中指出,数据是新时代重要的生产要素,是国家基础性战略资源。大数据是数据的集合,以容量大、类型多、速度快、精度准、价值高为主要特征,是推动经济转型发展的新动力,是提升政府治理能力的新途径,是重塑国家竞争优势的新机遇。到2025年,大数据产业测算规模突破3万亿元,年均复合增长率保持在25%左右。

2022年1月,国务院公开发布的《"十四五"数字经济发展规划》中指出,数字经济是继农业经济、工业经济之后的主要经济形态。数字经济发展速度之快、辐射范围之广、影响程度之深前所未有,正推动生产方式、生活方式和治理方式深刻变革,成为重组全球要素资源、重塑全球经济结构、改变全球竞争格局的关键力量。

2022年12月,中共中央、国务院印发的《关于构建数据基础制度更好发挥数据要素作用的意见》中指出,数据作为新型生产要素,是数字化、网络化、智能化的基础,已快速融入生产、分配、流通、消费和社会服务管理等各环节,深刻改变着生产方式、生活方式和社会治理方式。数据基础制度建设事关国家发展和安全大局。

2023年2月,中共中央、国务院印发的《数字中国建设整体布局规划》中指出,建设数字中国是数字时代推进中国式现代化的重要引擎,是构筑国家竞争新优势的有力支撑。加快数字中国建设,对全面建设社会主义现代化国家、全面推进中华民族伟大复兴具有重要意义和深远影响。

这一阶段,伴随着国家部委有关行业应用政策的出台,国内的金融、政务、电信、物流等行业中的大数据应用价值不断凸显。同时，随着我国大力发展数字经济、推动数字中国建设，大数据产业及应用发展必将迎来高速发展期。

专栏1-7

大数据产业

《大数据产业发展规划(2016—2020年)》提出，大数据产业指以数据生产、采集、存储、加工、分析、服务为主的相关经济活动，包括数据资源建设、大数据软硬件产品的开发、销售和租赁活动，以及相关信息技术服务。

《"十四五"大数据产业发展规划》指出，大数据产业是以数据生成、采集、存储、加工、分析、服务为主的战略性新兴产业，是激活数据要素潜能的关键支撑，是加快经济社会发展质量变革、效率变革、动力变革的重要引擎。

换言之，大数据产业是指一切与支撑大数据组织管理和价值发现相关的企业经济活动的集合，包括IT基础设施层、数据源层、数据存储层、数据分析层、数据平台层和数据应用层等。

在IT基础设施层，主要涉及IT硬件、软件、网络等基础设施，以及提供咨询、规划和系统集成服务的企业。例如，提供数据中心解决方案的IBM、HP和Dell等；提供存储解决方案的EMC；提供虚拟化管理软件的微软、SUN；等等。

在数据源层，主要涉及大数据生态圈中的数据提供者。例如，搜索引擎(百度、谷歌等)、社交网络(微信、微博、抖音等)、电商平台(淘宝、天猫、京东等)，以及政务、医疗、交通、生物等各行业各种数据的来源。

在数据存储层，主要涉及提供数据抽取、转换、存储管理等服务的各类企业或产品。例如，分布式文件系统(Hadoop的HDFS、谷歌的GFS等)、ETL工具、数据库(Oracle、MySQL、SQL Server、HBase等)。

在数据分析层，主要涉及提供分布式计算、数据挖掘、统计分析等服务的各类企业或产品。例如，分布式计算框架MapReduce、统计分析软件SPSS和SAS、数据挖掘工具WeKa、数据可视化工具Tableau、商务智能工具MicroStrategy等。

在数据平台层，主要涉及提供数据分享平台、数据分析平台、数据租售平台等服务的企业或产品。例如，阿里巴巴、谷歌、百度、中国电信等。

在数据应用层，主要涉及提供各种应用解决方案或应用大数据的企业、机构、政府部门等，它们利用大数据进行业务实施和决策支持。例如，交通管理部门致力于实现智能交通、医疗机构专注于智慧医疗、菜鸟网络打造智能物流、国家电网推进智能电网建设。此外，智慧农业、智慧教育、智能制造、智慧社区、智慧城市和智慧政务等应用场景不断涌现。

目前，我国已经建设了8个国家大数据综合试验区和11个大数据领域国家新型工业化产业示范基地。2022年，我国大数据产业规模达1.57万亿元，同比增长18%。《"十四五"数字经济发展规划》进一步强调，大力推进产业数字化转型，加快企业数字化转型升级，全面深化重点产业数字化转型，推动产业园区和产业集群数字化转型。

狭义的大数据产业主要是指大数据核心产业，广义的大数据产业不仅包括大数据核心产业，还包括更广泛的大数据应用。

大数据的应用

"数据，正在改变甚至颠覆我们所处的整个时代"，维克托·迈尔-舍恩伯格教授10年前在《大数据时代：生活、工作与思维的大变革》一书中就发出如此感慨。发展到今天，大数据已经无处不在，宛如一股"洪流"注入世界经济，成为全球各个经济领域的重要组成部分。在生产制造、媒体营销、电子商务、物流交通、餐饮旅游、体育娱乐、生物医学、医疗卫生、电信能源、金融科技、城市管理、政府政务等在内的社会各行各业都已经融入了大数据的印迹。如今，大数据应用已经进入经济、政治、文化、社会、生态文明建设各领域继而逐步形成数字中国。

《"十四五"大数据产业发展规划》指出，行业融合逐步深入，大数据应用从互联网、金融、电信等数据资源基础较好的领域逐步向智能制造、数字社会、数字政府等领域拓展。《数字中国建设整体布局规划》指出，推进数字技术与经济、政治、文化、社会、生态文明建设"五位一体"深度融合。

就企业而言，其掌握的大数据是经济价值的源泉。比较常见的是，一些公司已经把商业活动的每个环节都建立在数据收集、分析之上，尤其是在营销活动中。eBay公司通过数据分析计算出广告中每个关键字为公司带来的回报，以进行精准的定位营销，优化广告投放。从2007年以来，eBay产品的广告费缩减了99%，而顶级卖家的销售额在总销售额中上升至32%。淘宝通过挖掘处理用户浏览页面和购买记录的数据，为用户提供个性化建议并推荐新的产品，以达到提高销售额的目的。有些企业利用大数据分析研判市场形势，部署经营战略，开发新的技术和产品，以期迅速占领市场制高点。

《"十四五"数字经济发展规划》中也明确指出，要加快企业数字化转型升级。详见"3.1.3企业数据发展规划"相关内容。

就政府而言，大数据的发展将会提高政府科学决策水平，将政府传统的"拍脑袋"式决策变为"用数据说话"。政府可以利用大数据分析社会、经济、人文生活等规律，为国家宏观调控、战略决策、产业布局等提供决策依据；通过大数据分析社会公众和企业的行为，可以提高政府的公共服务水平；采用大数据技术，还可以实现城市管理由粗放式向精细化转变，提高政府的社会管理水平。

在医疗领域，大数据也有不俗表现。医院通过分析采用监测器采集的数百万个新生儿重症监护病房的数据，可以从体温升高、心率加快等因素中，研判新生儿是否存在感染潜在致命性或传染性疾病的可能性，以便为下一步做好预防和应对措施奠定基础，而这些早期的疾病症状，并不是经验丰富的医生通过巡视查房就可以发现的。

总而言之，大数据的身影无处不在，并时刻影响和改变着人们的生活和理解世界的方式。广泛的大数据应用详见第6章相关内容。

1.2.2 数据爆炸与第三次信息化浪潮

数据爆炸，第三次信息化浪潮涌动，大数据时代全面开启。人类社会信息科技的发展为大数据时代的到来提供了技术支撑，而数据产生方式的变革是促进大数据时代到来的至关重要的因素。

1. 数据爆炸

人类进入信息社会以后，数据以自然方式增长，其产生不以人的意志为转移。从1986年开始到2010年的20多年时间里，全球数据量增长了约100倍，今后的数据量增长速度将更快，我们正生活在一个"数据爆炸"的时代。

一方面，互联网数据迅速增加。随着Web 2.0和移动互联网的快速发展，人们已经可以随时随地通过博客、微博、微信、抖音等平台发布各种信息。

另一方面，物联网设备源源不断生成新的数据。如今，世界上只有约25%的设备是联网的，在联网设备中大约80%是计算机和手机，而在不远的将来，随着移动通信5G时代的全面开启，物联网将得到全面的发展，汽车、家用电器、生产机器等各种设备也将广泛联入物联网，这些设备每时每刻都会自动产生大量数据。

人类社会正在经历第二次数据爆炸(如果把印刷在纸上的文字和图形也看作数据，那么人类历史上第一次数据爆炸发生在造纸术和印刷术普及的时期)，各种数据产生速度之快，产生数量之大，已经远远超出人类的预期，"数据爆炸"成为大数据时代的鲜明特征。

大数据的数据来源众多，科学研究、企业应用和Web应用等都在源源不断地生成新的类型繁多的数据。生物大数据、交通大数据、医疗大数据、电信大数据、电力大数据、金融大数据等，都呈现"井喷式"增长，所涉及的数据量十分巨大，已经从TB级别跃升到PB级别。各行各业每时每刻都在生成各种不同类型的数据，具体可扫描二维码获悉。

消费大数据　　金融大数据　　医疗大数据　　城市大数据　　工业大数据

综上所述，大数据的数据量非常大，总体而言可以分成两大类，即结构化数据和非结构化数据(含半结构化数据)。其中，前者占10%左右，主要是指存储在关系数据库中的数据；后者占90%左右，种类繁多，包括邮件、音频、视频、位置信息、链接信息、手机呼叫信息、网络日志等，主要存储在新的非关系数据库中。

根据著名咨询机构互联网数据中心(Internet Data Center，IDC)做出的估测，互联网上产生的数据每年都在以50%的速度增长，也就是说，大约每两年就增加一倍，这种现象被称为大数据摩尔定律(摩尔定律是英特尔创始人之一戈登·摩尔的经验之谈)。这意味着，人类在最近两年产生的数据量相当于之前产生的全部数据量之和。IBM的研究称，整个人类文明所获得的全部数据中，有90%以上的数据是过去两年内产生的。

在数据爆炸的今天，人类一方面对知识充满渴求，另一方面为数据的复杂特征所困惑。数据爆炸对科学研究提出了更高的要求，人类需要设计出更加灵活高效的数据存储、处理和分析工具来应对大数据时代的挑战，由此，必将带来云计算、数据仓库、数据挖掘等技术和应用的提升或根本性的改变。在存储(存储技术)领域，需要实现低成本的大规模分布式存储；在网络效率(网络技术)方面，需要实现及时响应用户体验功能；在数据中心方面，需要开发更加绿色节能的新一代数据中心，在有效面对大数据处理需求的同时，实现最大化资源利用率、最小化系统能耗的目标。

2. 第三次信息化浪潮

IBM公司前首席执行官郭士纳认为，IT领域每隔15年就会迎来一次重大变革，以移动技术为代表的普适计算、泛在网络被称为继计算机技术、互联网技术之后信息技术的第三次革命。而物联网通过智能感知、识别技术与普适计算、泛在网络的融合应用被称为继计算机、互联网之后世界信息产业发展的第三次浪潮。第三次信息化浪潮的相关信息如表1-3所示。

表1-3　三次信息化浪潮的相关信息

信息化浪潮	发生时间	标志	解决的问题	代表企业
第一次	1980年前后	个人计算机	信息处理	Intel、AMD、IBM、苹果、微软、联想、戴尔、惠普等
第二次	1995年前后	互联网	信息传输	谷歌、阿里巴巴、百度、腾讯等
第三次	2010年前后	物联网、云计算和大数据	信息爆炸/海量信息的挖掘与利用	亚马逊、谷歌、IBM、VMware、Palantir、Hortonworks、Cloudera、阿里云等

1) 第一次信息化浪潮：个人计算机时代

1980年前后，个人计算机(PC)开始普及，计算机逐渐走入企业和千家万户，大大提高了社会生产力，也使人类迎来了第一次信息化浪潮，Intel、AMD、IBM、苹果、微软、联想等是这个时期的代表企业。

2) 第二次信息化浪潮：互联网时代

1995年前后，人类开始全面进入互联网时代，互联网的普及把世界变成"地球村"，每个人都可以自由遨游于信息的海洋中，由此，人类迎来了第二次信息化浪潮。这个时期也缔造了谷歌、阿里巴巴、百度等互联网"巨头"。

3) 第三次信息化浪潮：物联网时代

2010年前后，云计算、大数据、物联网的快速发展，拉开了第三次信息化浪潮的大幕，大数据时代的到来也必将涌现一批新的市场标杆企业。

专栏1-9

《第三次浪潮》

《第三次浪潮》是美国著名未来学家阿尔文·托夫勒的代表作之一，阐述了由科学技术发展所引起的社会各方面的变化与趋势。他认为，人类社会正进入一个崭新的时期——"第三次浪潮文明"。

人类迄今已经历了两次浪潮文明：第一次是"农业革命"，约从1万年前开始，即人类从原始野蛮的渔猎时代进入以农业为基础的社会，历时几千年；第二次是"工业革命"，从17世纪末开始，历时300年，它摧毁了古老的文明社会。在第二次浪潮时期，使用不可再生的化石燃料作为能源基础，技术突飞猛进，出现大规模的销售系统。同时，家庭不再是共同劳动的经济单位。小家庭、工厂式的学校加上大公司，三者形成第二次浪潮时期的社会结构。

第三次浪潮从20世纪50年代后期开始，以电子工业、宇航工业、海洋工业、遗传工程组成工业群；社会进步不再以技术和物质生活标准来衡量，而以丰富多彩的文化来衡量。这个时代，鼓励个人人性发展，但不是创造某个理想的超人，而是培养一种新的社会性格。在第三次浪潮条件下发展新的民主，摈弃谬误和吓人的观念。"第三次浪潮文明"是对未来社会设计的一种蓝图，其立足点是现代科技的发展，所阐述的内容反映了当代西方社会思潮的一些重要观点。

托夫勒着力于研究当代社会的变革方向，形成了著名的三次浪潮理论。托夫勒认为，今天的变革是继农业文明、工业文明之后的第三次浪潮，这是人类文明史的新阶段，是一种独特的社会状态。他强烈主张，人类应该在思想、政治、经济、家庭领域来一场革命，以适应第三次浪潮文明。

托夫勒不是经济学家，但他的著作中探讨了大量变革时代的经济问题。托夫勒虽然没有给人们带来直接财富，但他的思想或多或少仍在指引着人们"创造未来"。

1.2.3 大数据时代的技术支撑

1. 信息科技为大数据时代提供技术支撑

大数据时代的到来必然会带来一场技术革命。毫无疑问，如果没有强大的数据存储、传输和计算等技术能力，缺乏必要的设施、设备，大数据的应用就无从谈起。从这个意义上说，信息科技的进步是大数据时代的物质基础。信息科技需要解决信息存储、信息处理和信息传输3个核心问题。人类社会在信息科技领域的不断进步，为大数据时代提供了技术支撑。

1) 存储设备容量不断增加

数据被存储在磁盘、磁带、光盘、闪存等各种类型的存储介质中。随着科学技术的不断进步，存储设备制造工艺不断升级、容量大幅增加、读写速度不断提升，价格却在不断下降。

早期的存储设备容量小、价格高、体积大。例如，IBM公司在1956年生产的一个早期的商业硬盘，其容量只有5MB，不仅价格昂贵，而且体积有一个冰箱那么大。而现在容量为1TB的硬盘大小只有3.5in，读写速度达到200MB/s，而且价格低廉。如今，高性能的硬盘存储设备，不仅提供了海量的存储空间，还大大降低了数据存储成本。

与此同时，以闪存为代表的新型存储介质也开始得到大规模的普及和应用。闪存是一种半导体存储器，从1989年诞生第一款闪存产品开始，闪存技术不断取得新的突破，并逐渐在计算机存储产品市场中确立了自己的重要地位。闪存是一种非易失性存储器，即使发生断电也不会丢失数据，可以作为永久性存储设备。闪存具有体积小、质量轻、能耗低、抗震性好等优良特性。

闪存芯片可以被封装制作成SD卡、U盘和固态盘等各种存储产品，其中，SD卡和U盘主要用于个人数据存储，固态盘则越来越多地应用于企业级数据存储。通常，一个32GB的SD卡，尺寸约为24mm×32mm×2.1mm，质量只有0.5g。以前7200r/min的硬盘，每秒读写次数(input/output operations per second，IOPS)只有100，传输速率只有50MB/s，而现在的基于闪存的固态盘有几万甚至更高的IOPS，访问延迟只有几十微秒，允许人们以更快的速度读写数据。

总体而言，数据量和存储设备容量之间是相辅相成、互相促进的。一方面，随着数据不断产生，需要存储的数据量不断增长，人们对存储设备的容量提出了更高的要求，促使存储设备生产商制造更大容量的产品以满足市场需求；另一方面，更大容量的存储设备进一步加快了数据量增长的速度。在存储设备价格较高的年代，由于成本问题，一些不必要或当前不能明显体现价值的数据往往会被丢弃，但是随着单位存储空间价格的不断降低，人们开始倾向于把更多的数据保存起来，以期在未来某个时刻可以用更先进的数据分析工具从中挖掘价值。

2) CPU处理能力大幅提升

CPU处理性能的不断提升也是促使数据量不断增长的重要因素。CPU的性能不断提升，大大提高了处理数据的能力，使人们可以更快地处理不断累积的海量数据。从20世纪80年代至今，CPU的制造工艺不断提升，晶体管数量不断增加，运行频率不断提高，核心(core)数量逐渐增多，而用同等价格所能获得的CPU处理能力也呈几何级数上升。

在过去的30多年中，CPU的处理速度已经从10MHz提高到3.6GHz。在2013年之前的很长一段时间里，CPU处理速度的提高一直遵循摩尔定律，即集成电路上可以容纳的晶体管数目大约每18个月到24个月便会增加一倍。换言之，处理器的性能大约每两年翻一倍，同时价格下降为之前的一半。

半导体行业大致按照摩尔定律发展了半个多世纪。然而，更新增长已经在2013年底放缓。例如，英特尔在22纳米和14纳米的CPU制程上已经放慢了技术更新的步伐，之后的时间里，晶体管数量密度预计只会每三年增加一倍。随着器件尺寸越来越接近物理极限，在研发新一代的工艺节点时，仅缩小器件尺寸是不够的。

3) 网络带宽不断增加

1977年，世界上第一个光纤通信系统在美国芝加哥市投入商用，数据传输速率达到45Mbit/s，从此人类社会的数据传输速率不断被刷新。进入21世纪，世界各国更是纷纷加大宽带网络建设力度，不断扩大网络覆盖范围，提高数据传输速率。

《全球数字经济白皮书(2023年)》显示，全球5G快速发展，截至2023年3月，全球5G网络人口覆盖率为30.6%，同比提高5.5%。

《中华人民共和国2023年国民经济和社会发展统计公报》显示，截至2023年末移动电话基站数1162万个，其中4G基站629万个，5G基站338万个。全国电话用户总数19亿户，其中移动电话用户17.27亿户。移动电话普及率为122.5部/百人。固定互联网宽带接入用户6.36亿户，比上年末增加4666万户，其中100M速率及以上的宽带接入用户6.01亿户，增加4756万户。蜂窝物联网终端用户23.32亿户，增加4.88亿户。互联网上网人数10.92亿人，其中手机上网人数10.91亿人。互联网普及率为77.5%，其中农村地区互联网普及率为66.5%。全年移动互联网用户接入流量3015亿GB，比上年增长15.2%。

《"十四五"大数据产业发展规划》指出，我国数据资源极大丰富，总量位居全球前列。基础设施不断夯实，建成全球规模最大的光纤网络和4G网络，5G终端连接数超过2亿，位居世界第一。《"十四五"数字经济发展规划》指出，我国第五代移动通信(5G)网络建设和应用加速推进。宽带用户普及率明显提高，光纤用户占比超过94%，移动宽带用户普及率达到108%，互联网协议第六版(IPv6)活跃用户数达到4.6亿。

截至2023年9月，我国累计建成5G基站318.9万个，5G移动电话用户7.37亿户，千兆光网已具备覆盖超过5亿户家庭的能力，"东数西算"工程从系统布局进入全面建设阶段，算力总规模达到每秒1.97万亿亿次浮点运算。

工信部的统计数据显示，2022年，我国新建光缆线路长度477.2万公里，全国光缆线路总长度达5958万公里，相当于在京沪高铁线上往返2.25万余次，网络运力不断增强。由此可以看出，在大数据时代，数据传输不再受网络发展初期的瓶颈的制约。

2. 数据产生方式的变革促成大数据时代的来临

为什么全球数据量增长如此之快？根本原因在于信息科技的进步改变了数据的产生方式。数据产生(数据采集)方式的变革，是促成大数据时代来临的重要因素。大数据的产生是计算机和信息与通信技术(Information and communications technology，ICT)被广泛运用的必然结果，特别是互联网、移动互联网、物联网、云计算等新一代信息技术的发展，起到了促进的作用，它们使数据产生方式发生了四大变化：由企业内部向企业外部扩展；由Web 1.0向Web 2.0扩展；由互联网向移动互联网扩展；由计算机或互联网向物联网扩展。

1) 由企业内部向企业外部扩展

人类最早大规模管理和使用数据是从数据库的诞生开始的。企业内部的办公自动化(OA)、企业资源计划(ERP)、物料需求计划(MRP)等业务以及管理和决策分析系统所产生的数据主要被存储在关系数据库中。这时数据的产生方式是被动的，只有当实际的企业业务发生时，才会产生新的数据并存入数据库。例如，对于股票交易市场而言，只有当发生一笔股票交易时，股票交易系统才会有相关数据生成。

内部数据是企业内最成熟且被熟知的数据。大型零售超市销售系统、银行交易系统、股票交易系统、医院医疗系统、企业客户管理系统等大量运营式系统，都建立在关系数据库的基础之上，实现了内部数据的收集、清洗、集成、结构化和标准化处理，数据库中保存了大量结构化的企业关键信息，用来满足企业各种业务需求，可以为企业管理决策提供支持和帮助。

然而，企业信息化的运行环境在不断发生变化，其外部数据也迅速扩展。企业需要通过互联网来联系外部供应商、服务客户，联系上下游的合作伙伴，并在互联网上实现电子商务和电子采购的交易和结算。企业需要开通微博、微信、QQ、博客等社交网络来进行网络营销、品牌建设和客户关怀。把电子标签贴在企业的产品上，在制造、供应链和物流的全过程中进行及时跟踪和反馈，必将产生更多来自企业外部的数据。

2) 由Web 1.0向Web 2.0扩展

互联网的出现使得数据传播更加快捷，数据传播不需要借助磁盘、磁带等物理存储介质。网页的出现进一步加速了大量网络内容的产生，从而使得人类社会的数据量开始呈现"井喷式"增长。但是，真正的互联网数据爆发产生于以"用户原创内容"为特征的Web 2.0时代。

Web 1.0时代主要以门户网站为代表，强调内容的组织与提供，大量用户本身并不参与内容的产生。随着社交网络的迅速发展，互联网进入了Web 2.0时代，个人从数据使用者变成了数据的制造者，数据规模不断扩张，每时每刻都在产生着大量的数据。

3) 由互联网向移动互联网扩展

Web 2.0技术以微博、微信、抖音等应用所采用的自服务模式为主，强调自服务，大量用户本身就是内容的生成者，尤其是随着移动互联网和智能手机终端的普及，每个人都成为数据源，人们更是可以随时随地使用手机发微博、传照片、发视频等，数据量开始急剧增长。

自此，每个人都是海量数据中微小的一部分。每天人们通过微信、QQ、微博等采集到大量数据,然后通过同样的渠道和方式把处理过的数据反馈出去。这些数据不断地被存储和加工,使得互联网世界中的"公开数据"不断被丰富,这大大加速了大数据时代的到来。

4) 由计算机或互联网向物联网扩展

随着物联网技术的发展,音频、视频、RFID、传感器、人机交互等数据大量产生,而且其数据量更大。物联网的发展最终导致了人类社会数据量的第三次跃升。物联网中包含大量传感器,如温度传感器、湿度传感器、压力传感器、位移传感器、光电传感器等。此外,视频监控摄像头也是物联网的重要组成部分。

物联网中的这些设备,每时每刻都会自动产生大量数据,与Web 2.0时代的人工数据产生方式相比,物联网中的自动数据产生方式将在短时间内产生更密集、更大量的数据,使得人类社会迅速进入"大数据时代"。

1.3 我国大数据发展战略

2014年,"大数据"首次出现在我国政府工作报告中,此后"大数据"连续多年被写入政府工作报告,上升为国家战略。随后,国家陆续发布了《促进大数据发展行动纲要》《大数据产业发展规划(2016—2020年)》《"十四五"大数据产业发展规划》《"十四五"数字经济发展规划》《国家"十四五"规划纲要》《数字中国建设整体布局规划》等一系列战略部署,推动大数据、数字经济、数字中国建设。

1.3.1 《促进大数据发展行动纲要》与《大数据产业发展规划(2016—2020年)》

1.《促进大数据发展行动纲要》

2015年8月,国务院印发《促进大数据发展行动纲要》(以下简称《纲要》),提出了我国大数据发展整体战略规划,明确了我国大数据发展的指导思想、总体目标、主要任务和政策机制,为我国发展大数据开启了新的篇章。

《纲要》明确指出,推动大数据发展和应用,在未来5～10年逐步实现以下目标:打造精准治理、多方协作的社会治理新模式;建立运行平稳、安全高效的经济运行新机制;构建以人为本、惠及全民的民生服务新体系;开启大众创业、万众创新的创新驱动新格局;培育高端智能、新兴繁荣的产业发展新生态。

《纲要》部署了三个方面的主要任务。一是加快政府数据开放共享,推动资源整合,提升治理能力:大力推动政府部门数据共享;稳步推动公共数据资源开放;统筹规划大数据基础设施建设[①];支持宏观调控科学化;推动政府治理精准化;推进商事服务便捷化;促进安全保障高效化;加快民生服务普惠化。二是推动产业创新发展,培育新兴业态,助力经济转型:发展工业大数据;发展新兴产业大数据;发展农业农村大数据;发展万众创新大数据;推进基础研究和核心技术攻关;形成大数据产品体系;完善大数据产业链;三是强化安全保障,提高管理水平,促进健康发展:健全大数据安全保障体系;强化安全支撑。

---

① 数据基础设施是从数据要素价值释放的角度出发,在网络、算力等设施的支持下,面向社会提供一体化数据汇聚、处理、流通、应用、运营、安全保障服务的一类新型基础设施,是覆盖硬件、软件、开源协议、标准规范、机制设计等在内的有机整体。

2.《大数据产业发展规划(2016—2020年)》

2017年，工信部印发《大数据产业发展规划(2016—2020年)》(以下简称《规划》)。《规划》明确指出，围绕实施国家大数据战略，以强化大数据产业创新发展能力为核心，以推动数据开放与共享、加强技术产品研发、深化应用创新为重点，以完善发展环境和提升安全保障能力为支撑，打造数据、技术、应用与安全协同发展的自主产业生态体系，全面提升我国大数据的资源掌控能力、技术支撑能力和价值挖掘能力，加快建设数据强国，有力支撑制造强国和网络强国建设。

《规划》提出，到2020年，技术先进、应用繁荣、保障有力的大数据产业体系基本形成。大数据相关产品和服务业务收入突破1万亿元，年均复合增长率保持30%左右，加快建设数据强国，为实现制造强国和网络强国提供强大的产业支撑。

《规划》部署了七项重点任务和八项重大工程。七项重点任务：(一)强化大数据技术产品研发；(二)深化工业大数据创新应用；(三)促进行业大数据应用发展；(四)加快大数据产业主体培育；(五)推进大数据标准体系建设；(六)完善大数据产业支撑体系；(七)提升大数据安全保障能力。八项重大工程：(一)大数据关键技术及产品研发与产业化工程；(二)大数据服务能力提升工程；(三)工业大数据创新发展工程；(四)跨行业大数据应用推进工程；(五)大数据产业集聚区创建工程；(六)大数据重点标准研制及应用示范工程；(七)大数据公共服务体系建设工程；(八)大数据安全保障工程。

1.3.2 《"十四五"大数据产业发展规划》与《"十四五"数字经济发展规划》

1.《"十四五"大数据产业发展规划》

2021年，工信部印发《"十四五"大数据产业发展规划》(以下简称《规划》)。《规划》指出，"十四五"时期是我国工业经济向数字经济迈进的关键时期，对大数据产业发展提出了新的要求，产业将步入集成创新、快速发展、深度应用、结构优化的新阶段。

《规划》强调，以释放数据要素价值为导向，围绕夯实产业发展基础，着力推动数据资源高质量、技术创新高水平、基础设施高效能，围绕构建稳定高效产业链，着力提升产业供给能力和行业赋能效应，统筹发展和安全，培育自主可控和开放合作的产业生态，打造数字经济发展新优势，为建设制造强国、网络强国、数字中国提供有力支撑。

《规划》提出，到2025年，大数据产业测算规模突破3万亿元，年均复合增长率保持在25%左右，创新力强、附加值高、自主可控的现代化大数据产业体系基本形成。数据要素价值评估体系初步建立，要素价格市场决定，数据流动自主有序，资源配置高效公平，培育一批较成熟的交易平台，市场机制基本形成。关键核心技术取得突破，标准引领作用显著增强，形成一批优质大数据开源项目，存储、计算、传输等基础设施达到国际先进水平。数据采集、标注、存储、传输、管理、应用、安全等全生命周期产业体系统筹发展，与创新链、价值链深度融合，新模式新业态不断涌现，形成一批技术领先、应用广泛的大数据产品和服务。社会对大数据认知水平不断提升，企业数据管理能力显著增强，发展环境持续优化，形成具有国际影响力的数字产业集群，国际交流合作全面深化。

《规划》部署了六项主要任务：(一)加快培育数据要素市场；(二)发挥大数据特征优势；(三)夯实产业发展基础；(四)构建稳定高效产业链；(五)打造繁荣有序产业生态；(六)筑牢数据安全保障防线。

2.《"十四五"数字经济发展规划》

2022年1月，国务院公开发布《"十四五"数字经济发展规划》(以下简称《规划》)。《规划》指出，数字经济是继农业经济、工业经济之后的主要经济形态，是以数据资源为关键要素，以现代信息网络为主要载体，以信息通信技术融合应用、全要素数字化转型为重要推动力，促进公平与效率更加统一的新经济形态。

专栏1-10

数字经济的主要类型

数字经济主要包括四大部分：一是数字产业化，即信息通信产业，具体包括电子信息制造业、电信业、软件和信息技术服务业、互联网行业等，是数字经济核心产业；二是产业数字化，即传统产业应用数字技术所带来的产出增加和效率提升部分，包括但不限于智能制造、车联网、平台经济等融合型新产业新模式新业态，是大数据在传统产业的广泛应用；三是数字化治理，包括但不限于多元治理，以"数字技术+治理"为典型特征的技管结合，以及数字化公共服务等；四是数据价值化，包括但不限于数据采集、数据标准、数据确权、数据标注、数据定价、数据交易、数据流转、数据保护等。

数据价值化属于生产要素的范畴，数据是与土地、劳动力、资本、技术等传统生产要素并列的新型生产要素；数字产业化和产业数字化属于生产力的范畴，体现的是新质生产力①；数字化治理属于生产关系的范畴，体现的是新型生产关系。

《规划》强调，以数据为关键要素，以数字技术与实体经济深度融合为主线，加强数字基础设施建设，完善数字经济治理体系，协同推进数字产业化和产业数字化，赋能传统产业转型升级，培育新产业新业态新模式，不断做强做优做大我国数字经济，为构建数字中国提供有力支撑。

《规划》提出，到2025年，数字经济迈向全面扩展期，数字经济核心产业增加值占GDP比重达到10%，数字化创新引领发展能力大幅提升，智能化水平明显增强，数字技术与实体经济融合取得显著成效，数字经济治理体系更加完善，我国数字经济竞争力和影响力稳步提升。数据要素市场体系初步建立，产业数字化转型迈上新台阶，数字产业化水平显著提升，数字化公共服务更加普惠均等，数字经济治理体系更加完善。展望2035年，数字经济将迈向繁荣成熟期，力争形成统一公平、竞争有序、成熟完备的数字经济现代市场体系，数字经济发展基础、产业体系发展水平位居世界前列。

《规划》部署了八项主要任务和十一项重点工程。八项主要任务：(一)优化升级数字基础设施；(二)充分发挥数据要素作用；(三)大力推进产业数字化转型；(四)加快推动数字产业化；(五)持续提升公共服务数字化水平；(六)健全完善数字经济治理体系；(七)着力强化数字经济安全体系；(八)有效拓展数字经济国际合作。

---

① 新质生产力，是2023年9月习近平总书记在黑龙江考察调研期间首次提到的新词汇。2024年2月2日，习近平总书记主持二十届中共中央政治局第十一次集体学习时系统阐述了新质生产力的内涵。概括地说，新质生产力是创新起主导作用，摆脱传统经济增长方式、生产力发展路径，具有高科技、高效能、高质量特征，符合新发展理念的先进生产力质态。它由技术革命性突破、生产要素创新性配置、产业深度转型升级而催生，以劳动者、劳动资料、劳动对象及其优化组合的跃升为基本内涵，以全要素生产率大幅提升为核心标志，特点是创新，关键在质优，本质是先进生产力。

十一项重点工程：(一)信息网络基础设施优化升级工程；(二)数据质量提升工程；(三)数据要素市场培育试点工程；(四)重点行业数字化转型提升工程；(五)数字化转型支撑服务生态培育工程；(六)数字技术创新突破工程；(七)数字经济新业态培育工程；(八)社会服务数字化提升工程；(九)新型智慧城市和数字乡村建设工程；(十)数字经济治理能力提升工程；(十一)多元协同治理能力提升工程。

专栏1-11

数字经济及其核心产业

根据2021年国家统计局公布的《数字经济及其核心产业统计分类(2021)》指出，数字经济是指以数据资源作为关键生产要素、以现代信息网络作为重要载体、以信息通信技术的有效使用作为效率提升和经济结构优化的重要推动力的一系列经济活动。本分类将数字经济产业范围确定为01数字产品制造业、02数字产品服务业、03数字技术应用业、04数字要素驱动业和05数字化效率提升业5个大类。

数字经济核心产业是指为产业数字化发展提供数字技术、产品、服务、基础设施和解决方案，以及完全依赖于数字技术、数据要素的各类经济活动。本分类中的前4类为数字经济核心产业。

01数字产品制造业包括：0101计算机制造、0102通讯及雷达设备制造、0103数字媒体设备制造、0104智能设备制造、0105电子元器件及设备制造、0106其他数字产品制造业。

02数字产品服务业包括：0201数字产品批发、0202数字产品零售、0203数字产品租赁、0204数字产品维修、0205其他数字产品服务业。

03数字技术应用业包括：0301软件开发、0302电信、广播电视和卫星传输服务、0303互联网相关服务、0304信息技术服务、0305其他数字技术应用业。

04数字要素驱动业包括：0401互联网平台、0402互联网批发零售、0403互联网金融、0404数字内容与媒体、0405信息基础设施建设、0406数字资源与产权交易、0407其他数字要素驱动业。

05数字化效率提升业包括：0501智慧农业(含数字林业)、0502智能制造、0503智能交通、0504智慧物流、0505数字金融、0506数字商贸、0507数字社会(含智慧教育、智慧医疗、数字化社会工作)、0508数字政府、0509其他数字化效率提升业(含数字采矿，智能化电力、热力、燃气及水生产和供应，数字化建筑业，互联网房地产业，专业技术服务业数字化，数字化水利、环境和市政设施管理，互联网居民生活服务，互联网文体娱乐业等)。

1.3.3 《国家"十四五"规划纲要》与《数字中国建设整体布局规划》

1.《国家"十四五"发展规划纲要》

《中华人民共和国国民经济和社会发展第十四个五年规划和2035年远景目标纲要》(简称《国家"十四五"规划纲要》)明确指出，迎接数字时代，激活数据要素潜能，推进网络强国建设，加快建设数字经济、数字社会、数字政府，以数字化转型整体驱动生产方式、生活方式和治理方式变革。《国家"十四五"规划纲要》共用一篇(第五篇加快数字化发展建设数字中国)四章(第十五章打造数字经济新优势、第十六章加快数字社会建设步伐、第十七章提高数字政府建设水平、第十八章营造良好数字生态)来阐述加快数字化发展，建设数字中国。

1) 打造数字经济新优势

充分发挥海量数据和丰富应用场景优势，促进数字技术与实体经济深度融合，赋能传统产业转型升级，催生新产业新业态新模式，壮大经济发展新引擎。

加强关键数字技术创新应用。聚焦高端芯片、操作系统、人工智能关键算法、传感器等关键领域，加快推进基础理论、基础算法、装备材料等研发突破与迭代应用。加强通用处理器、云计算系统和软件核心技术一体化研发。加快布局量子计算、量子通信、神经芯片、DNA存储等前沿技术，加强信息科学与生命科学、材料等基础学科的交叉创新，支持数字技术开源社区等创新联合体发展，完善开源知识产权和法律体系，鼓励企业开放软件源代码、硬件设计和应用服务。

加快推动数字产业化。培育壮大人工智能、大数据、区块链、云计算、网络安全等新兴数字产业，提升通信设备、核心电子元器件、关键软件等产业水平。构建基于5G的应用场景和产业生态，在智能交通、智慧物流、智慧能源、智慧医疗等重点领域开展试点示范。鼓励企业开放搜索、电商、社交等数据，发展第三方大数据服务产业。促进共享经济、平台经济健康发展。

推进产业数字化转型。实施"上云用数赋智"行动，推动数据赋能全产业链协同转型。在重点行业和区域建设若干国际水准的工业互联网平台和数字化转型促进中心，深化研发设计、生产制造、经营管理、市场服务等环节的数字化应用，培育发展个性定制、柔性制造等新模式，加快产业园区数字化改造。深入推进服务业数字化转型，培育众包设计、智慧物流、新零售等新增长点。加快发展智慧农业，推进农业生产经营和管理服务数字化改造。

2) 加快数字社会建设步伐

适应数字技术全面融入社会交往和日常生活新趋势，促进公共服务和社会运行方式创新，构筑全民畅享的数字生活。

提供智慧便捷的公共服务。聚焦教育、医疗、养老、抚幼、就业、文体、助残等重点领域，推动数字化服务普惠应用，持续提升群众获得感。推进学校、医院、养老院等公共服务机构资源数字化，加大开放共享和应用力度。推进线上线下公共服务共同发展、深度融合，积极发展在线课堂、互联网医院、智慧图书馆等，支持高水平公共服务机构对接基层、边远和欠发达地区，扩大优质公共服务资源辐射覆盖范围。加强智慧法院建设。鼓励社会力量参与"互联网+公共服务"，创新提供服务模式和产品。

建设智慧城市和数字乡村。以数字化助推城乡发展和治理模式创新，全面提高运行效率和宜居度。分级分类推进新型智慧城市建设，将物联网感知设施、通信系统等纳入公共基础设施统一规划建设，推进市政公用设施、建筑等物联网应用和智能化改造。完善城市信息模型平台和运行管理服务平台,构建城市数据资源体系,推进城市数据大脑建设。探索建设数字孪生[①]城市。加快推进数字乡村建设,构建面向农业农村的综合信息服务体系,建立涉农信息普惠服务机制,推动乡村管理服务数字化。

构筑美好数字生活新图景。推动购物消费、居家生活、旅游休闲、交通出行等各类场景数字化,打造智慧共享、和睦共治的新型数字生活。推进智慧社区建设,依托社区数字化平台和线下社区服务机构,建设便民惠民智慧服务圈,提供线上线下融合的社区生活服务、社区治理及公共服务、智能小区等服务。丰富数字生活体验,发展数字家庭。加强全民数字技能教育和培训,普及提升公民数字素养。加快信息无障碍建设,帮助老年人、残疾人等共享数字生活。

3) 提高数字政府建设水平

将数字技术广泛应用于政府管理服务,推动政府治理流程再造和模式优化,不断提高决策科学性和服务效率。

加强公共数据开放共享。建立健全国家公共数据资源体系,确保公共数据安全,推进数据跨部门、跨层级、跨地区汇聚融合和深度利用。健全数据资源目录和责任清单制度,提升国家数据共享交换平台功能,深化国家人口、法人、空间地理等基础信息资源共享利用。扩大基础公共信息数据安全有序开放,探索将公共数据服务纳入公共服务体系,构建统一的国家公共数据开放平台和开发利用端口,优先推动企业登记监管、卫生、交通、气象等高价值数据集向社会开放。开展政府数据授权运营试点,鼓励第三方深化对公共数据的挖掘利用。

推动政务信息化共建共用。加大政务信息化建设统筹力度,健全政务信息化项目清单,持续深化政务信息系统整合,布局建设执政能力、依法治国、经济治理、市场监管、公共安全、生态环境等重大信息系统,提升跨部门协同治理能力。完善国家电子政务网络,集约建设政务云平台和数据中心体系,推进政务信息系统云迁移。加强政务信息化建设快速迭代,增强政务信息系统快速部署能力和弹性扩展能力。

提高数字化政务服务效能。全面推进政府运行方式、业务流程和服务模式数字化智能化。深化"互联网+政务服务",提升全流程一体化在线服务平台功能。加快构建数字技术辅助政府决策机制,提高基于高频大数据精准动态监测预测预警水平。强化数字技术在公共卫生、自然灾害、事故灾难、社会安全等突发公共事件应对中的运用,全面提升预警和应急处置能力。

---

① NASA(National Aeronautics and Space Administration,美国国家航空航天局),给出了数字孪生的概念描述:数字孪生是指充分利用物理模型、传感器、运行历史等数据,集成多学科、多尺度的仿真过程,它作为虚拟空间中对实体产品的镜像,反映了相对应物理实体产品的全生命周期过程。为了便于对数字孪生进行理解,庄存波等提出了数字孪生体的概念,认为数字孪生是采用信息技术对物理实体的组成、特征、功能和性能进行数字化定义和建模的过程。数字孪生体是指在计算机虚拟空间存在的与物理实体完全等价的信息模型,可以基于数字孪生体对物理实体进行仿真分析和优化。数字孪生是技术、过程、方法,数字孪生体是对象、模型和数据。数字孪生是个普遍适应的理论技术体系,可以在众多领域应用,目前在产品设计、产品制造、医学分析、工程建设等领域应用较多。在国内应用最深入的是工程建设领域,关注度最高、研究最热的是智能制造领域。

4) 营造良好数字生态

坚持放管并重，促进发展与规范管理相统一，构建数字规则体系，营造开放、健康、安全的数字生态。

建立健全数据要素市场规则。统筹数据开发利用、隐私保护和公共安全，加快建立数据资源产权、交易流通、跨境传输和安全保护等基础制度和标准规范。建立健全数据产权交易和行业自律机制，培育规范的数据交易平台和市场主体，发展数据资产评估、登记结算、交易撮合、争议仲裁等市场运营体系。加强涉及国家利益、商业秘密、个人隐私的数据保护，加快推进数据安全、个人信息保护等领域基础性立法，强化数据资源全生命周期安全保护。完善适用于大数据环境下的数据分类分级保护制度。加强数据安全评估，推动数据跨境安全有序流动。

营造规范有序的政策环境。构建与数字经济发展相适应的政策法规体系。健全共享经济、平台经济和新个体经济管理规范，清理不合理的行政许可、资质资格事项，支持平台企业创新发展、增强国际竞争力。依法依规加强互联网平台经济监管，明确平台企业定位和监管规则，完善垄断认定法律规范，打击垄断和不正当竞争行为。探索建立无人驾驶、在线医疗、金融科技、智能配送等监管框架，完善相关法律法规和伦理审查规则。健全数字经济统计监测体系。

加强网络安全保护。健全国家网络安全法律法规和制度标准，加强重要领域数据资源、重要网络和信息系统安全保障。建立健全关键信息基础设施保护体系，提升安全防护和维护政治安全能力。加强网络安全风险评估和审查。加强网络安全基础设施建设，强化跨领域网络安全信息共享和工作协同，提升网络安全威胁发现、监测预警、应急指挥、攻击溯源能力。加强网络安全关键技术研发，加快人工智能安全技术创新，提升网络安全产业综合竞争力。加强网络安全宣传教育和人才培养。

推动构建网络空间命运共同体。推进网络空间国际交流与合作，推动以联合国为主渠道、以联合国宪章为基本原则制定数字和网络空间国际规则。推动建立多边、民主、透明的全球互联网治理体系，建立更加公平合理的网络基础设施和资源治理机制。积极参与数据安全、数字货币、数字税等国际规则和数字技术标准制定。推动全球网络安全保障合作机制建设，构建保护数据要素、处置网络安全事件、打击网络犯罪的国际协调合作机制。向欠发达国家提供技术、设备、服务等数字援助，使各国共享数字时代红利。积极推进网络文化交流互鉴。

2.《数字中国建设整体布局规划》

2023年2月，中共中央、国务院印发了《数字中国建设整体布局规划》(以下简称《规划》)。《规划》强调，统筹发展和安全，强化系统观念和底线思维，加强整体布局，按照夯实基础、赋能全局、强化能力、优化环境的战略路径，全面提升数字中国建设的整体性、系统性、协同性，促进数字经济和实体经济深度融合，以数字化驱动生产生活和治理方式变革，为以中国式现代化全面推进中华民族伟大复兴注入强大动力。

《规划》提出，到2025年，基本形成横向打通、纵向贯通、协调有力的一体化推进格局，数字中国建设取得重要进展。数字基础设施高效联通，数据资源规模和质量加快提升，数据要素价值有效释放，数字经济发展质量效益大幅增强，政务数字化智能化水平明显提升，数字文化建设跃上新台阶，数字社会精准化普惠化便捷化取得显著成效，数字生态文明建设取得积极进展，数字技术创新实现重大突破，应用创新全球领先，数字安全保障能力全面提升，数字治理体系更加完善，数字领域国际合作打开新局面。到2035年，数字化发展水平进入世界前列，数字中国建设取得重大成就。数字中国建设体系化布局更加科学完备，经济、政治、文化、社会、生态文明建设各领域数字化发展更加协调充分，有力支撑全面建设社会主义现代化国家。

《规划》明确，数字中国建设按照"2522"的整体框架进行布局，即夯实数字基础设施和数据资源体系"两大基础"，推进数字技术与经济、政治、文化、社会、生态文明建设"五位一体"深度融合，强化数字技术创新体系和数字安全屏障"两大能力"，优化数字化发展国内国际"两个环境"。

《规划》指出，要夯实数字中国建设基础。一是打通数字基础设施大动脉。这是从基础设施方面夯实数字中国建设基础，详见第4章。二是畅通数据资源大循环。这是从管理方面夯实数字中国建设基础，详见第3章。

《规划》指出，要全面赋能经济社会发展。一是做强做优做大数字经济。二是发展高效协同的数字政务。三是打造自信繁荣的数字文化。四是构建普惠便捷的数字社会。五是建设绿色智慧的数字生态文明。详见第6章6.2节从纵向维度看大数据应用的相关内容。

《规划》指出，要强化数字中国关键能力。一是构筑自立自强的数字技术创新体系。健全社会主义市场经济条件下关键核心技术攻关新型举国体制，加强企业主导的产学研深度融合。强化企业科技创新主体地位，发挥科技型骨干企业引领支撑作用。加强知识产权保护，健全知识产权转化收益分配机制。二是筑牢可信可控的数字安全屏障。切实维护网络安全，完善网络安全法律法规和政策体系。增强数据安全保障能力，建立数据分类分级保护基础制度，健全网络数据监测预警和应急处置工作体系。

《规划》指出，要优化数字化发展环境。一是建设公平规范的数字治理生态。完善法律法规体系，加强立法统筹协调，研究制定数字领域立法规划，及时按程序调整不适应数字化发展的法律制度。构建技术标准体系，编制数字化标准工作指南，加快制定修订各行业数字化转型、产业交叉融合发展等应用标准。提升治理水平，健全网络综合治理体系，提升全方位多维度综合治理能力，构建科学、高效、有序的管网治网格局。净化网络空间，深入开展网络生态治理工作，推进"清朗""净网"系列专项行动，创新推进网络文明建设。二是构建开放共赢的数字领域国际合作格局。统筹谋划数字领域国际合作，建立多层面协同、多平台支撑、多主体参与的数字领域国际交流合作体系，高质量共建"数字丝绸之路"，积极发展"丝路电商"。拓展数字领域国际合作空间，积极参与联合国、世界贸易组织、二十国集团、亚太经合组织、金砖国家、上合组织等多边框架下的数字领域合作平台，高质量搭建数字领域开放合作新平台，积极参与数据跨境流动等相关国际规则构建。

概念辨析 1-1

数字生态与数字生态文明

《国家"十四五"规划纲要》的第十八章中指出，坚持放管并重，促进发展与规范管理相统一，构建数字规则体系，营造开放、健康、安全的数字生态。具体措施主要包括：建立健全数据要素市场规则；营造规范有序的政策环境；加强网络安全保护；推动构建网络空间命运共同体。这里的"数字生态"是指以数字为核心构建的生态系统。

《数字中国建设整体布局规划》提到的"数字生态文明"是指数字技术与生态文明建设的深度融合，是运用数字技术手段促进生态文明建设的转型升级，建设绿色智慧的数字生态文明。具体措施主要包括：推动生态环境智慧治理；加快数字化绿色化协同转型；倡导绿色智慧生活方式。

《规划》具有如下重大意义：

第一，奠定了我国未来数字化发展的基础。在大数据时代背景和数字化环境下，利用好数字经济和实体经济的深度融合，数字中国建设将有力地推进中国式现代化建设。第二，将对全社会、全产业数字化转型起到支撑作用。有利于国民经济社会各部门，包括一二三产业及社会各领域在数字化环境之下的高质量发展，可以更好地适应数字化需求，提供更好的服务，更好地实现产业、行业和企业的提质、降本、增效。第三，对企业、行业和各级政府的引领作用。《规划》中确定的技术路线和主要任务就是未来经济发展的重点，拥有广阔的市场前景，并将获得国家政策、资金等方面的大力支持。

《规划》有以下三大亮点：第一，明确了有关数据要素的全方位管理体系和管理制度。目前数据要素市场改革存在产权不清晰、交易不规范、数据共享难、开放难等相关问题，有了统一的管理体系，数据要素市场的开发、数据价值化进程会步入快车道，结合2022年底发布的"数据20条"，基本上奠定了未来数据产业发展的基础。第二，强调了"创新发展"和"安全保障"这一对矛盾的动态平衡关系。数字化发展、数字经济演进，攻坚克难、保障安全，两者并重，不可偏废。第三，明确了对党政领导干部考核评价的参考作用。我们的考核经历了从追求经济发展，到追求环境保护，再到民生保障，都是一把手工程。数字中国建设牵扯面多、难度大、成效可能短时间内不太显著，但是纳入考核参考有助于引起各级政府的高度重视，有利于调动全社会各界力量的共同努力。

关键术语

数据；信息；信息化；大数据；数据化；数字化；IT时代；DT时代；数字产业化；产业数字化；摩尔定律；数字孪生；数字生态。

本章内容结构

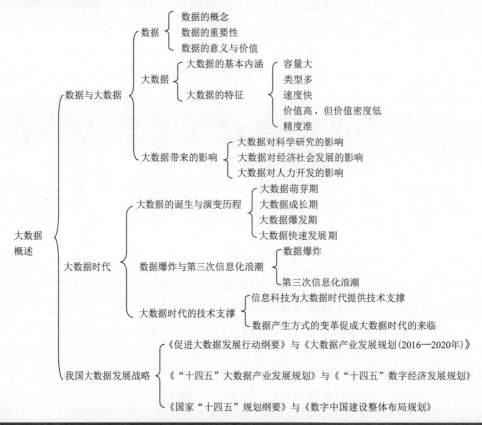

阅读材料1-1

世界各国的大数据发展战略

进入大数据时代，世界各国都非常重视大数据发展。以数据为核心的数字经济，是如今世界经济发展的核心领域。全球各国加快推动数字经济重点领域发展，在数字技术与产业、产业数字化、数据要素等领域积极抢抓发展机遇。数字经济为全球经济复苏提供重要支撑，发达国家数字经济领先优势明显，目前中、美、欧呈现出全球数字经济发展的三极格局。不少国家将发展数字经济、促进数据价值释放作为关键任务。

2023年7月5日，中国信息通信研究院在2023全球数字经济大会主论坛上发布的《全球数字经济白皮书(2023年)》显示，主要国家数字经济发展持续提速。总体看，2022年，美国、中国、德国、日本、韩国5个主要国家的数字经济总量为31万亿美元，数字经济占GDP比重为58%，较2016年约提升11个百分点。数字经济规模同比增长7.6%，高于GDP增速5.4个百分点。产业数字化持续带动5个国家数字经济发展，占数字经济比重达到86.4%，较2016年提升2.1个百分点。

从国别看，2016—2022年，美国、中国数字经济持续快速增长，数字经济规模分别增加6.5万亿美元、4.1万亿美元；中国数字经济年均复合增长14.2%，是同期美、中、德、日、韩五国数字经济总体年均复合增速的1.6倍。德国产业数字化占数字经济比重连续多年高于美、中、日、韩，2022年已达到92.1%。

在产业数字化领域，全球产业数字化转型进入规模化扩张和深度应用阶段，数字化转型应用领域由生产研发向供应链协同、绿色低碳方向延伸，推动产业高端化、智能化、绿色化、融合化发展，助力提升产业链供应链韧性和安全水平。工业互联网平台作为转型的重要支撑，加速与人工智能、5G等数字技术深度融合，逐步推动形成平台化、开放化、无线化、智能化的新型产业形态。

在数据要素领域，近年来，各国将行业数据空间作为数据流通的关键基础设施，持续打造产业生态合力。主要经济体加快数据空间建设探索，欧盟在"数字欧洲计划"统一体系下，多主体协同推进公共/行业数据空间建设；美国依托云基础设施优势，面向数据流通进行产业转型升级；日本以点破面，通过指导现有基础设施向数据流通服务方向转型，发展数据空间；中国加强行业数据空间应用牵引，培育行业龙头与初创企业产业生态。

从瑞士洛桑国际管理发展学院发布的《世界数字竞争力排名》中可以看出，各国数字竞争力与其整体竞争力呈现较强的相关性，即数字竞争力强的国家，其整体竞争力也强，同时也更容易产生颠覆性创新。以美国、英国等为代表的发达国家，非常重视大数据在促进经济发展和社会变革、提升国家整体竞争力等方面的重要作用，把发展大数据上升到国家战略的高度，视大数据为重要的战略资源，大力抢抓大数据技术与产业发展先发优势，积极捍卫本国数据主权，力争在大数据时代占得先机。

扫描二维码可获悉美国、英国、法国、韩国、日本、澳大利亚、德国等国家的大数据发展战略。

对比世界各国的大数据发展战略可以发现三个共同点：一是政府全力推动，同时引导市场力量共同推进大数据发展；二是推动大数据在政务、商用和民用领域的全产业链覆盖；三是在重视数据资源开放和管理的同时，全力抓好数据安全问题。

世界各国的
大数据发展
战略

阅读材料1-2

2022年IMD全球数字竞争力排名

瑞士洛桑国际管理发展学院(IMD)于2022年10月发布了"2022年IMD全球数字竞争力排名"(见表1-4)。IMD全球数字竞争力排名已进入第六个年头，它衡量了63个经济体采用和探索数字技术的能力和准备程度，将其作为商业、政府和更广泛社会经济转型的关键驱动力。通过收集"硬数据"与针对全球数千名企业高管进行调研，基于知识、科技、对未来的准备程度三个维度，进行全球数字竞争力排名。"政府网络安全能力"和"依法保护隐私"是IMD世界竞争力中心2022年新增的两项标准，两者均由Digital Society Project提供。

排名前五的经济体分别为丹麦、美国、瑞典、新加坡和瑞士。这是丹麦第一次拔得头筹，也是美国在连续五年位居榜首后，首次跌落到第二。中国(不含港澳台地区)位列第17名，这个成绩远超日本的第29名。2022年首次加入排名的巴林位列第32名。

表1-4 2022年IMD全球数字竞争力排名

排名	国家或地区	排名	国家或地区	排名	国家或地区
1	丹麦	22	法国	43	克罗地亚
2	美国	23	比利时	44	印度
3	瑞典	24	爱尔兰	45	塞浦路斯
4	新加坡	25	立陶宛	46	波兰
5	瑞士	26	卡塔尔	47	斯洛伐克
6	荷兰	27	新西兰	48	保加利亚
7	芬兰	28	西班牙	49	罗马尼亚
8	韩国	29	日本	50	希腊
9	中国香港	30	卢森堡	51	印度尼西亚
10	加拿大	31	马来西亚	52	巴西
11	中国台湾	32	巴林	53	约旦
12	挪威	33	捷克	54	土耳其
13	阿联酋	34	拉脱维亚	55	墨西哥
14	澳大利亚	35	沙特阿拉伯	56	菲律宾
15	以色列	36	哈萨克斯坦	57	秘鲁
16	英国	37	斯洛文尼亚	58	南非
17	中国	38	葡萄牙	59	阿根廷
18	奥地利	39	意大利	60	哥伦比亚
19	德国	40	泰国	61	博茨瓦纳
20	爱沙尼亚	41	智利	62	蒙古国
21	冰岛	42	匈牙利	63	委内瑞拉

瑞士洛桑国际管理发展学院于2023年11月发布了"2023年全球数字竞争力排行榜"。在该榜单中，日本较上年下跌三位，位列第32名，这一下滑主要受到技术层面评估结果不佳等因素的影响。与新加坡、韩国等其他亚洲国家和地区相比，日本的差距进一步拉大，此次排名也是自2017年开展调查以来的最低水平。而美国则较上年上升一位，时隔一年再次夺得全球榜首的位置。排名第二和第三的分别是荷兰和新加坡。中国(不含港澳台地区)则排在第19位。

瑞士洛桑国际管理发展学院于2024年11月发布了"2024年全球数字竞争力排行榜"。在今年的榜单中，新加坡荣登榜首，瑞士位列第二，丹麦紧随其后占据第三位，而美国则滑落至第四位。中国(不含港澳台地区)的排名有所上升，从去年的第19位提升至第14位。

第2章

大数据管理基础理论

学习目标与重点

- 了解资产的含义、特征、要义和确认条件；了解财产权的含义、分类与取得方式；了解伦理与道德的定义及其关系；了解科技伦理的定义及典型问题。
- 掌握数据资产的含义、价值和作用；掌握数据的双层结构理论；掌握数据"三权分置"问题及数据权基本谱系。
- 重点掌握大数据思维的有关内容和大数据伦理的典型问题。
- 难点：数据资产估值及数据资产确权。

导入案例

世纪大诉讼

在过去，由于数据量有限，而且常常不是多维度的，很难找到数据间的相关性，即使偶尔找到了，人们也未必接受，因为有时结论和传统的观念不一样。20世纪90年代中期，在美国和加拿大围绕香烟是否对人体有害这件事情的一系列诉讼中，如何判定吸烟有害是这些诉讼案的关键。采用因果关系判定，还是采用相关性判定，决定了这些诉讼案的判决结果。

如今看来，吸烟对人体有害，这是板上钉钉的事实。例如，美国外科协会的一份研究报告显示，吸烟男性肺癌的发病率是不吸烟男性的23倍，吸烟女性肺癌的发病率是不吸烟女性的13倍，这从统计学上讲早已不是偶然的随机事件了，其中存在必然的联系。

但是，就是这样看似如山的铁证，依然"不足以"判定烟草公司有罪。烟草公司可以找出很多理由来辩解，比如说一些人之所以要吸烟，是因为他们身体存在某种基因缺陷或缺乏某种物质，而导致肺癌的是这种基因缺陷或缺乏的某种物质，而非烟草中的某些物质。

从法律上讲，烟草公司的解释很站得住脚，美国的法庭又采用无罪推定原则，因此，单纯靠发病率高这一点是无法判定烟草公司有罪的。这就导致了在历史上很长的时间里，美国各州的检察官在对烟草公司提起诉讼后，双方经过很长时间的法庭调查和交锋，最后都不了了之。

其根本原因是提起诉讼的一方(州检察官和受害人)拿不出足够充分的证据，而烟草公司又有足够的钱请到很好的律师为他们进行辩护。这种情况直到20世纪90年代中期美国历史上的那次世纪大诉讼才得到改变。

1994年，密西西比州的总检察长麦克·摩尔(Michael Moore)又一次对菲利普·莫里斯等烟草公司提起了集体诉讼。随后，美国40多个州加入了这场有史以来最大的诉讼行动。在诉讼开始以前，双方都清楚，官司的胜负其实取决于各州的检察官能否收集到让人信服的证据，以此来证明是吸烟(而不是其他原因)导致了很多疾病(如肺癌)更高的发病率。

前面提到，单单说吸烟者比不吸烟者肺癌的发病率高是没有用的，因为肺癌可能是由其他更直接的因素引起的。若要说明吸烟的危害，最好能找到吸烟和发病的因果关系，但是这件事情短时间内又做不到。

因此，诉讼方只能退而求其次，他们必须能够在其他因素(烟草公司所说的)都被排除的情况下，提供吸烟者发病的比例依然比不吸烟者要高很多的证据，这件事做起来远比想象的困难。

虽然当时全世界的人口多达60亿，吸烟者的人数也很多，患有与吸烟有关疾病的人也不少，但是在以移民为主的美国，尤其是大城市里，人们彼此之间基因的差异相对较大，生活习惯和收入也千差万别，尽管收集了大量吸烟者和不吸烟者的样本，但能够进行比对的、各方面条件都很相似的样本并不多。

不过，在20世纪90年代的那次世纪大诉讼中，各州的检察官下定决心要打赢官司，为此他们聘请了包括约翰斯·霍普金斯大学在内的很多大学的顶级专家作为诉讼方的顾问，其中既包括医学家，也包括公共卫生专家。

这些专家为了收集证据，派工作人员去往世界各地，尤其是第三世界国家的农村地区收集对比数据。在这样的地区，由于族群相对单一(可以排除基因等先天的因素)，收入和生活习惯相差较小(可以排除后天的因素)，有可能找到足够多的可对比的样本来说明吸烟的危害。

各州检察官和专家们经过三年多的努力，最终让烟草公司低头了。1997年，烟草公司和各州达成和解，同意赔偿3655亿美元。这场历史性胜利靠的并非是吸烟对人体有害的因果关系的证据，而是统计上强相关性的证据，这一证据能够让陪审团和法官信服。

在这场马拉松式的诉讼过程中，其实人们的思维方式已经从接受因果关系转变为接受相关关系。如果在法律上相关关系都能够作为证据，那么把相关性的结果应用到其他领域更是顺理成章的事情。从因果关系到相关关系的思维变革正是大数据的关键。

思考：

1. 从因果关系到相关关系的思维变革会带来哪些变化？

2. 是否可以彻底放弃因果关系？

本章主要阐述数据资产理论、数据权理论，以及大数据思维和大数据伦理。本章内容与第1章内容共同构成大数据管理的基础知识和基本要素。数据资产理论是基础，数据权理论是核心，大数据思维是关键，大数据伦理是底线和保障。

2.1 数据资产理论

2004 年，一位牺牲的美军士兵的父亲，请求雅虎公司告知其儿子在雅虎网站中的账号和密码，以便获取儿子在雅虎网站中留下的文字、照片、E-mail 等数据，以寄托对儿子的思念。雅虎公司以隐私协议为由拒绝了该请求，这位父亲无奈之下将雅虎公司告上法庭。该事件引起了公众对个人数据财产、数据遗产的高度关注，可以说这是一个历史性事件。在讨论数据资产之前，首先要清楚什么是资产，以及资产的确认条件。

2.1.1 资产

1. 资产的含义与特征

资产是指由企业过去的交易或事项形成的、由企业拥有或控制的、预期会给企业带来经济利益的资源。不能带来经济利益的资源不能作为资产。

2001 年 1 月 1 日起施行的《企业财务会计报告条例》第九条中对资产进行了重新定义：资产，是指过去的交易、事项形成并由企业拥有或控制的资源，该资源预期会给企业带来经济利益。在资产负债表上，资产应当按照其流动性分类分项列示，包括流动资产、长期投资、固定资产、无形资产及其他资产。

资产是企业、自然人、国家拥有或控制的能以货币来计量收支的经济资源，是基本的会计要素之一，与负债、所有者权益共同构成的会计恒等式(资产=负债+所有者权益)，成为财务会计的基础。

根据定义，资产具有以下特征。

1) 资产预期会给企业带来经济利益

资产必须具有交换价值和使用价值。没有交换价值和使用价值、不能给企业带来未来经济利益的资源不能确认为企业的资产。此特征是指资产直接或间接导致资金或现金等价物流入企业的潜力。这种潜力可以来自企业日常的生产经营活动，也可以来自非日常活动；带来的经济利益可以是现金或现金等价物，也可以是能够转化为现金或现金等价物的形式，还可以是减少现金或现金等价物流出的形式。如果某一项目预期不能给企业带来经济利益，就不能将其确认为企业的资产；前期已经确认资产的项目，如果不能再为企业带来经济利益，也不能再将其确认为企业的资产。例如，待处理财产损失或已失效、已毁损的存货，它们已经不能给企业带来未来经济利益，因此它们不应该再作为资产出现在资产负债表中。

2) 资产应为企业拥有或控制

资产作为一项资源应为企业拥有或控制，具体是指企业享有某项资源的所有权，或者虽然不享有某项资源的所有权，但该资源能被企业所控制。通常在判断资产是否存在时，所有权是考虑的首要因素，但在有些情况下，虽然某些资产不为企业所拥有(即企业并不享用其所有权)，但企业控制这些资产，同样表明企业能够从这些资产中获取经济利益。例如，融资租入的固定资产(如机器设备等)，按照实质重于形式的要求，应将其作为企业资产予以确认。再如，矿产资源归国家所有，但如果企业花了一定代价获得了某地矿产一定期限的开采权，也应将其作为企业资产予以确认。

3) 资产是由企业过去的交易或事项形成的

资产应当由企业过去的交易或事项所形成，过去的交易或事项包括购买、生产、建造行为，以及其他交易或事项。资产必须是现实的资产，而不能是预期的资产，即只有过去的交易或事项才能产生资产，企业预期在未来发生的交易或事项不形成资产。例如，企业有购买某项存货的意愿或计划，但是购买行为尚未发生，就不符合资产的定义，不能因此而确认存货资产。"过去形成"原则在资产的定义中具有举足轻重的地位，这也是传统会计的一个显著特点。尽管现有的一些现象，特别是衍生金融工具的出现，已对"过去形成"原则提出了挑战，但这一原则在实务中仍然得到了普遍接受。

2. 资产的要义和确认条件

资产的两个要义如下。

(1) 资产的经济属性，即能够为企业提供未来经济利益，这也是资产的本质所在。也就是说，不管是有形的，还是无形的，若要成为资产，就必须具备产生经济利益的能力，这是资产的第一要义。

(2) 资产的法律属性，即必须为企业所控制。也就是说，资产所产生的经济利益能可靠地流入企业，为企业提供服务能力，而不论企业是否对它拥有所有权，这是资产的第二要义。

资产的确认条件：按照《企业会计准则》的相关规定，满足上述资产要义的资源，在同时满足以下条件时，才能确认为资产。

(1) 与该资源有关的经济利益很可能流入企业。

(2) 该资源的成本或价值能够可靠地计量。

符合资产要义和资产确认条件的项目，应当列入资产负债表；符合资产要义，但不符合资产确认条件的项目，不应当列入资产负债表。

在现实生活中，经济环境瞬息万变，与资源有关的经济利益能否流入企业或流入多少实际上具有不确定性。因此，资产的确认还应与对经济利益流入的不确定性程度的判断结合起来。如果根据编制财务报表时所取得的证据，与资源有关的经济利益很可能流入企业，那么就应该将其作为资产予以确认；反之，不能确认为资产。

该资源的成本或价值能够可靠地计量，是指可以用该资源的成本或价值计入资产。但是如果其成本或价值不能可靠地计量，也就是说其成本或价值是不确定的，那么就无法记入资产，因为不知道应该用什么价格计入资产才适合。

2.1.2　数据资产

我们了解了资产的含义和特征，那么数据是资产吗？答案是肯定的。财政部2023年12月31日发布的《关于加强数据资产管理的指导意见》中指出，数据资产，作为经济社会数字化转型进程中的新兴资产类型，正日益成为推动数字中国建设和加快数字经济发展的重要战略资源。

下面将从数据成为新型生产要素、数据生产要素的关键作用、数据生产要素的巨大价值和潜能，以及数据资产的含义四个方面来进行分析。

1. 数据成为新型生产要素

近年来，全球数字经济蓬勃发展，数字经济在国民经济中的占比越来越高。2023年7月

5日，中国信息通信研究院在2023全球数字经济大会主论坛上发布的《全球数字经济白皮书(2023年)》显示，主要国家数字经济发展持续提速。总体看，2022年，美国、中国、德国、日本、韩国5个主要国家的数字经济总量为31万亿美元，数字经济占GDP比重为58%，较2016年约提升11个百分点。数字经济规模同比增长7.6%，高于GDP增速5.4个百分点。产业数字化持续带动5个国家数字经济发展，占数字经济比重达到86.4%，较2016年提升2.1个百分点。

《"十四五"数字经济发展规划》显示，2020年，我国数字经济核心产业增加值占国内生产总值比重达到7.8%，数字经济为经济社会持续健康发展提供了强大动力。

《"十四五"大数据产业发展规划》显示，"十三五"时期，我国大数据产业快速起步。据测算，产业规模年均复合增长率超过30%，2020年超过1万亿元，发展取得显著成效，逐渐成为支撑我国经济社会发展的优势产业。

《"十四五"数字经济发展规划》(以下简称《规划》)指出，数字经济发展速度之快、辐射范围之广、影响程度之深前所未有，正推动生产方式、生活方式和治理方式深刻变革，成为重组全球要素资源、重塑全球经济结构、改变全球竞争格局的关键力量。

数字经济之所以如此有活力与动力，是因为数字经济是继农业经济、工业经济之后的主要经济形态，是以数据资源为关键要素，以现代信息网络为主要载体，以信息通信技术融合应用、全要素数字化转型为重要推动力，促进公平与效率更加统一的新经济形态。在这种新的经济形态下，数据成为驱动经济运行的关键性生产要素。

《规划》明确提出，以数据为关键要素，以数字技术与实体经济深度融合为主线，加强数字基础设施建设，完善数字经济治理体系，协同推进数字产业化和产业数字化，赋能传统产业转型升级，培育新产业新业态新模式，不断做强做优做大我国数字经济，为构建数字中国提供有力支撑。

2019年，《中共中央关于坚持和完善中国特色社会主义制度、推进国家治理体系和治理能力现代化若干重大问题的决定》首次将"数据"列为生产要素，与劳动力、资本、土地、技术等传统要素并列。2020年，《中共中央、国务院关于构建更加完善的要素市场化配置体制机制的意见》再次将"数据"作为一种新型生产要素写入中央文件中，凸显了数据这一新型、数字化生产要素的重要性。

2022年12月，中共中央、国务院印发的《关于构建数据基础制度更好发挥数据要素作用的意见》指出，数据作为新型生产要素，是数字化、网络化、智能化的基础，已快速融入生产、分配、流通、消费和社会服务管理等各环节，深刻改变着生产方式、生活方式和社会治理方式。数据基础制度建设事关国家发展和安全大局。

2. 数据生产要素的关键作用

在数字经济的发展和数字中国的建设过程中，数据起着核心和关键作用，对土地、劳动力、资本、技术等传统生产要素也产生了深刻影响，展现了巨大价值和潜能。习近平总书记多次强调，要构建以数据为关键要素的数字经济，在创新、协调、绿色、开放、共享的新发展理念指引下，推进数字产业化、产业数字化，引导数字经济和实体经济深度融合。

《"十四五"大数据产业发展规划》(以下简称《规划》)指出，数据是新时代重要的生产要素，是国家基础性战略资源。《规划》还提出，加快数据要素化，开展要素市场化配置改革试点示范，发挥数据要素在联接创新、激活资金、培育人才等的倍增作用，培育数据驱动的产融合作、协同创新等新模式。推动要素数据化，引导各类主体提升数据驱动的生产要素配置能力，促进劳动力、资金、技术等要素在行业间、产业间、区域间的合理配置，提升全要素生产率。

《飞轮效应：数据驱动的企业》一书中提出，数据是企业发展的基础设施和"核武器"。数据资源成为企业新型动力源。

生产力是经济社会发展的根本动力，是由生产要素构成的。传统经济中，生产要素主要指土地、劳动力、资本和技术。随着大数据时代的到来，数据成为新的生产要素。同时，在数据和数字技术的作用下，原有的土地、劳动力、资本和技术等要素也有了新内涵，由这些新生产要素所构成的新生产力，推动人类社会进入数字经济新时代。

《"十四五"数字经济发展规划》指出，发展数字经济是把握新一轮科技革命和产业变革新机遇的战略选择。数字经济是数字时代国家综合实力的重要体现，是构建现代化经济体系的重要引擎。世界主要国家均高度重视发展数字经济，纷纷出台战略规划，采取各种举措打造竞争新优势，重塑数字时代的国际新格局。

1) 数据是数字经济的核心要素

数据要素对经济社会的发展起着关键作用。有了数据，就可以进行预测、提前布局和规划；有了数据，就可以更好地了解用户，根据用户喜好进行推荐和定制；有了数据，就可以不断改进和更新工具，不断创新产品和服务；有了数据，就可以更加精准地分析、规避、防范风险；等等。

《"十四五"数字经济发展规划》指出，数据要素是数字经济深化发展的核心引擎。数据对提高生产效率的乘数作用不断凸显，成为最具时代特征的生产要素。数据的爆发增长、海量集聚蕴藏了巨大的价值，为智能化发展带来了新的机遇。协同推进技术、模式、业态和制度创新，切实用好数据要素，将为经济社会数字化发展带来强劲动力。

数据要素和数字技术的结合，带来了生产方式、商业模式、管理模式及思维模式的变革，改变了旧业态，创造了新生态。在数据要素和数字技术的驱动下，数字化产业飞速发展，同时也促进了传统生产要素的数字化变革，推动产业数字化转型发展。

毫无疑问，数据是数字经济的核心要素，是数字经济的"血液"。

2) 传统生产要素数字化，促进产业转型升级

土地、劳动力、资本、技术这些传统生产要素也迎来了数字化变革，主要体现在以下两方面。

一方面体现在传统生产要素本身的数字化。例如，同样的一亩农田，安装一个摄像头，就成为一个可直播的"数字农场"，除了地里的农作物产出，还有更可观的粉丝经济等价值分享收益；同样的一位老师，以前在教室里只能教几十名学生，现在在网上课堂可以教成千上万名学生；同样的一台计算机，以前只是为某个人服务，现在却可以分享算力给其他人。

另一方面体现在传统生产要素在数字空间中产生的新形式。例如，社区、社群等类型的"新土地"，7×24 小时在线的"客服机器人"等"新劳动力"，数字货币等"新资本"，中台、云组织等"新技术"。传统生产要素在数字空间中的新形式必将带来新价值，也必须为之制定新规则、采用新模式。

专栏 2-1

中台

　　中台，互联网术语，一般应用于大型企业，其是指搭建一个灵活快速应对变化的架构，以快速实现前端提出的需求，避免重复建设，达到提高工作效率的目的。

　　前台是系统的前端平台，是直接与终端用户进行交互的应用层。后台是指系统的后端平台，终端用户是感知不到它的存在的，其价值是存储和计算企业的核心数据。用户需求的变化决定了前台系统需要快速迭代响应用户需求，而前端的变化需要后端的变化来支撑，因此这就对后台的快速应变提出了要求。而后台设立之初的核心目的并不是服务于前台，而是提升后端数据的安全及系统的管理效率。

　　当企业前台和后台存在需求矛盾时，为了满足前台的快速迭代需求和后台的稳定性需求，中台概念应运而生。中台的核心是当前台需求来临时，中台能快速进行响应，从而提升研发效率，降低创新成本，提高工作效率。

　　中台作为平台型组织的一部分，是存在于前台作战单元和后台资源部门之间的组织模块。这些模块多半是传统组织中所谓的成本中心，它们负责把后台的资源整合成前台作业所需的"中间件"，方便随需调用。中台分为三类：业务中台、数据中台和组织中台。

　　资料来源：中台. 百度百科. [EB/OL]. https://baike.baidu.com/. 作者有删改

　　在数字化时代，数据支持交易的作用被掩盖，数据只是被交易的对象。而在大数据时代，这种情况发生变化。数据的价值从基本的用途转变为未来的潜在用途。这一转变意义重大，它影响了企业评估其拥有的数据及访问者的方式，促进(甚至是迫使)企业改变其商业模式，同时也改变了组织看待和使用数据的方式。

3. 数据生产要素的巨大价值和潜能

　　《大数据时代：生活、工作与思维的大变革》一书中指出，在大数据时代，数据就像一个神奇的钻石矿，当它的首要价值被发掘后仍能不断产生价值。

　　尽管数据长期以来一直是有价值的，但通常只被视为附属于企业经营核心业务的一部分，或者被归入知识产权或个人信息中相对狭窄的类别。但是在大数据时代，所有数据都是有价值的。数据的价值并不限于特定的用途，它可以为了同一目的而被多次使用，也可以用于其他目的。这意味着数据的全部价值远远大于其最初的使用价值，也意味着即使首次或之后的每次使用都只带来了少量的价值，企业仍然可以对数据加以有效利用。

　　因此，判断数据的价值需要考虑到未来它可能被使用的各种方式，而非仅仅考虑其目前的用途。在大数据时代，人们终于有了新的思维、创造力和工具来释放数据的隐藏价值。最终，数据的价值是其所有可能用途的总和。这些似乎无限的潜在用途就像是选择，这些选择的总和就是数据的价值，即数据的"潜在价值"。

　　清华大学罗培、王善民撰文指出，数据要素的巨大价值和潜能可分为"新资源""新资产"和"新资本"三个层次。在每个层次上又体现为两个层面，即分别在物理空间和数字空间中的体现。这三个层次既可以单独作用，也可以叠加在一起发挥更大作用。

1) 数据是一种新的"生产资料"

在物理空间中，数据是对现实世界中的客观事物和客观事件的记录和反映。其实，很早以前，数据就以间接、隐性的方式作用于人类的生产和经济活动。例如，我国的二十四节气就是一种"数据"，几千年来，我国劳动人民运用该"数据"来指导农业生产活动，取得了惊人的成果。

当信息技术出现并不断发展以后，数据真正成为了一种新型生产资料，推动人类经济社会实现了新的飞跃。数据对提高生产效率具有乘数作用，如数控机床的生产效率就比传统机床要高出一至几个数量级。数据是可再生、无污染的，数据可以循环使用，数据会越用越多，老数据经过加工后可以变成新数据。数据和土地、劳动力、资本、技术等其他生产要素一起，相互配合、相互融合，成为国家经济社会发展不可或缺的基础性战略资源。

在数字空间中，数据是构成、生成虚拟世界中的事物和事件的基本元件。对于数字空间、虚拟世界而言，数据不仅仅是生产资料，更是"生命"基础。没有数据，数字空间、虚拟世界就无从谈起。如今，数字空间、虚拟世界中的"经济活动"创造出了惊人的财富，并且其创造价值的能力和空间还在不断提升。人们在微信、QQ、微博、抖音、快手、淘宝、天猫、京东、拼多多、美团、百度、携程、知乎、王者荣耀等平台中产生的行为动作、生成内容、交流信息等数据经过处理和加工后又成为新的资源，并推动着新业务的产生。

大数据技术与应用的产生发展，标志着信息产业进入了一个新的转折点，数据资源至此真正与能源、材料等量齐观，将共同推进人类社会的进步。

数据中包含着大众的情绪、消费者的喜好、市场的潮流、不同人群的关注点等。在传统时代，这种数据信息的捕捉被认为是绝对不可能的，如今都已变为现实。而当这些数据变为信息时，就会产生卓越的商业价值。数据将成为像石油一样的资源，数据分析和应用能力将成为最有价值的竞争优势。例如，澳洲联邦银行运用大数据分析提供个性化交叉销售，成功将其交叉销售率从9%提高到60%。

2) 数据是一种新的"资产"

数据资产是个人、企业乃至国家资产的重要组成部分。企业在生产、经营、管理等过程中形成了大量的数据，如客户信息、市场分析、产品设计、生产规程、专利、著作权、管理制度等，这些数据都能为企业的后续发展带来经济利益，因而也就成为了企业重要的数据"资产"。《大数据时代：生活、工作与思维的大变革》一书中指出，数据成为了有价值的公司资产、重要的经济投入和新型商业模式的基石。

而实现这些有价值的数据可控制、可量化、可变现、可交易的过程，就是数据资产化过程。如今，数据已经成为企业不可或缺的战略资产，一个企业所掌握的有价值数据的规模、鲜活度，以及其采集、整理、分析、挖掘这些数据的能力，决定了企业的核心竞争力，正如IBM执行总裁罗睿兰所讲，数据将成为一切行业当中决定胜负的根本因素。

对于个人而言，一个人在学习、工作、生活中形成的经验、知识、人脉等，乃至于在个人同意前提下的个人信息，都是个人的重要"资产"，是一个人生存、发展的保障和动力。对于国家而言，数据已经逐渐渗透到国家经济社会中的每一个角落，关乎国家发展与安全，是一个国家的重要资产。

人们很容易理解数据作为"新资产"在物理空间中的价值体现。如今，它在数字空间中的价值日益凸显，读者可扫描二维码通过案例进行了解。

3) 数据是一种新的"资本"

《大数据时代：生活、工作与思维的大变革》一书中指出，如今，数据已经成为了一种商业资本，一项重要的经济投入，可以创造新的经济利益。事实上，一旦转变思维，数据就能被巧妙地用来激发新产品和新型服务。数据的奥妙只为谦逊、愿意聆听且掌握了聆听手段的人所知。

数据作为"新资产"在数字空间中的价值体现

2016年3月，知名科技期刊《麻省理工科技评论》与甲骨文公司联合发布的题为《数据资本的兴起》的研究报告中指出，数据已经成为一种资本，与金融资本一样，能够产生新的产品和服务。事实上，随着数字经济的不断发展及数字技术对传统经济的改造和重构，海量数据对原有的市场形态和市场机制带来了重大变革，货币这一传统意义上的资本对经济的驱动作用慢慢被数据这个"新资本"所替代，人类经济社会进入了数据资本新时代。

2004年，克里斯·安德森(Chris Anderson)发表的《长尾理论》指出，只要产品的存储和流通的渠道足够大，需求不旺或销量不佳的产品所共同占据的市场份额可以和那些少数热销产品所占据的市场份额相匹敌，甚至比它更大，即众多小市场进行汇聚可产生与主流市场相匹敌的市场能量。也就是说，企业的销售量不在于传统需求曲线上那个代表"畅销商品"的头部，而是那条代表"冷门商品"经常被人遗忘的长尾。详见第6章的导入案例。

长尾理论指导并创造了一大批新兴的互联网公司和创新商业模式。淘宝、天猫面向无数的小商家、小商铺提供了聚合的平台，创造了中国电子商务的神话；美团瞄准千万家小餐馆，做成了几百亿的大生意；如今花钱做电视广告已经过时了，新的营销渠道是短视频、直播等。这其中的逻辑总结成一句话就是"给钱不如给流量"，而流量就是数据的凝聚，流量所代表的就是数据这一"新资本"的力量。

然而，当互联网从消费互联网的上半场进入产业互联网的下半场，人们会逐渐发现，仅仅有流量还不够，更重要的是数据本身的价值凝聚和价值创造，读者可扫描二维码通过案例进行了解。

"青岛红领"案例

通过案例可知，数据价值与新兴技术相结合，在数据"新资本"的驱动下，就能够再造业务流程、企业结构，进而重构整个产业生态，实现价值的成倍递增。

4. 数据资产的含义

由上述分析可以看出，数据已经具备了资产特征，符合资产的要义，成为新型的资产——数据资产。数据资产是指由个人、企业或其他组织拥有或控制的，能够为其带来未来经济利益的，以电子或其他方式记录的数据资源。

如今，人们已经身处大数据时代，数据已经被当作一种重要的战略资源，成为一种新型资产。数据资产是无形资产的延伸，是主要以知识形态存在的重要经济资源，是为其所有者或合法使用者提供某种权利、优势和效益的固定资产。

数据资产的类型有很多，常见的数据资产包括书面技术新材料、数据与文档、技术软件、物理资产(主要指通信协议类)、员工与客户(包括竞争对手)、企业形象和声誉，以及服务等。同其他资产一样，数据资产也是企业价值创造的工具和资本。

随着网络技术的发展及信息的广泛传播和使用，人们逐渐认识到数据的重要性和巨大价值。尤其在大数据环境下，数据已经渗透到各个行业，成为政府和企业的重要资产。对于现代企业和政府来说，拥有数据的规模、活性，以及收集、运用数据的能力，将决定企业和政府的核心竞争力。

与数据资产相关的概念还有数字资产和信息资产，这三者是从不同层面看待数据的。其中，信息资产对应着数据的信息属性，数字资产对应着数据的物理属性，数据资产对应着数据的资源属性。由于资产、资源、资本等术语之间紧密关联，进而衍生出了信息资产、信息资源、信息资本，以及数字资产、数字资源、数字资本，还有数据资产、数据资源、数据资本等一系列相关但侧重点不同的概念。在很多场合下，这些概念会被相互替代地使用。

2002年，英国标准协会制定的信息安全管理体系标准BS7799中指出，信息是一种资产，像其他重要的业务资产一样，对组织具有价值，因此需要妥善保护。2013年，美国政府发布的《开放数据政策——将信息作为资产管理》的备忘录中指出，信息是国家的宝贵资源，也是联邦政府及其合作伙伴、公众的战略资产。这份备忘录成为美国政府数据资产管理的纲领性文件。随着大数据价值的逐步显现，越来越多的国家把大数据作为重要的资本看待。

数据成为新型、数字化生产要素，与土地、劳动力、资本、技术等传统生产要素数字化一起构成了新时代的新生产力，推动人类社会进入数字经济新领域、新阶段。新生产力必然要求有新生产关系与之相适应，这是人类历史发展的必然，也是中国在全球格局新时代迎来的最重大、最关键的机遇和挑战。

《关于构建数据基础制度更好发挥数据要素作用的意见》明确指出，充分认识和把握数据产权、流通、交易、使用、分配、治理、安全等基本规律，探索有利于数据安全保护、有效利用、合规流通的产权制度和市场体系，完善数据要素市场体制机制，在实践中完善，在探索中发展，促进形成与数字生产力相适应的新型生产关系。

专栏2-2

"数据二十条"

为加快构建数据基础制度，充分发挥我国海量数据规模和丰富应用场景优势，激活数据要素潜能，做强做优做大数字经济，增强经济发展新动能，构筑国家竞争新优势，2022年底，中共中央、国务院印发了《关于构建数据基础制度更好发挥数据要素作用的意见》(通常简称为"数据二十条")。

"数据二十条"肯定了数据作为新型生产要素的重要作用和重大意义。数据深刻改变着生产、生活和社会治理方式，也要求我们面临大数据时代的思维转变，建立大数据思维和大数据伦理。与此同时，数据作为新型生产要素也面临着两大难题：数据资产的估值和确权。这也是"数据二十条"着力推动解决的核心问题。

"数据二十条"通过"一条主线、四项制度"明确提出，以维护国家数据安全、保护个人信息和商业秘密为前提，以促进数据合规高效流通使用、赋能实体经济为主线，以数据产权、流通交易、收益分配、安全治理为重点，充分实现数据要素价值、促进全体人民共享数字经济发展红利，为深化创新驱动、推动高质量发展、推进国家治理体系和治理能力现代化提供有力支撑。"数据二十条"明确了一条主线，即促进数据合规高效流通使用、赋能实体经济；建立了四项制度，即数据产权制度、流通和交易制度、收益分配制度、要素治理制度。

“数据二十条”的重要意义如下。

“数据二十条”为构建我国数据要素市场的“四梁八柱”提供了基础性制度的政策指引：一是明确确认要构建一套数据财产权制度，二是关于数据财产权制度本身尝试用一种相对比较具有弹性的方案(即结构性分置方案)去处理数据资产确权这一世界性难题。

“数据二十条”探索建立了一套既符合数据要素的特点，又具有中国特色的数据要素产权制度，用于解决数据谁能用、怎么用的关键问题。

“数据二十条”还特别处理了数据处理主体相对于信息来源主体的财产权、数据处理主体相对于陌生人的数据财产权。不过，关于权利，它一定是相对于在特定的社会关系当中，一方当事人相对于另外一方当事人权利归属的问题。“数据二十条”比较好地处理了这两组关系的问题，但在未来的法律落地层面需要处理更为丰富的社会关系中的财产权。例如，在涉及排他性交易的场合，如何处理被许可人与第三人之间的关系、是否需要通过登记公示来保护等，都是需要进一步处理的问题。

《数据安全法》第七条指出，国家保护个人、组织与数据有关的权益，鼓励数据依法合理有效利用，保障数据依法有序自由流动，促进以数据为关键要素的数字经济发展。第十四条指出，国家实施大数据战略，推进数据基础设施建设，鼓励和支持数据在各行业、各领域的创新应用。

经过十多年的发展，我国在数据储量和数据使用上已经取得了长足进展，总量位居全球前列。我国数据资源极大丰富，国家网信办发布的《数字中国发展报告(2022年)》中指出，2022年我国数据产量达8.1ZB，同比增长22.7%，全球占比达10.5%，位居世界第二。截至2022年底，我国数据存储量达724.5EB，同比增长21.1%，全球占比达14.4%。随着大数据战略、数字经济、数字中国建设的不断推进，以及传统产业数字化转型升级的不断加速，数据生产要素的作用和价值必将更加凸显，从而推动中国在数字经济新时代实现新跨越和弯道超车，成为新的引领者。

2.1.3 数据资产估值

数据是新型资产已经成为普遍共识，但数据资产如何估值和定价却是人们遇到的一个难题。按照前述资产的确认条件第(2)条，如果数据资源的成本或价值不能可靠地计量，也就无法确认为资产而计入资产负债表。因此，不能准确定价就不能正确反映其内在价值或潜在价值。

1. 如何估值

《大数据时代：生活、工作与思维的大变革》中讲了这样一个例子：2012年5月18日，28岁的Facebook创始人马克·扎克伯格(Mark Zuckerberg)在其公司总部象征性地敲响了纳斯达克的开盘钟，这就意味着全球约每十人中就有一人是其用户，自此全球最大的社交网络公司开启了其作为上市公司的征程。

投行对Facebook的定价是每股38美元，总估值1040亿美元(大约是波音公司、通用汽车和戴尔电脑的市值之和)。那么Facebook的实际价值是多少呢？在2011年供投资者评估公司的审核账目中，Facebook公布的资产为66亿美元，包括计算机硬件、专利和其他实物价值。那么Facebook公司数据库中存储的大量数据的账面价值是多少呢？答案是零。因为它根本没有被计入其中。

Gartner的副总裁道格·莱尼(Doug Laney)研究了Facebook在IPO前一段时间内的数据，估算出Facebook在2009—2011年收集了2.1万亿条"获利信息"，如用户的喜好、发布的信息和评论等。与其IPO估值相比，这意味着每条信息(将其视为一个离散数据点)都有约4美分的价值。也就是说，每个Facebook用户的价值约为100美元，因为他们是Facebook所收集信息的提供者。

那么，为什么Facebook根据会计准则计算出来的价值(约66亿美元)和最初的市场估值(1040亿美元)之间会产生如此巨大的差距呢？目前还没有很好的方法能解释这一点。人们普遍开始认为，通过查看公司"账面价值"(大部分是有形资产的价值)来确定企业价值的方法，已经不能充分反映公司的真正价值。

事实上，账面价值与市场价值(即公司被买断时在股票市场上所获得的价值)之间的差距在近几十年中一直在不断地扩大。公司账面价值和市场价值之间的差额被记为"无形资产"。20世纪80年代中期，无形资产在美国上市公司市值中约占40%，而在2002年，这一数值已经增长为75%。

早期，无形资产仅包含品牌、专利、人才和战略等应计入正规金融会计制度的非有形资产部分。但渐渐地，公司所持有和使用的数据也被纳入了无形资产的范畴。

目前还找不到一个有效的方法来计算数据的价值。Facebook开盘当天，其正规金融资产与其未记录的无形资产之间相差了1000亿美元，差值几乎是20倍。随着企业对于在资产负债表上记录数据资产价值的方法的不断探索，这样的差距终有一天会被消除，人们正在朝着这个方向前进。

同时，投资者也开始注意到数据的潜在价值。拥有数据或能够轻松收集数据的企业，其股价会上涨。尽管做起来有困难，但市场和投资者还是会给这些无形资产估价。随着会计窘境和责任问题得到缓解，几乎可以肯定数据的价值将显示在企业的资产负债表上，成为一个新的资产类别。

那么，如何给数据估值呢？诚然，计算价值不再是将其基本用途简单地加总。但是如果数据的大部分价值都是潜在的，需要从未知的二次利用提取，那么人们目前尚不清楚应该如何估算它。这个难度类似于在20世纪70年代布莱克-舒尔斯期权定价理论出现前对金融衍生品的定价，也类似于为专利估值。

一个办法是从数据持有人在价值提取上所采取的不同策略入手，最常见的一种方式就是将数据授权给第三方。在大数据时代，数据持有人倾向于从被提取的数据价值中抽取一定比例作为报酬支付，而不是确定一个固定的数额。

这样一来，各方都会努力使数据再利用的价值达到最大。然而，由于被许可人可能无法提取数据全部的潜在价值，而且数据持有人可能还会同时向其他方授权使用其数据，因此，"数据滥交"可能会成为一种常态。一些试图给数据定价的市场如雨后春笋般出现，想为任何手中拥有数据的人提供一个出售数据的平台。详见"3.4 大数据交易"的有关内容。

到目前为止，没有人知道估值模型将发挥出怎样的作用。但可以肯定的是，经济正渐渐开始围绕数据形成，很多新玩家可以从中受益，而一些资深玩家则可能会找到令人惊讶的新商机。"数据是一个平台",因为数据是新产品和新商业模式的基石。

2. 数据估值已在路上

《数字中国建设整体布局规划》指出,释放商业数据价值潜能,加快建立数据产权制度,开展数据资产计价研究,建立数据要素按价值贡献参与分配机制。

数据价值的关键是看似无限的再利用,即它的潜在价值。收集数据固然至关重要,但是还远远不够,因为大部分的数据价值在于它的使用,而不是占有本身。《"十四五"数字经济发展规划》(以下简称《规划》)分析发展现状时指出,我国数字经济发展也面临一些问题和挑战,其中之一就是数据资源规模庞大,但价值潜力还没有充分释放。

《规划》明确提出了"十四五"发展目标之一——数据要素市场体系初步建立。数据资源体系基本建成,利用数据资源推动研发、生产、流通、服务、消费全价值链协同。数据要素市场化建设成效显现,数据确权、定价、交易有序开展,探索建立与数据要素价值和贡献相适应的收入分配机制,激发市场主体创新活力。

《"十四五"大数据产业发展规划》(以下简称《规划》)在分析发展成效时也指出,"十三五"时期我国大数据产业取得了重要突破,但仍然存在一些制约因素。其中之一就是市场体系不健全,数据资源产权、交易流通等基础制度和标准规范有待完善,多源数据尚未打通,数据壁垒突出,碎片化问题严重。

《规划》提出了"十四五"发展目标之一——价值体系初步形成。数据要素价值评估体系初步建立,要素价格市场决定,数据流动自主有序,资源配置高效公平,培育一批较成熟的交易平台,市场机制基本形成。

《规划》提出的主要任务之一就是加快培育数据要素市场,建立数据要素价值体系。制定数据要素价值评估框架和评估指南,包括价值核算的基本准则、方法和评估流程等。在互联网、金融、通信、能源等数据管理基础好的领域,开展数据要素价值评估试点,总结经验,开展示范。推动建立市场定价、政府监管的数据要素市场机制,发展数据资产评估、登记结算、交易撮合、争议仲裁等市场运营体系。提升数据要素配置作用。加快数据要素化,开展要素市场化配置改革试点示范,发挥数据要素在联接创新、激活资金、培育人才等的倍增作用,培育数据驱动的产融合作、协同创新等新模式。推动要素数据化,引导各类主体提升数据驱动的生产要素配置能力,促进劳动力、资金、技术等要素在行业间、产业间、区域间的合理配置,提升全要素生产率。

2.2 数据权理论

通过前面的分析,我们知道了数据是一种新型的重要资产,那么谁该享有其权益呢?这就涉及数据的权属问题。数据权是大数据开放与共享的基础,而数据权既是技术问题,也是法律问题,是大数据管理与应用绕不开的关键问题。因此,需要对数据的权益进行具体认定和保护,进而在保护好多方利益的基础上解决数据开放与共享问题。数据的权属问题比较复杂,为了更好地研究数据权,首先了解一下财产权的含义、分类和取得方式。

2.2.1 财产权

财产权就是一种赋予人们自由支配自己财产的权利。

1. 财产权的含义

财产权(简称产权)，是指以财产利益为内容，直接体现财产利益的民事权利。财产权是可以以金钱计算价值的，一般具有可让与性，受到侵害时需以财产方式予以救济。财产权既包括物权、债权、继承权，也包括知识产权中的财产权利。财产权是以物质财富为对象，直接与经济利益相联系的民事权利，如所有权、继承权等。

财产权是人身权的对称。它具有物质财富的内容，一般以货币进行计算。财产权包括以所有权为主的物权、准物权、债权、知识产权等。在婚姻、劳动等法律关系中，也有与财物相联系的权利，如家庭成员间要求扶养费、抚养费、赡养费的权利，夫妻间的财产权，基于劳动关系领取劳动报酬、退休金、抚恤金的权利，等等。

财产权是一定社会的物质资料占有、支配、流通和分配关系的法律表现。不同社会有不同性质的财产权利。在资本主义国家，奉行的是私有财产神圣不可侵犯的原则。在社会主义国家，公共财产是神圣不可侵犯的。《中华人民共和国宪法》规定，公民的合法的私有财产不受侵犯。不同的社会和国家对作为财产权客体的财物种类的限制也不同。在资本主义国家，除已宣布为国有的财产外，几乎所有的财物都可作为私人财产权的客体。在中国，财物依其所属的生产资料或生活资料，或者地位与作用，分别属于国家、集体经济组织或个人。

财产权的主体限于现实地享有或可以取得财产的人。它既不像人格权，为一切人所享有，也不像亲属权，只要与他人发生亲属关系即享有亲属权。财产权的客体限于该社会制度下法律允许私人(自然人和法人)可得享有的。例如，在我国社会主义制度下，土地属于国有(全民所有)，不得为私有，因而土地不得作为民事权利的私人财产权的客体。债权也有这种情形，所谓不融通物即指不得为交易客体从而不得为债权客体之物。因此，财产权的情形常因各个国家的社会制度而有不同。历史上奴隶制下与资本主义制、现代资本主义制与社会主义制下的财产权的情况很不相同。因而可知，财产权是与社会制度密切相关的权利，与人格权、亲属权大不相同。

财产权原则上都是可以处分的，不具专属性。可以处分是指可以转让、继承和抛弃，不具专属性，因而可以由他人代为行使。一般情形下，权利的归属与权利的行使是可分的，如未成年人的权利由法定代理人行使、破产人的权利由破产管理人行使、失踪人或严禁治产人的权利由管理人行使等。当然，财产权中也有具专属性的。

2. 财产权的分类

财产权包括物权与债权两大类，也就是针对其个人所有物的直接支配权和个人请求他人的权利，两者都是受到法律保护的公民基本权利。

物权是直接支配物的权利，物也包括某些权利。物权具有排他的效力、优先的效力与追及的效力。物权包括所有权与限制物权。限制物权又分为用益物权与担保物权。前者包括地上权、地役权，都存在于土地(不动产)之上；后者包括抵押权、质权(质押权)、留置权，存在于动产、不动产与某些权利之上。此外还有矿业权、渔业权等。

债权是按照合同约定或依照法律的规定，在当事人之间产生的特定的权利和义务关系，也称为债权关系或者债的关系。在债权关系中，享有权利的人为债权人，负有义务的人为债务人。债权人享有的权利为债权，债务人承担的义务为债务。债权就是在债的关系中，一方(债权人)请求另一方(债务人)为一定行为或不为一定行为的权利。

债权很难分类，一般也不对债权加以分类，但是债权有一些附属的权利。例如，因合同而发生的债权的主要内容是债权人的给付请求权，但债权人还享有一些其他权利，如合同解除权、终止权、撤销权、选择权等。

财产所有权是指所有人依法对自己的财产享有占有、使用、收益和处分的权利。读者可扫描二维码了解占有权、使用权、收益权和处分权的具体内容。

占有权、使用权、收益权和处分权

占有、使用、收益和处分，构成了完整的财产所有权的四项权能。财产所有人可以将这四项权能集于一身统一行使，也有权将这四项权能中的若干权能交由他人行使，即财产所有权的四项权能与财产所有人相分离。

在社会生活中，财产所有人正是通过这四项权能的分离和回复来实现其生活和生产的特定目的。因此，财产所有人将其财产所有权中的四项权能暂时与自己分离，并不产生丧失其财产所有权的后果，而是财产所有人行使其权利的有效形式。例如，国家将国有土地使用权出让给公民或企业，并不丧失国有土地所有权，而是借助出让关系最大限度地发挥国有土地的价值，以获得良好的效益。

3. 财产权的取得方式

财产权的取得方式分为原始取得和继受取得。此外，还有几种特殊的财产权取得情况。读者可扫描二维码获悉。

原始取得　　　　　继受取得　　　　特殊取得情况

2.2.2　数据权

数据权的概念产生于英国，主要将其视为信息社会的一项基本公民权利，让政府所拥有的数据集能够被公众申请和使用，并且按照标准公布数据。因此，早期的数据权理念强调的是公民利用信息的权利。数据开放运动的兴起，推动了世界各国建设数据网、保障公民应用数据权利的数据民主浪潮。

但是，随着数据的进一步开放，大型网络公司对历史文献资料的数据化，商业集团对客户资料的搜集，政府部门对个人信息的调查与掌握，社会化媒体对社会交往的渗透与呈现，使国家和政府加强了对数据主权的关注，并将其纳入国家主权的范畴。

数据主权源于信息主权。信息主权是国家主权在信息活动中的体现，国家对政权管辖地域内任何信息的制造、传播和交易活动，以及相关的组织和制度拥有最高权力。因为数据主权中的数据指的是原始数据，所以数据的外延要大于信息主权的概念。鉴于数据的重要性，各国都在积极加强对数据安全的保护。

数据权包括数据主权和数据权利。数据主权的主体是国家，是一个国家独立自主对本国数据进行管理和利用的权利。目前，大数据已经成为全球高科技竞争的前沿领域，以美国、日本等国为代表的全球发达国家，已经制定了以大数据为核心的新一轮信息战略。

2012年，美国白宫科技政策办公室发布的《大数据研究发展倡议》指出，未来对数据的占有和控制甚至将成为陆权、海权、空权之外的另一种国家核心资产。也就是说，国家数据主权，即对数据的占有和控制，将成为继边防、海防、空防之后的另一个大国博弈的空间。

数据权利的主体是公民，是相对公民数据采集义务而形成的对数据利用的权利，这种对数据的利用是建立在数据主权之下的。只有在数据主权法定框架下，公民才可自由行使数据权利。公民的数据权利是一项新兴的基本人权，它是信息时代的产物，是公民个人的基本权利。公民数据权的保护不仅具有正当合理性，而且已经成为一种人权保障的世界性趋势。

2010年5月，戴维·卡梅伦(David Cameron)领导的保守党在英国大选中获胜，他在出任首相后，提出了"数据权"的概念，卡梅伦认为"数据权"是信息时代每个公民拥有的一项基本权利，并郑重承诺要在全社会普及"数据权"。不久，英国女王在议会发表演讲，强调政府要全面保障公众的"数据权"。2011年4月，英国劳工部、商业部宣布了一个旨在推动全民数据权的新项目——"我的数据"，提出了一个响亮的口号——"你的数据，你可以做主！"。

近年来，我国逐渐开始重视对客户数据所有权的保护。2015年7月22日，阿里云在分享日上发起"数据保护倡议"：数据是客户资产，云计算平台不得移作他用。这份公开倡议书中明确指出，运行在云计算平台上的开发者、公司、政府、社会机构的数据，所有权绝对属于客户，云计算平台不得将这些数据移作他用。平台方有责任和义务帮助客户保障其数据的私密性、完整性和可用性。这是中国云计算服务商首次定义行业标准，针对用户普遍关注的数据安全问题进行清晰的界定。

1. 数据的双层结构理论

"数据二十条"明确区分了信息来源主体和数据处理主体，使人们科学地认识到了在数据之上存在的多元主体的多元权利主张。其在充分保护信息来源主体的法定在先权益前提下，充分承认和保护了数据处理主体所享有的作为生产要素意义上的财产权的权益。

以较受关注的个人信息数据为例，数据之上至少蕴含了两种利益：一是数据处理者对数据享有的财产性权益，二是个人信息主体的个人信息人格权益。《数据安全法》第三条指出，本法所称数据，是指任何以电子或者其他方式对信息的记录。我们可以用"数据的双层结构"理论理解这种关系：数据是对信息的记录，而信息是数据的内容。数据处理者与数据的内容主体各自享有不同的利益主张。数据根据内容的不同会涉及不同的利益。

作为信息来源主体，我们关注的重点是个人信息，我国有《中华人民共和国民法典》和《个人信息保护法》对其进行充分规定和保护。但是，还有大量的非个人信息在涉及数据生产和流通活动中可能产生的问题并没有特别的法律，因此可以使用合同法规则和知识产权规则，去解决非自然人信息来源主体与数据处理主体之间所产生的权益安排问题。

在充分尊重和保护信息来源主体的法定在先权益的前提下，"数据二十条"将生产要素意义上的数据财产权配置给数据处理主体，希望以此来更好地促进数据生产与流通利用。

2. 数据"三权分置"问题

考虑到数据这种要素的生成过程的特殊性，因此不太适合从一开始确认一个所有权或确认一个单一的所有人。尽管在"数据二十条"起草研讨的过程中曾经有专家主张采用"数据所有权"这个术语表达，但最终并没有被采纳。国家发改委在《求是》杂志上的专题文章中特别谈到，要跳出所有权的思维定式，建构一种新型的能够反映数据要素上各方利益主体主张的一套新型权利结构。

其中谈到关于结构性分置的问题，或者通常说的数据"三权分置"问题，希望借此建构一套现代性的财产权的制度。在财产权的意义上，"数据二十条"尝试去处理涉及数据生成和流通关系的重大权属问题，还强调要建立数据产权登记新方式。

"数据二十条"中的产权政策表达，特别是关于"数据资源持有权、数据加工使用权、数据产品经营权"的表达，是重大政策创新和亮点，也是当前国内和国外法学界关注的重点问题。如何理解"三权"也是一个难点。中国人民大学法学院副教授、博士生导师熊丙万认为，"数据二十条"在决定跳出"所有权"思维之后，转而采取了通过将数据原始处理主体所享有的生产要素意义上的数据财产权的主要权能分拆为具体权利的方式来呈现数据持有人的财产权利。

关于使用权，主要保护的是数据持有人可以自主使用数据，不受别人的干扰。使用权强调的是自我使用，经营权强调的是可以对外经营。可以说，数据持有人的经营权与有体财产所有权的处分权能具有一定的功能相通性，即有权通过对外让渡数据财产权的方式处分数据，但因常常负有各种法定的数据保存义务(为了保护信息来源主体权益)而不能随意销毁数据，因此其处分权能又明显弱于有体财产的处分权能。在这个意义上，"数据二十条"在国家政策表达层面着重强调数据经营权，但在法律表达层面应该将此种经营权理解为处分权的核心内容，以使得法律层面的数据财产权满足法学上的周延性要求。

数据资源持有权、数据加工使用权、数据产品经营权中的"资源""加工""产品"三个词，主要体现了国家宏观经济政策上的表达习惯，侧重从数据价值链的实现过程来进行政策描述。从国家立法的表达层面看，还需要把这种国家政策表达转化为符合法律人思维习惯的表达方式。"数据二十条"是重大国家经济政策，在政策起草层面体现了经济上和行业习惯上的用语习惯。数据资源持有权强调的是资源可用，并不是说一定是原始数据，加工后的数据同样可以被稳定持有并获得法律保护。数据加工使用权，重点不在"加工"，而在"使用"。同样，数据产品经营权之所以强调产品，是因为背后强调的是要尽可能地审慎处理原始数据，匿名化处理成产品的，是可以更自由经营的数据形态。但是在法律层面上，不一定限于经过匿名化处理的数据才可以进行交易。在一些情况下，原始数据也是可以交易的，且符合信息来源主体的意愿和利益。

数据处理者作为财产权利人行使经营权，对外让渡数据权益就会有继受处理主体，基于与原始处理主体的合同约定，取得相应的约定持有权、约定使用权和约定经营权。但是，继受处理主体即便享有使用权，也不一定享有持有权。例如，一家政府授权的医疗大数据运营平台许可另外一家医学影像人工智能开发企业使用数据，为了防止个人信息泄露或出现安全问题，约定了驻场使用模式，被许可人带着工程师和算法进场训练，训练好之后把模型带走。

3. 数据权基本谱系

关于数据权内涵，目前争议较大，尚未形成统一共识。有观点认为，数据权是指对数据财产的占有权、支配权、使用权、收益权和处置权等。湘潭大学法学教授肖冬梅、副教授文禹衡在《数据权谱系论纲》一文中提出了如下分类：数据权谱系分为数据权力和数据权利两个维度，在数据权力框架中以数据主权为起点，在数据权利框架中以数据人格权和数据财产权为起点。数据权谱系中的内容可能会随着社会变化而发展，但其两个维度和三个起点是相对稳定的。

大数据的三大悖论在社会现实中正被一一应验，大数据在造福人类社会的同时会导致种种乱象。大数据悖论的破解和社会新秩序的维持亟待人们审慎地构建数据权谱系。

数据权基本谱系可分为数据主权和数据权利两大框架，如图2-1所示。

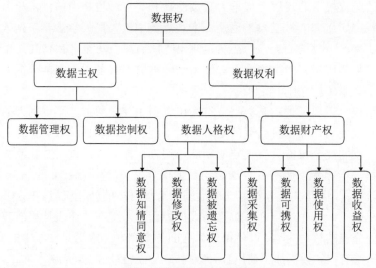

图2-1　数据权的基本谱系

数据主权包括数据管理权和数据控制权，其主要功能是在新技术环境中巩固国家主权的地位。

数据权利兼具人格权和财产权双重属性：数据人格权主要包括数据知情同意权、数据修改权、数据被遗忘权，其所承担的主要功能是保障隐私空间，让人们享受大数据时代的"美好生活"；数据财产权主要包括数据采集权、数据可携权、数据使用权和数据收益权，其功能是引导数据资源被合理高效地利用，让人们分享大数据价值增益的红利。

专栏2-3

大数据的三大悖论

(1) 透明化悖论，即信息透明化要求与收集信息秘密进行之间的悖论。利用大数据有望让世界更加透明，但大数据的聚集是不可见的，并且其工具和技术是不透明的，被物理、法律、技术保密性设计层所笼罩。

(2) 身份悖论，即大数据的目标是致力于身份识别，但也威胁着数据主体的个体身份。虽然大数据传道者谈论着奇迹般的成果，但是这种说辞忽略了一个事实，即大数据旨在识别个体或集体的身份。

(3) 权力悖论，即大数据是改造社会的强大力量。但这种力量的发挥是以牺牲个人权利为代价，而让各大权利主体(服务商或政府)独享特权，大数据利益的天平倾向于对个人数据拥有控制权的机构。

因此，只有认清了大数据悖论及其潜在威胁，我们才能全面理解大数据带来的这场大变革。

2.2.3　数据资产确权

1. 数据确权是世界难题

正如前面的分析，数据要素市场的发展仍然面临着较大难题，数据要素基础制度尚未明确，其原因在于数据是数字经济时代的特殊且复杂的客体，蕴含着复杂的利益主张，以至于在数据流通与数据保护之间形成了巨大张力，也导致实践中的数据流通与共享无法畅通实现。虽然常常有人将数据与石油等传统资源相提并论，但是数据的性质实质上不同于过去任何发展阶段的传统资源。

以较受关注的个人信息数据为例，数据之上至少蕴含了两种利益：一是数据处理者对数据享有的财产性权益，二是个人信息主体的个人信息人格权益。可以用"数据的双层结构"理论理解这种关系：数据是对信息的记录，而信息是数据的内容。数据处理者与数据的内容主体各自享有不同的利益主张。数据根据内容的不同会涉及不同的利益。除此之外，数据也可能涉及国家主权和国家安全利益，因此各国立法都对数据跨境行为设定了数据安全审查流程。由此可见，数据是数字经济时代的复杂客体，关涉多个方面的利益，因此在理论层面数据面临着确权难题，进而制约了我国数据要素市场的发展。

数据确权问题是目前制约数据要素市场发展的重要因素，不论是对数据各方利益的保护，还是数据的流通利用，都离不开数据基础制度的确立。而数据不同于传统的资源要素，其特征十分复杂，传统的"所有权"式思路已经对此种数字时代的产物"无能为力"，在全球范围内尚未形成成熟的解决方案。因此，"数据二十条"明确提出要"加快构建数据基础制度"，而这一任务的实现并非轻而易举。目前，我国数据产业面临一些瓶颈，难以有效推进数据基础制度的构建。

长期以来，数据领域的管理体制是分散治理模式，致使数据发展的推进面临桎梏。作为数字经济时代的新兴产物，数据之上耦合了各种复杂的利益，发挥数据要素价值时可能会侵害到相关主体权益，甚至会影响国家和社会公共利益。另外，数据之上还蕴含了各方的合法权益，在挖掘数据资源时应当尊重其上存在的各方利益。

数据确权既是数据权利运用和保护的基础，也是数据利益保护的重要手段。数据相关的利益主体分为个人、企业、其他组织与国家，不同的利益主体对数据权益的享有范畴与属性又存在差异。大数据产业的发展催生了数据主体、数据控制者、数据利用者等相关的新型权益主体。从数据权主体来看，数据权的类型包括个人数据权、企业数据权和政府数据权。权利一旦确定，首要问题是设计其权能结构，权能发生作用的具体表现形式即为权项之确立。在利益驱动下，不同的利益主体必然会对相关权益的保护和法律制度提出新的诉求。顺承而来，只有对数据权的学说理论及其权能建构进行深入研究，才能更好地实现对数据的全面保护。

《国家"十四五"规划纲要》中指出，建立健全数据要素市场规则。统筹数据开发利用、隐私保护和公共安全，加快建立数据资源产权、交易流通、跨境传输和安全保护等基础制度和标准规范。建立健全数据产权交易和行业自律机制，培育规范的数据交易平台和市场主体，发展数据资产评估、登记结算、交易撮合、争议仲裁等市场运营体系。加强涉及国家利益、商业秘密、个人隐私的数据保护，加快推进数据安全、个人信息保护等领域基础性立法，强化数据资源全生命周期安全保护。完善适用于大数据环境下的数据分类分级保护制度。加强数据安全评估，推动数据跨境安全有序流动。

2. 数据确权分类推进

关于数据的确权授权，"数据二十条"明确提出，推进实施公共数据确权授权机制；推动建立企业数据确权授权机制；建立健全个人信息数据确权授权机制。

推进实施公共数据确权授权机制。对各级党政机关、企事业单位依法履职或提供公共服务过程中产生的公共数据，加强汇聚共享和开放开发，强化统筹授权使用和管理，推进互联互通，打破"数据孤岛"。鼓励公共数据在保护个人隐私和确保公共安全的前提下，按照"原始数据不出域、数据可用不可见"的要求，以模型、核验等产品和服务等形式向社会提供，对不承载个人信息和不影响公共安全的公共数据，推动按用途加大供给使用范围。推动用于公共治理、公益事业的公共数据有条件无偿使用，探索用于产业发展、行业发展的公共数据有条件有偿使用。依法依规予以保密的公共数据不予开放，严格管控未依法依规公开的原始公共数据直接进入市场，保障公共数据供给使用的公共利益。

推动建立企业数据确权授权机制。对各类市场主体在生产经营活动中采集加工的不涉及个人信息和公共利益的数据，市场主体享有依法依规持有、使用、获取收益的权益，保障其投入的劳动和其他要素贡献获得合理回报，加强数据要素供给激励。鼓励探索企业数据授权使用新模式，发挥国有企业带头作用，引导行业龙头企业、互联网平台企业发挥带动作用，促进与中小微企业双向公平授权，共同合理使用数据，赋能中小微企业数字化转型。支持第三方机构、中介服务组织加强数据采集和质量评估标准制定，推动数据产品标准化，发展数据分析、数据服务等产业。政府部门履职可依法依规获取相关企业和机构数据，但须约定并严格遵守使用限制要求。

建立健全个人信息数据确权授权机制。对承载个人信息的数据，推动数据处理者按照个人授权范围依法依规采集、持有、托管和使用数据，规范对个人信息的处理活动，不得采取"一揽子授权"、强制同意等方式过度收集个人信息，促进个人信息合理利用。探索由受托者代表个人利益，监督市场主体对个人信息数据进行采集、加工、使用的机制。对涉及国家安全的特殊个人信息数据，可依法依规授权有关单位使用。加大个人信息保护力度，推动重点行业建立完善长效保护机制，强化企业主体责任，规范企业采集使用个人信息行为。创新技术手段，推动个人信息匿名化处理，保障使用个人信息数据时的信息安全和个人隐私。

"数据二十条"提出，建立健全数据要素各参与方合法权益保护制度。充分保护数据来源者合法权益，推动基于知情同意或存在法定事由的数据流通使用模式，保障数据来源者享有获取或复制转移由其促成产生数据的权益。合理保护数据处理者对依法依规持有的数据进行自主管控的权益。在保护公共利益、数据安全、数据来源者合法权益的前提下，承认和保护依照法律规定或合同约定获取的数据加工使用权，尊重数据采集、加工等数据处理者的劳动和其他要素贡献，充分保障数据处理者使用数据和获得收益的权利。保护经加工、分析等形成数据或数据衍生产品的经营权，依法依规规范数据处理者许可他人使用数据或数据衍生产品的权利，促进数据要素流通复用。建立健全基于法律规定或合同约定流转数据相关财产性权益的机制。

2.3 大数据思维

在大数据时代，数据就是一座"金矿"，而思维是打开矿山大门的钥匙，只有建立符合大数据时代发展的思维，才能最大限度地挖掘大数据的潜在价值。因此，大数据的发展，不仅取决于大数据资源的发掘与扩展，还取决于大数据技术的升级与应用，更取决于大数据思维的形成与运用。

思维是指人用头脑进行逻辑推导的属性、能力和过程。大数据思维是指在处理大数据问题时所采用的思维方式和方法。只有具备大数据思维，才能更好地运用大数据资源和大数据技术。也就是说，大数据发展必须是数据、技术、思维三大要素的联动。

2.3.1 以数据为中心

世界的本质就是数据，大数据将开启一次重大的时代转型。当然，真正的革命并不在于分析数据的机器，而在于数据本身和我们如何运用数据。"大数据"全在于发现和理解信息内容及信息与信息之间的关系。IBM的资深大数据专家杰夫·乔纳斯(Jeff Jonas)提出，要让数据"说话"。让数据"发声"，我们会注意到很多以前从来没有意识到的联系的存在。

如今，我们正处于大数据时代的早期，思维和技术是最有价值的，但是最终大部分的价值还是必须从数据本身中挖掘。有效利用大数据需要专业的技术和丰富的想象力，即一个能容纳大数据的心态，但价值的核心归功于数据本身。因此，大数据思维的核心是以数据为中心，其主要内涵至少包括以下几个方面。

1. 世界的本质是数据

人类社会的进步在很大程度上得益于机械思维(见专栏2-4)，但是到了信息时代，它的局限性越来越明显。首先，并非所有的规律都可以用简单的原理来描述；其次，像过去那样找到因果关系规律性已经变得非常困难，因为简单的因果关系规律性都已经被发现了，剩下那些没有被发现的因果关系规律性具有很强的隐蔽性，发现它们的难度很高。

专栏2-4

机械思维

机械思维可以追溯到古希腊思辨的思想和逻辑推理的能力，最有代表性的是欧几里得的几何学和托勒密的地心说。后来人们将牛顿的方法论概括为机械思维(机械论)，其核心观点可以概括为以下三点。

第一，世界变化的规律是确定的。

第二，因为有确定性做保障，所以规律不仅可以被认识，而且可以用简单的公式或语言描述清楚。

第三，这些规律应该是放之四海而皆准的，可以应用到各种未知领域指导实践。

这些其实是机械思维中积极的部分。机械思维更广泛的影响是作为一种准则指导人们的行为，其核心思想可以概括为确定性(或可预测性)和因果关系。在牛顿经典力学体系中，可以把所有天体运动的规律用几个定律讲清楚，并且应用到任何场合都是正确的，这就是确定性。类似地，当我们给物体施加一个外力时，它获得一个加速度，而加速度的大小取决于外力和物体本身的质量，这是一种因果关系。没有这些确定性和因果关系，我们就无法认识世界。

另外，随着人类对世界认识得越来越清楚，人们发现世界本身存在着很大的不确定性，并非如过去想象的那样一切都是可以确定的。因此，在现代社会，人们开始考虑在承认不确定性的情况下如何取得科学上的突破，或者把事情做得更好，这便催生了一种新的思维方式——大数据思维。

不确定性在我们生活的世界里随处可见。例如，有时专家们对未来各种趋势的预测是错的，这在金融领域尤其常见。如果读者有心统计一些经济学家们对未来的看法，就会发现他们基本上是对错各一半。这并不是因为他们缺乏专业知识，而是由于不确定性是这个世界的重要特征，以至于我们按照传统的方法(机械论的方法)很难进行准确的预测。

世界的不确定性来自两方面。一方面，当我们对这个世界的方方面面了解得越来越细致之后，会发现影响世界的变量其实非常多，已经无法通过简单的办法或公式算出结果，因此我们宁愿采用一些针对随机事件的方法来处理它们，人为地把它们归为不确定的一类。

另一方面，不确定性来自客观世界本身，它是宇宙的一个特性。在宏观世界里，行星围绕恒星运动的速度和位置是可以计算的，是很准确的，从而人们可以画出它的运动轨迹。可是在微观世界里，电子在围绕原子核做高速运动时，人们不可能同时准确地测出它在某一时刻的位置和运动速度，当然也就不能描绘它的运动轨迹。科学家们只能用一种密度模型来描述电子的运动，在这个模型里，密度大的地方表明电子在那里出现的机会多；反之，则表明电子出现的机会少。

世界的不确定性折射出在信息时代的方法论：获得更多的信息，有助于消除不确定性。因此，谁掌握了信息谁就能获取财富，这就如同在工业时代，谁掌握了资本谁就能获取财富一样。

当然，用不确定性这种眼光看待世界，再用信息消除不确定性，不仅能够赚钱，而且能够把很多智能型的问题转化为信息处理的问题。具体而言，就是利用信息来消除不确定性的问题。例如，在下象棋时，每一种情况都有几种可能，却难以决定最终的选择，这就是不确定性的表现。又如，要识别一个人脸的图像，实际上可以看成从有限种可能性中挑出一种，因为全世界的人数是有限的，这也就把识别问题变成了消除不确定性的问题。

数据学家认为，世界的本质是数据，可以将万事万物都看作可以理解的数据流，这为人们认识和改造世界提供了一个从未有过的视角和世界观。人类正在不断地通过采集、量化、计算、分析各种事物，来重新解释和定义这个世界，并通过数据来消除不确定性，对未来加以预测。现实生活中，为了适应大数据时代的需要，人们不得不转变思维方式，努力把身边的事物量化，以数据的形式对待，这是实现大数据时代思维方式转变的"核心"。

现在的数据量相比过去大了很多，量变带来质变，人们的思维方式、做事情的方法就应该和以往有所不同。这其实是帮助我们理解大数据概念的一把钥匙。在有大数据之前，计算机并不擅长解决需要人类智能来解决的问题，但是今天，这些问题换个思路就可以解决了，其核心就是变智能问题为数据问题。

在方法论的层面，大数据是一种全新的思维方式。按照大数据思维，我们做事情的方式与方法需要从根本上改变。

2. 数据驱动核心竞争力

在科学研究领域，在很长一段时期内，无论是做语音识别、机器翻译、图像识别的学者，还是做自然语言理解的学者，都分成了界限分明的两派：一派坚持采用传统的人工智能方法解决问题，简单来讲就是模仿人，而另一派倡导采用数据驱动方法。

这两派在不同的领域力量不一样，在语音识别和自然语言理解领域，提倡采用数据驱动的这一派较快地占了上风；而在图像识别和机器翻译领域，在较长时间里，提倡采用数据驱动这一派处于下风。

这其中主要的原因是，在图像识别和机器翻译领域，过去的数据量非常少，而这种数据的积累非常困难。图像识别领域以前一直非常缺乏数据，在互联网出现之前，没有一个实验室有上百万张图片。在机器翻译领域，所需要的数据除了一般的文本数据，还需要大量的双语(甚至是多语种)对照的数据，而在互联网出现之前，难以找到类似的数据。

由于数据量有限，在最初的机器翻译领域，较多的学者采用人工智能的方法。计算机研发人员将语法规则和双语词典结合在一起。1954年，IBM以计算机中的250个词语和6条语法规则为基础，将60个俄语词组翻译成了英语，结果振奋人心。

事实证明，机器翻译最初的成功误导了人们。1966年，一些机器翻译的研究人员意识到，翻译比他们想象得更困难，他们不得不承认他们的失败。机器翻译不能只是让计算机熟悉常用规则，还必须教会计算机处理特殊的语言情况。毕竟，翻译不仅是记忆和复述，也涉及选词，而明确地教会计算机这些技能是非常不现实的。

在20世纪80年代后期，IBM的研发人员提出了一个新的想法。与单纯地让计算机掌握语言规则和词汇相比，他们试图让计算机自己估算一个词或词组适合用来翻译另一种语言中的一个词和词组的可能性，然后决定某个词和词组在另一种语言中的对等词和词组。

20世纪90年代，IBM的Candide项目花费了大概十年的时间，将大约有300万句的加拿大议会资料译成了英语和法语并出版。由于是官方文件，翻译的标准非常高。用当时的标准来看，数据量非常庞大。统计机器学习从诞生之日起就巧妙地把翻译的挑战变成了一个数学问题，而这似乎很有效，机器翻译在短时间内就有了很大的突破。

在20世纪90年代互联网兴起之后，由于数据的获取变得非常容易，可用的数据量愈加庞大，因此，1994—2004年的十年中，机器翻译的准确性提高了一倍。其中20%左右的贡献来自方法的改进，80%左右的贡献则来自数据量的提升。虽然每一年计算机在解决各种智能问题上的进步幅度并不大，但是十几年量的积累最终促成了质变。

每个搜索引擎都有一个度量用户点击数据和搜索结果相关性的模型，通常被称为"点击模型"。随着数据量的积累，点击模型对搜索结果排名的预测越来越准确，它的重要性也越来越凸显。今天，点击模型在搜索排序中至少占70% ~ 80%的权重，也就是说，搜索算法中其他所有的因素加起来都不如它重要。换句话说，在今天的搜索引擎中，因果关系已经没有数据的相关性重要了。

当然，点击模型的准确性取决于数据量的大小。对于常见的搜索，如"虚拟现实"，积累足够多的用户点击数据并不需要太长的时间。但是，对于那些不太常见的搜索(通常也被称为"长尾搜索")，如"毕加索早期作品介绍"，则需要很长的时间才能收集到足够多的数据来训练模型。

一个搜索引擎使用的时间越长，数据积累就越充分，对于这些长尾搜索就做得越准确。Microsoft的搜索引擎在很长的时间里抵不过Google的主要原因并不在算法本身，而是因为缺乏数据。同样的道理，搜狗等小规模的搜索引擎相对于百度最大的劣势也在数据量方面。

当整个搜索行业都意识到点击数据的重要性后，这个市场上的竞争就从技术竞争变成了数据竞争。这时，各公司的商业策略和产品策略都围绕着获取数据、建立相关性而开展。后进入搜索市场的公司要想不坐以待毙，唯一的办法就是快速获得数据。

例如，Microsoft通过接手雅虎的搜索业务，将"必应"的搜索量从原来Google的10%左右陡然提升到20%～30%，点击模型准确了许多，搜索质量迅速提高。但是，即使做到这一点还是不够的。因此，一些公司想出了更激进的办法，通过搜索栏、浏览器，甚至输入法来收集用户的点击行为。这种办法的好处在于它不仅可以收集用户使用该公司搜索引擎本身的点击数据，还能收集用户使用其他搜索引擎的数据。

这样一来，如果一家公司能够在浏览器市场占有很大的份额，即使它的搜索量很小，也能收集到大量的数据。有了这些数据，尤其是用户在更好的搜索引擎上的点击数据，一家搜索引擎公司可以快速改进长尾搜索的质量。当然，有人诟病"必应"的这种做法是"抄"Google的搜索结果。其实它并没有直接"抄"，而是用Google的数据改进自己的点击模型。这种事情在中国市场上也是一样的，因此，搜索质量的竞争就成了浏览器或其他客户端软件市场占有率的竞争。虽然在外人看来这些互联网公司竞争的是技术，但更准确地讲，它们竞争的是数据。

数据驱动方法从20世纪70年代开始起步，在前二三十年得到缓慢但稳步的发展。进入21世纪后，互联网的出现使得可用的数据量剧增，数据驱动方法的优势越来越明显，最终完成了从量变到质变的飞跃。如今很多需要类似人类智能才能做的事情，计算机已经可以胜任了，这都得益于数据量的增加。

全世界各个领域的数据不断向外扩展，渐渐形成了另外一个特点，那就是很多数据开始出现交叉，各个维度的数据从点和线渐渐连成了网，或者说，数据之间的关联性极大地增强。在这样的背景下，大数据出现了，使得"以数据为中心"的思考和解决问题的方式的优势逐渐得到显现，数据驱动是以数据为中心的本质和灵魂。

3. "不挑不拣，多多益善"

"不挑不拣，多多益善"是以数据为中心的大数据思维的一个典型特点。2006年，Google公司开始涉足机器翻译。这被当作实现"收集全世界的数据资源，并让人人都可享受这些资源"这个目标的一个步骤。Google翻译开始利用一个更大更繁杂的数据库(即全球互联网)，而不再只利用两种语言之间的文本翻译。

Google翻译系统为了训练计算机，会吸收它能找到的所有翻译。它会从各种各样语言的公司网站上去寻找联合国和欧洲委员会这些国际组织发布的官方文件和报告的译本。它甚至会吸收速读项目中的书籍翻译。

Google的翻译系统不像Candide一样只是仔细地翻译300万句话，它会掌握用不同语言翻译的质量参差不齐的数十亿页的文档。如果粗略地按照10个单词一句话来计算，不考虑翻译质量，上万亿的语料库就相当于上千亿句英语。

尽管其输入源很混乱，但与其他翻译系统相比，Google的翻译质量更高，而且可翻译的内容更多。目前，Google数据库涵盖了100多种语言。之所以能做到这些，是因为它将语言视为能够判别可能性的数据，而不是语言本身。

从Google的例子来看，它之所以能获得更好的翻译效果，是因为它接受了有错误的数据，不再只接受精确的数据。2006年，Google发布的上万亿的语料库，就是来自互联网的一些"废弃内容"。这就是"训练集"，可以正确地推算出英语词汇搭配在一起的可能性。

20世纪60年代，拥有百万英语单词的语料库——布朗语料库，算得上机器翻译领域的开创者，而如今Google的语料库则是一个质的突破，它使用庞大的数据库使得自然语言处理这一方向取得了飞跃式的发展。

从某种意义上讲，Google的语料库是布朗语料库的一个退步。Google语料库的内容来自未经过滤的网页内容，因此会包含一些不完整的句子，以及一些含有拼写错误、语法错误和其他各种错误的句子。况且，它也没有详细的人工纠错后的注解。但是，Google语料库是布朗语料库的好几百万倍大，这样的优势几乎完全压倒了缺点，所以才获得了更好的翻译效果。

4. "我为人人，人人为我"

"我为人人，人人为我"是以数据为中心的大数据思维的又一体现，城市的智能交通管理便是体现该思维内涵的一个例子。在智能手机出现之前，世界上的很多大城市虽然都有交通管理(控制)中心，但是它们能够得到的交通路况信息最快也有20分钟的滞后。

如果没有能够追踪足够多的人出行情况的实时信息的工具，那么一个城市即使部署再多的采样观察点，再频繁地报告各种交通事故和拥堵的情况，整体交通路况信息的实时性也不会有很大提高。

但是，在具有定位功能的智能手机出现后，这种情况得到了根本的改变。由于智能手机足够普及并且大部分用户共享了他们的实时位置信息(符合大数据的完备性)，因此提供地图服务的公司，如Google或百度，可以实时地得到任何一个人口密度较大的城市的人员流动信息，并且可以根据其流动的速度和所在的位置，区分步行的人群和行进的汽车。

由于收集信息的公司和提供地图服务的公司是一家，因此从数据采集、数据处理到信息发布，中间的延时微乎其微，提供的交通路况信息要及时得多。使用过 Google地图服务或百度地图服务的人，对比智能手机出现前的情况，都很明显地感受到了其中的差别。

当然，更及时的信息可以通过分析历史数据来预测。一些科研小组和公司的研发部门已经开始利用一个城市交通状况的历史数据结合实时数据，预测一段时间内(比如一个小时)该城市各条道路可能出现的交通状况，并且帮助出行者规划最好的出行路线。

上面的实例很好地阐释了大数据时代"我为人人，人人为我"的内涵。每个使用导航软件的智能手机用户，一方面共享自己的实时位置信息给导航软件公司，使得导航软件公司可以从大量用户那里获得实时的交通路况大数据；另一方面，每个用户又在享受导航软件公司提供的基于交通大数据的实时导航服务。

又如，美国迪士尼公司投资了10亿美元(约70亿元)进行线下顾客追踪和数据采集，开发出迪士尼乐园MagicBand手环。从表面上看，MagicBand就像用户已经习惯佩戴的普通健康追踪器。实质上，MagicBand是由一排射频识别芯片和无线电频率发射器来发射信号的，信号全方位覆盖40in(1219.2cm)范围，就像无线电话一样。

游客在入园时佩戴上带有位置采集功能的手环，园方可以通过定位系统了解不同区域游客的分布情况，并将这一信息告诉游客，方便游客选择最佳游玩路线。此外，用户还可以使用移动订餐功能，通过手环的定位，送餐人员能够将快餐快速送到用户手中。这样利用大数据不仅提升了用户体验，也有助于疏导园内的人流。而采集得到的顾客数据，可以用于精准营销。这是一切皆可测的例子，线下活动也可以被测量。

5. 简单比复杂更有效

大数据在多大程度上优于算法的问题在自然语言处理上表现得很明显(这是关于计算机如何学习和领悟我们在日常生活中使用语言的学科方向)。2000年，微软研究中心的米歇尔·班科(Michele Banko)和埃里克·布里尔(Eric Bill)一直在寻求改进Word程序中语法检查的方法。但是他们不能确定是努力改进现有的算法或研发新的方法更有效，还是添加更加细腻精致的特点更有效。因此，在实施这些措施之前，他们决定在现有的算法中添加更多的数据，看看会有什么变化。很多对计算机学习算法的研究都建立在百万字左右的语料库的基础上。最后他们决定在4种常见的算法中逐渐添加数据，先是1000万字，再到1亿字，最后到10亿字。

结果有点令人吃惊。他们发现，随着数据的增多，4种算法的表现都大幅提升了。当数据只有500万字的时候，有一种简单的算法表现得很差，但数据达10亿字的时候，它变成了表现最好的，准确率从原来的75%提高到了95%以上。与之相反的是，在少量数据情况下运行得最好的算法，当加入更多的数据时，虽然也会像其他算法一样准确率有所提高，但却变成了在大量数据条件下运行得最不好的算法，它的准确率从86%提高到94%。

后来，班科和布里尔在他们发表的研究论文中写道："如此一来，我们得重新衡量一下，更多的人力、物力是应该消耗在算法发展上，还是在语料库发展上。"数据多比少好，更多数据比算法系统更智能还要重要。因此，大数据的简单算法比小数据的复杂算法更有效。

综上所述，大数据不仅是一次技术革命，也是一次思维革命。从理论上说，相对于人类有限的数据采集和分析能力，自然界和人类社会存在的数据是无限的。以有限对无限，如何才能"慧眼识珠"找到我们所需的数据，无疑需要一种思维的指引。因此，就像经典力学和相对论的诞生改变了人们的思维模式一样，大数据也在潜移默化地改变人们的思想。

《大数据时代：生活、工作与思维的大变革》一书中明确指出，大数据时代的思维变革就是与大数据有关的三个重大的思维转变：总体而非抽样(更多，不慕随机样本，而用全体数据)、混杂而非精确(更杂，不求精确数据，而容混杂数据)、相关而非因果(更好，不恋因果关系，而重相关关系)。这三个转变是相互联系和相互作用的。下面分别阐述这三个转变。

2.3.2　总体而非抽样

第一个转变：在大数据时代，利用所有的数据，即分析与某事物相关的所有数据，而不再依赖于分析少量的样本数据。

1. 抽样分析

19世纪以来，当面临大量数据时，受到数据采集、数据存储和处理能力的限制，人们通常采用抽样分析的方法，即从全集数据中抽取一部分样本数据，通过对样本数据的分析来推断全集数据的总体特征。

以前人们通常认为这是理所当然的限制，但是大数据时代的来临让人们意识到，这其实是一种人为的限制。与局部的抽样数据相比，使用一切数据为我们带来了更高的精确性，也让我们看到了一些以前无法发现的细节，即抽样样本无法揭示的细节信息。

抽样的基本要求是要保证所抽取的样品单位对全部样品具有充分的代表性。抽样的目的是根据被抽取样品单位的分析、研究结果来估计和推断全部样品特性，这是科学实验、质量检验、社会调查等普遍采用的一种经济有效的工作和研究方法。

通常，样本数据规模要比全集数据小很多，因此可以在可控的代价内实现数据分析的目的。统计学的一个目的就是用尽可能少的数据来证实尽可能重大的发现。

例如，若想了解红拉山滇金丝猴保护区里金丝猴的数量，则可以先给100只金丝猴打上特定记号，然后将这些金丝猴均匀地放回红拉山。过一段时间后再进行捕获，如果在捕获到的100只金丝猴中有10只金丝猴有特定记号，那么可以得出结论，红拉山大概有1000只金丝猴。

抽样分析方法有优点也有缺点。抽样保证了在客观条件达不到的情况下，可能得出一个相对靠谱的结论，使研究有的放矢。但是，抽样分析的结果具有不稳定性。例如，在上面的红拉山滇金丝猴的数量分析中，有可能这次捕获的100只金丝猴中有8只打了特定记号，下次可能有12只打了特定记号，这给分析结果带来了很大的不稳定性。

样本分析法一直都存在较大的漏洞，那就是如何选择样本。有人提出有目的地选择最具代表性的样本是最恰当的方法。波兰统计学家耶日·奈曼(Jerzy Neyman)指出，这只会导致更多更大的漏洞。事实证明，问题的关键是选择样本的随机性。

统计学家们证明：采样分析的精确性随着采样随机性的增加而大幅提高，但与样本数量的增加关系不大。虽然听起来很不可思议，但是有一个比较简单的解释就是，当样本数量达到某个值之后，人们从新样本中得到的信息会越来越少，就如同经济学中的边际效应递减一样。

认为样本选择的随机性比样本数量更重要，这种观点是非常有见地的。通过收集随机样本，我们可以用较少的花费做出高精准度的推断。当收集和分析数据都不容易时，随机采样就成为应对信息采集困难的方法。

随机采样取得了巨大的成功，成为现代社会、现代测量领域的主心骨，但这只是一条捷径，是在不可收集和分析全部数据的情况下的选择，它本身存在许多固有的缺陷。它的成功依赖于采样的绝对随机性，但是实现采样的随机性非常困难。一旦采样过程中存在任何偏见，分析结果就会相去甚远。

更糟糕的是，随机采样不适合考察子类别的情况。因为一旦继续细分，随机采样结果的错误率会大大增加。因此，当人们想了解更深层次的细分领域的情况时，随机采样的方法就不可取了。在宏观领域起作用的方法在微观领域失去了作用。

随机采样也需要进行严密的安排和执行。人们只能从采样数据中得出事先设计好的问题的结果，千万不要奢求采样的数据还能回答人们突然意识到的问题。因此，虽说随机采样是一条捷径，但它也只是一条捷径，并不适用于一切情况，因为这种调查结果缺乏延展性。

小数据时代的随机采样(抽样)可以用最少的数据获得最多的信息。但是，只研究样本而不研究整体有利有弊：能更快更容易地发现问题，但不能回答事先未考虑的问题。

2. 总体分析

如今，我们已经迎来大数据时代，大数据技术的核心就是海量数据的实时采集、存储和处理。感应器、手机导航、网站点击和微博等能够收集大量数据，分布式文件系统和分布式数据库技术提供了理论上近乎无限的数据存储空间，分布式并行编程框架MapReduce提供了强大的海量数据并行处理能力。

有了大数据技术的支持，科学分析完全可以直接针对所收集的或所拥有的全部数据而不是抽样数据，并且可以在短时间内得到分析结果，速度之快，超乎人们的想象。例如，谷歌的Dremel可以在2～3s内完成PB级别数据的查询。

采样的目的就是用最少的数据得到最多的信息。当人们可以获得海量数据时，它就没有什么意义了。采样一直有一个被人们广泛承认却又总有意避开的缺陷——忽视了细节考察，现在这个缺陷越来越难以忽视了。

大数据是指不用随机抽样分析法这样的捷径，而采用所有数据的方法，即全数据模式，样本=总体。这是指人们能对所有数据进行深度探讨，而采样几乎无法达到这样的效果。注意，总体是指人们收集到的比抽样多得多的所有数据，总体可能是全样(全体样本)，但并不一定是全样。

例如，信用卡诈骗就是通过观察异常情况来识别的，只有掌握了所有的数据才能做到这一点，而样本分析是做不到的。在这种情况下，异常值才是最有用的信息，可以把它和正常交易情况进行对比。因此，发现异常的唯一方法就是重新检查所有的数据，找出样本分析法错过的信息。这是一个大数据问题。而且，因为交易是即时的，所以数据分析也应该是即时的。

美国有一家创新网站——商品比价网站，它可以预测产品的价格趋势，帮助用户做购买决策，告诉用户什么时候买什么产品，什么时候买最便宜。这家公司背后的驱动力就是大数据。他们在全球各大网站上搜集"数以十亿计"的数据(即便如此也不能保证是所有的、一个不漏的)，然后帮助数以万计的用户省钱，为他们的采购找到最好的时间，提高生产率，降低交易成本，为终端的用户带去更多价值。

在这类模式下，尽管一些零售商的利润会受到挤压，但从商业本质上来讲，这类模式可以把钱更多地放回用户的口袋里，让购物变得更理性。这是依靠大数据催生的一项全新产业。这家为数以万计的用户省钱的公司，后来被eBay高价收购。

我们总是习惯把统计抽样看作文明得以建立的牢固基石，就如同几何学定理和万有引力定律一样。但是统计抽样其实只是为了在技术受限的特定时期，解决当时存在的一些特殊问题而产生的，其历史尚不足一百年。

如今，技术环境已经有了很大的改善。在大数据时代进行抽样分析就像是在汽车时代骑马一样。当然，在有些时候人们还是可以使用样本分析法，毕竟人们仍活在一个资源有限的时代，但它不再是人们分析数据的主要方式。更多时候，利用手中掌握的所有数据成为了最好也是可行的选择。慢慢地，人们可能会完全抛弃样本分析。

2.3.3　混杂而非精确

第二个转变：接受数据的纷繁复杂，而不再热衷于追求数据的绝对精确性。执迷于精确性是信息缺乏时代和模拟时代的产物。只有5%的数据是结构化且能适用于传统的关系数据库的。如果不接受混杂，那么剩下的95%的非结构化数据都无法被利用，只有接受不精确性，人们才能探索从未涉足的新世界。

1. 小数据的精确数据

对于"小数据"而言，最基本、最重要的要求就是减少错误，保证质量，因为收集的信息量比较少，所以人们必须确保记录下来的数据尽量精确。在采样时，对精确度的要求就更高、更苛刻了。因为收集信息的有限意味着细微的错误会被放大，甚至有可能影响整个结果的准确性。

也就是说，采用抽样分析方法就必须追求分析方法的精确性，因为抽样分析只是针对部分样本的分析，其分析结果被应用到全集数据以后，误差会被放大。这就意味着，抽样分析的微小误差，被放大到全集数据以后，可能会变成一个很大的误差，导致出现"失之毫厘，谬以千里"的现象。因此，为了保证误差被放大到全集数据时仍然处于可以接受的范围，就必须确保抽样分析结果的精确性。正是由于这个原因，传统的数据分析方法往往更加注重提高算法的精确性，其次才是提高算法效率。

但是在大数据时代，很多时候追求精确度已经变得不可行，甚至不受欢迎了。当人们拥有海量即时数据时，绝对的精准不再是人们追求的主要目标，时效性变动非常重要，大数据分析具有"秒级响应"的特征，效率成为人们关注的重点。

大数据时代，人们采用总样分析而不是抽样分析，总样分析结果不存在误差被放大的问题，因此人们能够更加"容忍"不精确的数据。当然，人们也不是完全放弃了精确度，只是不再沉迷于此。适当忽略微观层面上的精确度会让人们在宏观层面拥有更好的洞察力。

允许不精确的出现已经成为一个新的亮点，而非缺点。因为放松了容错的标准，人们掌握的数据也多了起来，还可以利用这些数据做更多新的事情。这样就不是大量数据优于少量数据那么简单了，而是大量数据创造了更好的结果。

2. 大数据的混杂数据

混杂，简单地说就是随着数据的增多，错误率也会相应增加。混杂还可以指格式的不一致，因为如果要达到格式的一致，就需要在进行数据处理之前仔细地清洗数据，而这在大数据背景下很难做到。当然，在萃取或处理数据时，混杂也会发生。虽然我们得到的信息不再那么准确，但收集到的数量庞大的信息让我们放弃严格精确变得更为划算。在很多情况下，与致力于避免错误相比，对错误的包容会带给我们更多好处。

"大数据"通常用概率说话，而不是板着"确凿无疑"的面孔。整个社会习惯这种思维需要很长的时间，其中也会出现一些问题。但现在有必要指出的是，当我们试图扩大数据规模的时候，要学会拥抱混杂。这在前面谷歌翻译系统、Word程序中语法检查的方法等例子中已有充分体现。谷歌人工智能专家彼得·诺维格(Peter Norvig)与其同事在一篇题为《数据的非理性效果》的文章中提到，大数据基础上的简单算法比小数据基础上的复杂算法更加有效。他们指出，混杂是关键。

传统的样本分析师们很难容忍错误数据的存在，因为他们一生都在研究如何避免错误数据的出现。在收集样本时，统计学家会用一整套的策略来减少错误发生的概率。在结果公布之前，他们也会测试样本是否存在潜在的系统性偏差。这些策略包括根据协议或通过受过专门训练的专家来采集样本。

但是，即使只是少量的数据，这些规避错误的策略实施起来还是耗费巨大。尤其是当收集所有数据的时候，这种策略就更行不通了，不仅因为耗费巨大，还因为在大规模数据的基础上保持数据收集标准的一致性不太现实。我们现在拥有各种各样、参差不齐的海量数据，很少有数据完全符合预先设定的数据条件，因此我们要容忍不精确数据的存在。

因此，大数据时代要求我们重新审视精确性的优劣。如果将传统的思维模式运用于数字化、网络化的21世纪，就会错过重要的信息。在以前信息贫乏的时代，任意一个数据点的测量情况都对结果至关重要，因此，只有确保每个数据的精确性，才不会导致分析结果的偏差。而在大数据时代，在数据量足够多的情况下，这些不精确的数据会被淹没在大数据的海洋里，它们的存在并不会影响数据分析的结果和其带来的价值。

大数据要求我们有所改变，我们必须能够接受混杂和不确定性。相比于依赖小数据和精确性的时代，大数据时代更强调数据的完整性和混杂性，有助于人们进一步接近事实的真相。

2.3.4 相关而非因果

第三个转变因前两个转变而促成，人们的思想发生了转变，即人们不再热衷于探求难以捉摸的因果关系，转而关注事物的相关关系。许多情况下，没有必要一定要找出相关关系背后的原因，当知道了"是什么"的时候，"为什么"其实就没有那么重要了。

1. 小数据时代的因果关系

寻找因果关系是人类长久以来的习惯。即使确定因果关系很困难而且用途不大，人类还是习惯性地寻找缘由。过去，进行数据分析有两方面目的，一方面是解释事物背后的发展机理，例如，一个大型超市在某个地区的连锁店在某个时期内净利润下降很多，这就需要对相关销售数据进行详细分析，从而找出产生该问题的原因；另一方面是预测未来可能发生的事件，例如，实时分析微博数据，当发现人们对雾霾的讨论明显增加时，就可以建议销售部门增加口罩的进货量，因为人们关注雾霾的一个直接结果是大家会想到购买一个口罩来保护自己的身体。不管是哪个目的，其实都反映了一种"因果关系"。

2. 大数据时代的相关关系

在大数据时代，因果关系不再那么重要，人们转而追求"相关性"而非"因果性"。例如，当你在购物平台购买了一个汽车防盗锁以后，平台会自动提示与你购买相同物品的其他客户还购买了汽车坐垫。也就是说，平台只会告诉我们"购买汽车防盗锁"和"购买汽车坐垫"之间存在相关性，但是并不会告诉我们为什么其他客户购买了汽车防盗锁以后还会购买汽车坐垫。又如，耳熟能详的"啤酒与尿布"故事也是相关关系的典型例子，详见第5章的导入案例。

在无法确定因果关系时，数据为人们提供了解决问题的新方法。数据中包含的信息有助于人们消除不确定性，而数据之间的相关性在某种程度上可以取代原来的因果关系，帮助人们获取想要知道的答案，这就是大数据思维的核心。从因果关系到相关性，这个过程并不是抽象的，而是已经有了一整套的方法能够让人们从数据中寻找相关性，最后去解决各种各样的难题。

通过探索"是什么"而不是"为什么"，相关关系有助于人们更好地了解这个世界。这听起来似乎有点违背常理，毕竟人们都希望通过因果关系来了解世界。但是，如果凡事皆有因果的话，那么人们就没有决定任何事的自由了。将来，大数据之间的相关关系，将经常用来证明直觉的因果联系是错误的。不同于因果关系，证明相关关系的实验耗资少，费时也少。

相关关系分析不仅本身意义重大，同时它也为研究因果关系奠定了基础。人们可以在找出可能相关的事物的基础上进行进一步的因果关系分析，如果存在因果关系，那么再进一步找出原因。在大多数情况下，一旦人们完成了对大数据的相关关系分析，而又不再满足于仅仅知道"是什么"时，就会继续向更深层次研究因果关系，找出背后的"为什么"。因果关系只是一种特殊的相关关系。

大数据改变了人类探索世界的方法。在小数据时代，人们会假想世界是怎么运作的，然后通过收集和分析数据来验证这种假想。在大数据时代，数据驱动探索世界，不再受限于各种假想。人们的研究始于数据，也因为数据人们发现了以前不曾发现的联系。事实上，就是因为不受限于传统的思维模式和特定领域中隐含的固有偏见，大数据才能为人们提供如此多的新的深刻洞见。

2.4　大数据伦理

不少人把科学技术比喻为"双刃剑"或"潘多拉魔盒"，这是很形象的。的确，科技这个"魔盒"里装了很多好东西，但有时候将其拿出来进行了不正确的使用，未必会产生好效果，相反还有可能带来严重的负面影响。在科技史上，这样的例子太多了，炸药、原子能、化工技术、造纸技术、纺织技术、生物技术……在给人类创造物质财富和精神文明的同时，也带来了环境污染和生存条件的恶化。这就有必要提出一个严肃的问题：在科技发展和科技活动中，必须重视伦理规范，以弘扬科技的正面效益，扼制其负面影响，更好地为人类造福。

为了更好地探讨大数据伦理问题，首先要了解什么是伦理，什么是道德，两者之间是什么关系；其次要清楚什么是科技伦理，科技伦理的典型问题有哪些；最后应着眼于什么是大数据伦理，大数据伦理的典型问题有哪些。

2.4.1　伦理与道德

"伦理"一词在中国最早见于《礼记·乐记》："乐者，通伦理者也。"我国古代思想家们都对伦理学十分重视，"三纲五常"就是基于伦理学产生的。最开始对伦理学的应用主要体现在对家庭长幼辈分的界定，后又延伸至社会关系的界定。

1. 伦理

根据《现代汉语词典(第7版)》，伦理，指人与人相处的各种道德准则。例如，伦理道德、伦理观念。从字面解释，"伦理"的"伦"即人伦，指人与人之间的关系；"理"即道理、规则。"伦理"就是人伦道德之理，指的就是人与人的关系和人们处理这些关系应遵循的道理和规则。

例如，"天地君亲师"为五天伦；又如，君臣、父子、兄弟、夫妻、朋友为五人伦。忠、孝、悌、忍、信为处理人伦的规则。在社会生活中，人与人之间存在着各种社会关系，如生产劳动中的关系、亲属关系、上下级关系、朋友关系、敌对关系等。由此必然派生出种种矛盾和问题，这就需要有一定的道理、规则或规范来约束人们的行为，调整人们相互之间的关系。伦理道德就是调整人们相互关系的行为规范的总和。

2. 道德

根据《现代汉语词典(第7版)》，道德，社会意识形态之一，是人们共同生活及其行为的准则和规范。道德通过人们的自律或一定的舆论对社会生活起约束作用。换言之，道德就是一定社会阶段形成的通过舆论约束人们言行的准则和规范。

"道德"二字连用始于《荀子·劝学篇》："故学至乎礼而止矣，夫是之谓道德之极。"在西方古代文化中，"道德"(morality)一词起源于拉丁语"mores"，意为风俗和习惯。马克思主义认为，道德是一种社会意识形态，它是人们共同生活及其行为的准则和规范。不同的时代、不同的阶级有不同的道德观念，没有任何一种道德是永恒不变的。

道德不是天生的，人类的道德观念是受到后天的宣传教育及社会舆论的长期影响而逐渐形成的。人们经常将道德与良心联系在一起，良心是指自觉遵从主流道德规范的心理意识。

3. 伦理学

伦理学就是研究道德的学问，因此伦理学又称为"道德哲学"或"人生哲学"。伦理学是人类知识中一门最古老的学问。我国最早论述伦理道德的思想家是孔子。在西方，伦理学是由古希腊哲学家亚里士多德创立的。

美国《韦氏大辞典》将伦理学定义为"一门探讨什么是好什么是坏，以及讨论道德责任义务的学科"。

根据《现代汉语词典(第7版)》，伦理学，是关于道德的起源、发展，人的行为准则和人与人之间的义务的学说。

4. 伦理与道德的关系

"伦理"与"道德"一起出现的次数比较多，两者是一回事吗？答案是否定的。"伦理"与"道德"的概念是不同的。江南大学教授尧新瑜在《伦理学研究》2006年第4期撰文指出，当代"伦理"概念蕴含着西方文化的理性、科学、公共意志等属性，"道德"概念蕴含着更多的东方文化的情性、人文、个人修养等色彩。

"西学东渐"以来，中西"伦理"与"道德"的概念经过碰撞、竞争和融合，两者划界与范畴日益清晰，即"伦理"是伦理学中的一级概念，而"道德"是"伦理"概念下的二级概念。两者不能相互替代，它们有着各自的概念范畴和使用区域。

道德作为社会意识形态,是指调节人与人、人与自然之间关系的行为规范的总和。从本质而言,伦理是关于人性、人伦关系及结构等问题的基本原则的概括。伦理与道德是有着显著区别的两个概念,伦理范畴侧重于反映人伦关系及维持人伦关系所必须遵循的规则,道德范畴侧重于反映道德活动或道德活动主体自身行为的应当。伦理是客观法,是他律的;道德是主观法,是自律的。

也有哲学家认为"伦理"是规则和道理,即人作为总体,在社会中的一般行为规则和行事原则,强调人与人之间、人与社会之间的关系;而"道德"是指人格修养、个人行为规范,即人作为个体,在自身精神世界中的心理活动准绳,强调人与自然、人与自我、人与内心的关系。

道德的内涵包含了伦理的内涵,伦理是个人道德意识的外延和对外行为表现。伦理是客观法,具有律他性;道德则是主观法,具有律己性。伦理要求人们的行为基本符合社会规范,道德则是对人们行为境界的描述,如某某道德高尚。伦理义务对社会成员的道德约束具有双向性、相互性特征。

5. 伦理的多重内涵

正如作家龚咏雨在《重大人生启示录》所述,这里所讨论的"伦理"是指一系列指导行为的观念,是从概念角度上对道德现象的哲学思考。它不仅包含对人与人、人与社会和人与自然之间关系处理中的行为规范,还深刻蕴涵着依照一定原则来规范行为的深刻道理。

伦理是人类社会中人与人之间,人们与社会、国家的关系和行为的秩序规范。任何持续影响全社会的团体行为或专业行为都有其内在特殊的伦理的要求。企业作为独立法人有其特定的生产经营行为,也有企业伦理的要求。

伦理是人们心目中认可的社会行为规范。伦理是对人与人之间的关系进行调整,只是它调整的范围包括整个社会的范畴。管理与伦理有很强的内在联系和相关性。管理活动是人类社会活动的一种形式,当然离不开伦理的规范作用。

伦理是人与人相处的各种道德准则。生态伦理是伦理道德体系的一个分支,是人们在对一种环境价值观念认同的基础上维护生态环境的道德观念和行为要求。

6. 公民道德规范

中国传统道德以儒家的道德精神为主,西方伦理道德观则以个人主义为核心。我国社会主义公民道德规范以为人民服务为核心,以集体主义为原则,以爱祖国、爱人民、爱劳动、爱科学、爱社会主义为基本要求,把社会公德、职业道德、家庭美德、个人品德建设作为着力点。

道德规范是对人们的道德行为和道德关系的普遍规律的反映和概括,是社会规范的一种形式,是从一定社会或阶级利益出发,用以调整人与人之间的利益关系的行为准则,也是判断、评价人们行为善恶的标准。道德规范是在人们社会生活的实践中逐步形成的,是社会发展的客观要求和人们的主观认识相统一的产物。

公民道德规范是一个国家所有公民必须遵守和履行的道德规范的总和,包括道德核心、道德原则、道德的基本要求和一系列道德规范。公民道德规范主要由基本道德规范和社会公德规范、职业道德规范、家庭美德规范、个人品德规范构成,涵盖了社会生活的各个领域,适用于不同社会群体,是每一个公民都应该遵守的行为准则。

2019年10月27日,中共中央、国务院印发了《新时代公民道德建设实施纲要》(以下简称《纲要》)。《纲要》提出,坚持以社会主义核心价值观为引领,将国家、社会、个人

社会主义核心
价值观

社会公德、职
业道德、家庭
美德和个人品
德的主要内容

层面的价值要求贯穿到道德建设各方面，以主流价值建构道德规范、强化道德认同、指引道德实践，引导人们明大德、守公德、严私德。

扫描二维码可获悉社会主义核心价值观的基本内容。

《纲要》提出，推动践行以文明礼貌、助人为乐、爱护公物、保护环境、遵纪守法为主要内容的社会公德，鼓励人们在社会上做一个好公民；推动践行以爱岗敬业、诚实守信、办事公道、热情服务、奉献社会为主要内容的职业道德，鼓励人们在工作中做一个好建设者；推动践行以尊老爱幼、男女平等、夫妻和睦、勤俭持家、邻里互助为主要内容的家庭美德，鼓励人们在家庭里做一个好成员；推动践行以爱国奉献、明礼遵规、勤劳善良、宽厚正直、自强自律为主要内容的个人品德，鼓励人们在日常生活中养成好品行。

扫描二维码可获悉社会公德、职业道德、家庭美德和个人品德的主要内容。

2.4.2 科技伦理及典型问题

现代伦理已经不再是简单的对传统道德法则的本质功能体现，它已经延伸至不同的领域，因而也愈发具有针对性。

1. 科技伦理

2022年，中共中央办公厅、国务院办公厅印发的《关于加强科技伦理治理的意见》中指出，科技伦理是开展科学研究、技术开发等科技活动需要遵循的价值理念和行为规范，是促进科技事业健康发展的重要保障。科技伦理规定了科技工作者及其共同体应恪守的道德标准、价值观念、社会责任和行为规范。研究者指出，科学伦理和科技工作者的社会责任事关整个社会的发展前途。

科技伦理规范是观念和道德的规范。它要规范什么呢？简单地说，就是从观念和道德层面上规范人们从事科技活动的行为准则，其核心问题是使之不损害人类的生存条件(环境)和生命健康，保障人类的切身利益，促进人类社会的可持续发展。

科技是推动社会发展的第一生产力，也是建设物质文明和精神文明的重要社会行为，承担着社会责任和道德责任。从这点来说，在科技活动中遵守伦理规范是社会发展的需要，一切不符合伦理道德的科技活动必将遭到人们的异议、反对，被送上道德法庭甚至受到法律的制裁。

本章的导入案例就是一个典型的例子。这不仅是法律的胜利，也是科技伦理道德的胜利。吸烟对人体有害早就被医学研究所证实，烟草公司明知这一事实，只是出于自身经济利益考虑，违背伦理道德，制造、销售香烟，造成不良后果，理应受到经济上的惩罚和良心上的谴责。我国医学专家和经济专家也曾经算过一笔账：烟草业赚入的钱远不抵烟民因吸烟损害造成的医疗费用和间接经济损失。因此无论从哪方面讲，对于这类有害工业技术，限制甚至取消其发展也是社会发展和进步的需要。

科技伦理是在克隆技术诞生和发展时提出的。当克隆人时，提供体细胞的人和克隆出来的人属于何种关系引发人们的争议。另外，在关注人工智能技术和应用发展的同时，也必须关注科技伦理和科技可持续发展的研究。科技企业和科学家在积极探索可解释AI技术，尝试在价值对齐的背景下促进有效的人机交流，让AI真正理解人类意图，降低算法的"黑箱风险"，实现更有预见性的AI治理。

科学技术的不断进步也必然带来一些新的科技伦理问题，因此，只有不断丰富科技伦理这一基本概念的内涵，才能有效应对和处理新的伦理问题，提高科学技术行为的合法性和正当性，确保科学技术能够真正做到为人类谋福祉。

2. 典型的科技伦理问题

目前，科技伦理的讨论主要集中在生命伦理、基因伦理、生态伦理、新材料伦理、信息伦理、军事伦理等方面(扫描二维码获悉)，随着科技的发展，可能还会涉及更多的方面。

有关科技伦理
的讨论

3. 中国的科技伦理原则

当前，中国科技创新快速发展，面临的科技伦理挑战日益增多，但科技伦理治理仍存在体制机制不健全、制度不完善、领域发展不均衡等问题，已难以适应科技创新发展的现实需要。为进一步完善科技伦理体系，提升科技伦理治理能力，有效防控科技伦理风险，不断推动科技向善、造福人类，实现高水平科技自立自强，2022年3月20日，中共中央办公厅、国务院办公厅印发了《关于加强科技伦理治理的意见》(以下简称《意见》)。

《意见》明确提出了科技伦理原则。

(1) 增进人类福祉。科技活动应坚持以人民为中心的发展思想，有利于促进经济发展、社会进步、民生改善和生态环境保护，不断增强人民获得感、幸福感、安全感，促进人类社会和平发展和可持续发展。

(2) 尊重生命权利。科技活动应最大限度避免对人的生命安全、身体健康、精神和心理健康造成伤害或潜在威胁，尊重人格尊严和个人隐私，保障科技活动参与者的知情权和选择权。使用实验动物应符合"减少、替代、优化"等要求。

(3) 坚持公平公正。科技活动应尊重宗教信仰、文化传统等方面的差异，公平、公正、包容地对待不同社会群体，防止歧视和偏见。

(4) 合理控制风险。科技活动应客观评估和审慎对待不确定性和技术应用的风险，力求规避、防范可能引发的风险，防止科技成果误用、滥用，避免危及社会安全、公共安全、生物安全和生态安全。

(5) 保持公开透明。科技活动应鼓励利益相关方和社会公众合理参与，建立涉及重大、敏感伦理问题的科技活动披露机制。公布科技活动相关信息时应提高透明度，做到客观真实。

2.4.3　大数据伦理及典型问题

大数据不仅大大扩展了信息量，改变了社会，也深刻改变了人们的思维方式和行为方式。但是也应看到，大数据在为人们的生活提供了诸多便利和无限可能的同时，在产生、存储、传播和使用过程中，可能引发伦理失范问题。

因此，在当今的大数据时代，新技术在发挥巨大能量的同时，也带来了负面效应，如个人信息被无形滥用、生活隐私被窥探利用，以及信息垄断挑战公平等，由此引发的社会问题层出不穷，影响日趋扩大，对当代社会秩序与人伦规范造成了严重冲击。人们必须高度重视这些新的伦理问题，并积极寻找行之有效的方案对策，努力引导技术为人类更好地谋福祉。

1. 大数据伦理

这里的"大数据伦理问题"属于科技伦理的范畴，指的是由于大数据技术的产生和应用引发的社会问题。大数据伦理是指开展大数据技术研究和应用活动所需要遵循的道德标准、价值理念和行为准则。

作为一种新的技术，大数据技术与其他所有技术一样，其本身是无所谓好坏的，而它的"善"与"恶"全然在于大数据技术的使用者，在于其想要通过大数据技术达到怎样的目的。一般而言，使用大数据技术的个人和公司都有着不同的目的和动机，由此导致大数据技术的应用产生积极影响和消极影响。

大数据伦理与前面讲到的信息伦理有着紧密的联系。《数据安全法》第三条明确指出，数据是指任何以电子或者其他方式对信息的记录。由此可以看出，数据与信息是一对孪生兄弟，虽然两者本质不同，但是密不可分。因此，大数据伦理问题与信息伦理问题也必然有一些相互重叠的问题。

2. 典型的大数据伦理问题

典型的大数据伦理问题主要包括隐私泄露问题、数据滥用问题、数字鸿沟问题、数据垄断问题、"信息茧房"问题、数据独裁问题、数据的真实可靠问题、人的主体地位问题等。

1) 隐私泄露问题

隐私泄露问题是人们在大数据时代首先要面临的伦理问题。传统的隐私是隐蔽、不公开的私事，实际上是个人的秘密。大数据时代的隐私与传统的隐私存在明显的不同，涉及的内容更多，范围更广，可分为个人信息、个人事务、个人领域，即隐私是一种与公共利益、群体利益无关，当事人不愿他人知道或他人不便知道的个人信息，当事人不愿他人干涉或他人不便干涉的私事，以及当事人不愿他人侵入或他人不便侵入的个人领域。

隐私是客观存在的个人自然权利。在大数据时代，个人身份、健康状况、个人信用、财产状况，以及自己和恋人的亲密过程是隐私；使用的设备、位置信息、电子邮件是隐私；网页浏览历史，App的使用信息，在网上参加的活动，发表、阅读及点赞的帖子，也可能成为隐私。

隐私伦理是指人们在社会环境中处理各种隐私问题的道德标准和行为规范。在隐私伦理的内涵上，中西方是有差异的。西方学者从功利主义、权利至上和德性论等不同的伦理学说中寻求理论支撑。在中国则强调，隐私问题实质上是个人权利问题，而由于中国历史上偏于整体利益的文化传统影响深远，个人权利往往在某种程度上被边缘化，甚至被忽视。

(1) 大数据增加了隐私泄露的风险。

北京理工大学教授张峰在《学术前沿》撰文指出，随着时代的变化，隐私的概念和范围不断地溢出，并在大数据时代呈现数据化、价值化的新特征。大数据时代隐私呈现新变化：一是隐私范围扩大；二是隐私权利归属复杂；三是隐私保护难度提高。

大数据时代是一个技术、信息、网络交互运作发展的时代，在现实与虚拟世界的二元转换过程中，不同的伦理感知使隐私伦理的维护处于尴尬的境地。大数据时代下的隐私与传统隐私的最大区别在于隐私的数据化，即隐私主要以"个人数据"的形式出现。而在大数据时代，个人数据随时随地可被收集，对它的有效保护面临着巨大的挑战。

在大数据时代，个人权利与隐私泄露的矛盾冲突升级，隐私的范围逐步扩大，公共领域的不断缩减也使得隐私保护愈来愈困难，人格尊严受损、自由意志受限都是隐私保护伦理问题中涉及个人权利的典型代表。人格尊严作为人的一种基本权利，包括名誉权、姓名权、肖像权、荣誉权和隐私权等。大数据时代那些新型监控、搜索与分析的技术正在慢慢侵蚀这种权利。因此，随着这些技术的不断应用，人们的人格尊严也在持续受到侵害。

正如《大数据时代：生活、工作与思维的大变革》一书中所说，亚马逊监视着我们的购物习惯，谷歌监视着我们的网页浏览习惯，而微博似乎什么都知道，不仅窃听到了我们心中的"TA"，还有我们的社交关系网。进行大数据分析的人可以轻松地看到大数据的价值潜力，这极大地刺激着他们进一步采集、存储、循环利用人们个人数据的野心。

进入大数据时代，就进入了一张巨大且隐形的监控网中，人们时刻都处于"第三只眼"的监视之下，并留下了永远存在的"数据足迹"。利用现代智能技术，可以在无人的状态下每天24小时全自动、全覆盖地全程监控人们的一举一动。出行、上网、走过的每一寸土地、打开的每一个网页，都留下了痕迹，让人真正感到被天罗地网所包围，一切思想和行为都暴露在"第三只眼"的眼皮底下。令人震惊的美国"棱镜门"事件是典型的"第三只眼"的代表。美国政府利用其先进的信息技术对诸多国家的首脑、政府官员和个人进行了监控，收集了包罗万象的海量数据，并从这些海量数据中挖掘出了其所需要的各种信息。

大数据监控具有以下特点。一具有隐蔽性。部署在各个角落的摄像头、传感器，以及其他智能设备，时时刻刻都在自动跟踪采集人类的活动数据，完全实现了"没有监控者"在场即可完成监控行为。这种监控的隐蔽性使得被监控人毫无察觉，这样就使得公众降低了对监控的一般防备心理和抵触心理。二具有全面性。各种智能设备不间断地采集人们的活动数据，这与以往的人为监视有着本质区别。

除了被这些设计好的智能设备采集数据，人们在日常生活中，也会在无意中留下很多不同的数据。人们每天使用网络搜索引擎查找信息时，只要输入了搜索关键词，搜索引擎就会记录下搜索痕迹，并被永久保存。一旦搜索引擎收集了某个用户输入的足够数量的搜索关键词之后，搜索引擎就可以精确地刻画出该用户的"数字肖像"，从中了解该用户的个人真实情况、政治面貌、健康状况、工作性质、业余爱好等，而且完全可以通过大量的搜索关键词来识别出用户的真实身份，或者分析判定用户到底是一个什么样的人。

在天猫、京东等网站购物时，用户每一次点击鼠标的动作，都会被网站记录，而这些数据会被用来评测用户的个人喜好，从而为用户推荐可能感兴趣的其他商品，为企业带来更多的商业价值。人们在QQ、微信、微博等发布的每条信息和聊天记录，都会被永久保存下来。这些数据有些是被系统强行记录的，有些是人们自己主动留下的。

在大数据时代，社会中的每一个公民都处在这样一种大数据的全景监控之下，无论是否有所察觉，个体的隐私都将无所遁形。上述这些被记录的个人行为的数据，可以被视为个人的"数据痕迹"。大数据时代的"数据痕迹"和传统的"物理痕迹"有着很大的区别。传统的"物理痕迹"，如雕像、石刻、录音带、绘画等，都可以被物理消除，彻底从这个世界上消失。但是，"数据痕迹"往往永远无法彻底消除，会被永久保留记录。而这些关于个人的"数据痕迹"很容易被滥用，导致个人隐私泄露，给个人带来无法挽回的损失甚至伤害。

(2) 数据二次利用带来的隐私泄露风险。

这些直接被采集的数据已经涉及个人的很多隐私。此外，针对这些数据的二次使用，还会给个体造成更多的隐私被侵犯的问题。在大数据时代，无论是个人日常购物消费等琐碎小事，还是读书、买房、生儿育女等人生大事，都会在各式各样的数据系统中留下"数据足迹"。就单个系统而言，这些细小数据可能无关痛痒，但一旦将它们通过大数据技术整合后，就会逐渐还原和预测个人生活的轨迹和全貌，使个人隐私无所遁形。

哈佛大学研究显示，只要知道一个人的年龄、性别和邮编，就可以在公开的数据库中识别出此人87%的数据。以前一般只有政府机构才能掌握个人数据，而如今许多企业、社会组织也拥有海量数据，甚至在某些方面超过政府。这些海量数据的汇集使敏感数据暴露的可能性加大，对大数据的收集、处理、保存不当更会加大数据信息泄露的风险。

首先，通过数据挖掘技术，可以从数据中发现更多隐含的价值信息。大数据的价值不再单纯来源于它的基本用途，而更多源于对它的二次利用。这就颠覆了当下隐私保护法以个人为中心的思想：数据收集者必须告知个人，他们收集了哪些数据、有何用途，也必须在收集工作开始之前征得个人的同意。这种对大数据的二次利用，消解了个体对个人信息数据的控制能力，从而产生了新的隐私问题。

在大数据时代，很多数据在收集的时候并无意用作其他用途，而最终却产生了很多创新性的用途。所以，公司无法告知个人尚未想到的用途，而个人也无法同意这种尚是未知的用途。但是只要没有得到许可，任何包含个人信息的大数据分析都需要征得个人同意。因此，谷歌公司若要使用检索词来预测流感，就必须征得数亿用户的同意，这简直无法想象。

同样，一开始就要用户同意所有可能的用途，也是不可行的。因为这样一来，"告知与许可"就完全没有意义了。在大数据时代，告知与许可这个经过了考验并且可信赖的基石，要么太狭隘，限制了大数据潜在价值的挖掘，要么太空泛而无法真正地保护个人隐私。

其次，通过数据预测，可以预测个体"未来的隐私"。《赤裸裸的人——大数据，隐私和窥探》一书中提到，未来利用大数据分析技术能够预测个体未来的健康状况、信用偿还能力等个体隐私数据。这些个体隐私数据对于一些商业机构制定差异化销售策略很有帮助。

例如，保险机构可以根据个体的身体情况及其未来患有重大疾病的概率信息来调整保险方案，甚至可以决定是否为个体提供保险服务；金融机构则能通过分析个体的偿还能力来决定为其提供贷款的额度；公安部门甚至能够利用大数据预测出个体潜在的犯罪概率，从而对该类人群进行管控。

可以说，人们在享受大数据带来各种便利的同时，也能深刻体会到各种危机的存在，最为直接而深刻的感受就是隐私受到了难以想象的威胁。大数据时代的到来为隐私的泄露打开了方便之门，美国迈阿密大学法学院教授迈克尔·鲁姆金(Micheal Roomkin)在《隐私的消逝》一文中这样说道："你根本没隐私，隐私已经死亡。"

康德哲学认为，当个体隐私得不到尊重时，个体的自由就将受到迫害。而人类的自由意志与尊严是人类个体的基本道德权利，因此，大数据时代对隐私的侵犯，也是对基本人权的侵犯。也许大数据预测可以为人们打造一个更安全、更高效的社会，但是却否定了人们之所以为人的重要组成部分——自由选择的能力和行为责任自负。大数据的这些不利影响并不是大数据本身的缺陷，而是人们滥用大数据预测所导致的结果。

(3) 政府、企业社会责任再度缺失带来的风险。

在大数据时代，私人领域的不断缩小和数据化，使得人们的一举一动都处在电子眼的监视之下，隐私保护举步维艰。公共领域和私人领域的界限不断模糊，私人领域的阵地不断失守，使得公共领域搜集到的数据不再绝对安全。这不仅是对当代的隐私保护发起挑战，更是对隐私权的严重侵害。

北京理工大学教授张峰指出，政府作为数据生命周期过程中的参与主体，不仅承担着引导数据行业发展、推动经济增长的重任，也因其特殊性需要对所有参与者进行监督。但目前，大数据技术发展还不成熟，法律规则、伦理体系尚未完全确立，政府很容易忽视对个人应尽的保护义务和对其他主体的监督职责，导致隐私保护伦理问题的发生。

目前，政府在使用大数据技术来完成公共服务、优化决策(如疾病防治、公共交通、预防恐怖袭击等)时，有时需要以牺牲大量个人隐私为代价。这种一方面要求保护个人隐私，另一方面又要求搜集海量个人数据的悖论需求，使得政府很难做出一个正确的决定来实现责任的履行。

企业是整个社会创新发展中的一大重要主体，其对技术的接受程度和运用范围远远高于政府，并且它有能力将新技术推广到实践运用之中。当企业利用大数据在市场上取得巨大成功时，一定有人会产生这样的疑问：为什么这些商家的定位如此准确，他们采用的分析数据从何而来？

事实上，这些企业大多数情况下都是未经用户同意直接提取个人信息。这不仅是对个人隐私的侵犯，也是对个人行为的监控。用户不知道自己的信息何时被使用，也不知道这些信息将来会用在哪里。因此，作为一个有道德、富有社会责任心的企业应该在保护用户隐私的前提下使用数据，履行优秀企业对社会和他人应尽的义务。

(4) 大数据时代隐私保护面临的挑战。

大数据时代隐私保护面临三个挑战：一是隐私保护关键技术不完善；二是隐私保护法律法规不健全；三是隐私保护意识不充分。原因如下。

① 大数据技术自身存在的逻辑缺陷。

除了前面提到的二次利用与"告知与许可"的窘境，想在大数据时代中用技术方法来保护隐私也是天方夜谭。如果所有人的信息本来已经在数据库里，那么有意识地避免某些信息就是"此地无银三百两"。例如，在谷歌的街景模式中，如果应业主要求将某些房屋的影像模糊化，可能会起到反作用，反而引起了某些人的注意。

另一条技术途径也不那么保险，那就是匿名化。匿名化指的是让所有能揭示个人情况的信息都不出现在数据集里，如名字、生日、住址、身份证号、信用卡号等。这样一来，这些数据就可以在被分析和共享的同时，不会威胁到个人隐私。在小数据时代这样确实可行，但是随着数据量和种类的增多，大数据促进了数据内容的交叉检验。

《纽约时报》利用美国在线(AOL)公布的不包含任何个人信息的65.7万用户的2000万条旧的搜索查询记录，将某人的搜索查询记录，如"60岁的单身男性""有益健康的茶叶""利尔本的园丁"等联系在一起进行综合分析，发现此人为佐治亚州利尔本的一个62岁的寡妇。这引起了公愤，最终美国在线的首席技术官和另外两名员工都被开除了。

事隔两个月后，DVD租赁商奈飞公司为举办算法竞赛公布了经过精心匿名化处理的50万用户的1亿条租赁记录。得克萨斯大学的研究人员将奈飞公司的数据与其他公共数据进行对比，经过分析发现，匿名用户进行的收视率排名与互联网电影资料库(IMDb)中实名用户所排的是匹配的。

在美国在线的例子中，人们被自己搜索的内容出卖了。而奈飞公司的例子则说明不同来源数据的结合暴露了人们的身份。这两种情况的出现，都是因为公司没有意识到匿名化对大数据的无效性。而出现这种无效性则是由两个因素引起的：一是他们收集的数据越来越多；二是他们会结合越来越多的不同来源的数据。

科罗拉多大学研究反匿名化危害的专家保罗·欧姆(Paul Ohm)教授认为，针对大数据的反匿名化(指通过技术手段从匿名化数据中挖掘出用户的真实身份)，现在还没有很好的办法。毕竟，只要有足够的数据，那么无论如何都做不到完全的匿名化。不只是传统数据容易受到反匿名化的影响，人们的社交关系图，也就是人们的相互联系也将同受其害。

在大数据时代，不管是告知与许可、模糊化还是匿名化，这三大隐私保护策略都受到了挑战。如今很多用户都觉得自己的隐私已经受到了威胁，当大数据变得更为普遍的时候，情况将可能更加严重。这就需要政府、行业、企业和个人等方方面面更加重视此事，未雨绸缪，防患于未然。

② 新技术条件下隐私保护的伦理规范滞后。

接下来，从内部和外部两个方面来分析新技术对旧伦理规范的侵犯。

从内部来说，大数据技术本身的技术属性就是要求搜寻广泛的用户数据，并对此进行归纳、关联性分析，但在人们旧有的观念中，网络信息的所有权是归属于其数据生产者的，这种未经过允许就对他人数据进行搜集的行为是对他人隐私的侵犯。而且大数据技术独有的大数据预测，在一定程度上能准确预测出你的性格、喜好，甚至是下一步可能会做出的选择。这种状况似乎给人一种机器比你还了解你自己的错觉，无形之中加大了人对智能系统的依赖，使人作为社会关系的主体地位逐渐缺失。

从外部来看，现有的社会秩序和法律规范还不能很好地适应大数据技术的高速发展，很多随技术发展而出现的新问题并未及时地被包含在已有的规范之中。特别是当个人隐私与集体利益、公共利益发生冲突时，一条行之有效的终极道德标准还未被确立，公众关于此类问题的认知还未达成一致，众多误解与麻烦由此产生。

目前，处在大数据发展初期的隐私保护还存在权利归属不清晰的问题。在个人层面上，人们要求得到充分保护自己隐私的权利；同时，大数据相关企业和组织也同样具有利用在网络上通过合法方式搜集到的信息的权利——信息产权；而政府则拥有以整个国家为主体而产生的所有数据。

虽然这些权利各有不同，在大数据时代形成了不同级次、范围、性质的权利归属，但究其本质仍然是由普通个人所产生的数据集合体。因此，国家和组织如何合法取得个人信息的问题就值得探究。

③ 各主体的道德伦理意识尚未形成。

各主体的道德意识弱化主要表现在两方面：一是互联网用户在网络空间中的自我控制与行为约束不足；二是道德伦理教育匮乏。

首先，网络空间是由计算机构成的新型社会组织，每个人在其中发表言论、浏览网页，甚至交朋友使用的都是"虚拟身份"。这个"虚拟身份"的使用使得互联网用户获得了现实社会所不能比拟的自由度，他们在网络中任意宣泄现实生活中的紧张、压抑、烦躁、焦虑等负面情绪。这种不受控制的宣泄行为一旦长期发展，就很有可能会演变成非理性的、恶意的言语攻击。一旦谣言大面积传播，就会对他人的名誉、财产，或是现实生活空间的规范和秩序产生消极效用。同时，大数据技术应用带来的"智慧生活"则有可能让人们过度依赖智能产品，降低记忆力和思考能力，逐渐变得缺乏自我选择能力，在无意识的状态下泄露更多的个人隐私。

其次，我国虽然是全球网民数量最多的国家，但在专门的网络道德教育上仍处于较为匮乏的状态，因此，将重视网络诚信道德教育作为降低不道德行为的手段，普遍提高各主体的大数据伦理道德素养，应该是必要的和有效的。

在大数据时代，人们无论是购物生活，还是出游旅行都会受到社交媒体和网络社会的监控记录。无处不在的移动Wi-Fi和摄像监控，让人们的个人轨迹、个人喜好和个人意图都无处可藏。个体身份的数字化和生活信息的量化处理，以及用户不断开放的隐私观与较弱的隐私保护意识，都使得人们愿意在网络上公开自己的信息，与大家分享自己的生活。

对于这些信息的公开，他们并不认为这是一种隐私的泄露，而认为是一种生活的态度。即使他们当中有些人刻意地在互联网环境中保护自己的隐私，但因为缺乏一定的技术，而不足以抵挡大数据搜索者的猛烈攻击。

2) 数据滥用问题

很多人在谈到大数据伦理和大数据安全时，会把数据泄密和数据滥用混为一谈，但是一些被称为"数据泄密"的场景，实际上属于"数据滥用"，即把获得用户授权的数据用于损害用户利益。数据泄密更多属于数据安全问题，数据滥用更多属于数据伦理问题。

2018年3月中旬，《纽约时报》等媒体揭露称，一家服务于特朗普竞选团队的数据分析公司——剑桥分析(Cambridge Analytica)获得了Facebook 数千万用户的数据，并进行违规滥用。随后，Facebook创始人马克·扎克伯格发表声明，承认平台曾犯下的错误，相关国家和机构开启调查。4月5日，Facebook首席技术官发表博客文章称，Facebook上约有8700万用户受影响，随后Cambridge Analytica 驳斥称受影响的用户不超过3000万。4月6日，欧盟声称Facebook确认270万欧洲人的数据被不当共享。

根据告密者克里斯托夫·维利(Christopher Wylie)的指控，Cambridge Analytica在2016年美国总统大选前获得了5000万名 Facebook用户的数据。这些数据最初由亚历山大·科根(Aleksander Kogan)通过一款名为"this is your digital life"的心理测试应用程序收集。通过这款应用，Cambridge Analytica不仅从接受科根性格测试的用户处收集信息，还获得了他们好友的资料，涉及数千万用户的数据。能参与科根研究的Facebook用户必须拥有约185名好友，因此覆盖的Facebook用户总数达到5000万人。

获取 Facebook的用户数据以后，Cambridge Analytica究人员将这些数据用于精准地归纳关于个体用户的高敏感度信息(如性格、性取向等)。根据现代心理学中描述人格特质的"大五人格模型"，研究人员将个人性格分为不受语言和文化影响的5个维度，其中包括坦率(openness)、认真(conscientiousness)、外向(extraversion)、和善(agreeableness)和情绪不稳定(neuroticism)。研究人员将5.8万名志愿者作为研究对象，跟踪他们在 Facebook上的点赞倾向，并由此发掘了很多有趣的相关性现象。例如，给歌手Nicki Minaj点赞的人们与"外向"高度相关、多次表达对Hell Kitty的喜爱是"坦率"的表现等。

手动利用"大五人格模型"只能泛泛地解释一些现象。相比之下，一套机器学习算法能发掘出更深层次的关联。例如，存在于人们给不同对象的"赞"、他们在性格测试上的答案，以及其他个人数字足迹(digital footprint)之间的关联。这样，一个更全面且富有细节的个人特征档案就可以被创造出来了。通过建模分析人们在Facebook上留下的记录，发掘他们的个性特点，就可以定向推送广告，影响人们在大选中的选举行为。

随着Facebook"数据门"事件的不断发酵，在各国媒体的"扒皮"中，背后的数据分析公司Cambridge Analytica也逐渐浮现在大众眼前。据英媒报道，Cambridge Analytica至少参与了各国超过200场竞选，其中包括尼日利亚、肯尼亚、马来西亚、捷克、墨西哥、印度和阿根廷等。在这些国家的选举中，Cambridge Analytica使用大量的个人数据来构建心理分析图，以确定选民的政治和宗教信仰、性取向、肤色及政治行为，这些分析结果被用于改变选民的选举倾向，从而最终影响选举的结果。

专栏2-5

大数据"杀熟"问题

2018年2月28日，《科技日报》报道了一位网友自述被大数据"杀熟"的经历。据了解，他经常通过某旅行服务网站预订一家出差常住的酒店，其价格通常在380～400元左右。一次偶然的机会他通过前台了解到，酒店淡季的价格在300元左右。他用朋友的账号查询后发现，果然是300元。但用自己的账号去查竟然是380元。

从此，"大数据杀熟"这个词正式进入社会公众的视野。所谓的"大数据杀熟"，是指同样的商品或服务，老客户看到的价格反而比新客户要贵出许多。实际上，这一现象已经持续多年。有数据显示，国外一些网站早就有之。

在我国，有媒体对2008名受访者进行的一项调查显示，51.3%的受访者遇到过互联网企业利用大数据"杀熟"的情况。调查发现，在机票、酒店、电影、电商、出行等多个价格有波动的平台都存在类似情况，且在线旅游平台较为普遍。

"大数据杀熟"总是处于隐蔽状态，多数消费者是在不知情的情况下"被溢价"的。大数据杀熟，实际上是对特定消费者的"价格歧视"，与其称这种现象为"杀熟"，不如说是"杀对价格不敏感的人"。是谁帮企业找到那些"对价格不敏感"的人群呢？是大数据。

---

3) 数字鸿沟问题

"数字鸿沟"(digital divide)是1995年美国国家远程通信和信息管理局(National Telecommunications and Information Administration)发布的《被互联网遗忘的角落——一项关于美国城乡信息穷人的调查报告》最早提出的。

数字鸿沟总是指向信息时代的不公平，尤其在信息基础设施、信息工具，以及信息的获取与使用等领域，或者可以认为是信息时代的"马太效应"，即先进技术的成果不能被人们公平地分享，于是出现了"富者越富、穷者越穷"的情况。

虽然大数据时代的到来给人们的生产、生活、学习与工作带来了颠覆性的变革，但是数字鸿沟并没有因为大数据技术的诞生而趋向弥合。一方面，大数据技术的基础设施并没有在全国范围内全面普及，更没有在世界范围内全面普及，往往是城市优于农村、经济发达地区优于经济欠发达地区、富国优于穷国。另一方面，即使在大数据技术设施比较完备的地方，也并不是所有的个体都能充分地掌握和运用大数据技术，个体之间也存在着严重的差异。

"数字鸿沟"正在不断地扩大，大数据技术让不同国家、不同地区、不同阶层的人们深深地感受到了不平等。有数据显示，截至2021年3月底，阿联酋以99.0%的互联网普及率排名第一，丹麦为98.1%，瑞典为98.0%，加拿大为94%，美国为90%，中国为65.2%，印度为45%，肯尼亚为40%，还有不少非洲国家远远低于40%。从全球互联网普及情况可以看出，互联网普及率正在不断提高，其中北美、欧洲的互联网普及率均在90%左右，而非洲的互联网普及率仅为43.20%，全球互联网发展区域差距较为明显。

大数据技术深刻依赖底层的互联网技术，因此，互联网普及率的不均衡所带来的直接结果就是数据资源接受的不均衡。互联网普及率高的地方，能够充分利用大数据资源来改善生产和生活，而普及率低的地方无法做到这一点。在某种程度上，互联网普及率也是一个国家能够富强的关键，特别是在大数据时代的今天。在我国的东中西部地区、城乡之间等都可以明显感受到数字鸿沟的存在。截至2022年底，我国互联网普及率攀升为75.6%，其中农村地区互联网普及率为61.9%，城乡之间差距依然明显。

专栏2-6

隐性偏差问题

大数据时代会不可避免地出现隐性偏差问题。美国波士顿市政府曾推出一款手机App，鼓励市民通过App向政府报告路面坑洼情况，借此加快路面维修进展。但该款App却因为老年人使用智能手机的比率偏低，使政府收集到的数据多为年轻人反馈的数据，从而导致老年人步行受阻的一些小型坑洼长期得不到及时处理。

很显然，在这个例子中，具备智能手机使用能力的群体相对于不会使用智能手机的群体而言具有明显的优势，前者可以及时把自己群体的诉求表达出来，获得关注和解决，而后者的诉求则无法及时得到响应。

数据垄断与数字鸿沟影响社会公平。大数据技术正在影响整个人类社会的结构和全球局势的发展。其中，由数据垄断产生的霸权主义和数据鸿沟拉大的社会差距是目前较为引人注意的两个方面。关于数据垄断的问题将在下一个问题中专门探讨。

数据垄断的直接后果就是数据霸权。数据霸权是数据富有者对数据少有者的控制。信息时代的发展不可能离得开掌握了数字信息技术能力的人，缺乏基本信息技术能力的人很可能会陷入信息贫困，进而导致收入贫困、人类贫困。目前，大数据时代的"鸿沟"差距逐渐由技术、信息接入方面转向价值鸿沟。而鸿沟将因地域、性别、受教育程度不同而逐渐拉大，并越来越重要，逐渐扩大社会贫富差距，影响社会公平、正义。

数据鸿沟的出现拉开了各主体之间因掌握和运用信息技术的不同而产生的差距，但更重要的是拉开了普通个人与拥有庞大数据资源的企业、机构和政府之间的差距。企业、政府能轻而易举地掌握个人的行为、思想，而个人却对企业、政府的行为一无所知。有时，政府和企业甚至还会联合起来加强对个人的监控。这种状况持续下去，政府和企业将一直作为社会的上层建筑而存在，个人的监督权形同虚设，自由、平等、公平、公正必然遭到侵害。

在大数据时代，每一个人原则上都可以由一连串的数字符号来表示，从某种程度上来说，数字化的存在就是人的存在。因此，数字信息对于人来说就成了一个非常重要的存在。每个人都希望能够享受大数据技术所带来的福利，而不仅是某些国家、公司或个人垄断大数据技术的相关福利。

如果只有少部分人能够较好地占有并较完整地利用大数据信息，而另外一部分人却难以接受和利用大数据资源，就会造成数据占有的不公平。而数据占有的程度不同，又会产生信息红利分配不公平等问题，加剧群体差异，导致社会矛盾加剧。因此，必须要思考解决"数字鸿沟"这一伦理问题，实现均衡而又充分的发展，达成共同富裕的目标。

《"十四五"数字经济发展规划》(以下简称《规划》)指出，我国数字经济发展也面临一些问题和挑战，其中之一就是不同行业、不同区域、不同群体间数字鸿沟未有效弥合，甚至有进一步扩大趋势。《规划》进一步指出，我国数字经济规模快速扩张，但发展不平衡、不充分、不规范的问题较为突出，迫切需要转变传统发展方式，加快补齐短板弱项，提高我国数字经济治理水平，走出一条高质量发展道路。

《"十四五"数字经济发展规划》明确提出，推动数字城乡融合发展。统筹推动新型智慧城市和数字乡村建设，协同优化城乡公共服务。加快城市智能设施向乡村延伸覆盖，完善农村地区信息化服务供给，推进城乡要素双向自由流动，合理配置公共资源，形成以城带乡、共建共享的数字城乡融合发展格局。构建城乡常住人口动态统计发布机制，利用数字化手段助力提升城乡基本公共服务水平。深入开展电信普遍服务试点，提升农村及偏远地区网络覆盖水平。加强面向革命老区、民族地区、边疆地区、脱贫地区的远程服务，拓展教育、医疗、社保、对口帮扶等服务内容，助力基本公共服务均等化。加强信息无障碍建设，提升面向特殊群体的数字化社会服务能力。

4) 数据垄断问题

在进入21世纪以后，我国的信息技术水平得到了快速的提升，因此在市场经济的发展过程中，数据成为可在市场中交易的财产。数据这一生产要素与其他生产要素有很大区别，这使得因数据而产生的市场力量与传统市场力量也有很大区别。

数据要发挥最大作用，必须越多越好。因此，企业掌握的数据量越多，越有利于发挥数据的作用，也越有利于最大化消费者福利和社会福利。同样，企业如果横跨多个领域，并将这些领域的数据打通，使数据在多个领域共享，那么数据的效用也将更大化发挥。这也是大型互联网公司能够不断进行生态化扩张的原因。从这个角度来看，企业掌握更多的数据对消费者和社会来说，在效率上是有利的。

但是，有些企业为了获取更高的经济利益，故意不进行数据信息共享，而将所有的数据信息掌握在自己的手中，进行大数据的垄断。随着当前大数据信息资源利用率的不断提升，市场运行过程中开始出现越来越多的大数据垄断情形。这不仅会对市场的正常运行造成影响，还会导致信息资源的浪费。

因数据而产生的垄断问题，至少包括以下几类：一是数据可能造成进入壁垒或扩张壁垒；二是拥有大数据形成市场支配地位并滥用；三是因数据产品而形成市场支配地位并滥用；四是涉及数据方面的垄断协议；五是数据资产的并购。

一旦大数据企业形成数据垄断，就会出现消费者在日常生活中被迫地接受服务及提供个人信息的情况。例如，很多时候在使用一些软件之前，都有一条是否同意提供个人信息的选项，如果选择不同意，就无法使用该软件。这样的数据垄断行为，也对用户的个人利益造成了损害。

数据之于数字经济就如燃料之于工业经济，是人们进行创新的力量源泉。没有大量鲜活的数据和健全的服务市场，这些创新就无法实现。我们必须防止21世纪的"数据垄断"，它就相当于19世纪末、20世纪初强盗大亨的现代翻版，那些强盗大亨曾垄断了美国的铁路、钢铁生产和电报网络。

5) "信息茧房"问题

人们日常生活中的很多决策，都需要综合多方面的信息去做判断。如果对世界的认识存在偏差，那么做出的决策肯定会有错误。也就是说，如果人们只是看某一方面的信息，对另一方面的信息视而不见，或者永远带着怀疑、批判的眼光去看与自己观点不同的信息，那么人们就有可能做出偏颇的决策。

现在的互联网，基于大数据和人工智能的推荐应用越来越多，越来越深入。每一个应用软件的背后，几乎都有一个庞大的团队时时刻刻在研究用户的兴趣爱好，然后推荐用户喜欢的信息来迎合用户的需求。用户一直被"喂食着"经过智能化筛选推荐的信息，久而久之，就会导致人们被封闭在一个"信息茧房"里面，看不见外面丰富多彩的世界。

人们日常生活中使用的"今日头条"等手机App就是典型的代表。今日头条是一款基于数据挖掘的推荐引擎产品，它为用户推荐有价值的、个性化的信息，提供连接人与信息的新型服务。用户在今日头条产生阅读记录以后，今日头条就会根据用户的喜好，不断推荐用户喜欢的内容供用户观看，对用户不喜欢的内容进行高效的屏蔽，使用户永远看不到他不感兴趣的内容。

于是在今日头条中，用户的视野就永远被局限在一个非常狭小的范围内，用户关注的那一方面内容就成了一个"信息茧房"，把用户严严实实地包裹在里面，对于外面的一切，用户一无所知。时间一长，今日头条不仅在取悦用户，同时也在"驯化"用户。用户起初是主人，后来就变成了"奴隶"。

实际上，在2016年的美国总统大选中，很多美国人就尝到了"信息茧房"的苦果。当时，在选举结果揭晓之前，美国东部的教授、学生、金融界人士和西部的演艺界、互联网界、科技界人士，基本上都认为希拉里稳赢，在他们看来，特朗普没有任何胜算。

希拉里的拥趸们早早就准备好了庆祝希拉里获胜的庆典和物品，就等着投票结果出来。教授和学生们在教室里集体观看电视直播，等着最后的狂欢。但是，选举结果却完全出乎这些东西部精英们的意料，因为特朗普最终胜出，当选了总统。

他们无论如何也无法明白，根据他们平时所接触到的信息来判断，几乎身边的所有人都喜欢希拉里，为什么胜出的却是特朗普呢？这个问题的答案在于，这些精英们被关在了一个"信息茧房"里，因为他们喜欢希拉里，所以Facebook等网络应用都会为他们推荐各种各样支持希拉里的文章，自动屏蔽那些支持特朗普的文章，他们全都坚定地认为大部分人都支持希拉里，只有极少数人会支持特朗普。

可是，事实的真相完全不是这样。根据美国总统大选期间的统计数字，仅仅在Facebook上，特朗普的支持者数量远远超过这些东西部精英们的想象，只不过这些精英们生活在一个"信息茧房"中，看不见特朗普支持者的存在。例如，有一篇题为《我们为什么要投票给特朗普》的文章，在Facebook上被分享超过150万次，可是很多东西部的精英们居然没有听说过这篇文章。因此，生活在大数据时代，我们一定要高度警惕自己落入"信息茧房"之中，不要让自己成为"井底之蛙"，否则永远只会看到自己头顶的那片天空。

6) 数据独裁问题

"数据独裁"，是指在大数据时代，由于数据量的爆炸式增长，导致做出判断和选择的难度陡增，迫使人们必须完全依赖数据的预测和结论才能做出最终的决策。从某个角度来讲，就是让数据统治人类，使人类彻底走向唯数据主义。

其实，人们比想象中更容易受到数据的统治。数据以良莠参半的方式统治着人们，其威胁就是，人们可能或完全受限于自我分析的结果，即使这个结果理应受到质疑。或者说，人们会形成一种执念，因而仅仅为了收集数据而收集数据，或者赋予数据根本无权得到的信任。"必须用数据说话"，如果善加利用，这是极好的事情，大数据就会变成强大的武器；但是一旦出现不合理利用，后果将不堪设想。

在大数据时代，在大数据技术的助力之下，人工智能获得了长足的发展，机器学习和数据挖掘的分析能力越来越强大，预测越来越精准。例如，电子商务领域通过挖掘个人数据给个体提供精准推荐服务，政府通过个人数据分析制定切合社会形势的公共卫生政策，医院借助医学大数据提供个性化医疗。

对功利性的追求驱使人们越来越依赖数据来规范和指导"理智行为"，此时不再是主体想把自身塑造成什么样的人，而是客观的数据显示主体是什么样的人，并在此基础上来规范和设计。数据不仅成为衡量一切价值的标准，而且从根本上决定了人的认知和选择的范围，于是人的自主性开始丧失。更重要的是，大数据把数学算法运用到海量的数据上来预测事情发生的可能性，用计算机系统取代人类的判断决策，导致人被数据分析和算法完全量化，变成了数据人。但是，并不是任何领域都适用于通过数据来判断和得出结论。

过度依赖相关性，盲目崇拜数据信息，而不经过科学的理性的思考，可能会带来巨大的损失。因此，唯数据主义的绝对化必然导致数据独裁。在这种数据主导人们思维的情况下，最终将导致人类思维被"空心化"，进而导致创新意识的丧失，还可能使人们丧失自主意识、反思和批判的能力，最终沦为数据的奴隶。

其实，卓越的才华并不依赖于数据。史蒂夫·乔布斯(Steve Jobs)多年来持续不断地改善Mac笔记本，依赖的可能是行业分析，但是他发行的iPod、iPhone和iPad靠的就不是数据，而是直觉——他的第六感。当记者问及乔布斯苹果推出iPad之前做了多少市场调研时，他的那个著名的回答是这样的："没做！消费者没有义务去了解自己想要什么。"这句话道出了营销的最高境界不是适应市场需求，而是"引导市场，创造需求"。

7) 数据的真实可靠问题

如何防范数据失信或失真是大数据时代遭遇的基准层面的伦理挑战。例如，在基于大数据的精准医疗领域，建立在数字化人体基础上的医疗技术实践，其本身就预设了一条不可突破的道德底线——数据是真实可靠的。由于人体及其健康状态以数字化的形式被记录、存储和传播，形成了与实体人相对应的镜像人或数字人。失信或失真的数据导致被预设为可信的精准医疗变得不可信。

例如，如果有人担心个人健康数据或基因数据对个人职业生涯和未来生活造成不利影响，当有条件采取隐瞒、不提供或提供虚假数据来坑弄数据系统时，这种情况就可能出现，进而导致电子病历、医疗信息系统，以及个人健康档案的数据不准确。

8) 人的主体地位问题

当前，数据的采集、传输、存储和处理技术不断推陈出新。传感器、无线射频识别标签、摄像头等物联网设备及智能可穿戴设备，可以采集所有人或物关于运动、温度、声音等方面的数据，人与物都转化为数据；智能芯片实现了数据采集与管理的智能化，一切事物都可映射为数据；网络自动记录和保存个人上网浏览、交流讨论、网上购物、视频点播等一切网上行为，形成个人活动的数据轨迹。

在万物皆数据的环境下，人的主体地位受到了前所未有的冲击，因为人本身也可数据化。数据是实现资源高效配置的有效手段，人们根据数据运营一切，因此人们需要把一切事物都转化为可以被描述、注释、区别并量化的数据，正如维克托·迈尔-舍恩伯格所说："只要一点想象，万千事物就能转化为数据形式，并一直带给我们惊喜。"整个世界，包括人在内，正成为一大堆数据的集合，可以被测量和优化。于是在一切皆数据的条件下，人的主体地位逐渐消失。

实际上，每个人都是独立且独一无二的个体，都有仅属于自己的外在特征和内在精神世界，不同的场合有不同的身份，扮演着不同的角色。我们从事什么职业、有什么生活习惯，这是我们自己生活的一部分，我们有真正属于自己的多样的生活方式。

而在大数据环境中，个体被数字化，当我们想快速去了解一个人的时候，不是通过和他交流相处，而是直接通过数据信息直观了解他的个人信息，对他的身份情况、相貌特征等进行单方面的字面定义，如通过他的网上购物信息、爱好、交通信息、消费水平等来定义他的基本信息。这就导致他内心的真实想法无法被洞察，人格魅力被埋没。

简而言之，在这种情形下，主体身份是大数据塑造的，是异化的。主体远离、遮蔽了自己本真的存在，失去了自己的个性和自由，意味着被异化了。

此外，通过大数据搜集到主体的基本信息以后，还可以有针对性地向主体推送广告等信息。当主体经常收到类似有针对性的广告等信息时，主体的生活选择就会被固化(即"信息茧房")，对自己生活圈世界以外的事物一无所知。大数据把主体塑造成一个固化的对象，缩小了主体的表征。

这是一种对主体不尊重、不公正的现象，大大限制了主体在他人心中的具体形象，且影响了主体的认知。总体而言，大数据正在悄悄地对人们的生活习惯和行为活动进行塑造，而人们对这种塑造所带来的伦理问题还没有充分的自觉。

2.4.4 应对大数据伦理问题

大数据在监测人们的生活方面提供了便利，但同时也让保护隐私的现行法律手段失去了应有的效力。同样，通过大数据预测人们未来的想法而非实际行动，并以此采取惩罚措施，也让人们惶恐不安。此外，那些尝到大数据甜头的人，可能会把大数据运用到不适合的领域，而且可能会对大数据分析结果过分信赖，最终导致一种盲目崇拜。如何让数据为人们所用，而不让人们成为数据的奴隶？维克托·迈尔-舍恩伯格给出了以下建议：让数据使用者承担保护个人隐私的责任；发明并推行新技术方式来促进隐私保护；坚定依据行为而非倾向进行评判；推动设立大数据分析和预测的评估专家。(可扫描二维码获悉具体内容)

应对大数据伦理问题的方法

现在大多数人都认为大数据是一个技术问题，应侧重于硬件或软件，其实大数据不单纯是一个技术问题，更是一个思维问题和管理问题。大数据是一种资源，也是一种工具。这也提醒我们在使用这个工具的时候，应当怀有谦恭之心，铭记人性之本。

关键术语

资产；数据资产；财产权；数据权；伦理；道德；公民道德规范；科技伦理；大数据伦理；大数据思维；总样；抽样；因果关系；相关关系；中台；数据痕迹；数据滥用；大数

据"杀熟";数字鸿沟;数据垄断;信息茧房;数据独裁;数据资产估值;数据资产确权。

本章内容结构

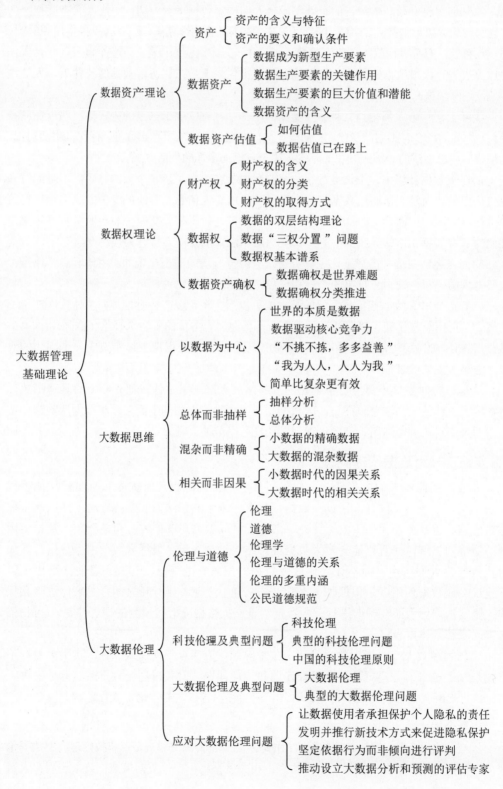

第3章

大数据管理主要职能

学习目标与重点

- 了解发展规划的含义、作用、制定原则和编制过程；了解《"十四五"大数据产业发展规划》的主要内容；了解大数据的机构设置与人员配备；了解国家数据局成立的时代背景及其主要职能；了解地方数据管理机构的设立情况；了解政府和企业的数据孤岛问题；了解大数据交易发展现状。
- 掌握发展规划的基本内容；掌握数据开放与共享的有关内容；掌握应对大数据安全问题的方法。
- 重点掌握企业数据规划方法、企业组织架构的变革、用户行为数据的基本内容。
- 难点：数据开放、数据共享、大数据安全。

导入案例

法约尔与管理基本职能

法国管理学家亨利·法约尔(Henri Fayol)在其代表作《一般管理和工业管理》(General and Industrial Management)中将管理职能总结为计划、组织、指挥、协调和控制。100多年来，尽管人们对管理学的认识已经有了巨大的进步，但是法约尔归纳的五项职能仍然是人们描述管理基本职能的主要框架。当然，目前也有一种趋势将管理职能归纳为计划、组织、领导和控制，即把指挥和协调合并为领导。

而像营销管理、财务管理、运营管理、生产管理、研发管理、人力资源管理(可扫描二维码获悉)、行政管理等专项管理都离不开计划、组织、指挥、协调和控制这些基本管理职能的运用。

计划(planning)是指制定目标和决定如何实现这些目标的管理活动。高级管理人员的计划职能包括为组织制定战略(strategy)。战略是管理者为了实现组织目标所采取的行动，包括组织总体目标和行动方案及其背后的思考。

组织(organizing)是通过安排资源和活动来实现目标的管理过程。有了目标，组织还要安排必要的人力和其他资源来围绕目标开展工作，这是管理的基本职能，主要包

人力资源管理

括组织架构设置和人员配置等。

领导(leading)是带领组织成员为组织的利益共同工作的活动。当社会组织建立以后，就要让领导(指挥、协调)发挥作用。

指挥(commanding)是发布调度及对下属的活动给予指导，使企业的各项活动互相协调配合，指导他们走向一个共同的目标。

协调(coordinating)就是指企业的一切合作者要和谐地配合，以便于企业经营的顺利进行，并且有利于企业取得成功。协调就是让事情和行动都有合适的比例，也就是方法适用于目的。法约尔认为，协调使各职能部门与资源之间保持一定的比例，收入与支出保持平衡，材料与消耗成一定的比例。在企业内，如果协调不好，就容易出现很多问题；如果各个部门步调不一致，企业的计划就难以执行。

控制(controlling)是对组织朝向目标前进过程进行监督的管理活动。组织目标的实现往往要经历一个过程，管理者必须为这个过程中的不同阶段制定考核目标，并对完成目标的方式进行干预。控制就是要证实企业的各项工作是否已经与计划相符，其目的在于指出工作中的缺点和错误，以便纠正和避免重犯。对人可以控制，对活动也可以控制，只有进行控制才能更好地保证企业任务顺利完成，避免出现偏差。

思考：

1. 在大数据管理中如何运用法约尔的五项基本管理职能？

2. 除此之外，大数据管理还有哪些主要职能？

从一般性而言，按照法约尔提出的计划、组织、指挥、协调和控制五项管理的基本职能，围绕大数据管理和应用的各个方面也必然离不开应用上述管理的基本职能，这些基本职能的具体内容是管理学课程的主要内容。

从大数据管理的特殊性而言，大数据管理的基本框架应该重点考虑大数据概述、数据资产理论、数据权理论、大数据思维、大数据伦理，以及大数据发展规划、大数据组织架构、数据开放与共享、大数据交易、大数据安全(治理体系)等。前五项内容已经分别在第1章和第2章进行了介绍，是大数据管理的基础理论和基本要素；后五项内容是大数据管理的主要职能，在本章会详细介绍。大数据管理基础理论是研究大数据管理主要职能的前提和条件，大数据管理主要职能是大数据管理基础理论的延伸和发展。

《数字中国建设整体布局规划》指出，畅通数据资源大循环。构建国家数据管理体制机制，健全各级数据统筹管理机构。推动公共数据汇聚利用，建设公共卫生、科技、教育等重要领域国家数据资源库。释放商业数据价值潜能，加快建立数据产权制度，开展数据资产计价研究，建立数据要素按价值贡献参与分配机制。以上任务的落实都与大数据管理息息相关，这是从管理方面夯实数字中国建设的基础。

大数据发展规划是从全局的角度、战略的高度谋划大数据的充分利用、价值挖掘、产业融合，以及创造新产业、新业态、新模式。大数据组织架构是从组织架构、人员配置、岗位职责、协调控制等方面组织落实大数据发展规划。大数据发展的障碍在于数据的流动性和可获取性，数据开放与共享是当前亟待解决的、制约大数据发展的关键问题和瓶颈问题。大数据交易是促进数据这一新型生产要素流通、增值，促进大数据及相关产业良性循环、快速发展的动力源泉。大数据安全(治理体系)是大数据及相关产业健康发展的安全保障。

3.1　大数据发展规划

发展规划是关于组织未来的发展蓝图，是对组织在未来一段时间内的发展目标和实现发展目标的途径的策划与安排。大数据发展规划就是有关组织未来围绕大数据的发展蓝图，是对组织在未来一个阶段的大数据发展目标和实现发展目标的途径的策划与安排。因此，大数据发展规划具备发展规划的一般属性。

3.1.1　发展规划基础知识

为了使组织走向成功，组织管理者必须从实际出发，在认真分析内外部环境因素的基础上，通过周密的思考，制定出一个实现组织目标的行动方案，这就是组织发展规划。如果没有这张导航图，那么组织之舟就不能或很难到达成功的彼岸。

有人说计划没有变化快，走一步算一步，这是盲目主义的撞大运思想。没有发展规划不能说一定就不能成功，但成功的几率非常小；有发展规划虽不能保证组织必然成功，但却能大大提高组织的成功机会。

1. 发展规划的含义

作为名词，发展规划是由组织管理者准备的一份书面计划，用以描述与所在组织相关的外部和内部的要素，以及组织所要达到的目标和实现目标的方法与途径等。如果把发展规划当作行路图，人们就能够更好地理解它的意义。

假设旅行者想要从沈阳到上海，有很多路线可以选择，每条路线所花的时间和成本不同，旅行者必须做出决策，然而在作出决策和制定规划之前必须收集足够的信息。例如，一些外部的因素，如紧急状况下的汽车修理、气候条件、路况等，这些因素是旅行者所不可控的，但又必须在规划中考虑到；同时旅行者还要考虑要花费多少钱、多少时间，以及对高速公路、铁路班次、民用航班的选择等。

作为动词，发展规划是一个决策过程，是指管理者在充分分析内外部环境因素的基础上，特别是对组织所拥有或能使用的人力资源、市场资源、技术资源、资金资源、原材料资源、信息资源等关键资源充分挖掘的情况下，制定未来的发展目标、战略和策略的全过程。

无论在名词意义上还是在动词意义上，规划内容都包括"5W1H"，即what(做什么？做的目标与内容)、why(为什么做？做的原因)、who(谁去做？做的人员)、where(何地做？做的地点)、when(何时做？做的时间)、how(怎样做？做的方式和手段)，发展规划必须清楚地确定和描述这些内容。

从形式上讲，由于管理者的经营思路、经营方式，以及组织所涉及的领域不同，发展规划本身也有其独特性。但是比较成功的发展规划还是有很多共同点的，具体如下。

(1) 循序渐进。发展规划的制定往往要经过几个阶段并在每个阶段进行多次修改，循序渐进地完成。

(2) 一目了然。发展规划应该重点突出经营者和投资者所关心的议题，对关键问题进行直接明确的阐述，好的发展规划给人的印象往往是意思表达明确，文章脉络清晰。

(3) 令人信服。发展规划在内容表达方面应注意运用比较中性的语言，保持客观的角度，力求对规划中所涉及的内容进行不加主观倾向性的评论，尤其不能使用广告性的语言。

(4) 通俗易懂。在发展规划的编写过程中，不应该对技术或工艺进行过于专业化的描述或进行过于复杂的分析，而应力求简单明了、深入浅出，对必须引用的专业术语及特殊概念应在附录中给予必要的解释和说明。

(5) 风格统一。发展规划的编写如果是由多人协作完成的，那么最后应由一人统一修订成文，力求发展规划的风格统一，同时对规划中引用数据的来源给予明确的记录，并统一标明出处。

(6) 严谨周密。发展规划是以客观表述组织状况为宗旨的，因此格式必须严谨统一，必须有自己完整的格式。

2. 发展规划的作用

发展规划的作用

发展规划的作用如下：发展规划指明了组织的目标和方向；发展规划为经营者提供了行动指南；发展规划使组织活动有序发展、持续进行；发展规划使组织活动落到实处；发展规划是有效的沟通工具。(可扫描二维码获悉具体内容)

3. 发展规划的制定原则

发展规划的制定应遵循以下基本原则。

(1) 可行性原则。发展规划要有事实依据，要根据组织的实际情况、发展需要和社会的发展需要来制定。

(2) 长期性原则。发展规划虽然要立足现实，但一定要从长远来考虑，只有这样才能为组织发展设定一个大方向，使组织集中力量紧紧围绕这个方向做出努力，最终取得成功。

(3) 清晰性原则。发展规划一定要清晰、明确，易于转换成一个个可以实行的行动。发展各阶段的线路划分与安排一定要具体可行。

(4) 挑战性原则。发展规划要在可行性的基础上具有一定的挑战性，实现规划要付出一定的努力，成功之后才能有较大的成就感。

(5) 适应性原则。规划未来的活动涉及多种可变因素，因此，发展规划要有弹性，以增加其适应性。

4. 发展规划的编制过程

发展规划的
编制过程

发展规划的编制本身也是一个过程。为了保证编制的规划合理，确保能够实现决策的组织落实，规划编制过程中必须采用科学的方法。发展规划的编制步骤如图3-1所示。(扫描二维码获悉具体内容)

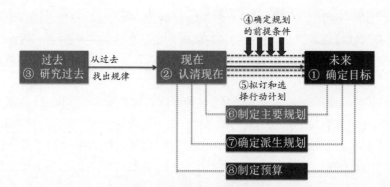

图3-1　发展规划的编制步骤

5. 发展规划的基本内容

一个规范的、全面的发展规划至少应包括以下几个方面的内容：内部环境分析；外部环境分析；发展目标与战略选择；主要任务和重点工程；保障措施。(可扫描二维码获悉具体内容)

发展规划的
基本内容

下面我们结合《"十四五"大数据产业发展规划》进一步了解发展规划一般应该包括的内容，并学会如何制定发展规划。

3.1.2 《"十四五"大数据产业发展规划》解析

1. 总体介绍

2021年11月，工信部发布了《"十四五"大数据产业发展规划》(以下简称《规划》)。《规划》指出，"十四五"时期是我国工业经济向数字经济迈进的关键时期，对大数据产业发展提出了新的要求，产业将步入集成创新、快速发展、深度应用、结构优化的新阶段。为推动我国大数据产业高质量发展，按照《中华人民共和国国民经济和社会发展第十四个五年规划和2035年远景目标纲要》总体部署，编制本规划。

2. 分解说明

《"十四五"大数据产业发展规划》分为发展成效、面临形势、总体要求、主要任务和保障措施五个部分。下文只给出基本框架，详细内容可扫描二维码获悉。

1) 发展成效

2) 面临形势

3) 总体要求

《规划》的
详细内容

(1) 指导思想。

(2) 基本原则。

(3) 发展目标。

4) 主要任务

(1) 加快培育数据要素市场。

(2) 发挥大数据特性优势。

(3) 夯实产业发展基础。

(4) 构建稳定高效产业链。

(5) 打造繁荣有序产业生态。

(6) 筑牢数据安全保障防线。

5) 保障措施

(1) 提升数据思维。

(2) 完善推进机制。

(3) 强化技术供给。

(4) 加强资金支持。

(5) 加快人才培养。

(6) 推进国家合作。

3.1.3 企业数据发展规划

近年来，世界各国都纷纷制定大数据发展战略，我国也陆续出台了有关大数据、数字经济和数字中国的建设规划(详见"1.3 我国大数据发展战略")。除此之外，各级政府、各部委、各行业也纷纷颁布了大数据发展规划或指导意见，读者可扫描二维码获悉。

各部委相关文件

专栏3-1

银行保险机构数字化转型要求

2022年，中国银行保险监督管理委员会印发的《关于银行业保险业数字化转型的指导意见》中明确提出了银行保险机构的数字化转型要求。

(1) 科学制定实施数字化转型战略。银行保险机构董事会要加强顶层设计和统筹规划，围绕服务实体经济目标和国家重大战略部署，科学制定和实施数字化转型战略，将其纳入机构整体战略规划，明确分阶段实施目标，长期投入、持续推进。

(2) 统筹推进数字化转型工作。高级管理层统筹负责数字化转型工作，建立数字化战略委员会或领导小组，明确专职或牵头部门，开展整体架构和机制设计，建立健全数字化转型管理评估和考核体系，培育良好的数字文化，确保各业务条线协同推进转型工作。

(3) 改善组织架构和机制流程。鼓励组织架构创新，以价值创造为导向，加强跨领域、跨部门、跨职能横向协作和扁平化管理。组建不同业务条线、业务与技术条线相融合的共创团队，优化业务流程，增强快速响应市场和产品服务开发能力。完善利益共享、责任共担考核机制。建立创新孵化机制，加强新产品、新业务、新模式研发，完善创新激励机制。

(4) 大力引进和培养数字化人才。鼓励选聘具有科技背景的专业人才进入董事会或高级管理层。注重引进和培养金融、科技、数据复合型人才，重点关注数据治理、架构设计、模型算法、大数据、人工智能、网络安全等专业领域。积极引入数字化运营人才，提高金融生态经营能力，强化对领军人才和核心专家的激励措施。

不仅如此，众多企业也纷纷制定了大数据发展战略，进行数字化转型升级。当然，企业大数据发展战略与国家大数据发展规划的侧重点有所不同。国家大数据发展规划侧重于解决宏观性问题，如数据基础制度建设、数据要素市场培育、数据基础设施完善升级、大数据关键技术研发突破、稳定高效的大数据产业链构建、大数据在各行各业的推广应用、大数据标准体系、大数据治理体系和安全保障体系建设等。

企业大数据发展战略侧重于解决微观性问题，正如《"十四五"数字经济发展规划》中所指，加快企业数字化转型升级。引导企业强化数字化思维，提升员工数字技能和数据管理能力，全面系统推动企业研发设计、生产加工、经营管理、销售服务等业务数字化转型。支持有条件的大型企业打造一体化数字平台，全面整合企业内部信息系统，强化全流程数据贯通，加快全价值链业务协同，形成数据驱动的智能决策能力，提升企业整体运行效率和产业链上下游协同效率。实施中小企业数字化赋能专项行动，支持中小企业从数字化转型需求迫切的环节入手，加快推进线上营销、远程协作、数字化办公、智能生产线等应用，由点及面向全业务全流程数字化转型延伸拓展。鼓励和支持互联网平台、行业龙头企业等立足自身优势，开放数字化资源和能力，帮助传统企业和中小企业实现数字化转型。推行普惠性"上云用数赋智"服务，推动企业上云、上平台，降低技术和资金壁垒，加快企业数字化转型。

1. "数据飞轮"理论

企业大数据发展战略要在充分把握和利用国家大数据发展规划所带来的重要机遇的基础上，结合企业自身的实际情况，充分考虑企业数字化转型升级的特殊性问题来制定。《飞轮效应：数据驱动的企业》一书中提出，数据强则企业强，数据兴则企业兴。该书通过对亚马逊、ZARA、红领服饰、尚品宅配等国内外百余个典型前卫案例的观察和总结，提炼出了企业数据化转型的"数据飞轮"理论。

企业的数据驱动过程像是在推动一个巨大的轮子，初始启动非常艰难，需要持续不断地努力推动，飞轮开始旋转很慢，但会越来越快，飞轮快速旋转时，只要一点点推动，就会产生巨大的效果。这就是大数据的"飞轮效应"。

无论是处在转型升级变革阶段的传统企业，还是基于新一代信息技术应用建立的新兴企业，都必须从顶层设计开始，构建"数据战略"，并打磨出推动企业快速发展的"数据飞轮"。

数据战略的关键是"让数据飞"，正如苹果生态系统中的云服务、应用商店、用户数据等形成完整而快速的数据循环；也正如亚马逊的产业链，从产品选择、价格制定、市场推广到客户服务等，都处于亚马逊的"飞轮"之中。

在大数据时代，判断一个企业成功与否的重要标准之一，就是看企业的运行是不是形成了"数据飞轮"；判断一个企业内部是否形成了"数据飞轮"，要看企业运行的各个环节(基本模块)是不是都有数据的支撑。只有形成飞轮的数据才是有价值的、能够真正支撑和驱动业务发展的数据财富，才能够推动企业效率和效益的增长。

"数据飞轮"的动力源可能是企业运行的四个基本模块(产品、渠道、基础设施、盈利模式)中的一个或几个。产品模块主要形成"价值数据飞轮"，即产品的研发设计源自用户需求、参与、反馈的数据；渠道模块主要形成"关系数据飞轮"，即企业与客户的关系发生根本变化，传统的渠道商和中间商被弱化，客户直接与品牌的连接成为趋势；基础设施模块主要形成"平台数据飞轮"，即内外部资源平台化，生产设施可弹性选择，生产资源动态配置；"盈利模式飞轮"就是盈利模式从收费到免费，从一次交易到多次交易，从直接付费到第三方付费，由此发生巨大变化。

企业通过构建"数据飞轮"可以带来四个方面的变化：① 产品创新从注重营销到更注重价值本身；② 注重全渠道营销和品牌管理；③ 运营平台承接企业内外部的资源和业务；④ 营收方式的弹性化和交易方式去风险化。

对于亚马逊这样的公司，现在已经完全转化为"数字基因"，公司所有的业务都是数据驱动的，《飞轮效应：数据驱动的企业》的作者吕本富将其定义为第一类数字驱动，即全数字驱动。对于数字驱动部分业务环节的企业，吕本富将其定义为第二类数字驱动，即部分数字驱动。

数据飞轮实现了商业模式的彻底转变，改变了客户、产品、基础设施、盈利模式四个模块的运营方式。《飞轮效应：数据驱动的企业》一书中阐述清楚"飞轮效应"原理之后，更为细致地阐述了企业基于数据战略，从"客户到粉丝、渠道与品牌、产品与价值、资源与平台、交易与营收，以及数据源建设、数据驱动企业运营、重塑组织架构、合作伙伴等外部驱动力的构建"等诸多方面展开变革的方法和途径,以案例剖析的形式为企业制定数据战略提供了详细的指引。

越是以前成功的企业,转型越艰难,这就是哈佛商学院教授克莱顿·克里斯坦森(Clayton Christensen)讲到的"创新者的窘境"——一个技术领先的企业在面临突破性技术时,会因为对原有生态系统的过度适应而面临失败;也是《飞轮效应:数据驱动的企业》一书中提出的"成功的负担"——成功者习惯用过去成功的方法做未来的事情而面临失败。现在很多传统的企业面临的就是这种状况。这种困境可以称为"工业人"转变为"数字人"的困境。

企业转型有两种情况:第一种是被动转型,当问题发展到不能解决的时候,倒逼企业转型,这种转型成本很高,也很痛苦,但是必须浴火重生;第二种是主动转型,也称为预见式转型,这类企业的领导人战略洞察力超强,但这种企业家在全世界也是凤毛麟角。诺基亚的企业文化、管理规范、专利创新都是全球顶尖的,但为什么失败?答案很简单,诺基亚和成就它的时代一起"被消失"了。无独有偶,百年柯达亦是如此。

《"十四五"数字经济发展规划》指出,培育转型支撑服务生态。建立市场化服务与公共服务双轮驱动,技术、资本、人才、数据等多要素支撑的数字化转型服务生态,解决企业"不会转""不能转""不敢转"的难题。面向重点行业和企业转型需求,培育推广一批数字化解决方案。聚焦转型咨询、标准制定、测试评估等方向,培育一批第三方专业化服务机构,提升数字化转型服务市场规模和活力。支持高校、龙头企业、行业协会等加强协同,建设综合测试验证环境,加强产业共性解决方案供给。建设数字化转型促进中心,衔接集聚各类资源条件,提供数字化转型公共服务,打造区域产业数字化创新综合体,带动传统产业数字化转型。

专栏3-2

中小企业数字化水平评测指标

为助力中小企业数字化转型,工信部组织相关单位共同研究制定了《中小企业数字化水平评测指标(2022年版)》(以下简称《评测指标》)。《评测指标》根据行业特点,分为制造业数字化水平评测表、生产性服务业数字化水平评测表、其他行业数字化水平评测表三个类别,从数字化基础、经营、管理、成效四个维度综合评估中小企业数字化发展水平,依据企业评测得分,将数字化水平划分为四个等级。

一级(20～40分):开展了基础业务流程梳理和数据规范化管理,并进行了信息技术简单应用。二级(40～60分):利用信息技术手段或管理工具实现了单一业务数字化管理。三级(60～80分):应用信息系统及数字化技术进行数据分析,实现全部主营业务数字化管控。四级(80分以上):利用全业务链数据集成分析,实现数据驱动的业务协同与智能决策。

2. 数据规划常见问题

目前,许多企业都缺少对数据规划的重视,从而使得数据驱动增长在企业内部难以顺利、快速地落地。如果没有做好数据规划这一步,那么在后续落地数据驱动增长的过程中将会出现以下问题。

(1) 不知道该看什么数据。用户的线上行为是十分复杂的。例如,从曝光、浏览,到点击、停留,或者从注册、填表,再到下单、支付等。从具体的数据类型,到业务属性上的差异，可以采集的数据范围十分广泛。如果没有做好清晰的数据规划，就很难有的放矢地采集数据，进而导致数据分析时不知道该看什么数据。

(2) 想看数据却没有数据。如果前期没有做好数据规划，就很容易出现"数到用时方恨少"的情况。若发生数据漏采，就要重新提出需求进行数据采集，不仅浪费人力、物力，还可能将数据驱动增长置于缓慢进行的状态，甚至停滞不前。

(3) 缺少导向结果的数据依据。由于缺乏体系化的数据指标监控，很多过程性数据往往容易被忽略，造成企业过多关注结果性数据。这就导致当业务结果异常时，企业无法实现从单点看全局，也无法从全局解决单点的问题，很难快速锁定产生问题的关键原因。

(4) 数据没有治理。如果企业内部没有统一数据口径，没有建立规范的数据标准，就会造成"有数据但不能用数据"的尴尬局面。数据没有治理最直接的表现就是数据多、数据乱、报表多且难懂，即使建立了数据可视化看板，也不能很好地进行日常监控和数据分析，使得效率低下。

(5) 数据目标未对齐。指标体系的规划应该从企业战略目标出发，拆解到各职能部门时，大家既要为各自部门的目标负责，也应该与企业战略目标对齐。如果没有事先规划，就会出现企业战略目标与各部门的目标没有对齐的情况，从而导致整个企业无法集中力量办大事。

3. 数据规划方法

《用户行为分析：如何用数据驱动增长》一书中总结提出了"OSM模型+UJM模型+场景化"的数据规划思路，先将企业目标细化后匹配对应策略，映射到用户旅程地图中，再匹配对应细分场景，帮助企业快速找到指标体系的关键内容，推动指标体系顺利落地。

1) OSM模型

OSM模型帮助企业进行目标策略的拆解及衡量，使企业目标能够清晰呈现。数据规划一定是围绕业务目标展开的。

O(objective)代表目标，不同层级有不同的具体目标，但都要为企业战略目标服务。以某App的图书搜索场景为例，选定目标可以采用两种视角：一是用户视角，让用户通过搜索功能高效找到自己心仪的图书；二是业务视角，通过提高搜索成功率，进而提升用户的下单转化率。

S(strategy)代表策略，是指清楚目标之后，为了达成目标，企业应当采取的各种策略。

M(measure)代表度量，用于衡量企业的策略是否有效，反映目标的达成情况。度量涉及两个概念，一个是KPI(key performance index，关键绩效指标)，用来直接衡量策略的有效性；一个是目标值(target)，需要预先设定数值，用来判断策略是否达到预期值。

2) UJM模型

UJM模型帮助企业梳理用户旅程地图(user journey map，UJM)，锚定数据规划的目标对象。若要进行数据规划，要有一个业务流程的轴来进行串联。UJM是将用户为了完成某个目标所经历的过程可视化的一种工具，是由一系列用户行为在时间线上排布构成的。

在这个业务流程中，基于用户视角，模拟用户在业务流程中参与的动作，并走完用户全生命周期的过程，称为用户旅程。找准了用户旅程，就找准了要采集、分析和应用的用户行为数据源，也就是锚定了数据规划的目标对象。

通过OSM模型确定目标、策略和度量后，需要回过头来梳理整个产品的用户旅程地图，因为在UJM中的不同阶段都对应不同的目标。为了达成目标，就需要寻找用户与产品产生的接触点。每个接触点的背后都存在痛点和机会点，用来反哺OSM模型。

3) 场景化

场景化将帮助企业更快速地推进指标体系落地。除了紧贴企业目标，还要围绕用户旅程地图中的关键场景，将其逐层拆分成多级目标，制定相应的业务策略，并衡量能够达成该策略目标的数据指标。这些数据指标就是构成数据规划的最小单位。

场景化是为了帮助企业在庞大的OSM模型和UJM模型之下，模块化、结构化地切入和落地指标体系而提出的。只有OSM模型和UJM模型，在落地"数据驱动增长"的过程中还有一些掣肘，因为这个框架过于庞大，当企业想要快速落地时，往往找不到明确的切入点。为了将高高在上、抽象的战略目标下沉到一线人员的具体任务当中，引入场景化概念来推动指标体系快速落地。

专栏3-3

指标分级

数据本身是分层的。相应地，企业在确定指标时，也应该有层级的概念，但层级又不宜过多，一般确定三个层级即可。

一级指标必须是全企业都认可的、用于衡量业绩的核心指标，可以直接用来指引企业的战略目标，衡量企业的业务达成情况。一级指标需要从企业和用户两个角度出发，与商业结果和企业战略目标紧密结合。例如，商品交易总额(GMV)、订单数量、周活跃用户数(WAU)、日活跃用户数(DAU)等，数量一般控制在5～8个。

二级指标是针对一级指标的路径进行分析拆解，是流程中的指标。例如，将"提升GMV"选定为电商产品的战略目标(一级指标)，然后根据电商产品经典公式(GMV=流量×转化率×客单价×复购率)把该一级指标拆解为提升用户基数、提高转化率、提升客单价和提高复购率四个二级指标。当一级指标发生变化时，查看二级指标，结合历史经验可以快速定位问题的根源。

三级指标是针对二级指标的路径进行分析拆解，通常以子流程或个体的方式定义。通过三级指标可以高效定位二级指标波动的原因。三级指标能够直接引导一线业务人员做决策。例如，电商产品的一级指标GMV提升了，拆解后发现是二级指标转化率提升带来的，接着分平台拆解转化率(三级指标)，发现是iOS客户端转化率有所提升。那么，为什么安卓端没有提升？是不是iOS端最近做了迭代？是不是iOS端的转化路径比其他客户端好……这些思考能直接指导业务人员开展工作。

当一级指标提升/下降时，企业就要迅速检查是哪些二级指标有波动，发现是哪些二级指标有波动后，再通过三级指标拆解二级指标，快速找到一级指标提升/下降的原因。以此类推，企业便可以解决日常业务中遇到的70%的问题。

3.2 大数据组织架构

美国管理学家哈罗德·孔茨(Harold Koontz)指出，为了使人们为实现目标而有效地工作，就必须设计和维持一种职务结构，这就是组织管理的目的。

组织和管理对企业的成败至关重要。一般来说，一个人才结构合理、组织设计适宜、管理与技术及营销水平较高的团队，更容易获得企业的成功。一个管理团队至少需要三方面的优秀人才，即优秀的管理者、优秀的营销人员、优秀的技术人员。

3.2.1 机构设置与人员配备

组织工作源于人类对合作的需要。在执行计划的过程中，如果合作能比个体劳动总和力量更大、效率更高，就应该根据工作的要求与人员的特点设计岗位，通过授权与分工，将适当的人安排在适当的岗位上，用制度规定各成员的职责和上下左右的相互关系，形成一个有机的组织结构，使组织协调运转。这就是管理的组织职能。

组织目标决定着组织结构的具体形式和特点。例如，政府、企业、学校、医院、军队、政党等社会组织由于各自的目标不同，其组织结构形式也各不相同，各有特点。反之，组织工作的状况又在很大程度上决定着这些组织各自的工作效率和活力。组织职能是其他一切管理活动的保证和依托。

组织设计的实质是对管理劳动进行横向和纵向的分工。组织设计的任务是保证组织目标的达成、设计组织结构图和编制职务说明书，即确定组织中需要设立哪些岗位和部门，并规定这些岗位和部门间的相互关系。为了完成上述任务，组织设计者需要完成以下工作：一是职务设计，确定需要哪些岗位以及岗位的责权和素质要求等；二是部门划分，确定这些岗位要分别组成哪些部门以及部门的责权等；三是结构形成，确定部门之间的上下级关系以及横向的协作关系等。

在组织设计上要遵循以下基本原则：精简原则、责权利对等原则、统一指挥原则、灵活性原则、效率效益原则、适度管理宽度原则、目标明确与分工协作原则、弹性原则等。

组织设计为系统的运行提供了可供依托的框架。要使框架发挥作用，还需要人来操作。因此，在设计了合理的组织机构和结构的基础上，还需要为这些机构的不同岗位选配合适的人员，这就是人员配置。人员配备是组织设计的逻辑延续。为不同的岗位选配合适的人并使其发挥最大的潜能，是一件非常有意义、也非常有挑战的事情。

人员配备是为每个岗位配备合适的人，也就是说，首先要满足组织的需要；人员配备也是为每个人安排适当的工作，因此，也要考虑满足组织成员个人的特点、爱好和需要。人员配备要遵循以下原则：因事择人原则、因材器使原则、人事动态平衡原则等。

在组织结构设计和人才选用上应依据以下程序。

首先，要对企业经营项目进行科学的分析，把企业经营项目分解为相关的子项目和子目标，分析这些子项目和子目标所要做的各项事务和要处理的各种关系，以此为依据选择合适的组织架构、管理跨度和管理梯度；再依据各部门的结构和职能设置相应的职位，做到"因事设岗"。

其次，对各职能部门要完成的任务进行分析，了解各岗位对担当者知识、能力和素质等方面的要求及各要求之间的关系，制定用人原则和标准，依据该要求即可选拔与之相符的相关人才加以委任和使用，做到"因岗用人"。

最后，依照各种事务和各部门之间的相互关系，制定协调各部门责、权、利关系的有关典章制度及工作规范，选择和设置适合各层次人员特质及符合项目目标的特定的管理方式。协调各种关系，使其责、权、利关系分明，使各部门和各主管之间既能各司其职，又能相互沟通协作，为组织的发展创造良好的内、外部环境。

组织工作除了上述内容，还有绩效考评、奖惩、培训、组织变革与组织文化等内容。2023年发布的《数字中国建设整体布局规划》强调指出，建立健全数字中国建设统筹协调机制，及时研究解决数字化发展重大问题，推动跨部门协同和上下联动，抓好重大任务和重大工程的督促落实。开展数字中国发展监测评估。将数字中国建设工作情况作为对有关党政领导干部考核评价的参考。

3.2.2 国家数据局及其职能

1. 组建国家数据局

2023年3月，中共中央、国务院印发了《党和国家机构改革方案》(以下简称《方案》)。《方案》指出，深化党和国家机构改革，目标是构建系统完备、科学规范、运行高效的党和国家机构职能体系。

《方案》第十四条指出，组建国家数据局。负责协调推进数据基础制度建设，统筹数据资源整合共享和开发利用，统筹推进数字中国、数字经济、数字社会规划和建设等，由国家发展和改革委员会管理。

将中央网络安全和信息化委员会办公室承担的研究拟订数字中国建设方案、协调推动公共服务和社会治理信息化、协调促进智慧城市建设、协调国家重要信息资源开发利用与共享、推动信息资源跨行业跨部门互联互通等职责，国家发展和改革委员会承担的统筹推进数字经济发展、组织实施国家大数据战略、推进数据要素基础制度建设、推进数字基础设施布局建设等职责划入国家数据局。

此前，数据管理存在"九龙治水"的情况，组建国家数据局将有利于破解目前数据流通利用中的难点，为数据要素市场建设提速。按照《党和国家机构改革方案》要求，中央层面的改革任务力争在2023年年底前完成，地方层面的改革任务力争在2024年年底前完成。从国家数据局的职责划分来看，将中央网信办与国家发改委的数字经济相关职责划入国家数据局，这意味着国家数据局的主要组成人员或将主要来自于这两个部门的相关司局——中央网信办原下属的信息化发展局和国家发改委高技术司等。

专栏3-4

中央机构编制委员会

中央机构编制委员会(简称中央编委)是在中共中央、国务院领导下的负责全国行政管理体制和机构改革以及机构编制管理工作的常设议事协调机构。中央编委统一管理全国党政机关，人大、政协、法院、检察院机关，各民主党派、人民团体机关及事业单位的机构编制工作。中央机构编制委员会的主要职能之一：审定中央一级副部级以上各类机构的职能配置、内设机构和人员编制规定。中央机构编制委员会办公室是中央机构编制委员会的常设办事机构，在中央机构编制委员会领导下负责全国行政管理体制和机构改革以及机构编制的日常管理工作，既是党中央的机构，又是国务院的机构。

成立国家数据局的重要意义如下。

(1) 解决数据分散治理问题。有关大数据的职责此前分布在国务院办公厅、国家发改委、中央网信办等部门，导致跨部门、跨系统、跨区域统筹协调难度较大，难以形成整体合力。组建国家数据局有助于解决数据分散治理问题，建立统一的数据管理机构，实现数据互联互通。

(2) 平衡数据发展与安全。国家数据局被纳入国家发改委，意味着工作重心将放在发展上。在我国数据安全治理基本框架已建立的基础上，未来将更加注重从促进数据整合共享和开发利用的角度去平衡发展与安全，国家数据局将与负责安全的中央网信办协调，充分释放数据要素价值。

(3) 数字中国建设提速。国家数据局的组建将对数据确权、交易、流转等数据要素市场的快速发展起到助力作用。在"数据二十条"和《数字中国建设整体布局规划》的基础上，配套的监管治理细则、指南、标准都会加速出台，未来数字中国建设和数据要素产业化节奏有望加快。

2. 组建国家数据局的时代背景

1) 宏观背景

组建国家数据局的宏观背景是数字经济迎来了良好的发展机遇。以数据为核心的数字经济，是如今世界经济发展的核心领域。数字经济已经成为当今各国角力的重要领域。我国提出要大力发展数字经济，牢牢抓住数字技术发展主动权，把握新一轮科技革命和产业变革发展先机。参阅第 1 章 1.3 节的相关内容。

2) 微观背景

(1) 数据的多层结构与利益耦合。

对于数字经济而言，最关键的要素资源就是数据。我国是一个数据大国，具有数字经济的发展优势。数据的价值在于流通和利用，实践中各地在积极探索数据的开发利用之道。

然而，数据要素市场的发展仍然面临着较大难题，数据要素基础制度尚未明确。其原因在于数据是数字经济时代的特殊且复杂的客体，蕴含着复杂的利益主张，导致实践中的数据流通与共享无法畅通实现。虽然常常有人将数据与石油等传统资源相提并论，但是数据的性质实质上不同于过去任何发展阶段的传统资源。数据处理者与数据的内容主体各自享有不同的利益主张。参阅第 2 章 2.1 节和 2.2 节的相关内容。

由此可见，数据是数字经济时代的复杂客体，涉及多方面的利益，因此在理论层面数据面临着确权难题，进而制约了我国数据要素市场的发展。传统的"所有权"式思路已经对数字时代的产物"无能为力"，在全球范围内尚未形成成熟的解决方案。

(2) 数据领域的分散治理。

长期以来，数据领域的管理体制是分散治理模式，致使数据发展的推进面临桎梏。有研究归纳汇总了国家数据局组建前数字经济发展与数据行政管理职责划分配置情况，具体如下。

在中央层面，中央网络安全和信息化委员会(党中央的决策议事协调机构)是数字中国建设的顶层设计机构，负责网络安全和信息化建设的顶层设计、总体布局、统筹协调、整体推进、督促落实。

数字中国建设的重大战略规划和各个领域的政策法规制定则由中央网络安全和信息化委员会的具体办事机构中央网信办、国家发改委、工信部等部门按照职责分工履行。

除了数字中国建设，与数字经济发展有关的权责职能还包括数字基础设施建设、数字政府建设、产业数字化建设、数字产业化建设、数字政府建设、网络数据安全与监管等方面。这些方面分别由发改委、工信部、中央网信办、国务院办公厅、国安机关、公安机关等部门分工负责，交错关系十分复杂。

除此之外，上述职责在落实过程中还会涉及各个部门内部的不同司局或下属单位，导致权责协调关系更加复杂。数字经济领域的管理条线多，就难免会出现重复建设、多头管理的现象，不同部门发布的各种政策之间的协调性就成了突出问题，这不仅导致监管效果不佳，而且还给数据市场带来过高的交易成本，抑制了数据市场的活跃度。

(3)"安全"与"发展"的价值张力。

作为数字经济时代的新兴产物，数据之上耦合了各种复杂的利益，发挥数据要素价值时可能会侵害相关主体的权益，甚至会影响国家和社会的公共利益。在"安全"和"发展"两种价值之间寻找平衡点，不仅是我国面临的现实难题，也是世界各国都面临的难题。

一方面，数据作为数字经济时代的关键要素，只有充分利用数据要素资源才能更好地发展数字经济。作为数据大国，充分利用我国的海量数据规模，激活数据要素潜能，有利于增强经济发展新动能，构筑国际竞争新优势。另一方面，数据之上蕴含了各方的合法权益，在挖掘数据资源时应当尊重其上存在的各方利益。

我国从全国人大常委会做出的《关于加强网络信息保护的决定》到《中华人民共和国民法典》，从《中华人民共和国网络安全法》到《中华人民共和国个人信息保护法》与《中华人民共和国数据安全法》，逐渐加强对信息和数据资源的保护。从一系列立法变革历程中，数据立法从无到有，数据权益保护程度从宽到严，数据利用机制也在不断地创新与完善，可见"安全"与"发展"之间的价值博弈。

在处理"安全"与"发展"这一对主要矛盾时，既不能因为安全影响了发展，也不能为了发展而忽视了安全。下一个阶段的任务就是在保证安全价值的前提之下，更大程度地促进数据要素的利用和数字经济的高质量发展。为此，"数据二十条"明确提出，要"构建适应数据特征、符合数字经济发展规律、保障国家数据安全、彰显创新引领的数据基础制度"。实现数字经济的高质量发展，既要充分实现数据要素的价值，也要保障国家安全、维护人民的合法权益，这也是国家治理体系和治理能力现代化的应有之义。

3. 数据领域"1+1+n"治理格局

面对数字经济时代的现实挑战，党中央、国务院高屋建瓴、审时度势，在此次机构改革方案中明确提出组建国家数据局，负责协调推进数据基础制度建设、统筹数据资源整合共享和开发利用等。这是一次具有重要意义的机构改革，优化了数据管理体制，将国家数据局作为数据发展的宏观统筹核心，确保了数字经济发展中的分工科学、职责明确、目标明确，有利于形成有效的目标约束机制。

统筹职能，聚焦数据宏观发展职能。数字经济关涉社会运行的方方面面，为此国务院于2022年7月同意建立由国家发改委牵头的数字经济发展部际联席会议制度。其中，由国家发改委分管负责同志担任召集人，中央网信办、工信部分管负责同志担任副召集人，其他成员单位有关负责同志为联席会议成员。此类协调机制的建立，是健全管理体制的重要尝试，有利于各部门形成政策合力，从而适应数字经济发展新阶段的现实需求。但是，如果相似职能分布于不同部门，即使有了此种协调机制还是有可能出现重复建设、多头管理的现象。为此，在此次机构改革中将部分相应的职能统合于"国家数据局"，并由国家发改委负责管理。

国家数据局最重要的任务是协调推进数据基础制度的建设。"数据二十条"提出20

条政策举措，从数据产权、流通交易、收益分配、安全治理等方面构建数据基础制度。在国家数据局组建前，数据基础制度主要由国家发改委的创新和高技术发展司负责，但建设数据基础制度关涉经济与社会发展的方方面面，作为发改委的内设司局可能难以有效协调推进数据基础制度的建设。同时，数据基础制度建设的目标是"激活数据要素潜能，做强做优做大数字经济，增强经济发展新动能"，其实与信息资源开发利用与共享、信息资源跨行业跨部门互联互通，以及数字中国建设等职责高度相关，为避免多头管理、重复建设，减少协调成本，将中央网信办与国家发改委的一部分职责合并，单独设立国家数据局，体现了本次机构改革统筹相关职责、优化管理体制的目标，有利于集中力量协调推进数据基础制度的建设。

合理分工，建构"1+1+n"的多部门协同治理格局。值得注意的是，国家数据局作为国家发改委所管理的国家局，其职能主要是协调推进数据基础制度建设，统筹推进数字中国、数字经济、数字社会规划和建设等，而这并非数据领域的全部权力。

有观点指出，此次机构改革是"把数据要素市场建设中的发展职能与安全职能分开，将市场流通和安全监管分离，对摆脱目前数据流通利用的困境、快速推进数据要素市场建设极为有利"。

未来我国可能形成"宏观发展—安全监管—具体领域"的"1+1+n"三元协同治理格局，体现了此次机构改革分工科学、目标明确的特征，有利于实现数据要素在数字经济发展中作为关键要素的价值。具体而言，其中第一个"1"代表国家数据局负有数据宏观发展的职责，第二个"1"代表中央网信办负有数据安全和个人信息保护的监管职责，而"n"代表了各领域主管部门在对应领域内的数据管理职权。

国家数据局主要负责数据基础制度、基础设施与基础性规划的统筹设计与建设，既不涉及数据安全的监管，也不涉及对某一具体行业与领域的治理，其核心特征是基础性与宏观性。而对于中央网信办而言，在机构改革前既负责数据监管与个人信息保护的一般职责，也在一定程度上具有推进数字中国、数字经济、数字社会规划和建设等宏观发展职能。而实际上，发展与安全之间并非完全一致，可能存在一定的价值冲突，而这样的权力集中在某一个机构的分工并不科学，可能会产生消极影响，不利于数据要素市场的发展。因此，本次机构改革将中央网信办与数据发展相关的职能剥离，交由国家数据局统一行使。

在此次机构改革后，除了中央网信办和国家数据局，行业主管部门仍拥有一定在对应领域内的职权。例如，工信部拥有工业和信息化领域的数据管理职权；中国人民银行、国家金融监督管理总局拥有金融领域的数据管理职权；国家卫健委拥有健康医疗领域的数据管理职权。这些具体部门的职权与中央网信办和国家数据局的职权存在显著区别。中央网信办和国家数据局的职权范围具有一般性和基础性，可以对各个领域与行业普遍产生影响。例如，国家数据局制定的数据基础制度，未来将是各个领域均应遵守的基础制度。中央网信办所起草的《网络数据安全管理条例》(为落实《中华人民共和国网络安全法》《中华人民共和国数据安全法》《中华人民共和国个人信息保护法》等法律关于数据安全管理的规定，规范网络数据处理活动，保护个人、组织在网络空间的合法权益，维护国家安全和公共利益，中央网信办同相关部门研究起草《网络数据安全管理条例(征求意见稿)》，曾在2021年11月公开征求意见，制定《网络数据安全管理条例》已列入国务院2024年度立法工作计划，预计条例发布在即)，如果被通过，那么也将是各个领域都应遵守的规范文件。而工信部、人民银行、金融监管总局、卫健委等机构的职权仅覆盖于本领域内，实际上是在国家数据局和中央网信办制定的发展与安全的相关要求、基础制度和规划下，结合本领域具体情况负责具体实施的主体。其在各自领域内，既具有相应的数据安全监管职能，也拥有一定的数据发展规划权力。

由中央网信办和国家数据局统筹一般性的规则与规划，在一定程度上可以指引与约束上述具体部门的权力运行，而国家数据局的成立又将数据发展与数据安全相分离，有利于各个机构的目标独立性，促进各自目标的有效实现。

3.2.3 地方数据管理机构

1. 数据管理机构的地方探索

在国家层面的机构改革(组建国家数据局)之前，我国部分省市已经设立了一些与数据相关的机构部门，试图通过设立专业职能部门来促进和激励数据资源的开发和利用。例如，北京、上海、江西、四川等省市设立了"大数据中心"；福建、海南等省市设立了"大数据管理局"；贵州、浙江等省市设立了"大数据发展管理局"。除此之外，还有天津市大数据管理中心、重庆市大数据应用发展管理局、广东省政务服务数据管理局、广西壮族自治区大数据发展局、江苏省大数据管理中心、河南省行政审批和政务信息管理局、吉林省政务服务和数字化建设管理局、黑龙江省政务大数据中心、安徽省数据资源管理局等。

除了上述省级大数据管理部门，广州、沈阳、成都、兰州、厦门、武汉等市也先后成立了市级政府数据管理机构。地方政府设立大数据管理部门不仅顺应了中央机构改革、契合了数字政府发展的现实需要，更是符合大数据时代信息安全、数据共享，以及大数据相关产业规划与发展的现实客观需求的改革举措。

各地方数据相关机构的设立方式主要可以分为重新组建政府工作部门、在原有职能部门加挂牌子、由政府直属或部门下设事业单位三种方式。此外，从上述列举可知，各地各级的数据相关机构的名称有所区别，顾名思义，其职能也有所不同，这也与它们的组建方式有着重要关系。

例如，在原有职能部门加挂牌子为组建方式的数据管理机构，根据"挂牌机构不得实体化单独运行"的机构编制原则，必然会受到自身实体机构的影响。一方面，其可能借力于挂牌机构的既有职能与权力更好地发挥数据相关职能；但另一方面也有可能沦为一种形式化机构设置，无法切实发挥作用。又如，一些地方选择将原本属于发改委、政府办公室、工信局等部门的数据相关职能整合，全新组建一个实体部门来统筹数据领域的发展与规划，但会面临权力移交、职权整合、人员流转时的阻力，通常职权整合的范围越广，遭遇的阻力也越大。同时，职权范围整合的科学性也决定着所组建机构能否切实发挥作用。

2019年5月23日，海南省大数据管理局挂牌成立。根据《海南省大数据开发应用条例》《海南省大数据管理局管理暂行办法》，省人民政府设立省大数据管理机构，作为实行企业化管理但不以营利为目的、履行相应行政管理和公共服务职责的法定机构，主要承担以下职责：负责使用省本级财政性资金、中央财政补助资金的信息化工程项目的管理，市县信息化建设项目的审核；负责统筹全省政务信息网络系统、政务数据中心、电子政务基础设施以及全省基础性、公共性政务信息化项目的建设和管理；负责统筹政府数据采集汇聚、登记管理、共享开放；推动社会数据汇聚融合、互联互通；组织实施大数据安全体系建设和安全保障工作；负责政府数据资产的登记、管理和运营，推动大数据产业发展；组织协调全省大数据、信息化人才教育有关工作。

2018年11月5日，重庆市大数据应用发展管理局挂牌成立，其主要职责如下：① 组织起草全市大数据、人工智能、信息化相关地方性法规、规章草案，研究制定相关行业技术规范和标准并组织实施。② 研究拟订全市大数据、人工智能、信息化发展战略，编制发展规划和年度计划，拟订相关政策措施和评价体系并组织实施。③ 负责全市数据资源建设、管理，促进大数据政用、商用、民用；负责推进全市政府数据采集汇聚、登记管理、共享开放；负责推动社会数据汇聚融合、互联互通、资源共享；负责研究推进数据资源的流通交易；负责推进社会公共信息资源整合和应用；推动全市数据安全体系建设工作。④ 负责全市大数据应用发展管理，统筹推进大数据、人工智能等新一代信息技术和国民经济各领域融合应用，推动大数据、人工智能等新兴领域发展。⑤ 负责推进全市信息化应用工作，统筹推进全市智慧城市建设，负责组织协调跨部门、跨行业、跨领域的信息化应用。⑥ 负责协调全市信息基础设施建设，组织编制全市数据中心规划并组织实施，负责指导协调全市"数字重庆"云平台建设管理，协调推动下一代网络部署和规模化商用。⑦ 负责推动大数据、人工智能、信息化领域对外交流合作等有关工作。

2. 贵州省大数据发展管理局

贵州是中国首个国家级大数据综合试验区，贵州省大数据发展管理局为省政府直属机构，为正厅级，不归发改委管理。贵州省大数据发展管理局的法定职责包括：负责统筹数据资源建设、管理；负责统筹推进信息化发展和大数据融合应用；负责数据中心规划建设与集约利用；等等。(可扫描二维码获悉具体内容)

贵州省大数据
发展管理局的
法定职责

贵州省大数据发展管理局的法定职责比较宽泛，不仅涉及大数据发展，还涉及大数据安全；不仅涉及原网信办、发改委的部分职能，还涉及原工业和信息化厅的部分职能。

3. 理顺央地数据机构关系

从国家数据局的发展历程来看，其有一定的特殊性。在国家决定组建国家数据局之前，我国部分省市已经设立了一些与数据相关的机构部门。只有厘清地方数据部门与国家数据局的关系，才能建立科学的数据管理体系。实际上，可以将国家数据局与地方数据管理机构相对应，为其提供业务上的指导，同时尊重地方的合理创新，从而形成科学的纵向数据管理体制。

地方数据管理机构的职权与国家数据局的职权范围并不完全一致。对此，应当明确的是地方数据主管部门的设立不宜盲目照搬或复刻国家层面的国家数据局。原因在于，国家数据局的成立本就是在借鉴、吸收地方数据管理机构建设的基础上而形成的部门，而地方的数据管理部门的成立先于国家数据局，本就是一种创新和探索的手段，没有必要因为国家数据局的成立就否定地方创新的空间和余地。当然，也不应该忽视国家数据局与地方数据管理机构之间本应建立的联系，建立上下对应的机构关系，有利于数据管理部门统筹、协调、高效发挥职能。因此，不妨对地方数据管理机构分类处理，在满足基本职能对应关系的基础上，保留地方实践中有价值的创新体制安排。

对于尚未设立数据管理机构的地方，可以考虑结合当地具体情况参照国家数据局的模式设立数据管理部门，或者在地方发改部门内部设立对应职权的内设机构，从而建立与国家数据局的业务关系。

对于已经设立数据管理机构的地方，如果已经有与国家数据局的职权范围相对应的职权，则这部分职能不需要变动，如果有尚未覆盖的部分，那么可以增加或划归相应的职权范围，以保持业务指导的对应性。

对于既有地方数据管理机构所拥有的国家数据局对应职权范围之外的职权(比如有许多地方的数据管理机构拥有建设数字政府等方面职责)，可以保持不变，以保持机构设立与职责的稳定性。

国家层面的机构与地方层面的对应机构所面临的问题与需要承担的任务必然有所不同，遵循因地制宜原则，尊重地方关于数据管理机构职能配置的自主权，可以为未来数据管理体系的科学化发展提供一定的实践材料。《党和国家机构改革方案》第十四条第三款指出，省级政府数据管理机构结合实际组建。这是尊重如上事实基础上实事求是的制度安排。

3.2.4　企业组织架构的变革

2022年，工信部印发《中小企业数字化转型指南》(以下简称《指南》)。《指南》指出，实施企业数字化转型"一把手"负责制，构建与数字化转型适配的组织架构，制定绩效管理、考核方案和激励机制等配套管理制度。有条件的企业可探索设立专门的数字化转型部门。

2014年3月，在北京举行的大数据推介会上，阿里巴巴集团创始人马云提出"人类正从IT时代走向DT时代"这一新观点。2015年3月，马云再次提出：IT时代是以自我控制、自我管理为主，而DT时代是以服务大众、激发生产力为主。简而言之，IT是以我为中心，DT是以别人为中心。

这两者之间看起来似乎是一种技术的差异，但实际上是思想观念层面的差异。区别在于：IT能让自己愈来愈强大，而DT能让别人愈来愈强大，DT是让企业的消费者、企业的客户、企业的员工更具能力。DT更讲究开放、透明、分享及合作。

DT时代需要数据资源、用于处理数据的技术资源和人力资源，而最终将这一切资源进行整合并实现企业运营的，就是企业的组织管理。

传统企业的组织架构从亚当·斯密(Adam Smith)的分工理论开始，是工业经济的产物，是一种以权利为中心的等级制度。企业内部劳动分工精细、专业化程度高，职能部门众多，在此基础上形成了"科层制"的金字塔型结构。

这种组织结构简单，指挥命令系统单一，容易迅速做出决策，贯彻到底的责任和权限明确，每个人都知道自己应该接受谁的命令、应该向谁汇报等；横向间的联系较少，因而相互间的摩擦和冲突现象少；易维持组织的活动秩序；便于对人力物力统一调度，集中管理。

大数据在一定程度上将改变甚至颠覆企业的传统管理架构。现代管理诞生于传统工业时代，生产效率在于机器的精密程度、庞大程度，以及组织的能力。过去传统的管理架构是一种有用而笨拙的方式。在大数据时代，数字经济成为继农业经济、工业经济之后的主要经济形态，智能制造开始流行。智能机器的性能更多取决于芯片、大脑的存储和处理能力，以及程序的有效性。因而，管理从注重系统大小、完善和配合，到注重人的素质、脑力的运用、数据流和创造性，也就不足为奇了。

1. 流程驱动到结果驱动

传统企业组织结构以直线职能型和金字塔型为主。企业整个管理架构是以流程为导向的，自下而上或自上而下地受到信息流和业务流的导向，企业组织架构的各个部门之间的协调和联系也是为了企业运营流程的顺畅完成。

然而，这种传统工业时代十分受用和高效的组织管理架构，在大数据时代却遭遇尴尬。数据对人力的替代导致企业组织中出现了管理架构中空的问题。随着信息技术的发展以及数据的应用和挖掘，管理组织架构的中间环节和部门被数字化机器和平台所取代。

更重要的一点是，企业运营的驱动力由原来的流程驱动变为结果驱动，变成了一切都是以结果为导向的组织运营。

2. 组织结构的动态能力增强

大数据时代强调开放、协作、共享，组织内部也同样如此，企业组织一定是扁平化的，它讲究小而美，那些大而全、等级分明的企业很难彻底贯彻大数据思维和互联网思维。结果驱动的企业运营也相应增加了企业组织架构的动态能力。面对外部环境的复杂多变，企业组织结构必须更加具有灵活性，即加强组织柔性。在现有组织结构的基础上，根据需要随时调整组织结构，建立临时的以任务为导向的团队式组织。

这种团队根据所面临的问题和挑战而临时搭建，并随着事件的消失而自动解散。这种团队还要具有很强的自治能力、自组织和自适应能力，能很好地适应环境变化，并在动态中寻求最优。团队成员来自不同的部门，具有不同的技能，一旦进入团队就不再受原来部门的约束，同时团队成员仍然和专业职能部门保持密切的联系，可以充分得到职能部门的有效支持。这是典型的矩阵型组织管理架构，在传统工业时代有用，但不普遍；而在大数据时代将普遍采用，成为主流。

美国霍尼韦尔公司为了巩固客户关系，组建了由销售、设计和制造等部门参加的"突击队"，这个临时机构按照公司的要求，把产品开发时间由4年缩短为1年，把即将失去的客户拉了回来。很显然，柔性化的组织结构强化了部门间的交流合作，让不同方面的知识共享后形成合力，有利于知识技术的创新。

在知识经济时代，创新是企业的灵魂和精神内核，大数据技术及相关技术知识的发挥在很大程度上依赖于员工的创造力，民主、宽松、诱导的方式可以调动人的积极性，使其主动发挥其潜能，有利于创造性思考的团队管理。

3. 数据驱动的组织架构选择

企业该如何处理数据驱动对企业组织管理架构的影响？是在原有直线职能型或金字塔型管理架构的基础上进行改建，还是在新环境、新问题下革命式重建组织架构？企业的组织管理架构与企业决策和运营是分不开的，企业的决策性质、决策类型和运营环境需要企业组织管理架构的支撑和协助。

数据驱动的企业运营分为自动化生产、大数据流程和大数据决策三个阶段，而数据驱动的企业决策又可分为投资型决策、生产型决策、竞争型决策和战略型决策。不同的企业处于数据驱动的不同运营阶段，应匹配的企业组织架构也不尽相同。如果忽视了企业自身的情况和条件，只是简单机械地模仿并改变自身的组织架构，则会出现"圆孔方木"的尴尬情况。

处于自动化生产阶段的数据驱动的企业，刚刚进入大数据的行列中来，数据驱动仅开始应用于生产环节，而其他环节仍沿用传统的管理和运营方式。这种企业的数据信息尚为有限，中间部门的信息和数据化处理尚不能完全覆盖企业运营和决策，因此，这种企业比较适合在传统的管理架构基础上适当调整部门结构。

处于大数据流程阶段的数据驱动的企业，可以进一步利用数据和信息来驱动企业的运营流程，更多的部门变得智能化和数字化，数据对人力的替代效果更明显。这类企业需要根据流程需要将管理架构的中间环节用数字化、信息化部门替代，企业的金字塔型管理架构相应被压缩。

处于大数据决策阶段的数据驱动的企业，已经到达了数据驱动运营的顶层，企业的数据量足够大，处理数据的能力足够强，以至于企业的运营灵活性和动态性大大增加，企业的管理架构相当灵活，不仅可以在传统的管理架构基础上抽空中间部门，而且可以设立灵活机动的队伍来随机变动，以适应动态的运营情况。

4. 企业高层数据管理岗位CDO

《"十四五"大数据产业发展规划》中提出，推广首席数据官制度，强化数据驱动的战略导向，建立基于大数据决策的新机制，运用数据加快组织变革和管理变革。在大数据时代，任何组织结构的改变和重建都离不开一个关键的要素——大数据人才。

政府首席数据官

首席数据官(Chief Data Officer，CDO)起源于美国。2002年，美国第一资本投资国际集团(Capital One)最早设立CDO，此后很多企业纷纷效仿。随着CDO在私营部门的影响力逐步扩大，美国的公共部门也开始重视这一角色，州政府和联邦政府层面均设置了CDO职位。

John Bottega是花旗集团旗下的企业与投资银行公司(CIB)的首位CDO，John Bottega曾在多家企业负责数据管理方面的工作并有20年的工作经验，其主要职责为规划和管理CIB数据的发展策略、相关政策、部属职能及投资方向等。同时，John Bottega还同花旗集团GICAP小组、CIB技术部和CIB数据理事会合作，共同优化花旗集团的数据管理结构。

从John Bottega的职责中可以看出，企业设置首席数据官能帮助企业更好地规划使用大数据，并根据大数据应用计划合理调配企业资源，避免出现企业耗用大量人财物却发现大数据结果无法应用到企业业务中、无法为企业带来价值的情况。

在大数据时代，数据管理的重要性变得越来越明显，并成为现代企业管理至关重要的影响因素之一，"企业数据治理"作为一个全新的管理概念被提了出来。随着数据重要性的凸显，在传统企业中往往会出现三种很明显的不足：一是在进行数据建模等工作时，与业务的需求联系不紧密，很难准确地进行相关的数据挖掘等；二是当更多的数据结果被分析出来后，却没有了下文，无法将数据分析的结果转化为业务语言，不能将数据结果落地至实际业务操作中；三是企业的有关数据工作需要按照项目走，并非根据业务的需求和战略方向进行有计划的数据挖掘，从而造成数据孤岛。CDO应运而生，需要承担起全面发挥数据价值的重任。

CDO不仅仅是技术层面的，企业中的数据工作需要独立于业务部门、IT部门、销售部门而存在，同时需要和这些部门紧密相连，对业务部门、品牌部门负责，而这也正是CDO进入企业最高决策层和企业高管团队的重要原因。CDO一般直接向CEO汇报，可以更好地将数据的价值与企业的决策进行关联。

首席数据官是大数据时代诞生的一个新型管理者，是企业中负责数据管理和数据战略制定的高级管理人员，其职责是确保企业的数据资产得到最大化的利用，同时保证数据的安全性和合规性，其主要岗位职责如下。

(1) 制定数据战略。首席数据官需要制定企业的数据战略，包括数据收集、存储、处理和分析等方面。他们需要了解企业的业务需求和目标，以及数据的价值和潜力，制定相应的数据战略，以支持企业的业务发展。

(2) 管理数据资产。首席数据官需要管理企业的数据资产，包括数据的收集、存储、处理和分析等方面。他们需要确保数据的质量、准确性和完整性，同时保护数据的安全性和合规性。

(3) 促进数据共享。首席数据官需要促进企业内部和外部的数据共享，以提高数据的价值和利用率。他们需要制定数据共享的政策和流程，确保数据的安全性和合规性，同时促进数据的交流和合作。

(4) 支持业务决策。首席数据官需要支持企业的业务决策，提供数据分析和洞察，帮助企业了解市场趋势、客户需求和业务机会等方面的信息。他们需要与业务部门紧密合作，了解业务需求和挑战，提供相应的数据支持和解决方案。

(5) 推动数字化转型。首席数据官需要推动企业的数字化转型，以提高企业的效率和竞争力。他们需要了解数字化技术和趋势，制定相应的数字化战略和计划，推动企业数字化转型和创新。

在大数据时代，首席数据官是企业中非常重要的角色，他们需要具备深厚的数据管理和分析能力，同时具备良好的沟通和领导能力，以推动企业数据化和数字化转型。

3.3 数据开放与共享

亚信联合创始人、宽带资本董事长田溯宁认为，大数据发展的障碍在于数据的"流动性"和"可获取性"。美国政府创建了Data.gov网站，为大数据敞开大门；英国、印度也有"数据公开"运动。中国要赶上这样一场大数据变革，各界应该首先开始尝试公开数据。如同工业革命要开放物质交易、流通一样，开放、流通的数据是时代趋势的要求。

3.3.1 数据孤岛问题

大数据可以是观察人类社会的"显微镜""透视镜""望远镜"，可以跟踪处理社会发展中不易被察觉的细节信息，可以通过数据融合拷问数据背后的本质信息，更可以为科学决策提供参考信息，而大数据发挥这些功能的前提是要有大量的数据。大海之浩瀚，在于汇集了千万条江河；大数据之"大"，则在于众多"小数据"的汇聚。

但是出于各种各样的原因，在政府和企业中存在着大量的"数据孤岛"，不同部门之间的数据无法共通，存在"数据断头路"，导致数据无法汇聚，最终无法形成大数据的合力。随着大数据产业的发展，政府、企业和其他主体掌握着大量的数据资源，然而由于缺乏数据共享交换协同机制，"数据孤岛"问题逐渐显现。所谓数据孤岛，简单来说，就是在政府和企业中，各个部门各自存储数据，部门之间的数据无法共通，导致这些数据像一个个孤岛一样缺乏关联性，无法充分利用数据，不能发挥数据的最大价值。

1. 政府的数据孤岛问题

政府掌握着大量的数据资源，拥有其他社会主体不可比拟的数据资源优势。然而，目前一些地方数据共通、共享与共用还存在较大的障碍，"数据孤岛"现象较为普遍。由于各政府部门建设数据库所采用的技术、平台及网络标准不统一，政府职能部门之间难以实现数据对接与共享。

2022年9月，国务院办公厅印发了《全国一体化政务大数据体系建设指南》(以下简称《建设指南》)。《建设指南》在充分肯定政务大数据取得的成效的同时，指出了存在的主要问题。

(1) 政务数据统筹管理机制有待完善。目前，国家层面已明确建立政务数据共享协调机制，但部分政务部门未明确政务数据统筹管理机构，未建立有效的运行管理机制。各级政务部门既受上级主管部门业务指导，又归属于本地政府管理，政务数据管理权责需进一步厘清，协调机制需进一步理顺。基层仍存在数据重复采集、多次录入和系统连通不畅等问题，影响政务数据统筹管理和高效共享。

(2) 政务数据共享供需对接不够充分。当前政务数据资源存在底数不清，数据目录不完整、不规范，数据来源不一等问题，亟须进一步加强政务数据目录规范化管理。数据需求不明确、共享制度不完备、供给不积极、供需不匹配、共享不充分、异议处理机制不完善、综合应用效能不高等问题较为突出。有些部门以数据安全要求高、仅供特定部门使用为由，数据供需双方自建共享渠道，需整合纳入统一的数据共享交换体系。

(3) 政务数据支撑应用水平亟待提升。政务云平台建设与管理不协同，政务云资源使用率不高，缺乏一体化运营机制。政务数据质量问题较为突出，数据完整性、准确性、时效性亟待提升。跨地区、跨部门、跨层级数据综合分析需求难以满足，数据开放程度不高、数据资源开发利用不足。地方对国务院部门垂直管理系统数据的需求迫切，数据返还难制约了地方经济调节、市场监管、社会治理、公共服务、生态环保等领域数字化创新应用。

(4) 政务数据标准规范体系尚不健全。由于各地区各部门产生政务数据所依据的技术标准、管理规范不尽相同，政务数据缺乏统一有效的标准化支撑，在数据开发利用时，需要投入大量人力财力对数据进行清洗、比对，大幅增加运营成本，亟须完善全国统一的政务数据标准、提升数据质量。部分地方和部门对标准规范实施推广、应用绩效评估等重视不足，一些标准规范形同虚设。

(5) 政务数据安全保障能力亟须强化。《中华人民共和国数据安全法》《中华人民共和国个人信息保护法》《关键信息基础设施安全保护条例》等法律法规出台后，亟须建立完善与政务数据安全配套的制度。数据全生命周期的安全管理机制不健全，数据安全技术防护能力亟待加强。缺乏专业化的数据安全运营团队，数据安全管理的规范化水平有待提升，在制度规范、技术防护、运行管理三个层面尚未形成数据安全保障的有机整体。

综合信息显示，大量数据资源毫无关联地沉淀在各部门信息系统中，未进行统一开发利用，难以发挥利民惠民、支撑政府决策的作用，成为政府治理能力现代化建设中的短板。部门的数据平台建设存在各类系统条块分割，纵向、横向重复建设的问题。纵向上，各级垂直管理部门建设的政府信息系统形成"数据烟囱"；横向上，各业务部门自建系统形成"数据孤岛"，政府公共信息资源的存储彼此独立、管理分散。

政务数据的来源多，但缺少统一数据标准，各标准间存在差异与冲突，缺少兼容，整合治理成本偏高。再加上各部门协同性不够，阻碍了数据开放共享。由此可见，作为政府重要资产之一的政务数据，因为数据量太大、太散、难以有效融合等问题，严重影响了数据价值的发挥，大大浪费了各地政府部门在信息化系统建设方面的投入。

为此，国家陆续出台了一系列政策措施来解决上述问题，如《关于建立健全政务数据共享协调机制加快推进数据有序共享的意见》《国务院关于加强数字政府建设的指导意见》和《全国一体化政务大数据体系建设指南》等。

2. 企业的数据孤岛问题

1) 企业内多部门、多工具形成数据孤岛

企业信息化建设突飞猛进，企业管理职能精细划分，信息系统围绕不同的管理阶段和管理职能展开，如客户管理系统、生产系统、销售系统、采购系统、订单系统、仓储系统、财务系统、办公系统、人事管理系统等。据市场公开数据统计，企业平均需要使用12～15个工具辅助部门工作。

工具的出现，虽然在很大程度上提升了各个部门的工作效率，但是也为部门间的数据流动铸造了一定的壁垒，所有数据被封存在各系统中，使完整的业务链上"孤岛林立"，信息的共享难、反馈难，数据孤岛问题是企业信息化建设中的最大难题。

在企业内部，如果数据不能互通共享，将导致销售部门在制订销售计划时不考虑车间的生产能力，车间在生产时不考虑市场的消化能力，采购部门在采购时不依据车间的计划，市场部门在制订营销计划时不依据市场的趋势，研发部门在设计产品时不考虑用户的需求，最后的结果是库存大量积压或发生严重的断货事故。在这种情况下，企业中的各个部门就是一个个数据孤岛。

2) 用户行为数据场景碎片化

企业与用户连接的渠道经历了三个发展阶段：第一阶段是以线下门店为主的单一渠道连接；第二阶段是以邮件、PC网站等为主的多渠道连接；第三阶段是以各种移动App为主的全渠道连接。

用户零散的线上、线下行为轨迹，以及多平台的流转，会无形中给单一用户赋予多个用户身份。"一人多机"的现象已经成为普遍现象，这也将给企业准确知晓用户身份、判断用户属性、描绘用户画像带来非常大的困难。

在数据分散的情况下，即使各部门采用正确且常规的判断方法，也会给同一用户打上不同的标签。分散的数据不仅会增加业务的复杂程度，还会降低部门间的协作效率，更严重的是这种情况还会随着用户连接渠道愈发多元化，以及数据不断积累而反复出现。

不互通的数据使消费者在各个系统平台中被识别为不同的用户，这不仅会阻碍企业协作流转，还会给客户服务体验带来困扰。IBM预计每年要为不良数据花费3万亿美元，达美航空更是因为错误数据取消数百个航班，直接造成1.5亿美元的损失。

企业内部多部门、多工具形成的数据孤岛，用户行为数据场景碎片化，是目前很多企业在践行数据驱动增长时面临的难题。对于已经线上化的企业而言，阻碍数据驱动增长的不是缺失企业与用户的连接渠道，也不是缺乏用户行为数据，而是缺少整合、处理和打通多个来源的用户数据，并以唯一客户视角呈现的CDP(customer data platform，客户数据平台)。

3. 数据孤岛问题产生的原因

1) 政府数据孤岛的产生原因

政府数据无法共通、不能共享，原因是多方面的。有些政府部门错误地将数据资源等同于一般资源，认为占有就是财富，热衷于搜集，但不愿共享；有些部门只盯着自己的数据服务系统，结果因为数据标准、系统接口等技术原因，无法与外单位、外部门共通；还有些地方，对大数据缺乏顶层设计，导致各条线、各部门固有的本位主义作祟，壁垒重重，数据无法流动。当然，也有的情况是出于工作机密、商业机密的考虑，那就另当别论了。

2) 企业数据孤岛的产生原因

企业数据孤岛包括两种类型，即企业之间的数据孤岛和企业内部的数据孤岛。不同企业之间属于不同的经营主体，有着各自的利益，彼此之间数据不共享，产生企业之间的数据孤岛，这种是比较普遍的情况。企业内部往往也存在大量的数据孤岛，这些数据孤岛的形成主要有两个方面的原因。

(1) 以功能为标准的部门划分导致数据孤岛。企业各部门之间相对独立，数据各自保管存储，对数据的认知角度也截然不同，最终导致数据之间难以互通，形成孤岛。因此，集团化的企业更容易产生数据孤岛。面对这种情况，企业需要采用制定数据规范、定义数据标准的方式，规范不同部门对数据的认知。

(2) 不同类型、不同版本的信息化管理系统导致数据孤岛(见图3-2)。在企业内部，人事部门用OA(office automation)系统，生产部门用ERP(enterprise resource planning)系统，销售部门用CRM(customer relationship managemen)系统，甚至一个人事部门在使用一家考勤软件的同时，使用另一家的薪酬管理软件，后果就是企业内的数据互通越来越难。

图3-2　企业内部的"数据孤岛"

4. 消除数据孤岛的重要意义

1) 对政府的意义

加强政府数据共享开放和大数据服务能力，促进跨领域、跨部门合作，推进数据信息交换，打破部门壁垒，遏制数据孤岛和重复建设，有助于提高行政效率，转变思维观念，推动传统的职能型政府转型为服务型智慧政府。政府数据开放共享的重要意义表现在以下两个方面。

第一，有助于提升资源利用率。开放共享政府部门内部数据，可以解决传统信息化平台建设中的"数据孤岛"问题。通过共享开放平台整合人口基础信息资源库、法人基础信息资源库、地理空间信息资源库、电子证照信息资源库四大基础库，以及产业经济、平台等主题库，为平台的各类应用及各委办局的应用提供基础数据资源，可以实现资源整合，提升数据资源利用率。

第二，有助于推动政府转型。政府数字化转型的本质是基于数据共享的业务再造，没有数据共享，就没有数字政府。美国政府的共享平台原则是提倡降低成本，共享数据；英国政府提倡更好地利用数据，开放共享数据；澳大利亚政府在数字化转型中提出基于共享线上服务设计方法和线上服务系统的数据共享。

我国政府对此也非常重视。《国务院关于加强数字政府建设的指导意见》(以下简称《意见》)明确指出，加强数字政府建设是适应新一轮科技革命和产业变革趋势、引领驱动数字经济发展和数字社会建设、营造良好数字生态、加快数字化发展的必然要求，是建设网络强国、数字中国的基础性和先导性工程，是创新政府治理理念和方式、形成数字治理新格局、推进国家治理体系和治理能力现代化的重要举措，对加快转变政府职能，建设法治政府、廉洁政府和服务型政府意义重大。

《意见》进一步指出，全面推进政府履职和政务运行数字化转型，统筹推进各行业各领域政务应用系统集约建设、互联互通、协同联动，创新行政管理和服务方式，全面提升政府履职效能。综上可知，数据开放共享是各国政府都极其重视的事情，是数字化转型的核心，我国政府数字化转型应当坚持全局数据开放共享原则，充分发挥政府数据价值。

2) 对企业的意义

首先，打通企业内部的数据孤岛，实现所有系统数据互通共享，对建立企业自身的大数据平台和企业信息化建设都有重大意义。在数据量突飞猛涨的进程当中，企业信息化将企业的生产、销售、客户、订单等业务过程数字化并实现彼此互联互通，通过各种信息系统网络加工生成新的信息资源，提供给企业管理者和决策者进行洞察和分析，以便做出有利于生产要素组合优化的决策，使企业能够合理配置资源，实现企业利益最大化。

其次，打通企业之间的数据孤岛，实现不同企业的数据共享，有利于企业获得更好的经营发展能力。信息经济学认为，信息的增多可以增加做出正确选择的能力，从而提高经济效率，更好体现信息的价值。但是，每个企业自身的数据资源是有限的，在行为理性的假设前提下，企业要追求效用最大化，就需要考虑扩充自己的数据资源。企业可以通过多种方式获得企业外部的数据资源，如收集互联网数据、与其他企业共享数据、通过大数据交易平台购买数据等。

3.3.2 数据开放

近年来，随着大数据时代的发展和智慧服务型政府的创建，数据作为最重要的基石和原料，得到了各利益相关者的普遍重视，政府数据的资源优势和应用市场优势日益凸显，政府数据资源的开放与共享已成为世界各国政府的共识。

政府数据是指由政府或政府所属机构产生的或委托产生的数据与信息，政府数据开放强调政府原始数据的开放。与传统的政府信息公开相比，政府数据开放更利于公众监督政府决策依据与决策的合理性，提升政府的管理水平和透明度，也使得政府积累的大量数据资源可以被更好地再利用，以促进经济、社会的发展。

1. 政府数据开放理论

20世纪70年代，西方世界掀起了新公共管理运动，这场世界性的运动涉及政府的各个方面，包括政府的管理、技术、程序和过程等。学者们也从不同的角度审视政府，提出了多种政府理论，如有限政府理论、无缝隙政府理论、责任政府理论、服务型政府理论等。

随着政府改革实践的不断深入，越来越多的学者和政府深刻意识到，要实现政府的各种改革目标，首先要实现开放政府。开放政府最早出现在20世纪50年代信息自由立法的介绍当中。1957年Park在论文《开放政府原则：依据宪法的知情权》中首次提出开放政府理念，其核心内容是关于信息自由方面的。

Park认为，公众使用政府信息应该是常态，并且如果没有特殊情况都应该允许使用。在当时的背景下，Park的观点引起了一场关于开放政府和需要政府将信息的提供作为默认状态的辩论，尤其是关于问责理念的认识。但在1966年美国政府通过了《信息自由法案》之后，开放政府的理论就很少有人问津了。2009年，奥巴马政府发布了《开放政府指令》，开放政府的理念由此被重新提起。

奥巴马政府认为，开放政府是前所未有的透明政府，是能为公众信任、使公众积极参与和协作的开放系统，其中，开放是民主的良药，能提高政府的效率并保障决策的有效性。开放政府的提出得到了包括我国在内的很多国家学者的认同。

国内有学者认为，美国的开放政府启示我国在电子政府发展过程中，要强化政府服务意识，以用户为中心，关注用户体验，围绕政府职责与任务，形成与企业、公众良好的互动，促进数据开发与应用共享，同时需要重视资源整合，提供整体解决方案，开展一站式服务。

当然，奥巴马政府所指的开放政府和Park当时所指的开放政府有很大的差别。奥巴马政府所提出的开放政府是在大数据环境下，政府的开放与信息技术结合起来，并且在原有"透明政府"的基础上，增加促进政府创新、合作、参与、有效率和灵活性等因素，进一步丰富了开放政府的内涵。

自2009年开放政府理念被重新提起后，世界各国都在努力使用信息技术革新政府，并在2011年建立了"开放政府联盟"。开放政府联盟的主要目标是，联盟的国家和政府要为促进透明、赋权公民、反腐败和利用新的技术加强治理付诸行动和努力。

在其纲领性文件《开放政府宣言》中，该组织的第一承诺就是"向本国社会公开更多的信息"。宣言中还特别强调，要用系统的方法来收集、公开关于各种公共服务、公共活动的数据，这种公开不仅要及时主动，还要使用可供重复使用的格式。随着政府开放数据运动的不断发展，越来越多的国家加入开放政府的组织当中。

正如《大数据时代：生活、工作与思维的大变革》一书中所说："政府才是大规模数据的原始采集者，并且还在与私营企业竞争他们所控制的大量数据。政府与私营企业数据持有人之间的主要区别就是，政府可以强迫人们为他们提供信息，而不必加以说服或支付报酬。大数据对于公共部门的适用性同对商业实体是一样的：大部分数据价值都是潜在的，需要通过创造性的分析来释放。但是，由于政府在获取数据中所处的特殊地位，他们在数据使用上往往效率很低。最近有一个想法得到了大众认可，即提取政府数据价值最好的办法是允许私营部门和社会大众访问。这其实是基于一个原则：国家收集数据时代表的是其公民，因此它也理应提供一个让公民查看的入口，但少数可能危害到国家安全或他人隐私权的情况除外。"

自2009年开始，以美国、英国、加拿大、法国等为代表的发达国家相继加入政府数据开放运动并积极推动政府数据开放；2011年以来，以巴西、印度、中国等为代表的发展中国家也陆续加入；2012年6月，以"上海市政府数据服务网"的上线为标志，我国也开始了政府数据开放的实践。

2021年，我国从法律的角度明确了政府数据开放。《数据安全法》第四十一条指出，国家机关应当遵循公正、公平、便民的原则，按照规定及时、准确地公开政务数据。依法不予公开的除外。第四十二条指出，国家制定政务数据开放目录，构建统一规范、互联互通、安全可控的政务数据开放平台，推动政务数据开放利用。

2021年2月，国务院办公厅印发的《关于建立健全政务数据共享协调机制加快推进数据有序共享的意见》指出，建立健全政务数据共享协调机制、加快推进数据有序共享。

2022年，国务院印发的《关于加强数字政府建设的指导意见》指出，加快构建标准统一、布局合理、管理协同、安全可靠的全国一体化政务大数据体系。建立健全数据治理制度和标准体系，加强数据汇聚融合、共享开放和开发利用，促进数据依法有序流动，充分发挥数据的基础资源作用和创新引擎作用，提高政府决策科学化水平和管理服务效率，催生经济社会发展新动能。

概念辨析3-1

政府信息公开与政府数据开放

政府信息公开与政府数据开放是一对既相互联系又相互区别的概念。数据是没有经过任何加工与解读的原始记录，没有明确的含义；而信息是经过加工处理，被赋予一定含义的数据。政府信息公开主要是实现公众对政府信息的查阅和理解，从而监督政府和参与决策。政府数据开放是以"开放型政府""服务型政府"和"智慧型政府"为目标的开放政府运动的必然产物。2009年，美国政府发布的《透明和开放政府备忘录》确定了"透明""参与"和"协作"三大原则，这就决定了政府数据开放超越了对公众知情权的满足而上升至鼓励社会力量的参与和协作，推进政府数据的增值开发与协作创新。

政府信息公开主要是为了满足公众的知情权而出现的，信息公开既可以理解为一项制度，又可以理解为一种行为。作为一项制度，主要是指国家和地方制定并用于规范和调整信息公开活动的规定；作为一种行为，主要是指掌握信息的主体，即行政机关、单位向非特定的社会对象发布信息，或者向特定的对象提供所掌握的信息的活动。政府数据开放是政府信息公开的自然延伸，它将开放对象延伸至原始数据的粒度。政府数据开放强调的是数据的再利用，公众可以分享、利用数据创造经济和社会价值，并且可以根据对数据的分析判断政府的决策是否合理。

政府信息公开更侧重对与公众相关的信息通过报纸、互联网、电视等媒体的发布，更强调程序公开，正义公开仍是难点。而政府数据开放更侧重数据的利用层面和公有属性，更强调数据开放的格式、数据更新的频率、数据的全面性、API(application program interface，应用程序接口)调用次数、数据下载次数、数据目录总量、数据集总量等指标，当然也包含了政府在透明性、公众参与性方面的价值追求。

2. 政府数据开放的重要意义

生产资料是劳动者进行生产时所使用的资源或工具。如果说土地是农业经济中最重要的生产资料，机器是工业经济最重要的生产资料，那么数据就是数字经济最重要的生产资料。因此，数据已经成为当今社会一种独立的生产要素。大数据作为无形的生产资料，对它进行合理共享和利用将会创造出巨大的财富。

但是，大数据的一个显著特征就是价值密度很低，也就是说，在大量的数据中，真正有价值的数据可能只是很少的一部分。为了充分发挥大数据的价值，就需要更多的参与方从这些"垃圾"里找出有价值的东西。因此，政府开放数据可以让社会中更多的人或企业从大数据中"挖掘金矿"。

天府大数据国际战略与技术研究院联合中国科学院虚拟经济与数据科学研究中心、中国科学院大数据挖掘与知识管理重点实验室、成都市大数据协会共同发布的《2018全球大数据发展分析报告》指出，我们的生活已经被不同且多源的数据囊括了，我们处在一个大数据时代，然而70%高价值的数据掌握在政府的手中，因此政府大数据开放是实现数据全面共享的关键，是实现大数据价值创造最大化的基础。

数字中国研究院(福建)院长宋志刚撰文指出，结合各国数据开放战略中关于核心战略目标的表述，可以看到，仅开放政府数据的国家，其开放战略的目标多强调民主社会、公民参与、以及政府透明度。而总的来看，数据开放的价值实则包括三大意义：一是提升民主和政治参与水平。大多数被研究的国家认为，公开政府数据可以赋予公民行使民主权利的权利。二是促进服务和产品创新。一些政府强调了开放政府数据带来的创新机遇。三是辅助执法工作。让公民参与到执法程序中，并加强警务和执法。例如，政府和企业开发基于安全数据的各种应用程序，以告知公民并让他们参与到刑事调查任务中。

政府开放数据是开放数据中非常重要的一部分，是指政府所产生的、收集和拥有的，在知识共享许可下发布，允许共享、分发、修改，甚至可以对其进行商业使用的具有正当归属的数据。政府开放数据不仅有利于促进透明政府的建设，在经济发展、社会治理等方面同样具有重要的意义。

1) 政府开放数据有利于促进开放透明政府的形成

政府开放数据是更高层次的政府信息公开，而政府信息公开也将推动政府民主法治进程。知情权是公民的基本权利之一，也是民主政府建设的前提。随着互联网的快速发展，一方面政府能方便快捷地了解、掌握各种公共和个人信息，另一方面公众提出了更多了解、监督政府公共活动的新需求，政府信息公开的程度也成了判断政府法治程度的依据。很多国家制定了信息公开制度并实施，如美国发布了《信息自由法案》、我国于2007年颁布了《中华人民共和国政府信息公开条例》。

近年来，我国政府越来越重视政府信息公开和政府数据开放。2021年发布的《数据安全法》从法律的角度明确了政府数据开放。陆续发布的《关于建立健全政务数据共享协调机制加快推进数据有序共享的意见》《国务院关于加强数字政府建设的指导意见》和《全国一体化政务大数据体系建设指南》等进一步推动了政府数据开放。

原始数据的开放是政府信息资源开放和利用的本质要求，因为原始数据经不同的分析处理可得到不同的价值，在大数据时代，原始数据的价值更加丰富。数据是政府手中的重要资源，政府开放数据的范围、程度、速度都代表着政府开放的程度。

一般来说，政府开放数据的范围越广、程度越深、速度越快，就越有助于提高政府的公信力，从而提高政府的权威，提高公众参与公共事务的程度。政府开放数据在政治上最大的意义就是促进政府开放透明。因此，在大数据的环境下，政府有必要通过完善政府信息公开制度来进一步扩大数据开放的范围，从而保障公民的知情权。

2) 政府开放数据有利于创新创业和经济增长

政府开放数据对经济有明显的促进作用，企业可以从数据中挖掘对企业自身发展有价值的信息，提升竞争力。随着大数据时代的到来，美国政府通过政府开放数据取得了巨大的经济效果。例如，美国是气象灾害频发的国家，为减少气象灾害带来的损失，2014 年 3 月，美国白宫宣布，美国国家海洋大气局、美国国家航空航天局、美国地质调查局，以及其他联邦机构进行合作，将各自所拥有的气象数据发布在美国政府数据网站上。

除了基本的气象数据，各机构还在美国政府数据网站上提供了若干工具和资源来帮助参与者更好地挖掘数据背后的价值。美国政府希望通过这项数据开放计划让更多的社会机构和研究团体参与到气候研究中来，进而减少极端天气带来的损失。随后，与气象相关的企业服务应运而生，包括各种气象播报、气象顾问、气象保险等，形成了一个新的产业链，创造出了极高的经济价值。

又如，美国政府向社会开放了原先用于军事的GPS，随后美国乃至世界各国都利用这个系统开发、创新了很多产品，包括飞机导航系统，以及目前非常流行的基于位置的移动互联网服务，不仅带来了经济效益，还增加了就业岗位。

政府数据的再利用，在欧洲也创造出了很高的经济价值。《2018全球大数据发展分析报告》显示，2016年欧盟开放数据直接市场规模为553亿欧元，2020年为757亿欧元，同时带来了更多的商业和就业机会。英国的国家健康服务机构通过收集和开放很多医疗机构的数据，让公众了解相关信息，获得最佳服务，同时公众反馈的很多建议也提高了医疗机构的效率。

政府数据资产到底有多大价值？按照2017年麦肯锡给出的测算方法，北京市政府部门数据开放的潜在价值可达3000亿～5000亿元，按此推算，全国政府部门数据开放的潜在价值可达10～15万亿元。

3) 政府开放数据有利于社会治理创新

在传统的以政府为中心的社会管理体制下，政府数据的流通渠道并不畅通，民众与政府之间存在信息壁垒，导致民众不了解行政程序，无法监督行政行为，利益诉求也无法表达，更谈不上参与社会治理。

政府数据的开放不仅打破了政府部门对数据的垄断，促进了数据价值的最大发挥，同时搭建起了政府同市场、社会、公众之间互动的平台。通过数据分享和大数据技术的应用，不仅可以有效推动政府各部门在公共活动中实现协同治理，提高政府决策的水平，也能够充分调动各方的积极性来完成社会事务，实现社会治理机制的创新，给公众的生活带来便利，如缓解交通压力、保障食品安全、解决环境污染等。

在创新社会治理方面，欧洲很多城市已经从政府数据开放中受益。例如，欧洲一些政府向社会开放交通流量数据，公众可以凭借这些数据选择最佳驾车路径，避开高峰路段，极大地改善了交通拥堵的状况。

当然，在这个方面，美国政府依然走在世界的前列，在美国政府开放数据后，美国出现了很多的App。其中，一个名为RAIDS Online的App就很受美国公众的欢迎。该应用通过对政府开放的数据进行分析，告知公众在哪些区域容易出现抢劫、盗窃等犯罪行为，公众根据这些信息可以提前做好预防或减少在这些区域的活动，这明显地降低了犯罪率，增加了社会的安全性。

又如，美国交通部开放全美航班数据，有程序员利用这些数据开发了航班延误时间的分析系统，并向全社会免费开放，任何人都可以通过它查询分析全国各次航班的延误率和机场等候时间，为人们出行节省了时间，创造了极大的社会效益。

3.3.3 数据共享

《"十四五"数字经济发展规划》指出，创新数据要素开发利用机制。适应不同类型数据特点，以实际应用需求为导向，探索建立多样化的数据开发利用机制。鼓励市场力量挖掘商业数据价值，推动数据价值产品化、服务化，大力发展专业化、个性化数据服务，促进数据、技术、场景深度融合，满足各领域数据需求。鼓励重点行业创新数据开发利用模式，在确保数据安全、保障用户隐私的前提下，调动行业协会、科研院所、企业等多方参与数据价值开发。对具有经济和社会价值、允许加工利用的政务数据和公共数据，通过数据开放、特许开发、授权应用等方式，鼓励更多社会力量进行增值开发利用。结合新型智慧城市建设，加快城市数据融合及产业生态培育，提升城市数据运营和开发利用水平。发挥数字经济领军企业的引领带动作用，加强资源共享和数据开放。

1. 实现数据共享所面临的挑战

1) 政府层面的挑战

政府作为政务信息的采集者、管理者和拥有者，相对于其他社会组织而言，具有不可比拟的信息优势。我国政府掌握着绝大多数的数据，是最大的数据拥有者。但由于信息技术标准、条块分割的体制等限制，政府部门之间的"数据孤岛"问题长期存在，相互之间的数据难以实现互通共享，使得目前政府掌握的数据大都处于割裂和休眠状态。近年来，我国政务数据共享开放工作虽然成效显著，为加强数字政府建设打下了坚实基础，但仍存在"不敢、不愿、不能"的突出问题，数据壁垒依然存在。

(1) 政务数据安全保障能力待提升，不敢开放共享。

随着政府数据与社会数据的深度融合，亟须健全数据全生命周期的安全管理机制、完善与政务数据安全配套的制度。政府部门往往不清楚哪些数据可以跨部门共享和向公众开放，相关人员担心政务数据共享开放会引起信息安全问题，担心数据泄密和失控，对数据共享开放具有恐惧感，往往选择"各自为政"，不敢把自己掌握的数据资源向他人共享开放。

政府数据不该共享开放而共享开放，或者不该大范围共享开放而大范围共享开放可能会带来巨大的损失，甚至可能会危及国家安全，而其中的风险责任又往往难以确定，导致政府部门对共享开放数据过于敏感和谨慎。

(2) 政务数据统筹管理机制待完善，不愿开放共享。

政府部门长期以来各自为政，把数据开放当成自己的权力而不愿意共享。目前，我国并未在政府内部、政府与其他社会主体之间形成均衡发展、多元参与的数据管理体系，未建立有效的政务数据统筹管理机制，导致各方参与数据开放共享的意愿较弱。

政府部门在数据开放和共享方面缺乏动力，部门利益的本位思想较为严重，这既是认识的问题，也是利益分配的问题。同时，与其他部门共享数据或向公众开放数据，得不到相应的回报，这就使得在多数情况下，职能部门对于数据的共享和开放是消极的、被动的。另外，我国在数据共享开放方面的法律法规、制度标准建设相对落后，没有形成数据共享开放的刚性约束，市场不健全也导致了数据共享开放动力不足。

(3) 政务数据标准规范体系不健全，不能开放共享。

目前，没有相关法律法规明确政府部门数据采集、录入、共享的权责，也没有出台分级分类管理的标准规范。政务数据目录不完整、底数不清、来源不一。由于缺乏统一有效的标准化支撑，各地区各部门采集数据所依据的技术标准和管理规范不尽相同，使得政府部门和公共机构的数据共享开放能力不强、水平不高、质量不佳，严重制约了大数据作为基础性战略资源的开发应用和价值释放。

此外，各政府部门数据开放共享在技术层面也存在问题。由于缺乏公共平台，政府数据开放共享往往依赖于各部门主导的信息系统，而这些系统在前期设计时往往对开放共享考虑不足，因此实现信息开放共享的技术难度较高。尤其伴随着大数据热潮，重复建设问题也浮出水面：我国投建了大量数据中心，其中很多中心因为缺乏运营经验而处于闲置状态，很少发挥作用，而很多城市却仍在斥巨资建设新的数据中心。

2) 企业层面的挑战

在企业层面，消除数据孤岛、实现数据整合的挑战主要来自以下三个方面。

(1) 系统孤岛挑战。企业内部系统多，系统间数据没有打通，消费者信息存储碎片化，没有完整的消费者视图，很难跨渠道进行消费者洞察和管理。

(2) 组织架构挑战。不同业务部门负责不同的系统，如何在一致的利益下搭建统一的消费者数据管理平台，这对企业来说是一个巨大的挑战。另外，不同的部门在自己掌控的渠道去面对消费者时通常只考虑自己的需求，而不会站在全盘触点的角度去考虑进行何种互动最合适。

(3) 数据合作挑战。在国内，消费者数据都在互联网"巨头"公司手里，且数据交易市场尚不规范，企业缺少外部数据补充。因此，联合外部各类数据的拥有者，并结合内部数据，拼接完整的消费者画像是必经之路。

专栏3-5

用户行为数据

1. 狭义的用户行为数据

在商业经营中，与用户相关的三类核心数据包括用户属性数据、用户行为数据和用户交易数据，如图3-3所示。

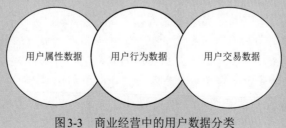

图3-3 商业经营中的用户数据分类

用户属性数据是指描绘用户特征的数据。根据人口统计学特征，可以从静态、动态及未来发展趋势三个方面观察用户，包含性别、年龄、民族、住址、身高、体重、职业、受教育程度、婚姻状况、子女情况等。企业在努力收集这类数据，但效果十分有限。

用户行为数据是指用户在商业互动过程中产生的动作数据，即用户做了什么事情。例如，浏览货架、参阅评论、评论转发、参与抽奖、挑选商品、加入购物车等。对于这类数据，很多企业是没有专门进行采集、识别和保存的。

用户交易数据是指用户完成支付动作后产生的相关数据。例如，订单金额、订单数据、订单类型、促销折扣、物流信息、退换货等。该类数据经常被存储在订单或财务系统的数据库中，是企业普遍能够获得的较全面的数据。

对于很多企业来说，即使能够收集到上述三类数据，但这些数据被存储在不同的数据库中，往往不能互相融合。其根本原因在于这三类数据通常由不同部门来管理。很少有企业会从统一的用户视角来整合所有的数据，即真正"以用户为中心"来设计自身业务和经营管理逻辑。不能融合的数据自然难以发挥应有的巨大价值。

如何转变意识克服以上的问题，这就需要引入对用户行为数据的广义理解。

2. 广义的用户行为数据

如果从广义上探讨用户行为数据，以上三类数据的关系如图3-4所示。

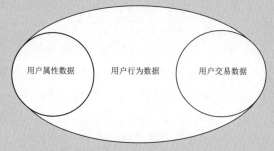

图3-4　三类数据的关系

一方面，当我们把交易看作一种特殊的用户行为时，用户行为数据就自然而然地延伸到用户交易数据的体系中。

过去，我们把用户交易数据视为一种商务结算而非用户行为，此时在以订单为中心的逻辑下，我们看到的是一笔笔订单，关心的是订单总额、订单数量、考核业绩的完成情况，进而指导企业内部计划预算和生产履约的过程。

但当我们将交易与用户行为关联后，在以用户为中心的逻辑下，我们看到的将是整个客户生命周期，即用户的第一笔订单、用户的第一次复购、用户的交易频率、用户的品类选择、用户流失前的最后一笔交易。将成千上万个客户全生命周期总价值叠加在一起，就是整个企业的订单总和。

另一方面，我们试着将用户行为数据与用户属性数据进行关联。事实上，所有的用户属性数据都可以理解为用户过去行为的沉淀。例如，年龄是父母生育行为的沉淀，学历是过去学习行为的沉淀，等等。只是这样的行为数据对于企业经营者来讲很难获得，而且这种非业务经营场景中积累的用户属性数据对于开展业务的价值是非常有限的。

真正能够影响业务的是在企业所提供的经营场景中沉淀的用户属性数据，如用户浏览商品而沉淀的品类偏好、经常访问门店而沉淀的地理信息、填写生日蛋糕的递送日期而沉淀的生日信息，以及由支付订单的平均金额而沉淀的消费力属性等。借助算法模型，我们还可以组合若干用户行为数据来推演用户属性数据。

通过以上方式获得的用户属性数据，不再只是用户的人口统计学特征，而是可以描绘出更加立体的、鲜活的、有价值的用户360°画像。这种基于用户行为数据的画像的颗粒度可以精细到每一个人，这为进行"千人千面"的精细化运营奠定了基础。

客户全生命周期价值、用户360°画像，这样的用户数据应用，对于企业是一次经营管理意识"质"的改变。这与聚焦企业自身经营的视角不同，而是更关注用户的视角；与"内卷式"的精细化管理不同，这是真正的精细化到个体用户的思维，这是更接近生意本质的视角，可能也是真正能驱动供给侧改革的视角。

从广义的角度来看，用户交易数据和用户属性数据融入用户行为数据的数据融合一直是很多企业的痛点，但阻碍人们融合数据的可能不仅是技术和标准的问题，更是经营管理者的意识问题。没有融合的数据，阻碍了人们挖掘数据背后重大的商业价值，降低了管理者使用数据的动力，减少了对于获得和维护数据资产的投入。

传统企业数据管理的思路和种种需求是分散的、割裂的，如何能指导系统层面的整合呢？正如引言中关于企业数据管理主要职能的描述，企业不仅要在数据意识上转变升级，还要掌握数据组织、数据规划、数据采集、数据分析和数据应用五个关键的方法体系。

2. 推进数据共享开放的举措

1) 政府层面的举措

首先积极开放政府数据资源，提高政府职能部门之间和具有不同创新资源的主体之间的数据共享广度，促进区域内形成"数据共享池"。要改变政府职能部门"数据孤岛"现象，立足于数据资源的共享互换，设定相对明确的数据标准，实现部门之间的数据对接与共享，推进在制度创新方面的系统集成化，为科技创新提供必要条件。

《"十四五"数字经济发展规划》(以下简称《规划》)指出，推动数据资源标准体系建设，提升数据管理水平和数据质量，探索面向业务应用的共享、交换、协作和开放。加快推动各领域通信协议兼容统一，打破技术和协议壁垒，努力实现互通互操作，形成完整贯通的数据链。

同时，要促进准确及时的数据信息传递，提高部门条线管理，实现"一站式"企业网上办事和政府服务项目"一网通办"的网络信息功能，提高数据质量的可靠性、稳定性与权威性，增加相关信息平台的使用覆盖面，让现存数据"连起来""用起来"。具体而言，政府要进一步加强不同政府信息平台的部门连接性和数据反映能力的全面性，要使不同省、市、区之间的数据实现对接与共享，解决数据"画地为牢"的问题，实现数据共享共用。

《规划》指出，全面提升全国一体化政务服务平台功能，加快推进政务服务标准化、规范化、便利化，持续提升政务服务数字化、智能化水平，实现利企便民高频服务事项"一网通办"。建立健全政务数据共享协调机制，加快数字身份统一认证和电子证照、电子签章、电子公文等互信互认，推进发票电子化改革，促进政务数据共享、流程优化和业务协同。推动政务服务线上线下整体联动、全流程在线、向基层深度拓展，提升服务便利化、共享化水平。开展政务数据与业务、服务深度融合创新，增强基于大数据的事项办理需求预测能力，打造主动式、多层次创新服务场景。聚焦公共卫生、社会安全、应急管理等领域，深化数字技术应用，实现重大突发公共事件的快速响应和联动处置。提升社会服务数字化普惠水平。加快推动文化教育、医疗健康、会展旅游、体育健身等领域公共服务资源数字化供给和网络化服务，促进优质资源共享复用。充分运用新型数字技术，强化就业、养老、儿童福利、托育、家政等民生领域供需对接，进一步优化资源配置。发展智慧广电网络，加快推进全国有线电视网络整合和升级改造。促进社会服务和数字平台深度融合，探索多领域跨界合作，推动医养结合、文教结合、体医结合、文旅融合。深化新型智慧城市建设，推动城市数据整合共享和业务协同，提升城市综合管理服务能力，完善城市信息模型平台和运行管理服务平台，因地制宜构建数字孪生城市。

通过数据共享共用，打破地区、行业、部门和区域条块分割状况，提高数据资源利用率，提高生产效率，更好地推进制度创新与科技创新。同时，通过政府数据的跨部门流动和互通，促进政府数据的关联分析能力的有效发挥，建立"用数据说话、用数据决策、用数据管理、用数据创新"的政府管理机制，实现基于数据的科学分析和科学决策，构建适应信息时代的国家治理体系，推进国家治理能力现代化。

《规划》指出，深化政务数据跨层级、跨地域、跨部门有序共享。建立健全国家公共数据资源体系，统筹公共数据资源开发利用，推动基础公共数据安全有序开放，构建统一的国家公共数据开放平台和开发利用端口，提升公共数据开放水平，释放数据红利。

2) 企业层面的举措

(1) 在企业内部，破除"数据孤岛"，推进数据融合。

对企业而言，信息系统的实施建立在完善的基础数据之上，信息系统的成功运行则基于对基础数据的科学管理。要想打破"数据孤岛"，必须对现有系统进行全面的升级和改造。而企业数据处理的准确性、及时性和可靠性是以各业务环节数据的完整和准确为基础的，因此，必须选择一个系统化的、严密的集成系统，能够将企业各渠道的数据信息综合到一个平台上，供企业管理者和决策者分析利用，为企业创造价值效益。

(2) 在不同企业之间建立企业数据共享联盟。

成立企业数据共享联盟，建立联盟大数据信息数据库，汇集来自各行业企业政府数据资源，促进碎片数据资源进行有效的融合，并指导和带动联盟跨界数据资源的合理、有序分享和开发利用。

专栏3-6

数据集成，搭建客户数据平台

仅采集线上用户行为数据不够支撑企业围绕用户进行全面的数据分析，企业需要一个能够整合、处理和打通线上、线下多个来源的用户数据并以唯一的客户视角呈现的平台，即客户数据平台(CDP)。

CDP是近两年新兴的概念，与CRM(客户关系管理)和DMP(数据管理平台)这两个相近的概念相比，CDP能很好地弥补这两者的部分局限性。例如，CRM的使用者只能基于自身权限获得部分客户属性数据，DMP的数据多为生存期较短的匿名数据、缺乏用户信息等。

与数据中台相比，CDP与数据中台的目标和特点基本一致，只不过数据中台会采集所有与企业相关的数据，而CDP更聚焦，仅采集所有与企业的客户相关的数据，相当于围绕客户的数据中台，因此常被称为"以客户为中心的小数据中台"。

CDP能够将多端、多触点及多种类型的数据进行整合、处理和打通，以唯一的客户视角呈现，实时地服务于商务智能分析、产品分析、用户运营、广告监测等企业营销的相关工作。作为用户数据价值的放大器，CDP能够使用户行为数据发挥更大的价值。

一个合格的CDP应当遵循以下四大原则。

(1) 客户视角原则。通过统一数据，CDP将属于一个人的多个标识符连接在一起。它可以告诉企业多个网站访问是来自一个消费者还是多个。

(2) 数据统一原则。CDP有能力快速对接企业内外部的各种数据源。

(3) 系统开发原则。CDP可以将数据应用到每个营销渠道。真正的CDP可以与现有工具无缝结合，并且从这些系统中结构化输入，同时将输出推送给这些系统。通过这种方式，CDP完全可以满足营销人员对策略管理、市场分析和商务智能的需求。

(4) 业务导向原则。业务人员可以自行决定需要什么数据源、如何对用户打标签、把数据传递到哪些平台等。CDP的界面应该简单易操作，业务团队可以直接在CDP上进行操作，而不是依赖于IT部门。

以上原则对于CDP来说缺一不可。

概念辨析3-2

埋点和无埋点

埋点分析是网站分析的一种常用的数据采集方法，是指在需要采集数据的"操作节点"将数据采集的程序代码附加在功能程序代码中，对操作节点上的用户行为或事件进行捕获、处理和发送的相关技术及其实施过程，也称为capture(捕获)模式。

埋点的技术实质是先监听软件应用运行过程中的事件，当需要关注的事件发生时进行判断和捕获，然后获取必要的上下文信息，最后将信息整理后发送至服务器端。埋点的业务意义显而易见，即帮助定义和获取分析人员真正需要的业务数据及其附带信息。

近年来，埋点的方法论出现了一些新趋势，如"无埋点"技术。所谓的"无埋点"，并不是真正不需要写代码，而是指不再使用笨拙的采集代码编程来定义行为采集的触发条件和后续行为，而是通过后端配置或前端可视化圈选等方式来完成关键事件的定义和捕获，可以大幅提升埋点工作的效率和易用性。

在"无埋点"的场景下，数据监测工具一般倾向于在监测时捕获和发送尽可能多的事件和信息，而在数据处理后端进行触发条件匹配和统计计算等工作，以较好地支持关注点变更和历史数据回溯。

当然，即便是"无埋点"技术，也需要部署数据采集基础SDK(软件开发工具包，又称为基础代码)，这一点需要特别注意。有别于埋点capture模式，无埋点采用的是record(记录)模式，用机器来代替人的经验。

3.4 大数据交易

目前，数据已成为土地、资本和劳动力之外的新型生产要素。数据的流动和共享是大数据产业发展的基础，大数据交易作为一种以大数据为"交易标的"的商业交换行为，能够提升大数据的流通率，提升大数据价值。随着大数据产业的快速发展，大数据交易市场成为一个快速崛起的新兴市场。与此同时，随着数据的资源价值逐渐得到认可，数据交易的市场需求不断增加。

3.4.1 大数据交易发展现状

数据交易由来已久，并不是最近几年才出现的新型交易方式。早期交易的数据主要是个人信息，包括网购类、银行类、医疗类、通信类、考试类、邮递类信息等。进入大数据时代以后，数据市场愈加丰富，从工商、民政、海关、社保、气象、征信等部门，到电信、电力、金融、房地产、医疗、交通、物流、石化、教育、制造等行业，再到电子商务平台、社交网站等新业态，覆盖广泛。庞大的大数据资源为大数据交易的兴起奠定了坚实的基础。

此外，在法律和政策层面，我国政府十分重视大数据交易的发展，2015年国务院印发的《促进大数据发展行动纲要》明确提出，引导培育大数据交易市场，开展面向应用的数据交易市场试点，探索开展大数据衍生品交易，鼓励产业链各环节市场主体进行数据交换和交易，促进数据资源流通，建立健全数据资源交易机制和定价机制，规范交易行为。

2021年发布的《数据安全法》从法律的角度确认了数据交易市场和数据交易行为。《数据安全法》第十九条指出，国家建立健全数据交易管理制度，规范数据交易行为，培育数据交易市场。

2021年发布的《"十四五"大数据产业发展规划》指出，按照数据性质完善产权性质，建立数据资源产权、交易流通、跨境传输和安全等基础制度和标准规范，健全数据产权交易和行业自律机制。培育大数据交易市场，鼓励各类所有制企业参与要素交易平台建设，探索多种形式的数据交易模式。

2022年发布的《"十四五"数字经济发展规划》进一步指出，充分发挥数据要素作用，加快数据要素市场化流通。加快构建数据要素市场规则，培育市场主体、完善治理体系，促进数据要素市场流通。鼓励市场主体探索数据资产定价机制，推动形成数据资产目录，逐步完善数据定价体系。规范数据交易管理，培育规范的数据交易平台和市场主体，建立健全数据资产评估、登记结算、交易撮合、争议仲裁等市场运营体系，提升数据交易效率。严厉打击数据黑市交易，营造安全有序的市场环境。

大数据交易应当是买卖数据的活动，是以货币为交易媒介获取数据这种商品的过程。大数据交易具有三种特征：一是标的物受到严格的限制，只有经过脱密处理之后的数据才能交易；二是涉及的主体众多，包括数据资源持有人、数据加工使用者、数据产品经营者等，参与方有数据出售方、数据购买方、数据交易平台等；三是交易过程烦琐，涉及大数据的多个产业链，如数据源的获取、数据安全的保障、数据的后续利用等。

近年来，在国家及地方政府相关政策的积极推动与扶持下，全国各地陆续设立大数据交易平台，在探索大数据交易进程中取得了良好效果。目前进行数据交易的形式主要有以下几种。

(1) 大数据交易公司。这一形式又包括两种类型，一种是大数据交易公司主要作为数据提供方向买家出售数据，如国内的数据堂公司；另一种是为用户直接出售个人数据提供场所的公司，如美国的personal.com公司。

(2) 数据交易所。以电子交易为主要形式，面向全国提供数据交易服务。例如，贵阳大数据交易所、武汉长江大数据交易中心、上海数据交易中心、浙江大数据交易中心等。

(3) API 模式。通过向用户提供 API,允许其对平台的数据进行访问,而不是直接将数据传输给用户。

(4) 其他。例如,中国知网、北大法宝等,通过收取费用向用户提供各种文章、裁判文书等内容,这类主体并非严格意义上的数据交易主体,但是其出售的商品属于现在数据平台所交易的部分数据。

2014 年以来,国内不仅出现了数据堂、京东万象、中关村数海、浪潮卓数、聚合数据、百度智能云、数据宝、数粮、发源地、天元数据、抓手数据、阿凡达数据等数据交易平台,各地方政府也成立了混合所有制形式的数据交易机构,包括贵阳大数据交易所、上海数据交易中心、武汉长江大数据交易中心、浙江大数据交易中心、华东江苏大数据交易中心、武汉东湖大数据交易中心、北京国际大数据交易所、华中大数据交易所、陕西西咸新区大数据交易所、深圳数据交易所、上海数据交易所等。

大数据交易所的繁荣发展,一定程度上体现出我国大数据行业整体的快速发展。譬如贵州、上海、北京、深圳等地已经在数据流通交易等方面开始了先行先试。全国其他地区的大数据交易规模增长和变现能力提升,也呈现出良好的态势。由此可以预见,随着中国大数据交易的进一步发展,大数据产业将成为未来提振中国经济发展的支柱产业,并将持续推动中国从数据大国向数据强国转变。

财联社记者付静通过"数据要素流通与价值化"论坛获悉,2022 年全年我国数据交易所交易规模约为 40 亿元,当前我国实际运营中的数据交易所总共 26 家,筹建中的有 6 家;贵阳大数据交易所作为最早成立的大数据交易所,已累计集聚"数据商""数据中介"等市场主体 589 家、上架交易产品 1017 个、累计交易 776 笔、累计交易额达 13.87 亿元。

中国信息通信研究院(简称中国信通院)发布的《数据价值化与数据要素市场发展报告(2023 年)》提出,我国数据流通交易仍以场外交易为主,场内交易加速推进。这一结论可结合中国信通院此前披露的另一组数据得到印证:2021 年我国数据交易规模超 500 亿元,其中以数据交易所/中心为主导的场内交易占比仅 2%,由企业等主导的场外交易占比 98%。

"数据二十条"的出台标志着我国数据要素市场进入规范性探索阶段,而未来五年则被业内视作我国推动数据价值化、构建数据要素市场的关键时期。伴随着大数据交易组织机构数量的迅速增加,各大交易机构的服务体系也在不断完善,一些交易机构已经制定大数据交易相关标准和规范,为会员提供完善的数据确权、数据定价、数据交易、结算、交付等服务支撑体系,在很大程度上促进了中国大数据交易从"分散化""无序化"向"平台化""规范化"转变。

3.4.2 大数据交易平台介绍

大数据交易平台是有效推动大数据流通、充分发挥大数据价值的基础与核心,它使得数据资源可以在不同组织之间流动,从而让单个组织能够获得更多、更全面的数据。这样不仅有助于提高数据资源的利用效率,也有助于其通过数据分析发现更多的潜在规律,从而对内提高自身的效率,对外促进整个社会的进步。下面简要介绍交易平台的类型、交易平台的数据来源、交易平台的产品类型、交易产品涉及的主要领域、平台的交易规则及交易平台的运营模式。

1. 交易平台的类型

大数据交易平台主要包括综合数据服务平台和第三方数据交易平台两种。

综合数据服务平台为用户提供定制化的数据服务，由于涉及数据的处理加工，该类型平台的业务相对复杂，国内大数据交易平台大多属于这种类型。而第三方数据交易平台业务相对简单明确，主要负责对交易过程进行监管，通常可以提供数据出售、数据购买、数据供应方查询，以及数据需求发布等服务。

此外，从大数据交易平台的建设与运营主体的角度来说，目前的大数据交易平台还可以划分为三种类型：政府主导的大数据交易平台、企业以市场需求为导向建立的大数据交易平台、产业联盟性质的大数据交易平台。其中，产业联盟性质的大数据交易平台(如中关村大数据产业联盟、中国大数据产业联盟、上海大数据产业联盟)侧重于数据的共享，而不是数据的交易。

2. 交易平台的数据来源

交易平台的数据来源主要包括政府公开数据、企业内部数据、数据供应方数据、网页爬虫数据等。

(1) 政府公开数据。政府数据资源开放共享是世界各国实施大数据发展战略的重要举措。政府作为公共数据的核心生产者和拥有者，汇集了最具挖掘价值的数据资源。加快政府数据开放共享，释放政府数据和机构数据的价值，对大数据交易市场的繁荣将起到重要作用。

(2) 企业内部数据。企业在生产经营过程中积累了海量的数据，包括产品数据、设备数据、研发数据、供应链数据、运营数据、管理数据、销售数据、消费者数据等，这些数据经过处理加工以后，是具有重要商业价值的数据源。

(3) 数据供应方数据。该类型的数据一般是由数据供应方在数据交易平台上根据交易平台的规则和流程提供自己所拥有的数据。

(4) 网页爬虫数据。通过相关技术手段，从全球范围内的互联网网页爬取的数据。

多种数据来源渠道可以使交易平台的数据更加丰富，但也增加了数据监管难度。在IT技术飞速发展的时代，信息收集变得更加容易，信息滥用、个人数据倒卖等情况屡见不鲜，因此，在数据来源广泛的情况下，更要加强对交易平台的安全监管。

3. 交易平台的产品类型

不同的交易平台会根据自己的目标和定位提供不同的产品类型，用户可以根据自己的个性化需求合理地选择交易平台。交易平台的产品类型主要包括API、数据包、云服务、解决方案、数据定制服务和数据产品。

(1) API。API是应用程序接口，数据供应方对外提供数据访问接口，数据需求方直接通过调用接口来获得所需的数据。

(2) 数据包。数据包的数据，既可以是未经处理的原始数据，也可以是经过加工处理以后的数据。

(3) 云服务。云服务是在云计算不断发展的背景下产生的，通常通过互联网来提供实时的、动态的资源。

(4) 解决方案。在特定的情景下，利用已有的数据，为需求方提供处理问题的方案，如数据分析报告等。

(5) 数据定制服务。在某些情况下，数据需求方的个性化数据需求很可能无法直接得到满足，这时就可以向交易平台提出自己的明确需求，交易平台围绕需求去采集、处理得到相应的数据，提供给需求方。

(6) 数据产品。主要针对数据的应用，如进行数据采集的系统、软件等。

4. 交易产品涉及的主要领域

国内外大数据交易产品涉及的主要领域包括政府、经济、教育、环境、法律、医疗、人文、地理、交通、通信、人工智能、商业、农业、工业等。了解交易平台、交易所交易产品涉及的主要领域，可以帮助用户根据自己的个性化需求有针对性地选择合适的交易平台。国内外交易产品基本上都涉及多个领域，平台提供的多领域数据可以较好满足目前广泛存在的用户对跨学科、跨领域数据的需求。

5. 平台的交易规则

平台的交易规则是交易平台中的用户应遵循的行为规范，是安全、有效地进行交易的保障，也是大数据交易平台对用户进行监管的法律依据。由于大数据这种商品的特殊性，对大数据交易过程进行监管的难度较高，这对交易规则的制定提出了更高的要求。

与国外的数据交易公司相比，国内的数据交易平台大多发布了成系统的总体规则，规定更详细，在很多方面也更严格。例如，《中关村数海大数据交易平台规则》《贵阳大数据交易所702公约》《上海数据交易中心数据交易规则》等，以条文的形式对整个平台的运营体系、遵守原则都进行了详细规定，明确了交易主体、交易对象、交易资格、交易品种、交易格式、数据定价、交易融合和交易确权等内容。

随着我国数据流通行业的发展，部分企业已经推出了跨企业的数据交易规则或自律准则。可以说，目前我国建立广泛的数据流通行业自律公约的时机已经相对成熟，行业内部各企业对数据交易自律性协议的需求呼之欲出。

6. 交易平台的运营模式

大数据交易平台的运营模式主要包括两种：一种是兼具中介和数据处理加工功能的运营模式，如贵阳大数据交易所的运营模式，既提供数据交易中介的服务，也提供数据的存储、处理加工和分析服务；另一种是只具备中介功能的运营模式，如中关村数海大数据交易平台的运营模式，仅提供纯粹的数据交易中介服务，并不提供数据存储和数据分析等服务。

对于兼具中介和数据处理加工功能的交易平台而言，其优势是参与主体多为政府机构或行业“巨头”，数据量大、性价比高、可信度强，平台具有对数据交易进行审核和监管的职责，提高了数据的安全性；其不足是在某些专业性较强或跨行业领域，该类平台的大数据分析结果的作用显得过于微弱，这也是正常的情况。

对于只具备中介功能的交易平台而言，其优势是完全依托于市场经济大环境，无主体资格限制，准入门槛较低，有助于调动各方参与者的积极性；其不足是平台仅作为交易渠道，对数据买方的需求与数据卖方的情况掌握较少，审核监督职能不强。

3.4.3　代表性大数据交易平台

比较具有代表性的大数据交易平台包括贵阳大数据交易所、华东江苏大数据交易中心、上海数据交易中心、浙江大数据交易中心、北京国际大数据交易所、上海数据交易所、深圳数据交易所等。(可扫描二维码获悉具体内容)

3.5 大数据安全

随着大数据时代的到来，数据的安全问题愈发凸显。大数据因其蕴藏的巨大价值和集中化的存储管理模式，成为网络攻击的重点目标，针对大数据的勒索攻击和数据泄露问题日益严重，全球范围内大数据安全事件频发。大数据呈现在人类面前的是一幅让人喜忧参半的未来图景：可喜之处在于，它开拓了一片广阔的天地，带来了生活、工作与思维的大变革；忧虑之处在于，它使人们面临更多的风险和挑战。

大数据安全问题是人类社会在信息化发展过程中无法回避的问题，它将网络空间与现实社会连接得更紧密，使传统安全与非传统安全熔于一炉，不仅可能给个人和企业带来威胁，甚至还可能危及和影响社会安定、国家安全。

3.5.1 传统数据安全

数据作为一种资源，其具有普遍性、共享性、增值性、可处理性和多效用性，对人类具有特别重要的意义。数据安全的实质就是保护信息系统或信息网络中的数据资源免受各种类型的威胁、干扰和破坏，即保证数据的安全性。

传统数据受到的威胁主要包括以下三个方面。

(1) 计算机病毒。计算机病毒会影响计算机软件、硬件的正常运行，破坏数据的正确与完整，甚至导致系统崩溃等严重的后果。目前，杀毒软件(如免费的360杀毒软件)普及较广，使得计算机病毒造成的数据信息安全隐患得到了很大程度的缓解。

(2) 黑客攻击。例如，计算机入侵、账号泄露、资料丢失、网页被黑等是信息安全管理中经常遇到的问题。黑客攻击往往具有明确的目标。当黑客要攻击一个目标时，通常首先收集被攻击方的有关信息，分析被攻击方可能存在的漏洞，然后建立模拟环境，进行模拟攻击，测试对方可能的反应，再利用工具进行扫描，最后通过已知的漏洞，实施攻击。攻击成功后就可以读取邮件，搜索和盗窃文件，毁坏重要数据，破坏整个系统的信息，造成不堪设想的后果。

(3) 数据信息存储介质的损坏。在物理介质层次上对存储和传输的信息进行安全保护，是信息安全的基本保障。物理安全隐患大致包括三个方面：一是自然灾害(如地震、洪水、雷电等)、物理损坏(如硬盘损坏等)和设备故障(如停电断电等)；二是电磁辐射、信息泄露、痕迹泄露(如口令、密钥等保管不善)；三是操作失误(如删除文件、格式化硬盘、线路拆除)、发生意外、人员疏漏等。

3.5.2 大数据安全特征

传统的信息安全理论重点关注数据作为资料的保密性、完整性和可用性(即"三性")等静态安全特性，其受到的主要威胁是数据泄露、篡改、灭失所导致的"三性"破坏。随着信息化和信息技术的进一步发展，信息社会从小数据时代进入更高级形态的大数据时代。在此阶段，通过共享、交易等流通方式，数据质量和价值得到更大程度的实现和提升，数据动态利用逐渐走向常态化、多元化，这使大数据安全表现出与传统数据安全不同的特征，具体来说有以下几个方面。

1) 大数据成为网络攻击的显著目标

在网络空间中，数据越多，受到的关注也越高，因此大数据是更容易被发现的大目标。一方面，大数据对于潜在的攻击者具有较大的吸引力，因为大数据不仅量大，而且包含了大量复杂和敏感的数据；另一方面，当数据在一个地方大量聚集以后，安全屏障一旦被攻破，攻击者就能一次性获得较大的收益。

2) 大数据加大隐私泄露风险

从大数据技术角度来看，Hadoop 等大数据平台对数据的聚合增加了数据泄露的风险。Hadoop作为一个分布式系统架构，具有海量数据的存储能力，存储的数据量可以达到PB级别，一旦数据保护机制被突破，将给企业带来不可估量的损失。对于这些大数据平台，企业必须实施严格的安全访问机制和数据保护机制。

同样，目前被企业广泛推崇的NoSQL数据库(非关系数据库)，由于发展历史较短，还没有形成一整套完备的安全防护机制，因此，相对于传统的关系数据库而言，NoSQL数据库具有更高的安全风险。例如，MongoDB作为一款具有代表性的NoSQL数据库产品，就发生过被黑客攻击导致数据库泄露的情况。另外，NoSQL数据库对来自不同系统、不同应用程序及不同活动的数据进行关联，也加大了隐私泄露的风险。

3) 大数据技术被应用到攻击手段中

大数据为企业带来商业价值的同时，也可能被黑客利用来攻击企业，给企业造成损失。为了实现更加精准的攻击，黑客可能会收集各种各样的信息，如社交网络、邮件、微博、电话和家庭住址等，这些海量数据为黑客发起攻击提供了更多的机会。

4) 大数据成为高级持续性威胁的载体

在大数据时代，黑客往往将自己的攻击行为进行较好的隐藏，依靠传统的安全防护机制很难被监测到。传统的安全检测机制一般是基于单个时间点进行的基于威胁特征的实时匹配检测，而高级持续性威胁(advanced persistent threat，APT)是一个实施过程，并不具备能够被实时检测出来的明显特征，因而无法被实时检测。

3.5.3 大数据安全问题及典型案例

个人所产生的数据包括主动产生的数据和被动留下的数据，其删除权、存储权、使用权、知情权等本属于个人可以自主行使的权利，但在很多情况下难以得到保障。一些信息技术本身就存在安全漏洞，可能导致数据泄露、伪造、失真等，影响数据安全。

在数据安全上，不论是互联网"巨头"Facebook，还是美国信用服务公司Equifax，都曾发生用户数据遭到窃取的事件，给不少用户造成了难以挽回的损失。此外，智能手机是当今泄露用户数据的重要途径。现在很多的App都在暗地里收集用户信息，不管是用户存储在手机中的文字信息和图片，还是短信记录(内容)、通话记录(内容)，都可以被监控和监听。手机里安装的App越多，数据安全风险就越高。

随着物联网的发展，各种各样的智能家电和高科技电子产品都逐渐走进了我们的家庭，并且通过物联网实现了互联互通。例如，我们在办公室就可以远程操控家里的摄像头、空调、门锁、电饭煲等。这些物联网化的智能家居产品为我们的生活增添了很多乐趣，提供了各种便利，营造出了更加舒适温馨的生活氛围。

但是，部分智能家居产品存在安全问题也是不争的事实，使用户的数据安全面临极大的风险，容易造成用户隐私的泄露。例如，部分网络摄像头产品被黑客攻破，黑客可以远程随意查看相关用户的网络摄像头的视频内容。

2018年3月，美国Facebook约5000万用户隐私数据发生泄露，扭转了大众对大数据风险的传统认知，大数据风险的话题不再只是个人和企业层面的保护问题，更是深入涉及政治权力的攫取，直接影响社会稳定和国家政治安全。

总的来说，数据从静态安全到动态安全的转变，使得数据安全不再只是确保数据本身的保密性、完整性和可用性，更承载着个人、企业、国家等多方主体的利益诉求，关涉个人权益保障、企业知识产权保护、市场秩序维持、产业健康生态建立、社会公共安全乃至国家安全维护等诸多问题。

1. 个人和企业信息安全问题

第2章"2.4.3大数据伦理及典型问题"中的隐私泄露问题和数据滥用问题也是大数据安全问题。人类进入大数据时代以来，数据泄露事件时有发生。2011年4月，日本索尼的PlayStation Network遭受黑客攻击，导致约770万用户数据外泄，引发了新媒体传输的信用危机。2012年6月，商务社交网站LinkedIn约650万用户的密码遭泄露，被发布在俄罗斯一家黑客网站上。

2013年9月，欧盟官员在第四届欧洲数据保护年会上表示，92%的欧洲人认为智能手机的应用未经允许就收集个人数据，89%的欧洲智能手机机主的个人数据被非法收集。2014年1月，澳大利亚政府网站约60万份个人信息遭泄露。2014年1月，德国约1600万网络用户的邮箱信息被盗。2014年3月，韩国电信约1200万用户信息遭泄露。

2014年1月，支付宝前技术员工涉嫌将多达20GB的用户数据非法贩卖给他人，这一事件引起广泛关注；2月17日，乌云漏洞报告平台又发布两条消息称，淘宝爆出重大安全漏洞，黑客通过搜索引擎，无须密码即可登录淘宝用户账号，直接获取用户的账户余额、交易记录、收货地址、姓名、手机号码等敏感隐私信息；同年3月，携程旅行爆发"安全门"事件，携程旅行安全支付日志存在漏洞，导致大量用户银行卡信息泄露，引发一场"换卡潮"。

专栏3-7

12306数据泄露与"撞库"事件

中国铁路客户服务中心(12306)是铁路服务客户的重要窗口，集成全路客货运输信息，为社会和铁路客户提供客货运输业务和公共信息查询服务。2014年12月25日，中国铁路12306官方网站被指流出约13万用户数据，其中包括姓名、身份证号、手机号、用户名、密码等敏感信息。事发第二天，中国铁路总公司官方微博称，铁路公安机关于12月25日晚将嫌疑人蒋某某、施某某成功抓获，嫌疑人通过某游戏网站以及其他多个网站泄露的用户名和密码信息，尝试登录其他网站进行"撞库"，非法获取用户的其他信息，并谋取非法利益。

所谓"撞库"，是指黑客通过收集互联网已泄露的用户名和密码信息，生成对应的字典表，尝试批量登录其他网站后，得到一系列可以登录的账号。很多用户在不同网站使用的是相同的账号，因此黑客可以通过获取用户在A网站的账户从而尝试登录B网站。简单来说，就是黑客"凑巧"获取到了一些用户的数据(用户名和密码)，再将这些数据应用到其他网站的登录系统中。

2017年，美国健康医疗数据库发生918 000人的完整信息泄露事件。数据包含个人信息和健康相关信息，如姓名、地址、出生日期、电话号码、电子邮件地址、社会保险号码、健康保险信息，以及他们需要的产品、与健康问题类型有关的其他数据。

数据安全公司Gemalto发布的《2017数据泄露水平指数报告》显示，2017年上半年全球范围内数据泄露总量约为19亿条，超过2016年全年总量(14亿条)，比2016年下半年增长了约160%，数据泄露的数目呈逐年上升的趋势。仅2017年，全球就发生了多起影响重大的数据泄露事件，如美国共和党下属数据分析公司、征信机构先后发生大规模用户数据泄露事件，影响人数均达到亿级规模。2017年11月，美国五角大楼由于AWS S3配置错误，意外暴露了美国国防部的分类数据库，其中包含美国当局在全球社交媒体平台中收集到的约18亿用户的个人信息。2017年11月，两名黑客通过外部代码托管网站GitHub获得了Uber工程师在AWS上的账号和密码，从而盗取了约5000万乘客的姓名、电子邮件和电话号码，以及约60万名美国司机的姓名和驾照号码。

在我国，数据泄露事件也时有发生。2017年，京东试用期员工与网络黑客勾结，盗取涉及交通、物流、医疗等个人信息约50亿条，在网络黑市贩卖。2018年6月，一位ID为"f666666"的用户在暗网上开始兜售圆通10亿条快递数据，数据信息包括寄(收)件人姓名、电话、地址等，10亿条数据已经经过去重处理，数据重复率低于20%，并以1比特币打包出售。2018年8月，华住集团旗下多个连锁酒店开房信息数据被放在暗网进行出售，受到影响的酒店包括汉庭、美爵、禧玥、漫心、诺富特、美居、CitiGo、桔子、全季、星程、宜必思、怡莱、海友等，泄露数据总数更是近5亿条。2018年12月，一位名叫Bob Diachenko的网友在国外社交平台Twitter上爆料，一个包含2.02亿份中国人简历信息的数据库被泄露，这些简历内容非常详细，包括姓名、生日、手机号码、邮箱、婚姻状况、政治面貌和工作经历等。

专栏3-8

免费Wi-FI窃取用户信息

Wi-Fi又称为"移动热点"。作为当今使用最广的一种无线网络传输技术，Wi-Fi能够将其覆盖区域内的笔记本电脑、手机和平板电脑等设备与互联网高速连接，使人们可以随时随地上网冲浪。随着智能手机和平板电脑的普及，这项免费便捷的无线网络技术越来越受到人们的欢迎。免费的Wi-Fi已经成为宾馆、酒店、咖啡厅、餐厅，以及各色商铺的标准配置，"免费Wi-Fi"的标志在城市里几乎随处可见。

许多年轻人无论走到哪里，总是喜欢先搜寻一下无线网络，"有免费Wi-Fi吗？密码是多少？"也成为他们消费时向商家询问最多的问题。不过，在免费上网的背后，其实也存在着不小的信息安全风险，或许一不小心，就落入了黑客们设计的Wi-Fi陷阱之中。

曾经有黑客在某网络论坛发帖称，只需要一台计算机、一套无线网络设备和一个网络包分析软件，他就能轻松地搭建出一个不设密码的Wi-Fi，而其他用户一旦用移动设备连接这个Wi-Fi，之后使用手机浏览器登录电子邮箱、网络论坛等账号时，他就能很快分析出该用户的各种密码，进而窃取用户的私密信息，甚至利用用户的QQ、微博、微信等通信工具发布广告或诈骗信息。

整个过程非常简单，黑客往往几分钟内就能得手。而这种说法，也在专业实验中被多次证实。随着Wi-Fi运用的普及，除了黑客，许多商家也在Wi-Fi这一平台上打起了自己的算盘。通过Wi-Fi后台记录上网者的手机号等联系信息，可以更加有针对性地投放广告短信，达到精准营销、招揽顾客的目的。许多顾客在使用Wi-Fi之后会收到大量的广告短信，甚至自己的手机号码也会被当作信息进行多次买卖。

2020年ForgeRock公布的《消费者身份信息违规报告》指出，网络犯罪分子在2019年暴露了超过50亿条数据记录，给美国组织造成了超过1.2万亿美元的损失。未授权访问、钓鱼邮件和勒索软件是数据泄露的三大主因。

医疗行业是重灾区。医疗保健在2019年成为最被针对的行业，发生了382起违规事件，损失超过24.5亿美元，较2018年发生的164起违规事件和6.33亿美元损失有显著增加。除医疗行业之外，金融行业是2019年泄露最严重的行业，其发生的违规事件占所有违规事件的12%。其次是教育(7%)、政府(5%)和零售(5%)。

尽管医疗行业是最常被攻击的目标行业，但科技公司遭受泄露的记录数量最多，2019年科技行业泄露的记录超过13.7亿条，损失超过2500亿美元。

个人身份信息(personally identifiable information，PII)仍然是攻击者最青睐的数据，并且在2019年的泄露数据中占比98%。未经授权的访问是2019年最常见的攻击媒介，造成40%的破坏，其次是勒索软件和恶意软件，分别占15%，网络钓鱼占14%。

针对PII并利用未经授权的访问，网络犯罪分子可以突破企业身份识别与访问管理(identity and access management，IAM)实践中的防御弱点，窃取更多和更敏感的数据类型。社会安全号码(social security number，SSN)是最容易受到攻击的数据类型，占泄露信息的37%，2019年的384次数据泄露中都包含社会安全号码。姓名和地址(18%)、个人健康信息(17%)分别是第二大和第三大数据泄露类型。

《消费者身份信息违规报告》的调查结果表明，没有哪个行业是安全的。企业需要严格评估其数字身份管理策略的弱点。

专栏3-9

收集个人信息的"探针盒子"

近年来，用于收集个人信息的设备大量涌现，被2019年央视"3·15"晚会曝光的"探针盒子"就是一款自动收集用户隐私的产品。当用户手机的无线局域网处于打开状态时，会向周围发出寻找无线网络的信号，探针盒子发现这个信号后，就能迅速识别出用户手机的MAC(medium access control，介质访问控制)地址，并将其转换成IMEI(international mobile equipment identity，国际移动设备标志)，再转换成手机号码，然后向用户发送定向广告。一些公司将这种小盒子放在商场、超市、便利店、写字楼等地，在用户毫不知情的情况下搜集个人信息，甚至包括婚姻状况、教育程度、收入、兴趣爱好等个人信息。

MAC地址也称为局域网地址(LAN Address)、MAC位址、以太网地址(Ethernet Address)或物理地址(Physical Address)，它是一个用来确认网络设备位置的位址。在OSI模型中，第三层网络层负责IP地址，第二层数据链路层则负责MAC位址。MAC地址用于在网络中唯一标识一个网卡，一台设备若有一个或多个网卡，则每个网卡都需要并会有一个唯一的MAC地址。

IMEI即通常所说的手机序列号、手机"串号"，用于在移动电话网络中识别每一部独立的手机等移动通信设备，相当于移动电话的身份证。

2022年6月，支付产业资讯平台PYMNTS与网络诈骗防范平台Riskified合作，对美国市场内2153名电商消费者展开了调查，以了解美国消费者对线上购物体验以及电商卖家服务的总体看法。结果显示，有23%的受访者表明个人数据泄露是自己在购物时的最大担忧，还有21%的受访者最担心在网上被人骗取钱财。

据美国《纽约邮报》2023年4月19日报道，美国联邦政府下属机构消费者金融保护局(CFPB)被曝出现严重数据泄露丑闻，一名员工将大约25.6万消费者的机密数据发送至私人邮箱。该机构称其为"重大事件"。CFPB表示，该名雇员获得访问这些数据的授权，其中包括来自7家机构的消费者身份信息，如姓名和交易账户等。这些数据被雇员用65封邮件发送至个人电子邮箱。美国众议院金融服务委员会主席帕特里克·麦克亨利(Patrick McHenry)认为，此次违规事件引发人们对CFPB如何保护消费者个人身份信息的担忧。

IBM Security发布的年度《数据泄露成本报告》显示，2023年全球数据泄露的平均成本达到445万美元(约3248万元人民币)，创下该报告有史以来的最高纪录，也较过去三年均值增长了15%。同一时期内，检测安全漏洞和漏洞恶化带来的安全成本上升了42%，这也表明，企业应对漏洞的调查和处理正在变得更加复杂。

《数据泄露成本报告》基于对2022年3月至2023年3月期间全球553个组织所经历的真实数据泄露的深入分析，提供了一些关于威胁的见解，以及升级网络安全和最大程度减少损失的实用建议。企业在计划如何处理日益增加的成本和频繁的数据泄露方面存在分歧。研究发现，虽然95%的研究组织经历过不止一次的数据泄露事件，但被泄露的组织更有可能将事件成本转嫁给消费者(57%)，而不是增加安全投资(51%)。

专栏3-10

手机App"私自窃密"

个人信息买卖已形成一条规模大、链条长、利益大的产业链，这条产业链结构完整、分工细化，个人信息被明码标价。个人信息泄露的一条主要途径就是经营者未经本人同意暗自收集个人信息，然后出售或非法向他人提供个人信息。《数据安全法》第三十二条指出，任何组织、个人收集数据，应当采取合法、正当的方式，不得窃取或者以其他非法方式获取数据。

在我们的日常生活中，部分手机App往往会"私自窃密"。例如，部分记账理财App会通过留存消费者的个人网银登录账号、密码等信息，模仿消费者登录网银的方式，获取账户交易明细等信息。有的App在提供服务时，采取特殊方式来获得用户授权，这本质上仍属"未经同意"。例如，在用户协议中，将"同意"选项设置为较小字体，且预先勾选，导致部分消费者在未知情况下进行授权。

手机App过度采集个人信息呈现普遍趋势，最突出的是在非必要的情况下获取位置信息和访问联系人权限。例如，天气预报这类功能单一的手机App，在安装协议中也提出要读取通讯录，这与《全国人民代表大会常务委员会关于加强网络信息保护的决定》明确规定的手机App在获取用户信息时要坚持"必要"原则相悖。面对一些存在"过分"权限要求的App，很多时候，用户只能被迫选择接受，因为不接受就无法使用App。

2019年央视"3·15"晚会就点名了一款叫"社保掌上通"的手机App，在晚会现场，经主持人实际操作发现，当用户在该App上输入身份证号、社保账号、手机号等信息完成注册后，计算机远程就能获取用户的几乎所有信息，而且"社保掌上通"还通过不平等、不合理条款强制索取用户隐私，并且未得到政府相关部门的官方授权。

经央视曝光后，工信部立即启动应用商店联动处置机制，要求腾讯、百度、华为、小米、OPPO、vivo、360等国内主要应用商店全面下架"社保掌上通"App，并对"社保掌上通"手机App的责任主体杭州递金网络科技有限公司进行核查处理。

此外，在微信朋友圈广泛传播的各种测试小程序，也可能会窃取用户个人信息。众多网友在授权登录测试页面时，微信号、QQ号、姓名、生日、手机号等很多个人信息都会被测试程序获得，这些信息很可能被用作商业途径，对网友的切身利益造成损害。

此外，不法分子还设计了更加隐蔽的个人信息获取方式。例如，有些测试小程序负责收集参与测试用户的个人喜好，有些测试小程序负责收集用户的收入水平，有些测试小程序负责收集用户的朋友关系。这样，虽然用户参与某个测试只是提供了部分个人信息，但是长此以往，当用户参与了多个测试以后，不法分子就可以获得用户较为全面的个人信息。

2. 国家数据安全问题

大数据作为一种社会资源，不仅给互联网领域带来了变革，同时也给全球的政治、经济、军事、文化、生态等带来了影响，已经成为衡量综合国力的重要标准。大数据事关国家主权和安全，必须加以高度重视。

《数据安全法》第四条指出，维护数据安全，应当坚持总体国家安全观，建立健全数据安全治理体系，提高数据安全保障能力。第五条指出，中央国家安全领导机构负责国家数据安全工作的决策和议事协调，研究制定、指导实施国家数据安全战略和有关重大方针政策，统筹协调国家数据安全的重大事项和重要工作，建立国家数据安全工作协调机制。第二十一条第二款强调，关系国家安全、国民经济命脉、重要民生、重大公共利益等数据属于国家核心数据，实行更加严格的管理制度。

1) 大数据成为国家之间博弈的新战场

大数据意味着海量的数据，也意味着更复杂、更敏感的数据，特别是关系国家安全和利益的数据，如国防建设数据、军事数据、外交数据等，极易成为网络攻击的目标。一旦机密情报被窃取或泄露，就会影响整个国家的命运。

"维基解密"(扫描二维码获悉)网站泄露美国军方机密，影响之深远，令美国政府"愤慨"。美国国家安全顾问和白宫发言人强烈谴责"维基解密"的行为危害了其国家安全，置美军和盟友的安全于不顾。2010年3月，一份由美国军方反谍报机构在2008年制作的军方机密报告称，"维基解密"的行为已经对美国军方机构的情报安全和运作安全构成了严重的威胁。这份机密报告还称，该网站泄露的一些机密可能会影响美国军方在国内和海外的运作安全。

维基解密

2010年，"维基解密"曝光了大量阿富汗战争和伊拉克战争期间美国的外交电报和美军机密文件，揭发了美军的战争罪行。阿桑奇随即身陷官司，美国对他提出了17项间谍罪名和1项不当使用计算机罪名的指控。

2013年6月，爱德华·斯诺登(Edward Snowden)将美国国家安全局关于"棱镜计划"(扫描二维码获悉)的秘密文档披露给了《卫报》和《华盛顿邮报》，引起世界关注。举世瞩目的"棱镜门"事件昭示着国家安全仍面临大数据的严峻挑战。在大数据时代，数据安全问题的严重性愈发凸显，几乎已超过其他传统安全问题。

棱镜计划

此外，对于数据的跨国流通，若没有掌握数据主权，则势必影响国家主权。因为发达国家的跨国公司或政府机构凭借其高科技优势，通过各种渠道收集、分析、存储及传输数据的能力强于发展中国家，若发展中国家向外国政府或企业购买其所需数据，只要卖方有所保留(如重要的数据故意不提供)，其在数据不完整的情形下则无法做出正确的形势研判，经济上的竞争力势必"大打折扣"，发展中国家在经济发展的自主权上也会受到侵犯。

无限制的数据跨国流通，尤其是当一国经济、政治方面的数据均由他国收集、分析进而控制的时候，数据输出国会以其特有的价值观等对所收集的数据加以分析研判，无形中会主导数据输入国的价值观及世界观，对该国文化主权造成威胁。此外，对数据跨国流通不加限制还会导致国内大数据产业仰他人鼻息求生，无法自立自足，从而丧失本国的数据主权，危及国家安全。

因此，大数据安全已经成为非传统安全因素，受到各国的重视。大数据重新定义了大国博弈的空间，国家强弱不仅以政治、经济、军事实力为着眼点，数据主权同样决定国家的命运。目前，电子政务、社交媒体等已经扎根在人们的生活方式、思维方式中，各个行业的有序运转已经离不开大数据，此时，数据一旦失守，将会给国家带来不可估量的损失。

2) 自媒体平台成为影响国家意识形态安全的重要因素

自媒体又称"公民媒体"或"个人媒体"，是指私人化、平民化、普泛化、自主化的传播者，以现代化、电子化的手段，向不特定的大多数或特定的单个人传递规范性及非规范性信息的新媒体的总称。自媒体平台包括微博、微信、抖音、百度贴吧、论坛/BBS等。

大数据时代的到来重塑了媒体表达方式，传统媒体不再一枝独秀，自媒体迅速崛起，使得每个人都是自由发声的独立媒体，都有在网络平台发表自己观点的权利。但是，自媒体的发展良莠不齐，一些自媒体平台上垃圾文章、低劣文章层出不穷，一些自媒体甚至为了追求点击率，不惜突破道德底线发布虚假信息，受众群体难以分辨真伪，冲击主流发布的权威性。

网络舆情是人民参政议政、舆论监督的重要反映，但是网络的通达性使其容易受到境外敌对势力的利用和渗透，成为民粹主义的传播渠道，削弱国家主流意识形态的传播，对国家的主权安全、意识形态安全和政治制度安全都会产生很大影响。

3.5.4　应对大数据安全问题

《中华人民共和国数据安全法》第八条明确提出，开展数据处理活动，应当遵守法律、法规，尊重社会公德和伦理，遵守商业道德和职业道德，诚实守信，履行数据安全保护义务，承担社会责任，不得危害国家安全、公共利益，不得损害个人、组织的合法权益。

1. 从法律角度保护数据安全

2021年6月10日，为了规范数据处理活动，保障数据安全，促进数据开发利用，保护个人、组织的合法权益，维护国家主权、安全和发展利益，中华人民共和国全国人民代表大会常务委员会制定并发布了《中华人民共和国数据安全法》(以下简称《数据安全法》)。

《数据安全法》首先界定了什么是数据安全,既是一种状态,也是一种能力。第三条第三款指出,数据安全,是指通过采取必要措施,确保数据处于有效保护和合法利用的状态,以及具备保障持续安全状态的能力。

其次,明确了数据安全的责任部门。第六条指出,各地区、各部门对本地区、本部门工作中收集和产生的数据及数据安全负责。工业、电信、交通、金融、自然资源、卫生健康、教育、科技等主管部门承担本行业、本领域数据安全监管职责。公安机关、国家安全机关等依照本法和有关法律、行政法规的规定,在各自职责范围内承担数据安全监管职责。国家网信部门依照本法和有关法律、行政法规的规定,负责统筹协调网络数据安全和相关监管工作。

然后,强调了要统筹发展和安全两个大局,既不能因为安全而影响发展,也不能为了发展而忽视了安全;同时强调建设数据开发利用技术和数据安全标准体系。第十三条指出,国家统筹发展和安全,坚持以数据开发利用和产业发展促进数据安全,以数据安全保障数据开发利用和产业发展。第十六条指出,国家支持数据开发利用和数据安全技术研究,鼓励数据开发利用和数据安全等领域的技术推广和商业创新,培育、发展数据开发利用和数据安全产品、产业体系。第十七条指出,国家推进数据开发利用技术和数据安全标准体系建设。

最后,提出了建立数据分类分级保护制度和数据安全审查制度。第二十一条指出,国家建立数据分类分级保护制度,根据数据在经济社会发展中的重要程度,以及一旦遭到篡改、破坏、泄露或者非法获取、非法利用,对国家安全、公共利益或者个人、组织合法权益造成的危害程度,对数据实行分类分级保护。关系国家安全、国民经济命脉、重要民生、重大公共利益等数据属于国家核心数据,实行更加严格的管理制度。第二十四条指出,国家建立数据安全审查制度,对影响或者可能影响国家安全的数据处理活动进行国家安全审查。

2. 从发展规划角度推动数据安全

《国家"十四五"规划纲要》概括性提出,加强网络安全保护。健全国家网络安全法律法规和制度标准,加强重要领域数据资源、重要网络和信息系统安全保障。建立健全关键信息基础设施保护体系,提升安全防护和维护政治安全能力。加强网络安全风险评估和审查。加强网络安全基础设施建设,强化跨领域网络安全信息共享和工作协同,提升网络安全威胁发现、监测预警、应急指挥、攻击溯源能力。加强网络安全关键技术研发,加快人工智能安全技术创新,提升网络安全产业综合竞争力。加强网络安全宣传教育和人才培养。

1) 《"十四五"大数据产业发展规划》

《"十四五"大数据产业发展规划》(以下简称《规划》)明确提出,坚持安全是发展的前提,发展是安全的保障,安全和发展并重,切实保障国家数据安全,全面提升发展的持续性和稳定性,实现发展质量、规模、效益、安全相统一。

《规划》指出,"十三五"时期我国大数据产业取得了重要突破,但仍然存在一些制约因素。其中之一就是安全机制不完善,数据安全产业支撑能力不足,敏感数据泄露、违法跨境数据流动等隐患依然存在。

为此，《规划》进一步指出，强化市场监管，健全风险防范处置机制。建立数据要素应急配置机制，提高应急管理、疫情防控、资源调配等紧急状态下的数据要素高效协同配置能力。同时，确定了"十四五"期间六项主要任务之一——筑牢数据安全保障防线，包含以下两方面内容。

一是完善数据安全保障体系。强化大数据安全顶层设计，落实网络安全和数据安全相关法律法规和政策标准。鼓励行业、地方和企业推进数据分类分级管理、数据安全共享使用，开展数据安全能力成熟度评估、数据安全管理认证等。加强数据安全保障能力建设，引导建设数据安全态势感知平台，提升对敏感数据泄露、违法跨境数据流动等安全隐患的监测、分析与处置能力。

二是推动数据安全产业发展。支持重点行业开展数据安全技术手段建设，提升数据安全防护水平和应急处置能力。加强数据安全产品研发应用，推动大数据技术在数字基础设施安全防护中的应用。加强隐私计算、数据脱敏、密码等数据安全技术与产品的研发应用，提升数据安全产品供给能力，做大做强数据安全产业。

《规划》提出，完善数据管理能力评估体系，实施数据安全管理认证制度，推动《数据管理能力成熟度评估模型》、数据安全管理等国家标准贯标，持续提升企事业单位数据管理水平。强化数据分类分级管理，推动数据资源规划，打造分类科学、分级准确、管理有序的数据治理体系，促进数据真实可信。

2)《"十四五"数字经济发展规划》

《"十四五"数字经济发展规划》指出，着力强化数字经济安全体系。推动数据分类分级管理，强化数据安全风险评估、监测预警和应急处置。

(1) 增强网络安全防护能力。强化落实网络安全技术措施同步规划、同步建设、同步使用的要求，确保重要系统和设施安全有序运行。加强网络安全基础设施建设，强化跨领域网络安全信息共享和工作协同，健全完善网络安全应急事件预警通报机制，提升网络安全态势感知、威胁发现、应急指挥、协同处置和攻击溯源能力。提升网络安全应急处置能力，加强电信、金融、能源、交通运输、水利等重要行业领域关键信息基础设施网络安全防护能力，支持开展常态化安全风险评估，加强网络安全等级保护和密码应用安全性评估。支持网络安全保护技术和产品研发应用，推广使用安全可靠的信息产品、服务和解决方案。强化针对新技术、新应用的安全研究管理，为新产业新业态新模式健康发展提供保障。加快发展网络安全产业体系，促进拟态防御、数据加密等网络安全技术应用。加强网络安全宣传教育和人才培养，支持发展社会化网络安全服务。

(2) 提升数据安全保障水平。建立健全数据安全治理体系，研究完善行业数据安全管理政策。建立数据分类分级保护制度，研究推进数据安全标准体系建设，规范数据采集、传输、存储、处理、共享、销毁全生命周期管理，推动数据使用者落实数据安全保护责任。依法依规加强政务数据安全保护，做好政务数据开放和社会化利用的安全管理。依法依规做好网络安全审查、云计算服务安全评估等，有效防范国家安全风险。健全完善数据跨境流动安全管理相关制度规范。推动提升重要设施设备的安全可靠水平，增强重点行业数据安全保障能力。进一步强化个人信息保护，规范身份信息、隐私信息、生物特征信息的采集、传输和使用，加强对收集使用个人信息的安全监管能力。

(3) 切实有效防范各类风险。强化数字经济安全风险综合研判，防范各类风险叠加可能引发的经济风险、技术风险和社会稳定问题。引导社会资本投向原创性、引领性创新领域，避免低水平重复、同质化竞争、盲目跟风炒作等，支持可持续发展的业态和模式创新。坚持金融活动全部纳入金融监管，加强动态监测，规范数字金融有序创新，严防衍生业务风险。推动关键产品多元化供给，着力提高产业链供应链韧性，增强产业体系抗冲击能力。引导企业在法律合规、数据管理、新技术应用等领域完善自律机制，防范数字技术应用风险。健全失业保险、社会救助制度，完善灵活就业的工伤保险制度。健全灵活就业人员参加社会保险制度和劳动者权益保障制度，推进灵活就业人员参加住房公积金制度试点。探索建立新业态企业劳动保障信用评价、守信激励和失信惩戒等制度。着力推动数字经济普惠共享发展，健全完善针对未成年人、老年人等各类特殊群体的网络保护机制。

2023年出台的《数字中国建设整体布局规划》也明确指出，筑牢可信可控的数字安全屏障。切实维护网络安全，完善网络安全法律法规和政策体系。增强数据安全保障能力，建立数据分类分级保护基础制度，健全网络数据监测预警和应急处置工作体系。

专栏3-11

首席数据安全官

首席数据安全官(chief data security officer，简称CDSO)，是指在企业中负责整个机构的数据安全策略，监控、治理、控制、协调企业内部的数据安全工作、政策制定和有效利用的高级管理人员。包括信息技术、人力资源、通信、合规性、设备管理，以及其他组织数据安全管理工作的专业技术人才。

2023年1月13日，工信部等十六部门联合发布《关于促进数据安全产业发展的指导意见》(以下简称《意见》)。《意见》要求加强人才队伍建设，推动普通高等院校和职业院校加强数据安全相关学科专业建设，强化课程体系、师资队伍和实习实训等。制定颁布数据安全工程技术人员国家职业标准，鼓励科研机构、普通高等院校、职业院校、优质企业和培训机构深化产教融合、协同育人，通过联合培养、共建实验室、创建实习实训基地、线上线下结合等方式，培养实用型、复合型数据安全专业技术技能人才和优秀管理人才。推进通过职业资格评价、职业技能等级认定、专项职业能力考核等，建立健全数据安全人才选拔、培养和激励机制，遴选推广一批产业发展急需、行业特色鲜明的数据安全优质培训项目。

2023年4月28日，国家市场监督管理总局认证认可技术研究中心发布《市场监管总局认研中心关于开展人员能力验证工作(第四批)的通知》，面向社会正式开展人员能力验证工作。其中包含首席数据安全官能力验证。

3. 从治理体系角度保障数据安全

《"十四五"数字经济发展规划》(以下简称《规划》)在分析形势时指出，我国数字经济发展也面临一些问题和挑战，其中之一就是数字经济治理体系需进一步完善。《规划》提出，坚持公平竞争、安全有序。突出竞争政策基础地位，坚持促进发展和监管规范并重，健全完善协同监管规则制度，强化反垄断和防止资本无序扩张，推动平台经济规范健康持续发展，建立健全适应数字经济发展的市场监管、宏观调控、政策法规体系，牢牢守住安全底线。

《规划》明确提出"十四五"发展目标之一 —— 数字经济治理体系更加完善。协调统一的数字经济治理框架和规则体系基本建立，跨部门、跨地区的协同监管机制基本健全。政府数字化监管能力显著增强，行业和市场监管水平大幅提升。政府主导、多元参与、法治保障的数字经济治理格局基本形成，治理水平明显提升。与数字经济发展相适应的法律法规制度体系更加完善，数字经济安全体系进一步增强。

《规划》指出，健全完善数字经济治理体系。

(1) 强化协同治理和监管机制。规范数字经济发展，坚持发展和监管两手抓。探索建立与数字经济持续健康发展相适应的治理方式，制定更加灵活有效的政策措施，创新协同治理模式。明晰主管部门、监管机构职责，强化跨部门、跨层级、跨区域协同监管，明确监管范围和统一规则，加强分工合作与协调配合。深化"放管服"改革，优化营商环境，分类清理规范不适应数字经济发展需要的行政许可、资质资格等事项，进一步释放市场主体创新活力和内生动力。鼓励和督促企业诚信经营，强化以信用为基础的数字经济市场监管，建立完善信用档案，推进政企联动、行业联动的信用共享共治。加强征信建设，提升征信服务供给能力。加快建立全方位、多层次、立体化监管体系，实现事前事中事后全链条全领域监管，完善协同会商机制，有效打击数字经济领域违法犯罪行为。加强跨部门、跨区域分工协作，推动监管数据采集和共享利用，提升监管的开放、透明、法治水平。探索开展跨场景跨业务跨部门联合监管试点，创新基于新技术手段的监管模式，建立健全触发式监管机制。加强税收监管和税务稽查。

(2) 增强政府数字化治理能力。加大政务信息化建设统筹力度，强化政府数字化治理和服务能力建设，有效发挥对规范市场、鼓励创新、保护消费者权益的支撑作用。建立完善基于大数据、人工智能、区块链等新技术的统计监测和决策分析体系，提升数字经济治理的精准性、协调性和有效性。推进完善风险应急响应处置流程和机制，强化重大问题研判和风险预警，提升系统性风险防范水平。探索建立适应平台经济特点的监管机制，推动线上线下监管有效衔接，强化对平台经营者及其行为的监管。

(3) 完善多元共治新格局。建立完善政府、平台、企业、行业组织和社会公众多元参与、有效协同的数字经济治理新格局，形成治理合力，鼓励良性竞争，维护公平有效市场。加快健全市场准入制度、公平竞争审查机制，完善数字经济公平竞争监管制度，预防和制止滥用行政权力排除限制竞争。进一步明确平台企业主体责任和义务，推进行业服务标准建设和行业自律，保护平台从业人员和消费者合法权益。开展社会监督、媒体监督、公众监督，培育多元治理、协调发展新生态。鼓励建立争议在线解决机制和渠道，制定并公示争议解决规则。引导社会各界积极参与推动数字经济治理，加强和改进反垄断执法，畅通多元主体诉求表达、权益保障渠道，及时化解矛盾纠纷，维护公众利益和社会稳定。

《数字中国建设整体布局规划》也明确提出，建设公平规范的数字治理生态。详见第1章 "1.3.3《国家"十四五"规划纲要》与《数字中国建设整体布局规划》"的相关内容。

关键术语

发展规划；数据规划；数据飞轮；OSM模型；UJM模型；场景化；指标分级；组织架构；首席数据官；数据孤岛；政府信息公开；政府数据开放；数据共享；用户行为数据；用户属性数据；用户交易数据；客户数据平台(CDP)；大数据交易；大数据安全；首席数据安全官；埋点；无埋点。

本章内容结构

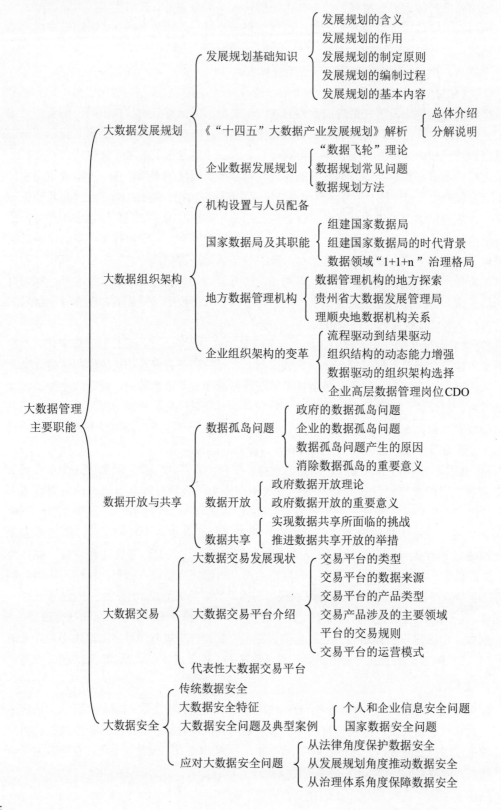

技术篇

第4章

大数据相关技术

学习目标与重点

- 了解云部署的类型，云计算的应用，云计算数据中心，互联网的由来，网络核心协议，互联网、因特网、万维网三者之间的关系，自动识别技术的产生、分类及其他前端感知技术，人工智能技术及产品，区块链的基本概念、工作原理、主要技术特征和主要类型。
- 掌握云计算的内涵、服务模式，自动识别技术的含义，物联网的内涵及应用，人工智能的内涵及应用，区块链的核心技术。
- 重点掌握云计算关键技术，条码、射频、图像、人体特征等主要自动识别技术，人工智能的关键技术，大数据与云计算、物联网、人工智能、区块链之间的关系。
- 难点：传感器技术、图像识别技术、人工智能关键技术、区块链核心技术。

导入案例

ChatGPT风靡全球

ChatGPT(Chat Generative Pre-trained Transformer)是美国人工智能研究实验室OpenAI研发的一款聊天机器人程序，于2022年11月30日发布。

ChatGPT是人工智能技术驱动的自然语言处理工具，使用了Transformer神经网络架构，也是GPT-3.5架构，这是一种用于处理序列数据的模型，拥有语理理解和文本生成能力，而且它会通过连接大量的语料库来训练模型，这些语料库包含了真实世界中的对话，使得ChatGPT具备上知天文下知地理的能力。ChatGPT能够基于在预训练阶段所见的模式和统计规律来生成回答，还能根据聊天的上下文进行互动，真正像人类一样进行交流。ChatGPT不单是聊天机器人，还能完成撰写邮件、视频脚本、文案、代码等任务。

2022年11月底，人工智能对话聊天机器人ChatGPT推出，迅速在社交媒体上走红，短短5天，注册用户数就超过100万。截至2023年1月末，ChatGPT的月活跃用户人数已突破1亿。如此短的时间，这款新一代对话式人工智能便在全球范围狂揽1亿名用户，并成功从科技界破圈，成为史上增长最快的消费者应用程序。

2023年2月2日，微软官方公告表示：旗下所有产品将全线整合ChatGPT，除此前宣布的搜索引擎必应、Office外，微软还将在云计算平台Azure中整合ChatGPT，Azure的OpenAI服务将允许开发者访问AI模型。

2023年3月15日，OpenAI正式推出GPT-4。GPT-4是多模态大模型，即支持图像和文本输入，以及文本输出，拥有强大的识图能力，文字输入限制提升到了2.5万字。GPT-4的特点在于：第一，它的训练数量更大；第二，支持多元的输出输入形式；第三，在专业领域的学习能力更强。

2023年7月，OpenAI发布公告称给ChatGPT增加了一个名为Custom instructions的新功能：在系统层面给聊天机器人定制化一些指令，令机器人更具有个性化特色的同时，更好地贴近使用者的需求。7月25日，OpenAI宣布，安卓版ChatGPT已正式上线。

2023年8月28日，OpenAI在官网宣布推出企业版ChatGPT，将提供企业级安全和隐私保护、无限高速的GPT-4访问、处理更长输入的上下文窗口、高级数据分析能力、定制选项等。据该公司介绍，自ChatGPT推出九个月以来，超过80%的财富500强公司团队已采用该产品。

2023年9月25日，OpenAI官网宣布推出新版ChatGPT，增加了语音输入和图像输入两项新功能。11月，OpenAI前总裁兼董事长Greg Brockman宣布，所有用户均可使用其语音功能ChatGPT Voice。

2023年11月7日，在首届OpenAI开发者大会上，OpenAI宣布允许用户构建自定义版ChatGPT完成特定的个人和专业任务。用户能快速创建自己专用版本的ChatGPT，可以用于解释棋盘游戏的规则等。

资料来源：Chat GPT. 百度百科[EB/OL]. https://baike.baidu.com/. 作者有删改

思考：

1. 通用人工智能可能带来哪些机遇与挑战？

2. 人工智能的主要发展方向是什么？

《数字中国建设整体布局规划》指出，打通数字基础设施大动脉。加快5G网络与千兆光网协同建设，深入推进IPv6规模部署和应用，推进移动物联网全面发展，大力推进北斗规模应用。系统优化算力基础设施布局，促进东西部算力高效互补和协同联动，引导通用数据中心、超算中心、智能计算中心、边缘数据中心等合理梯次布局。整体提升应用基础设施水平，加强传统基础设施数字化、智能化改造。以上任务的落实都与大数据相关技术息息相关，这是从基础设施方面夯实数字中国建设基础。

大数据相关技术包括云计算、物联网、人工智能和区块链等新一代的信息技术，这些技术并不是单一的信息技术，而是依托现有技术，加以独特性的组合及创新，从而实现以前无法实现的功能。至于应用，往往不是孤立地运用某一种技术，而是综合性地运用多种技术。

因此，本章重点介绍各相关技术的内涵、本质、特点、关键技术、工作模式和主要类型等内容，即着重突出各种技术独特性的一面，一般性的技术、泛泛的应用一带而过。关于应用部分，重点在应用篇，应用篇不仅介绍了大数据及其技术的应用，也包含了各种相关技术的应用，是各种技术的综合运用。

4.1　云计算

大数据时代的"云计算"类似于"公用电网"和"自来水管网"。正如公用电网取代了自己发电、自来水取代了挖井取水，有了云计算，企业自备的数据中心变得多余。

4.1.1　云计算的内涵

云计算(cloud computing)是分布式计算的一种，指的是先通过网络"云"将巨大的数据计算处理程序分解成无数个小程序，然后通过多部服务器组成的系统处理和分析这些小程序，最后得到结果并返回给用户。

早期的云计算就是简单的分布式计算，负责任务分发和计算结果的合并。因而，云计算又称为网格计算。这项技术可以在很短的时间内(几秒钟)完成对数以万计的数据的处理，从而提供强大的网络服务。

现阶段所说的云服务已经不单单是一种分布式计算，而是分布式计算、效用计算、负载均衡、并行计算、网络存储、热备份冗杂和虚拟化等计算机技术混合演进并跃升的结果。

云计算实现了通过网络提供可伸缩的、廉价的分布式计算能力，用户只需要在具备网络接入条件的地方，就可以随时随地获得所需的各种IT资源。云计算代表了以虚拟化技术为核心、以低成本为目标、动态可扩展的网络应用基础设施，具备按需分配、灵活配置、弹性收费等特点，目前已经得到广泛应用。

2006年，亚马逊公司推出了早期的云计算产品——亚马逊网络服务(Amazon Web Service，AWS)。尽管AWS的名字中并没有出现"云计算"三个字，但是其产品形态本质上就是云计算。目前，云计算已经有十几年的发展历史，然而，对于云计算的准确定义，在社会公众层面仍然存在很多误解。

当前比较公认的是美国国家标准及技术协会(National Insitute of Standards and Techndogy，NIST)给出的定义：云计算是一种通过网络按需提供的、可动态调整的计算服务。其实质是将原本运行在单个计算机或服务器的数据存储、数据处理与数据分析转移到互联网上的大量分布式计算机资源池中，使用者可以按照需要获取相应的计算能力、存储空间和部署软件的一种计算资源的新型使用模式。

《大数据导论》一书中指出，云计算是一种全新的技术，包含了虚拟化、分布式存储、分布式计算、多租户等关键技术。但是，如果从技术角度去理解，我们往往无法抓住云计算的本质。要想准确理解云计算，就需要从商业模式的角度切入。

因此，可以从商业模式的角度对云计算进行定义：云计算通过互联网以个性化服务的方式为千家万户提供非常廉价的IT资源。这样，用户就可以在需要时访问这些计算资源，而无须自己拥有和管理它们。这里的"千家万户"包含了政府、企事业单位和个人用户等。

云计算的出现彻底颠覆了人类社会获取IT资源的方式，这里的IT资源包括CPU的处理能力、磁盘的存储空间、网络带宽、系统、软件等。在传统的方式下，企业通过自建机房的方式来获取IT资源；而在云计算的方式下，企业不需要自建机房，只要接入网络，就可以从"云端"租用各种IT资源。这就如同企业"自建电厂"与使用"公用电网"、自家"挖井取水"与使用"自来水"的区别。

传统的IT资源获取方式的主要缺点和挖井取水的缺点基本一样，具体如下。

(1) 初期成本高，周期长。以100GB的磁盘空间为例，在云计算诞生之前，当企业需要获得100GB的磁盘空间时，需要建机房、买设备、聘请IT员工维护。这种做法本质上和"为了喝水而去挖一口井"是一样的，不仅需要投入较高的成本，还需要花费一段时间进行采购、安装和设备调试后才能使用。

(2) 后期需要自己维护，使用成本高。机房的服务器发生故障、软件发生错误等问题，都需要企业自己去解决。为此，企业还需要向维护机房的IT员工支付费用。

(3) IT资源供应量受局限，还会造成一定的浪费。企业的机房建设完成后，配置的IT资源是固定的。例如，若配置了100GB的磁盘空间，那么每天最多只能用100GB，如果要获得更多的磁盘空间，就需要额外采购、安装和调试设备。同时，考虑到未来发展需要或短暂高峰需求，通常在建设机房时会留有一定余量的磁盘空间、带宽和计算能力等，这也会造成闲置时的浪费。

云计算的主要优点和使用自来水的优点基本一样，具体如下。

(1) 初期零成本，瞬时可获得。当用户需要一定的磁盘空间时，不需要自建机房、买设备，只要连接到"云端"，就可以瞬时获得相应的磁盘空间。

(2) 后期免维护，使用成本低。用户只需要使用云计算服务商提供的IT资源，不需要负责云计算设施的维护，如数据中心设施更换、系统维护升级、软件更新等，这些都是云计算服务商负责的工作，和用户无关。而且，与动辄投入十几万元或几十万元去建设机房相比，云计算的使用价格极其低廉，采用"按量计费"的方式收取费用，如1GB的磁盘空间每年收取x元、2GB的磁盘空间每年收取$2x$元。

(3) 按需租用，方便灵活。在供应IT资源量方面，云计算保证"予取予求"，即按需租用，避免浪费；扩展方便，随时随地。云计算可按照多种计价方式(如按次付费或充值使用等)自动控制或量化资源，计量对象可以是存储空间、计算能力、网络带宽或账户数目等。用户可以根据需要快速、灵活、方便地获取和释放计算资源，因此用户无须因短暂高峰需求购入大量资源，只需要在高峰需求时提升租借量，在需求降低时退租即可。释放的资源可以根据其他用户的需求进行动态分配或重新配置。

云计算中的"云"是一种比喻，实际上是指一个庞大的网络系统，其间可以包含成千上万台服务器。对于用户而言，云服务商提供的服务所代表的网络元素(服务器、存储空间、数据库、网络、软件和分析)都是看不见的，仿佛被云所遮盖。因此，云计算所依托的数据中心软硬件设施即所谓的"云"。

从狭义上讲，云计算就是一种提供资源的网络，使用者可以随时获取"云"上的资源，按需求量使用，并且可以将它看成是无限扩展的，只要按使用量付费即可。"云"就像自来水厂一样，人们可以随时接水，并且不限量，按照自己家的用水量，付费给自来水厂即可。

从广义上说，云计算是与信息技术、软件、互联网相关的一种服务，这种计算资源共享池叫作"云"，云计算把许多计算资源集合起来，通过软件实现自动化管理，只需要很少的人参与，就能快速提供资源。也就是说，计算能力作为一种商品，可以在互联网上流通，就像水、电、煤气一样，取用方便，且价格较为低廉。

云计算是继20世纪80年代大型计算机到客户端/服务器(C/S)的大转变之后的又一次革命性变革。网络用户无须了解"云"中基础设施的构成细节，不用具备相应的专业知识，也无须直接进行控制，只需要通过网络连接就可以利用云计算服务。

云计算的资源池化和快速伸缩性特征，使部署在云计算平台上的用户业务系统可动态扩展，满足了业务需求资源的迅速扩充与释放，能避免需求突增带来的客户业务系统异常或中断。资源的这种弹性使得用户不必为扩展花费多余的成本，这在IT历史上是史无前例的变化。云计算备份和多副本机制可提高业务系统的稳定性，避免数据丢失和业务中断。

总之，云计算不是一种全新的网络技术，而是一种全新的网络应用概念，云计算的核心概念就是以互联网为中心，在网站上提供快速且安全的云计算服务与数据存储，让每一个使用互联网的人都可以使用网络上的庞大计算资源与数据中心。

4.1.2 云计算服务模式、类型及应用

1. 云计算的服务模式

云计算主要包括三种典型的服务模式，即基础设施即服务(infrastructure as a service，IaaS)、平台即服务(platform as a service，PaaS)和软件即服务(software as a service，SaaS)。因为三者互为构建基础，故也称为云计算堆栈或架构，如图4-1所示。

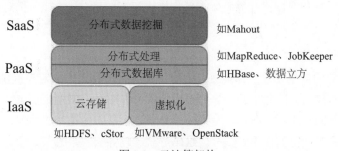

图4-1 云计算架构

基础设施即服务(IaaS)是主要的服务类别之一，将基础设施(计算和存储等资源)作为服务出租，向客户提供虚拟化计算资源，如虚拟机、存储、网络设备和操作系统等基础设施资源。厂商主要包括Amazon、Rackspace、Gogrid、Grid Player等。

平台即服务(PaaS)把平台(包括应用设计、应用开发、应用测试、应用托管等)作为服务出租，为开发人员提供通过全球互联网构建的应用程序基础架构，为开发、测试和管理软件应用程序提供按需开发环境。厂商主要包括Google、Microsoft、新浪、阿里巴巴等。

软件即服务(SaaS)则把软件作为服务出租，向用户提供各种应用。通过互联网提供按需软件付费应用程序，云计算提供商托管和管理软件应用程序，并允许其用户连接到应用程序并通过互联网访问应用程序。厂商主要包括Salesforce、Google、Facebook等。

2. 云部署的类型

云部署是指云计算资源的部署方法，可分为公共云、私有云和混合云3种类型。

公共云面向公众提供服务，只要是注册付费的用户都可以使用，又称为公有云，如AWS、GCP、Azure等。公共云主要优点是按需使用、灵活方便、成本低廉；主要缺点是存在一定的数据安全隐患。

私有云只为特定用户提供服务，如IBM蓝云(Blue Cloud)和IBM云爆(Cloud Burst)。私有云的主要优点是可以保障数据的安全性；主要缺点是投入成本较高。

公共云和私有云的组合称为混合云。对于一些企业而言，一方面出于安全考虑需要把数据放在私有云中，另一方面希望获得公共云的计算资源，为了获得最佳的效果，就可以把公共云和私有云进行混合搭配使用。在混合云的配置中，公共云和私有云是相互独立的元素，基础架构彼此独立运营，但通过加密连接进行通信，两者之间可以共享数据和应用程序。

在使用方面，公共云因其灵活方便、成本低廉的优点受到中小企业的欢迎，而大型企业更关注解决方案的针对性、信息安全性，对成本相对不敏感，同时银行、电信等行业公共云的部署也受到监管的限制，因此大型企业更多地使用私有云模式。

在实际部署中，对数据安全性较敏感的政府部门以私有云为主要部署模式，银行、电信等大型企业也都建设了自己的私有云，传媒、零售、服务业等轻资产公司则倾向于采用公共云。由于混合云可以兼顾私有和公共云两者的优点，混合云的使用具有扩大的趋势。

中国信息通信研究院2023年7月25日发布的《云计算白皮书(2023年)》显示，我国云计算市场仍处于快速发展期，年复合增长率超40%。2022年，我国云计算市场规模达4550亿元，较2021年增长40.91%。其中，公有云市场规模增长49.3%至3256亿元，私有云市场规模增长25.3%至1294亿元。相比于全球19%的增速，我国云计算市场仍处于快速发展期，预计2025年我国云计算整体市场规模将超万亿元。从上述数据对比中可以看出，公有云有望成为未来几年中国云计算市场增长的主要动力。

3. 云计算的应用

关于云计算的应用，重点体现在云计算可为各行各业、千家万户提供所需的(充沛的)数据存储空间及算力。因此，云计算的应用涉及方方面面，特别是在电子政务、教育、企业、医疗等领域的应用不断深化，对提高政府服务水平、促进产业转型升级和培育发展新兴产业等都起到了关键的作用。扫描二维码可获悉政务云、金融云、教育云、企业云、医疗云和存储云的相关内容。

云计算的应用

4.1.3　云计算关键技术

云计算关键技术是抽象、调配和对物理资源与虚拟资源的管理，包括虚拟化技术、分布式数据存储技术、数据与平台管理技术、云安全保护技术等。随着大数据时代的到来，数据与平台管理技术、分布式数据存储技术、数据处理与分析技术、数据可视化呈现技术等被归入大数据关键技术，这些内容将在下一章详细讲解，在此主要介绍虚拟化技术。

物理资源主要指不适合或不能虚拟化的资源，包括人们能够看到的机架、机框、板卡、插槽、端口等，受资源架设方式、地域或物理组态等的限制。

虚拟资源管理包括资源虚拟化和对虚拟资源的管理。虚拟化技术是一种将各种计算及存储资源充分整合和按需高效利用的重要技术。虚拟资源部分不受现有资源的架设方式、地域或物理组态所限制。虚拟化包括系统虚拟化和虚拟化资源管理两部分内容。

1. 系统虚拟化

系统虚拟化有两种形式，一种是将一台性能强大的服务器虚拟成多个独立的小服务器，服务不同的用户；另一种是将多个服务器虚拟成一个强大的服务器，完成特定的功能。

虚拟化是将位于下层的软件模块封装或抽象，提供一个物理或软件的接口，使得上层软件可以直接运行在这个虚拟环境中，和运行在原来的环境一样。目的是把物理计算机系统虚拟化为虚拟计算机系统，即虚拟机(virtual machine，VM)，以增强系统的弹性和灵活性。

每个虚拟机都拥有自己的虚拟硬件(CPU、内存、磁盘空间、网络适配器等)，来提供一个独立的虚拟机执行环境。每个虚拟机中的操作系统可以完全不同，并且它们的执行环境是完全独立的。

系统虚拟化需要满足以下条件：① 虚拟机的运行环境和物理机环境在本质上需求是相同的；② 虚拟机中运行的软件需要具有接近物理机上直接运行的性能；③ 虚拟机监控器(virtual machine manager，VMM)需要对系统资源有完全控制能力和管理权限，包括资源的分配、监控和回收。

根据对象的不同，虚拟化可分为数据虚拟化、桌面虚拟化、服务器虚拟化、操作系统虚拟化、网络功能虚拟化(network functions virtualization，NFV)等不同类型。

数据虚拟化是指将来源分散的数据整合为单个来源的过程。服务器虚拟化是指将服务器物理资源抽象成逻辑资源，让一台服务器变成几台甚至上百台互相隔离的虚拟服务器，不再受限于物理上的界限，而是让CPU、内存、磁盘、I/O等硬件变成可以动态管理的"资源池"，从而提高资源的利用率。

人们常把桌面虚拟化与操作系统虚拟化混淆。实际上，操作系统虚拟化是在内核中进行的，内核则是操作系统的中央任务管理器，允许用户在单台机器上部署多个操作系统；而桌面虚拟化则允许中央管理员(或自动化管理工具)一次向数百台物理机部署模拟桌面环境。不同于需要在每台机器上进行物理安装、配置和更新的传统桌面环境，桌面虚拟化可让管理员在所有虚拟桌面上执行大规模的配置、更新和安全检查。

网络功能虚拟化(NFV)的核心是虚拟网络功能，利用虚拟化技术，不再局限于硬件架构，将网络节点阶层的功能分割成几个功能区块，分别以软件方式实现，按需发放或执行网络功能，提供网络功能的自动化和快速服务部署，大幅度降低网络运营支出。

2. 虚拟化资源管理

虚拟化资源是云计算非常重要的组成部分。虚拟化资源可分为虚拟化计算资源和存储资源，两者相互独立，通过虚拟化网络资源连接起来。

虚拟化资源管理是将资源从资源提供方分配到资源用户的过程，其目的是根据用户需求实现虚拟资源(虚拟机、虚拟存储空间等)的自动化生成、分配、回收和迁移，用于支持用户对资源的弹性需求。虚拟化资源管理水平直接影响云计算的可用性、可靠性和安全性。

虚拟化资源管理技术与传统IT管理软件的主要区别是实现了虚拟资源的"热迁移"，即在物理主机发生故障或需要进行维护操作时，将运行在其上的虚拟机迁移至其他物理主机，同时保证用户业务不被中断。

虚拟化资源的管理应该满足以下要求：① 所有虚拟化资源都是可监控和可管理的；② 请求的参数是可监控的，监控结果可以被证实；③ 通过网络标签可以对虚拟化资源进行分配和调度；④ 资源能高效地按需提供服务；⑤ 资源具有更高的安全性。

4.1.4 云计算数据中心

当我们使用云计算服务商提供的云存储服务把数据保存在"云端"时，最终数据会被存放在哪里呢？"云端"只是一个形象的说法，实际上数据并不会在"天上的云朵"里，而是必须"落地"。"落地"就是将这些云端的数据存储在世界各地修建的大大小小的数据中心里，如图4-2所示。

图4-2　云计算数据中心

通常，云计算数据中心有一整套复杂的设施，包括刀片服务器、宽带网络、环境控制设备、监控设备，以及各种安全装置等。数据中心是云计算的重要载体，为云计算提供计算、存储、带宽等各种资源，为各种平台和应用提供运行支撑环境。

前面说过，云计算与自来水在商业模式方面是类似的，实际上，云计算数据中心的功能相当于自来水厂的功能，数据中心里的庞大IT资源池就相当于自来水厂的水库，自来水厂把大量水资源汇聚在水库里，再通过自来水管道网络分发给千家万户，而云计算数据中心把庞大的IT资源汇聚在一起，再通过互联网分发给千家万户。

谷歌、微软、IBM、HP、Dell等国际IT"巨头"，纷纷投入巨资在全球范围内大量修建数据中心，旨在掌握云计算发展的主导权。我国政府和企业也在加大力度建设云计算数据中心。阿里巴巴在甘肃省玉门市建设的数据中心，是我国第一个绿色环保的数据中心，电力全部来自于风力发电，用祁连山融化的雪水降低数据中心产生的热量。贵州省被公认为是中国南方最适合建设数据中心的地方，中国移动、联通、电信三大运营商都将数据中心建在了贵州省。

中国电信云计算内蒙古信息园项目规划建设42栋数据中心及19栋配套设施，每栋数据中心可提供2700个机架、近3.6万台服务器的云计算能力。项目全部建成后，将成为我国最大的云计算园区、亚洲最大的互联网数据交互中心。随着呼和浩特国家级互联网骨干直联点、和林格尔国际互联网数据专用通道开通运行，和林格尔新区总出口带宽达51.8T，实现了"京津冀网内时延10ms，上海网络时延28ms，广州网络时延42ms"。

"十三五"期间，我国建设了8个国家大数据综合试验区和11个大数据领域国家新型工业化产业示范基地。《"十四五"数字经济发展规划》进一步强调，推进云网协同和算网融合发展。加快构建算力、算法、数据、应用资源协同的全国一体化大数据中心体系。在京津冀、长三角、粤港澳大湾区、成渝地区双城经济圈、贵州、内蒙古、甘肃、宁夏等地区布局全国一体化算力网络国家枢纽节点，建设数据中心集群，结合应用、产业等发展需求优化数据中心建设布局。加快实施"东数西算"工程，推进云网协同发展，提升数据中心跨网络、跨地域数据交互能力，加强面向特定场景的边缘计算能力，强化算力统筹和智能调度。按照绿色、低碳、集约、高效的原则，持续推进绿色数字中心建设，加快推进数据中心节能改造，持续提升数据中心可再生能源利用水平。推动智能计算中心有序发展，打造智能算力、通用算法和开发平台一体化的新型智能基础设施，面向政务服务、智慧城市、智能制造、自动驾驶、语言智能等重点新兴领域，提供体系化的人工智能服务。

专栏4-1

8个国家大数据综合试验区

2016年，贵州成为首个国家大数据综合试验区。同年10月，又有两个跨区域类综试区(京津冀、珠江三角洲)，四个区域示范类综试区(上海、河南、重庆、沈阳)，一个大数据基础设施统筹发展类综试区(内蒙古)获批成立，八大国家级大数据综合试验区自此成型，共同引领东部、中部、西部、东北等"四大板块"的大数据产业发展。

专栏4-2

11个大数据领域国家新型工业化产业示范基地

"十三五"期间，我国建设了11个大数据领域国家新型工业化产业示范基地，名单如表4-1所示。在此之前建设了8个大数据领域国家新型工业化产业示范基地，在此之后又建设了4个大数据领域国家新型工业化产业示范基地，目前我国共有23个大数据领域国家新型工业化产业示范基地。

表4-1 "十三五"期间建设的11个大数据领域国家新型工业化产业示范基地

序号	上报单位	示范基地名称	类别	公布批次	公布年份
1	河北省通管局	数据中心·河北怀来	特色	第九批	2020
2	上海市通管局	数据中心·外高桥自贸区	特色	第九批	2020
3	江苏省通管局	数据中心·江苏昆山花桥经济开发区	特色	第九批	2020
4	江西省通管局	数据中心·江西抚州高新技术产业开发区	特色	第九批	2020
5	山东省通管局	数据中心·山东枣庄高新技术产业开发区	特色	第九批	2020
6	山东省工信厅	大数据·济南高新技术产业开发区	特色	第九批	2020
7	河南省工信厅	大数据·河南洛阳大数产业园	特色	第九批	2020
8	广东省工信厅	大数据·广东芭洲人工智能与数字经济试验区	特色	第九批	2020
9	重庆市经信委	大数据·重庆两江新区	特色	第九批	2020
10	贵州省工信厅	大数据·贵阳高新技术产业开发区	特色	第九批	2020
11	甘肃省工信厅	大数据·甘肃兰州新区	特色	第九批	2020

注：特色是指在专业化细分领域竞争力强的特色产业示范基地。

专栏4-3

"东数西算"工程

"东数西算"工程，是指通过构建数据中心、云计算、大数据一体化的新型算力网络体系，将东部算力需求有序引导到西部，优化数据中心建设布局，促进东西部协同联动。这是中国继"南水北调""西电东送""西气东输"等工程之后，启动的又一个大工程。"东数西算"中的"数"指的是数据；"算"指的是算力，即对数据的处理能力。

2022年2月，在京津冀、长三角、粤港澳大湾区、成渝、内蒙古、贵州、甘肃、宁夏8地启动建设国家算力枢纽节点，并规划了10个国家数据中心集群，如表4-2所示。至此，全国一体化大数据中心体系完成总体布局设计，"东数西算"工程正式全面启动。简单地说，就是让西部的算力资源更充分地支撑东部数据的运算，更好地为数字化发展赋能。

表4-2　八大国家算力枢纽与十大国家数据中心集群

八大国家算力枢纽	十大国家数据中心集群
京津冀枢纽	张家口集群
长三角枢纽	长三角生态绿色一体化发展示范区集群
	芜湖集群
粤港澳枢纽/粤港澳大湾区枢纽	韶关集群
成渝枢纽	重庆集群
	天府集群
内蒙古枢纽	和林格尔集群
贵州枢纽/全国一体化算力网络国家(贵州)枢纽节点	贵安集群
甘肃枢纽	庆阳集群
宁夏枢纽	中卫集群

2022年3月，提请十三届全国人大五次会议审查的计划报告提出，实施"东数西算"工程。数字时代正在召唤一张高效率的"算力网"。"东数西算"是把东部密集的算力需求有序引导到西部，使数据要素跨域流动。打通"数"动脉，织就全国算力一张网，既缓解了东部能源紧张的问题，也给西部开辟一条发展新路。

实施"东数西算"工程，对于推动数据中心合理布局、优化供需、绿色集约和互联互通等意义重大。一是有利于提升国家整体算力水平，通过全国一体化的数据中心布局建设，扩大算力设施规模，提高算力使用效率，实现全国算力规模化集约化发展。二是有利于促进绿色发展，加大数据中心在西部布局，将大幅提升绿色能源使用比例，就近消纳西部绿色能源，同时通过技术创新、以大换小、低碳发展等措施，持续优化数据中心能源使用效率。三是有利于扩大有效投资，数据中心产业链条长、投资规模大、带动效应强，通过算力枢纽和数据中心集群建设，将有力带动产业上下游投资。四是有利于推动区域协调发展，通过算力设施由东向西布局，将带动相关产业有效转移，促进东西部数据流通、价值传递，延展东部发展空间，推进西部大开发形成新格局。

据2023年11月14日人民网援引2023年世界互联网大会蓝皮书新闻发布会的最新消息，

目前，"东数西算"工程已从系统布局进入全面建设阶段，算力总规模达到每秒1.97万亿亿次浮点运算。

《关于深入实施"东数西算"工程加快构建全国一体化算力网的实施意见》(以下简称《实施意见》)指出，算力是数字经济时代的新型生产力。算力网是支撑数字经济高质量发展的关键基础设施，可通过网络连接多源异构、海量泛在算力，实现资源高效调度、设施绿色低碳、算力灵活供给、服务智能随需。

《实施意见》提出，到2025年底，普惠易用、绿色安全的综合算力基础设施体系初步成型，东西部算力协同调度机制逐步完善，通用算力、智能算力、超级算力等多元算力加速集聚，国家枢纽节点地区各类新增算力占全国新增算力的60%以上，国家枢纽节点算力资源使用率显著超过全国平均水平。1ms时延城市算力网、5ms时延区域算力网、20ms时延跨国家枢纽节点算力网在示范区域内初步实现。算力电力双向协同机制初步形成，国家枢纽节点新建数据中心绿电占比超过80%。用户使用各类算力的易用性明显提高、成本明显降低，国家枢纽节点间网络传输费用大幅降低。算力网关键核心技术基本实现安全可靠，以网络化、普惠化、绿色化为特征的算力网高质量发展格局逐步形成。

4.2 物联网

物联网是在互联网的基础上发展起来的，是以自动识别与数据采集(automatic identification and data capture，AIDC)技术为核心的前端感知技术与互联网有机融合并深化发展的产物，是新一代信息技术的重要组成部分。因此，首先应该认识一下互联网技术。

4.2.1 互联网技术

互联网(Internet)，又称为网际网络、因特网、英特网，是网络与网络之间所串联成的庞大网络。这些网络以一组通用的协议相连，形成逻辑上的单一且巨大的全球化网络，在这个网络中有交换机和路由器等网络设备、各种不同的连接链路、种类繁多的服务器和数不尽的计算机、终端。使用互联网可以将信息瞬间发送到千里之外的人手中，它是信息社会的基础。

1. 互联网的由来

1969年，美军在ARPA(美国国防部高级研究计划署)制定的协定下，将美国西南部的加利福尼亚大学洛杉矶分校、斯坦福大学研究学院、加利福尼亚大学和犹他州大学的四台主要的计算机连接起来，这就是最早的互联网。

这个协定由马萨诸塞州剑桥的BBN公司参与执行，BBN构建了IMP(接口信息处理器)，那是一种定制的霍尼韦尔小型机(Honeywell DDP-516 Minicomputer)。在经过BBN对软件设计、路由、流量控制及网络控制的设计和构建后，它们被分配到各个站点充当接入ARPA网的网关。BBN在1969年8月30日到年底间陆续制造了4台IMP，并开始联机。

另一个推动互联网发展的广域网是NSF网，它最初是由美国国家科学基金会资助建设的，目的是连接全美的5个超级计算机中心，供100多所美国大学共享它们的资源。NSF网也采用TCP/IP协议，且与Internet相连。

ARPA网和NSF网最初都是为科研服务的，主要目的是为用户提供共享大型主机的宝贵资源。随着接入主机数量的增加，越来越多的人把Internet作为通信和交流的工具。一些公司还陆续在Internet上开展了商业活动。随着Internet的商业化，其在通信、信息检索、客户服务等方面的巨大潜力被挖掘出来，使Internet有了质的飞跃，并最终走向全球。

第一个检索互联网的成就在1989年被发明出来，是由Peter Deutsch和他的全体成员在加拿大蒙特利尔(Montreal)的麦吉尔大学(McGill University)创造的，他们为FTP站点建立了一个档案，后来命名为Archie。这个软件能周期性地到达所有开放的文件下载站点，列出他们的文件并且建立一个可以检索的软件索引。

1989年，在普及互联网应用的历史上又发生了一个重大的事件。Tim Berners和其他在欧洲粒子物理实验室的人(这些人在欧洲粒子物理研究所非常出名)提出了一个分类互联网信息的协议。这个协议后来被称为万维网(World Wide Web，WWIW)协议。它是基于超文本传输协议(HTTP)的。在这种协议下，可以在一段文字中嵌入另一段文字的链接。当用户阅读网页时，可以随时通过点击这些链接跳转到其他相关内容。

互联网最开始是由政府部门投资建设的，因此它最初只限于研究部门、学校和政府部门使用。除了直接服务于研究部门和学校的商业应用，其他的商业行为是不允许的。20世纪90年代初，当独立的商业网络开始发展起来，这种局面才被打破。这使得从一个商业站点发送信息到另一个商业站点而不经过政府资助的网络中枢成为可能。

2. 网络核心协议

计算机网络是由许多计算机组成的，如果要实现网络的计算机之间传输数据，就要做两件事，记录数据传输目的地的地址和保证数据迅速可靠地传输，这是因为数据在传输过程中很容易丢失或传错。Internet使用一种专门的计算机语言(协议)，保证数据安全、可靠地到达指定的目的地，这种语言分两部分：TCP(transmission control protocol，传输控制协议)和IP(internet protocol，互联网协议)。

TCP/IP的数据传输过程：TCP/IP所采用的通信方式是分组交换方式。分组交换，简单说就是数据在传输时分成若干段，每个数据段称为一个数据包，TCP/IP的基本传输单位是数据包，TCP/IP主要包括两个主要的协议，即TCP和IP，这两个协议可以联合使用，也可以与其他协议联合使用，它们在数据传输过程中主要完成以下功能。

(1) 首先由TCP把数据分成若干数据包，给每个数据包写上序号，以便接收端把数据还原成原来的格式。

(2) IP给每个数据包写上发送主机和接收主机的地址，一旦写上源地址和目的地址，数据包就可以在物理网上传送数据了。IP还具有利用路由算法进行路由选择的功能。

(3) 这些数据包可以通过不同的传输途径(路由)进行传输，由于路径不同或其他原因，可能出现顺序颠倒、数据丢失、数据失真甚至重复的现象。这些问题都由TCP来处理，它具有检查和处理错误的功能，必要时还可以请求发送端重发。简而言之，IP负责数据的传输，而TCP负责数据的可靠传输。

3. 互联网、因特网、万维网三者之间的关系

互联网、因特网、万维网三者的关系：互联网包含因特网，因特网包含万维网，凡是能彼此通信的设备组成的网络就叫互联网。因此，即使仅有两台机器，不论用何种技术使其彼此通信，也叫互联网。国际标准的互联网写法是Internet，因特网是互联网的一种。

因特网可不是仅有两台机器组成的互联网，它是由上千万台设备组成的互联网。因特网使用TCP/IP使不同的设备可以彼此通信。但使用TCP/IP的网络并不一定是因特网，一个局域网也可以使用TCP/IP。判断是否接入的是因特网，首先确认计算机是否安装了TCP/IP，其次确认是否拥有一个公网地址(即所有私网地址以外的地址)。

因特网是基于TCP/IP实现的，TCP/IP由很多不同的协议组成，这些协议被分配到不同的层中。其中，位于应用层的协议就有很多，如FTP、HTTP、SMTP。当应用层使用HTTP时，就构成了万维网。当用户在浏览器中输入百度的网址时，能看见百度网提供的网页，这就是因为个人浏览器和百度网站的服务器之间使用的是HTTP进行通信。

4. 网络应用模式

在一级层次，互联网应用模式可分为电子政务应用模式(办公需求)、电子商务应用模式(交易需求)、网络信息获取应用模式(信息获取)、网络交流互动应用模式(交流需求)和网络娱乐应用模式(娱乐需求)。

电子政务应用模式细分为G2B、G2C、G2G、G2E等电子政务模式；电子商务应用模式细分为B2B、B2C、C2C、O2O等电子商务模式；网络信息获取应用模式细分为网络新闻模式、搜索引擎模式、信息分类模式、信息聚合模式、知识分享模式；网络交流互动应用模式细分为即时通信模式、个人空间模式、网络社交模式、网络论坛模式；网络娱乐应用模式细分为网络游戏模式、网络文学模式、网络视频模式。

扫描二维码获悉5G带来的影响。

5G带来的影响

4.2.2 自动识别技术

物联网中的关键技术包括自动识别技术及其他前端感知技术、网络与通信技术、数据挖掘与融合技术等。

物联网中的网络与通信技术包括短距离无线通信技术和远程通信技术。短距离无线通信技术包括ZigBee[①]、NFC[②]、蓝牙[③]、Wi-Fi[④]、RFID等。远程通信技术包括互联网、2G/3G/4G/5G移动通信网络、卫星通信网络等，参阅4.2.1小节。

自动识别技术及其他前端感知技术是物联网中非常重要的前端技术，其融合了物理世界和信息世界，是物联网区别于其他网络(如电信网、互联网)最独特的部分。本节主要介绍自动识别技术，下节介绍其他前端感知技术。自动识别技术不仅可以对每个物品进行标识和识别，还可以将数据实时更新，是构造全球物品信息实时共享的重要组成部分，是物联网的基石。通俗来讲，自动识别技术就是能够让物品"开口说话"的一种技术。

---

① ZigBee，也称为蜂舞协议，是一种低速短距离传输的无线网上协议，底层采用IEEE 802.15.4标准规范。主要特点：低速、低耗电、低成本、支持大量网上节点、支持多种网上拓扑、低复杂度、可靠、安全。

② NFC(near field communication，近场通信)，是一种新兴的技术，使用了NFC技术的设备可以在彼此靠近的情况下进行数据交换，是由非接触式射频识别(RFID)及互联互通技术整合演变而来的。

③ 蓝牙技术是一种无线数据和语音通信开放的全球规范，它是基于低成本的近距离无线连接，为固定和移动设备建立通信环境的一种特殊的近距离无线技术连接。

④ Wi-Fi，在中文里又称为"移动热点"，是Wi-Fi联盟制造商的商标，作为产品的品牌认证，是基于IEEE 802.11标准的无线局域网技术。

1. 自动识别技术的产生

在现实生活中，各种各样的活动或事件都会产生很多数据，这些数据包括人员的、物质的、财务的，也包括采购的、生产的和销售的，这些数据的采集与分析对于人们的生产或生活决策来讲是十分重要的。如果没有这些实际数据的支持，生产和决策就将成为一句空话，将缺乏现实基础。

识别是人类参与社会活动的基本要求。人们认识和了解事物的特征及信息是一种识别，为有差异的事物命名是一种识别，为便于管理而为一个单位的每一个人或一个包装箱内的每一件物品进行编号也是一种识别。因此，识别是一个集定义、过程与结果为一体的概念。

随着技术的进步和发展，人类社会步入信息时代，人们所面临的识别问题越来越复杂，人们所获取和处理的信息量不断增多，完成识别所花费的人力代价也越来越大，在某些情况下，必须借助一些设备和技术才能完成更高效、快速和准确的识别。

自动识别与数据采集技术，是指可以自动(非人工)获取项目(实物、服务等各类事物)管理信息，并将信息数据实时输入计算机、微处理器、逻辑控制器等信息系统的技术，已成为突破信息采集速度低、准确度差的最佳手段。

自动识别技术的推广应用工作是我国数字化建设的重要基础工作之一，《国家中长期科学和技术发展规划纲要(2006—2020年)》明确指出，重点开发多种新型传感器及先进条码自动识别、射频标签、基于多种传感信息的智能化信息处理技术。

《国家"十四五"规划纲要》《国家中长期科学和技术发展规划纲要(2021—2035年)》《物联网新型基础设施建设三年行动计划(2021—2023年)》也对"突破智能感知、新型短距离通信、高精度定位等关键共性技术，补齐高端传感器、物联网芯片等产业短板，进一步提升高性能、通用化的物联网感知终端供给能力"做出了部署：持多源、海量数据接入的智能感知技术攻关，推动低功耗、高安全、高速率的新型短距离通信技术发展；开展语音识别、视频识别、机器学习、物体运行机理模型、知识图谱等人工智能的研究，丰富感知终端交互手段。

这对我国自动识别技术及其他前端感知技术的应用提出了更高的要求，也为自动识别技术及其他前端感知技术产业实现跨越式发展，赶上并超过西方发达国家带来了契机，我国自动识别技术及其他前端感知技术的发展和应用在未来具有广阔和美好的前景。

2. 自动识别技术的含义

自动识别(automatic identification，简称为Auto-ID)技术是一种高度自动化的信息或数据采集与处理技术，是物联网的主要支撑技术之一。它是指通过非人工手段获取被识别对象所包含的标识信息或特征信息，并且不使用键盘即可将数据实时输入计算机或其他微处理器控制设备的技术。扫描二维码从不同角度对自动识别技术的含义进行了解。

自动识别技术的含义

归根到底，自动识别技术是一种高度自动化的信息或数据采集技术，完成了系统的原始数据的采集工作，解决了人工数据输入的速度慢、误码率高、劳动强度大、工作简单、重复性高等问题，为计算机信息处理提供了快速、准确地进行数据采集输入的有效手段，因此，自动识别技术作为一种革命性的技术，正迅速为人们所接受。

3. 自动识别技术的分类

自动识别技术根据识别对象的特征、识别原理和方式可以分为两大类,分别是特征提取技术(模式识别)和数据采集技术(定义识别)。这两大类自动识别技术的基本功能都是完成物品的自动识别和数据的自动采集。

(1) 模式识别是指对表征事物或现象的各种形式(数值的、文字的和逻辑关系的)信息进行处理和分析,以对事物或现象进行描述、辨认、分类和解释的过程,即通过采集被识别对象的特征数据,并通过与计算机存储的原特征数据进行特征比对,实现对对象的自动识别,是信息科学和人工智能的重要组成部分。

(2) 定义识别是将被识别对象赋予一个ID代码,并将ID代码载体(条码、射频标签、磁卡、IC卡等)放在要被识别的对象上进行标识,通过对载体的自动识读获得原ID代码,然后通过计算机实现对对象的自动识别。

数据采集技术(定义识别)的基本特征是需要被识别物体具有特定的识别特征载体(如标签等,仅光学字符识别例外),而特征提取技术(模式识别)则根据被识别物体本身的属性特征和行为特征来完成数据的自动采集。图4-3为人体生物特征示意图。

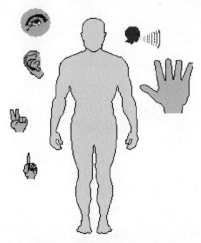

图4-3 人体生物特征示意图

概念辨析4-1

特征提取技术(模式识别)与数据采集技术(定义识别)

1. 研究对象

模式识别的研究主要集中在两方面,一是研究生物体(包括人)是如何感知对象的,属于认识科学的范畴;二是研究在给定的任务下用计算机实现模式识别的理论和方法,主要涉及图像识别、光符识别、生物特征识别(如指纹识别、脸部识别、虹膜识别、语音识别)等。

定义识别的主要研究对象为条码识别、射频识别、磁识别、IC卡识别等的载体、编码方法和识别技术。

2. 应用领域

模式识别主要是研究如何使机器具有感知能力,主要研究视觉模式和听觉模式的识别，如能识别物体、地形、图像、声音和字体(如签字)的机器人。模式识别的应用领域涉及：① 机器识别和人工智能；② 医学；③ 军事；④ 卫星遥感、卫星航空图片解释、天气预报；⑤ 银行、保险、刑侦；⑥ 工业产品检测；⑦ 字符识别、语音识别、指纹识别。

定义识别主要研究条码、RFID、磁记录等编码和识别技术，以便更高效地应用于商品零售、物流、银行、医药和医院管理、工业生产流水线控制、铁路运输管理、高速公路不停车及停车场收费系统、门禁和考勤等系统。

目前自动识别技术的主要研究对象已经基本形成了一个包括模式识别和定义识别两大类识别的体系，其中条码识别、射频识别、卡类识别、图像识别、OCR光符识别、指纹识别、脸部识别、虹膜识别、语音识别等是目前自动识别技术研究的主要内容。

另外，自动识别技术系统的输入信息还可分为特定格式信息和图像图形格式信息两大类。特定格式信息就是采用规定的表现形式来表示所要表达的信息，如条码符号、IC卡、磁卡、射频标签中的数据格式都属于此类。图像图形格式信息则是指二维图像与一维波形等信息，如文字、地图、照片、指纹等二维图像以及语音等一维波形均属于这一类。

4. 主要自动识别技术简介

下面简要介绍五类自动识别技术。

1) 条码识别技术

条码是迄今为止最经济、最实用的一种自动识别技术。条码是根据宽度不同、反射率不同的条和空，按照一定的编码规则(码制)编制成的，用以表达一组数字或字母符号信息的图形标识符，即条码是一组粗细不同，按照一定的规则安排间距的平行线条图形。常见的条码是由反射率相差很大的黑条(简称条)和白条(简称空)组成的。条码通过光学扫描进行阅读。

到目前为止，已知的世界上正在使用的条码码制就有250种之多。以最常见的商品条码EAN-13为例(见图4-4)，其共有13位数，由国家代码、厂商代码、产品代码及校验码组成。国家代码由国际物品编码协会分配，我国可用的国家代码为690 ~ 695；厂商代码由企业向中国物品编码中心申请；产品代码由企业自己确定；最后1位为校验码，根据编码规则计算得出。

图4-4　EAN-13商品条码举例

条码技术作为一种很重要的信息标识和信息采集应用技术，目前在全球范围内得到了快速发展，而在我国，以条码技术为代表的自动识别技术，更是广泛应用于国民经济各行业。自我国引入全球统一的物品编码技术以来，该技术一直与我国的国民经济发展成"正相关"，条码技术已经成为信息化建设中的一个重要部分，是建设大市场、搞活大流通、实现国民经济现代化、促进企业参与国际经济大循环、增强国际竞争力不可或缺的技术工具和手段。

商品条码作为目前全球范围内应用最广泛的物品编码标识，是商品流通的"身份证"和国际贸易的"通行证"，有效促进了国内国际双循环和经济社会高质量发展。因此，要适应中国式现代化建设需要，以物品编码打通从"物"到"数"的入口，推动数字经济和实体经济深度融合。目前，我国商品条码系统成员数量已跃居全球第一，商品数据资源建设和电子商务应用也走在世界前列。

当前我国的物品编码技术正在从一维条码向二维码不断变迁。随着移动通信、移动商务的热潮席卷全球，二维码作为一种信息容量大、应用方便的数据载体受到人们的广泛关注。二维码支付、二维码追溯、二维码营销等应用迅速进入千家万户的日常生活，政府、企业、消费者真切地体验到了信息技术带来的便捷，《商品二维码》等相关国家标准也相继制定发布，这一切都标志着我国二维码技术的高度成熟，该技术的发展持续为国民经济提供持续发展的原动力。

二维码技术是在一维条码无法满足实际应用需求的前提下产生的。由于受信息容量的限制，一维条码通常是对物品的标识，而不是对物品的描述。二维码是用某种特定的几何图形按一定规律在平面(二维方向上)分布的黑白相间的图形来记录数据符号信息的；在代码编制上，巧妙地利用构成计算机内部逻辑基础的"0""1"比特流的概念，使用若干个与二进制相对应的几何形体来表示文字数值信息，通过图像输入设备或光电扫描设备，自动识读来实现信息的自动处理。二维条码能够在横向和纵向两个方位同时表达信息，因此，能在很小的面积内表达大量的信息。图4-5为一种常见的矩阵式二维码。

图4-5　常见的矩阵式二维码

我国的零售业是条码识别技术应用最成熟的领域，全国有上亿种商品印有商品条码。大型超市和连锁便利店都采用了可读条码的POS机，大大促进了中国零售业产值的提高，同时也使物流业得到了飞速发展。除了商品流通领域，条码技术还被广泛地应用于图书、邮政、铁路、医院、票务、工业制造等众多领域。

2) 射频识别(RFID)技术

射频识别(radio frequency identification，RFID)技术是20世纪80年代发展起来的一种新兴的非接触式自动识别技术，是一种利用射频信号通过空间耦合(交变磁场或电磁场)实现非接触信息传递，并通过所传递的信息达到识别目的的技术。识别工作无须人工干预，可工作于各种恶劣环境。应用RFID技术，可识别高速运动的物体，并可同时识别多个标签，操作快捷、方便。

与条码识别技术、磁卡识别技术和IC卡识别技术等相比，它以特有的无接触、抗干扰能力强、可同时识别多个物品等优点，逐渐成为自动识别中最优秀和应用领域最广泛的技术，是非常重要的自动识别技术。

2006年6月9日，国家科技部等十五个部委发布《中国射频识别(RFID)技术政策白皮书》，我国射频识别行业标准开始建立，行业进入发展期。2009年8月，国务院原总理温家宝到无锡物联网产业研究院考察物联网建设工作时提出"感知中国"的概念，按下了中国物联网快速发展的按钮。RFID技术与传感器网一起构成物联网的前端数据采集平台，成为物联网技术的主要组成部分。

从2010年开始，RFID被广泛地应用于各行业，如门票、食品包装应用等，行业进入快速成长期。从2012年开始，我国工信部、农业部、商务部、财政部等部门都出台政策推动和规范超高频RFID行业的发展。RFID产业成为国家优先发展的产业之一。

物联网在各行业的推广应用，也为RFID技术打开了一个新的巨大的市场。目前，RFID技术应用领域进一步扩大，开始进入无人零售、航空、建筑和能源等领域，行业进入了高速发展期。

RFID系统包括射频(识别)标签、射频识别读写设备(读写器)、应用软件。一个典型的RFID应用系统的结构如图4-6所示。

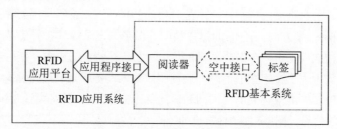

图4-6　RFID应用系统的结构图

射频(识别)标签：又称为电子标签，主要由存有识别代码的大规模集成线路芯片和收发天线构成。每个标签具有唯一的电子编码，附着在物体上标识目标对象。

读写器：射频识别读写设备，是连接信息服务系统与标签的纽带，主要起到目标识别和信息读取(有时还可以写入)的功能。标签是被识别的目标，是信息的载体。

应用软件：针对各个不同应用领域的管理软件。

RFID技术的基本工作原理是由读写器发射特定频率的无线电波能量，当射频标签进入感应磁场后，接收读写器发出的射频信号，凭借感应电流所获得的能量发送出存储在芯片中的产品信息(passive tag，无源标签或被动标签)，或者由标签主动发送某一频率的信号(active tag，有源标签或主动标签)，读写器读取信息并解码后，送至中央信息系统进行有关数据处理。RFID系统的基本工作原理如图4-7所示。

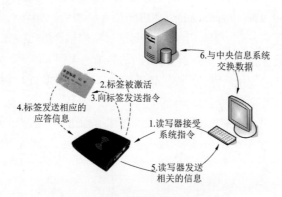

图4-7　RFID系统的基本工作原理

　　从读写器和射频标签之间的通信及能量感应方式来看，大致上可以分成感应耦合(inductive coupling)和后向散射耦合(backscatter coupling)两种。一般低频的RFID大都采用第一种方式，而较高频的RFID大多采用第二种方式。

　　读写器根据使用的结构和技术不同，可以是只读或读/写装置，它是RFID系统的信息控制和处理中心。读写器通常由耦合模块、收发模块、控制模块和接口单元组成。读写器和射频标签之间一般采用半双工通信方式进行信息交换，同时，读写器通过耦合为无源射频标签提供能量和时序。

　　在实际应用中，可以进一步通过以太网(Ethernet)或无线局域网(WLAN)等实现对物体识别信息的采集、处理及远程传送等管理功能。射频标签是RFID系统的信息载体，目前，射频标签大多是由耦合原件(线圈、微带天线等)和微芯片组成无源单元。

　　射频标签与读写器之间通过两者的天线架起空间电磁波传输的通道，该通道包含两种情况：近距离的电感耦合与远距离的电磁耦合，即在低频段基于变压器耦合模型(初级与次级之间的能量传递及信号传递)，在高频段基于雷达探测目标的空间耦合模型(雷达发射电磁波信号碰到目标后会携带目标信息返回雷达接收机)。

　　3) 卡类识别技术

　　卡类识别技术的产生和推广使用加快了人们日常生活信息化的速度。用于信息处理的卡片大致可分为非半导体卡和半导体卡两大类，非半导体卡包括磁卡、PET卡、光卡、凸字卡等；半导体卡主要有IC卡等。自动识别卡的具体分类如图4-8所示。

图4-8　自动识别卡的分类

　　磁卡和IC卡是应用非常广泛的两类卡。扫描二维码可获悉有关磁卡的介绍。有关IC卡的介绍如下。

　　IC卡是继磁卡之后出现的又一种新型信息工具。IC卡在有些国家和地区也称为智能卡(smart card)、智慧卡(intelligent card)、微电路卡(microcircuit card)或微芯片卡等。它是将一个微电子芯片嵌入符合ISO 7816标准的卡基中，做成卡片形式，利用集成电路的可存储特性，保存、读取和修改芯片上的信息，目前已经十分广泛地应用于金融、交通、社保等很多领域。

　　IC卡的主要特性如下。

　　① 存储容量大，其内部有RAM、ROM、EPROM、EEPROM等存储器，存储容量可从几字节扩展到几兆字节。

　　② 体积小，重量轻，抗干扰能力强，便于携带。

　　③ 安全性高，在无源情况下数据也不会丢失，数据的安全性和保密性都非常好。

　　④ 智能卡与计算机系统相结合，可以满足对各种各样信息的采集、传送、加密和管理的需要。

IC卡按通信方式可分为接触式IC卡、非接触式IC卡和双界面卡，如图4-9所示。

(a) 接触式IC卡   (b) 非接触式IC卡   (c) 双界面卡

图4-9 IC卡分类

接触式IC卡通过读写设备的触点与IC卡的触点接触来进行数据的读写。国际标准ISO 7816对此类卡的机械、电气特性等进行了规定。其具有标准形状的铜皮触点，通过和卡座的触点相连后，实现外部设备的信息交换。按芯片的类型，接触式IC卡可分为存储器卡、逻辑加密卡、CPU卡(智能卡)和超级智能卡4种类型。

非接触式IC卡(射频卡)与读写设备无电路接触，而是通过非接触式的读写技术进行读写(如光或无线技术)。相关技术请参看前面射频识别(RFID)技术的内容，在此不再赘述。

双界面卡将接触式IC卡与非接触式IC卡组合到一张卡片中，操作独立，但可以共用一个CPU、操作系统和存储空间。卡片包括一个微处理器芯片和一个与微处理器相连的天线线圈，由读写器产生的电磁场提供能量，通过射频方式来实现能量供应和数据传输。

双界面卡有两个接口，通过接触界面和非接触界面都可以执行相同的操作。两个操作界面可以通过接触方式浏览芯片，也可以通过射频以一定距离浏览芯片。两个界面分别遵循两个不同的标准，接触界面符合ISO/IEC 7816，非接触界面符合ISO/IEC 14443。

概念辨析4-2

磁卡与IC卡

(1) IC卡的安全性比磁卡高。IC卡的信息加密后不可复制，密码核对错误有自毁功能，而磁卡比较容易被复制。

(2) IC卡的存储容量大，内含微处理器，存储器可以分为若干应用区，便于一卡多用，方便保管。

(3) IC卡防磁、防静电，抗干扰能力强，可靠性比磁卡高，可重复读写十万次，使用寿命长。

4) 图像识别技术

图像识别技术始于20世纪50年代后期，随后迅速崛起，经过半个多世纪的发展，已经成为当今科研和生产中不可或缺的重要部分。目前，图像识别技术已成为人工智能的一个重要领域。

(1) 数字图像处理技术。

图像处理技术是指使用计算机对图像进行一系列加工，以达到所需结果的技术。图像处理一般指数字图像处理，虽然某些处理也可以用光学方法或模拟技术实现，但它们远不及数字图像处理那样灵活方便，因此数字图像处理成为图像处理的主要方面。

从广义上讲，数字图像处理分成三个层次，即图像识别技术系统在获得图像后，可以对其进行三方面的操作：图像处理、图像识别(分析)和图像理解，如图4-10所示。

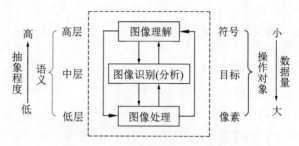

图4-10 数字图像处理的三个层次

图像处理：数字图像处理的第一层次，是指对图像进行的各种加工(即对获得的图像信息进行预处理，以消除干扰、噪声，或者进行几何、彩色校正等，以改善图像的视觉效果)，是从图像到图像的过程，强调图像之间进行的变换。有时还要对图像进行增强、分割、定位和分离、复原处理、压缩等，所有这些图像处理工作都用计算机来完成，这是图像识别技术的基础，如图4-11(a)所示。

图像识别(分析)：数字图像处理的第二层次，是指对处理后的图像进行分类和特征提取，并对某些特征参数进行测量、再提取、分类，有时还要对图像进行结构分析和描述。图像识别(分析)是一个从图像到数据的过程，是以观察者为中心来研究客观世界的，如图4-11(b)所示。

图像理解：数字图像处理的第三层次，属于人工智能的范畴，是指研究图像中各目标的性质和它们之间的相互联系，从而得出对图像内容含义的理解及原来客观场景的解释，它是图像处理及图像识别的终极目标。图像理解需要根据应用来编写相应的程序，程序会在图像处理和识别的基础上输出对图像的描述与解释，属于高层操作(符号运算)。图像理解是以客观世界为中心，借助知识、经验来推理和认识客观世界，如图4-11(c)所示。

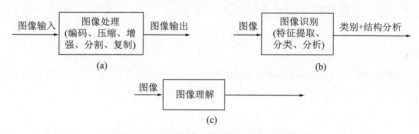

图4-11 图像处理、图像识别和图像理解

图像是人类获取和交换信息的主要来源，因此，图像处理的应用领域必然涉及人类生活和工作的方方面面。随着人类活动范围的不断扩大，图像处理的应用领域也随之不断扩大。目前，图像处理技术主要应用于航空航天遥感、生物医学医疗、工业工程、军事公安、汽车牌照、图像通信、文化艺术、体育等方面。

(2) 光学字符识别技术。

光学字符识别(optical character recognition，OCR)技术是指对文本资料进行扫描，然后对图像文件进行分析处理，获取文字及版面信息的过程。近年来，又出现了图像字符识别技术和智能字符识别技术，实际上，这三种自动识别技术的基本原理是大致相同的。

OCR技术属于图像识别技术之一，它是针对印刷体字符，采用光学的方式将文档资料转换为原始资料黑白点阵的图像文件，然后通过识别软件，将图像中的文字转换成文本格式，以便文字处理软件进一步编辑加工的系统技术。其目的就是要让计算机知道它到底看到了什么，尤其是文字资料。

一个OCR系统，从影像到结果输出，必须经过影像输入、影像预处理、文字特征抽取、比对识别、人工校正，最后将结果输出。

提到"OCR"，也许许多人都会觉得非常陌生，实际上，OCR技术的应用无处不在，如手机上的汉字手写输入或利用OCR软件进行印刷文字的识别等，OCR技术在时刻改变着人们的生活。

当前，OCR产品已经逐步进入了人们日常的学习、生活、工作等各个领域。我们知道，银行的客户存单一般都需进行图像存档，以前的存档方法是通过微拍的方式，非常耗时、耗力。现在通过OCR技术，可以通过扫描仪对存单进行扫描，并使用OCR技术对存单的关键字段进行识别，然后进行索引、存入光盘，极大地方便了查找。

从上面的应用中我们不难发现，只要涉及表格、文字方面的信息处理，OCR技术就会很好地发挥优势。因此，保险公司的保单、超市的进货单、增值税发票，甚至人大代表的选票也都可以用OCR技术进行识别，而且识别率相当高。

(3) 光标识别技术。

光标识别技术之光标阅读器(optical mark reader，OMR)，又称为光电阅读器，是用光学扫描的方法来识别按一定格式印刷或书写的标记，并将其转换为计算机能接收的电信号的设备，产生于20世纪50年代的英国，主要用于处理一些标准化信息的表格，当时只在英语一科中使用。目前，光标阅读器已普遍地应用于高考阅卷、选举、调查问卷统计等领域。

光标阅读器的特点是阅读准确，即对涂点的识别有极高的精确度，误码率小于千万分之一；阅读速度快，每秒钟可以处理一千多个信息点，处理速度以A4幅面计，每小时五千张。就快速和准确而言，在目前的计算机输入设备中，还没有一种设备能与光标阅读器相比。

5) 生物特征识别技术

在当今信息化时代，如何准确鉴定一个人的身份、保护信息安全，已成为一个必须解决的关键社会问题。目前最为便捷与安全的解决方案无疑就是生物特征识别技术。它不但简洁快速，而且利用它进行身份的认定，安全、可靠、准确。

生物特征识别技术主要是指通过人类的生理特征或行为特征对其进行身份识别与认证的一种技术。这里的生理特征或行为特征通常具有唯一性(与他人不同)、可以测量或可以自动识别与验证、遗传性或终身不变等特点。目前比较成熟并已大规模使用的方式主要为指纹、虹膜、人脸、语音识别等。此外，近年来，耳、掌纹、手掌静脉、脑电波、唾液提取DNA、步态、多模态(即多生物特征融合)识别等研究也有所突破，有望进入商用阶段。

在目前的研究与应用领域中，生物特征识别主要关系到计算机视觉、图像处理与模式识别、计算机听觉、语音处理、多传感器技术、虚拟现实、计算机图形学、可视化技术、计算机辅助设计、智能机器人感知系统等其他相关的研究。

生物特征包括生物的生理特征和行为特征。其中，生理特征包括指纹、静脉、掌型、视网膜、虹膜、人体气味、脸型，以及血管、DNA、骨骼、皮肤芯片等；行为特征则包括签名、语音、行走步态、按键力度等。基于这些特征，生物特征识别技术已经在过去的若干年中取得了长足的进展。

几种生物特征
识别技术

生物特征识别技术通常按照扫描、数字化处理、分析、特征提取、存储、匹配分类等步骤处理。目前，扫描数字化的处理已经相对成熟，主要的研究集中在分析和特征提取方面。

扫描二维码获悉指纹识别技术、人脸识别技术、虹膜识别技术、语音识别技术，以及它们之间的比较。

4.2.3 其他前端感知技术

事物的要求往往是多样性的，而一种技术的优势只能满足某一方面的需求。这种矛盾必然使人们将多种技术集成应用，以满足事物多样性的要求。在应用解决方案方面，自动识别系统向多种识别技术的集成化应用发展，传感器与RFID集成，条码与RFID集成，条码、RFID、传感器与无线通信的集成应用将会获得进一步发展。

1. 各类传感器

在数字经济中，数据的来源主要有两种：一种是"人的数据"——人类制造的数字信息，如文字、视频、程序等；另一种是"物的数据"，如工业互联网中的电流、液位、压力等信息，农业数字化中的温度、湿度等信息，等等。物体能自动发送数据到互联网上吗？不能。那么这些数据要怎么获取呢？

答案就是运用前面讲的自动识别技术以及下面要讲的各类传感器。传感器就如同人类的"五官"和"皮肤"，眼睛就是图像传感器，鼻子就是气体传感器，耳朵就是声学传感器，舌头就是味觉传感器，皮肤就是柔性传感器(含温度、压力等感知)。对于"物的数据"的采集，都少不了传感器这个关键器件，没有可靠、稳定、准确的传感器，工业互联网、农业数字化、智慧城市等数字经济建设就无从谈起。

1) 传感器的定义

传感器(sensor)是能感受到被测量的信息，并能将感受到的信息按一定规律转换为电信号或其他所需形式的信息输出，以满足信息的传输、处理、存储、显示、记录和控制等要求的检测装置。

国家标准GB7665-87对传感器的定义如下：能感受规定的被测量件并按照一定的规律(数学函数法则)转换成可用信号的器件或装置，通常由敏感元件和转换元件组成。传感器结构如图4-12所示。目前，传感器具有微型化、数字化、智能化、多功能化、系统化、网络化等特点，是实现自动检测和自动控制的首要环节。

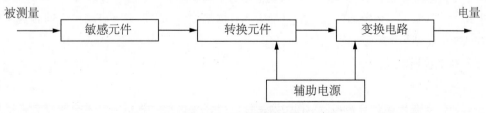

图4-12　传感器结构图

2) 传感器的类型

人类需要借助耳朵、鼻子、眼睛等感觉器官感受外部物理世界。类似地，物联网也需要借助传感器实现对物理世界的感知。传感器的存在和发展，让物体有了触觉、味觉和嗅觉等感官，让物体慢慢活了起来，可以说，传感器是人类感觉器官的延伸。

物联网中常见的传感器类型有光敏传感器、声敏传感器、气敏传感器、化学传感器、压敏传感器、温度传感器、流体传感器等，可以用来模仿人类的视觉、听觉、嗅觉、味觉和触觉。图4-13中列出了几种不同类型的传感器。

传感器

(a) 压力传感器　　(b) 温度传感器　　(c) 压电式压力传感器　　(d) 位移传感器

图4-13　几种不同类型的传感器(扫描二维码获悉更多)

敏感元件可以分为以下几种类型：① 物理类，基于力、热、光、电、磁和声等物理效应。② 化学类，基于化学反应的原理。③ 生物类，基于酶、抗体和激素等分子识别功能。通常根据其基本感知功能可分为热敏元件、光敏元件、气敏元件、力敏元件、磁敏元件、湿敏元件、声敏元件、放射线敏感元件、色敏元件和味敏元件十大类。

3) 传感器的应用

依赖于传感器的广泛部署，2022年，我国在工业互联网、农业数字化、智慧城市，以及绿色低碳等方面取得了许多值得关注的进展，具体如下。

工业互联网核心产业规模超1.2万亿元，同比增长15.5%。工业互联网已覆盖工业大类的85%以上，标识解析体系全面建成，重点平台连接设备超过8000万台(套)。

农业数字化加快向全产业链延伸，农业生产信息化率超过25%。智能灌溉、精准施肥、智能温室、产品溯源等新模式得到广泛推广。基于北斗系统的农机自动驾驶系统超过10万台(套)，覆盖深耕、插秧、播种、收获、秸秆处理等各个环节。

在智慧城市方面，推进深圳、南京、西安、青岛等18个城市安全风险综合监测预警体系建设试点，构建城市生命线、公共安全、生产安全和自然灾害等领域安全监测感知网络，建设综合监测预警平台，提升城市安全风险防范、化解、管控的智能化水平。

在绿色低碳发展方面，生态环境数据资源体系持续完善，新增或补充了空气质量监测、排污口、危险废物处置等33类数据，数据总量达到169亿条。全国已建成26个高精度和90个中精度大气温室气体监测站点。数字孪生水利框架体系基本形成，启动实施94项数字孪生流域先行先试任务。

2. 智能仪器仪表

1) 智能仪表

智能仪表是以微型计算机(单片机)为主体，将计算机技术和检测技术有机结合，组成的新一代"智能化仪表"。图4-14列出了两种智能仪表。

 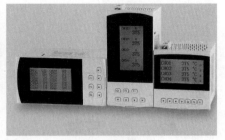

(a) 流量积算记录仪　　　　　　　(b) 智能温控仪

图4-14　智能仪表举例

随着微电子技术和计算机技术的不断发展，仪表结构也发生了根本性变革，以微型计算机(单片机)为主体，将计算机技术和检测技术有机结合，组成的新一代"智能化仪表"，在测量过程自动化、测量数据处理及功能多样化方面与传统仪表的常规测量电路相比较，取得了巨大进展。智能仪表不仅能解决传统仪表不易或不能解决的问题，还能简化仪表电路，提高仪表的可靠性，更容易实现高精度、高性能、多功能的目的。

随着科学技术的进一步发展，仪表的智能化程度将越来越高。智能仪表不但能完成多种物理量的精确显示，同时具有变送输出、继电器控制输出、通信、数据保持等多种功能。智能仪表和智能传感器一般应用于现场总线系统中，这种仪表和传感器内部嵌有通信模块和控制模块，可以完成数据采集、数据处理和数据通信功能。

2) 智能仪器

智能仪器是含有微型计算机或微型处理器的测量仪器，拥有对数据的存储运算逻辑判断及自动化操作等功能。智能仪器的出现，极大地扩展了传统仪器的应用范围。智能仪器凭借其体积小、功能强、功耗低等优势，迅速在家用电器、科研单位和工业企业中得到了广泛应用。

智能仪器的基本工作原理如下：传感器拾取被测参量的信息并转换成电信号，经滤波去除干扰后送入多路模拟开关；由单片机逐路选通模拟开关将各输入通道的信号逐一送入程控增益放大器，放大后的信号经A/D转换器转换成相应的脉冲信号后送入单片机中；单片机根据仪器所设定的初值进行相应的数据运算和处理(如非线性校正等)；运算的结果被转换为相应的数据进行显示和打印；同时单片机把运算结果与存储于片内FlashROM(闪速存储器)或PROM(电可擦除存贮器)内的设定参数进行运算比较后，根据运算结果和控制要求，输出相应的控制信号(如报警装置触发、继电器触点等)。

此外，智能仪器还可以与PC机组成分布式测控系统，由单片机作为下位机采集各种测量信号与数据，通过串行通信将信息传输给上位机——PC机，由PC机进行全局管理。

3. 物联感知技术

物联感知技术是指利用各种传感器、通信技术和数据处理技术，实现对物理世界的感知、识别和理解的技术。物联感知技术包括前面讲到的自动识别技术及各类传感器等，是物联网的基础和核心，也是人工智能、大数据等新一代信息技术的重要支撑。

1) 物联感知技术的主要特点

物联感知技术可以将特定空间环境中的所有物体连接起来，进行拟人化信息感知和协同交互,而且具备自我学习、处理、决策和控制的行为能力,从而完成智能化生产和服务。物联感知技术有以下主要特点。

(1) 多源异构:物联感知技术可以集成各种类型、规模、功能和性能的传感器,形成多源异构的终端网络,实现对多维度、多层次、多粒度的信息感知。

(2) 实时动态:物联感知技术可以实时地采集、传输、处理和响应物理世界中发生的变化,实现对动态环境的快速适应和智能控制。

(3) 智能自主:物联感知技术可以利用人工智能、大数据、云计算等技术,实现对信息的智能分析、推理和决策,以及对终端设备的自主管理和优化。

(4) 安全可靠:物联感知技术可以采用各种安全机制和策略,保障信息的完整性、可用性和保密性,以及终端设备的稳定性和可靠性。

2) 物联感知技术的发展趋势

根据国内外相关机构和专家的预测分析,未来物联感知技术有以下发展趋势。

(1) 普及化:随着传感器成本的降低和性能的提升,以及无线网络覆盖范围的扩大和速率的增加,越来越多的传感器将被部署在各个领域,并与互联网相连,形成一个覆盖全球范围内所有事物的巨大网络。

(2) 多样化:随着人工智能、大数据、云计算等新一代信息技术的发展和应用,传感器将不再局限于简单地采集数据,而是具备了数据转换、分析甚至决策功能,并且可以与其他传感器进行协同交互,形成一个具有多样化功能和特性的复杂网络。

(3) 智能化:随着人工智能算法的不断创新和优化,以及边缘计算平台的不断完善和部署,传感器将具备更强大的自主学习能力,不仅可以根据环境变化自动调整参数或策略,还可以与其他传感器进行协作或竞争,形成一个具有自我进化能力的自适应网络。

(4) 安全化:随着网络攻击手段的不断升级和变化,以及用户隐私意识的不断增强,传感器将具备更高级别的安全防护功能,并且可以根据不同场景或需求采取不同级别或方式的安全措施,并且可以与其他传感器进行安全协作或验证,形成一个具有自我防御能力的可信网络。

4. 数据挖掘与融合技术

物联网中存在各种异构网络和不同类型的系统,产生了大量不同来源的不同类型数据,面对如此大量的不同类型数据,如何实现有效整合、处理和挖掘,是物联网处理层需要解决的关键技术问题。如今,云计算和大数据技术的出现,为物联网数据的存储、处理和分析提供了强大的技术支撑,海量物联网数据可以借助庞大的云计算基础设施实现廉价存储,利用大数据技术实现快速处理和分析,以满足各种实际应用需求。

4.2.4 物联网及其应用

1. 物联网的内涵

顾名思义,物联网(internet of things,IOT)就是"物物相连的互联网",即万物互联。《物联网新型基础设施建设三年行动计划(2021—2023年)》指出,物联网是以感知技术和网络通信技术为主要手段,实现人、机、物的泛在连接,提供信息感知、信息传输、信息处理等服务的基础设施。这段话有两层含义:第一,物联网的核心和基础仍然是互联网,是在互联网基础上延伸和扩展的一种网络；第二，其用户端延伸和扩展到了任何物品与物品之间，进行信息交换和通信。

因此，物联网的定义是通过条码扫描、射频识别、语音识别、图像识别等自动识别装置，以及红外感应器、全球定位系统等信息传感设备，按约定的协议，把人以及任意物品与互联网相连接，形成人与人、人与物、物与物相连接，进行信息交换和通信，以实现智能化识别、定位、跟踪、监控和管理的一种网络，如图4-15所示。

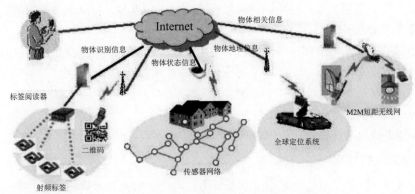

图4-15 万物互联示意图

生产设备装上传感器，远隔千里也能运维监控；智能音箱异军突起，语音呼唤便能乐享智慧生活；道路覆盖视频监控，车路协同让无人驾驶成为可能……随着经济社会加快向数字化智能化转型升级，在生产生活的各个领域，物联网应用赋能已随处可见，万物互联的场景也越发清晰。下面以智能公交为例来加深读者对物联网的理解。

目前，很多城市居民的手机中都安装了"掌上公交"App，人们可以用手机随时随地查询每辆公交车的当前位置信息，这就是一种非常典型的物联网应用。

在智能公交应用中，每辆公交车都安装了GPS设备和4G/5G网络传输模块。在车辆行驶过程中，GPS设备会实时采集公交车当前位置信息，并通过车上的4G/5G网络传输模块发送给车辆附近的移动通信基站，经由电信运营商的4G/5G移动通信网络传送到智能公交指挥调度中心的数据处理平台，平台再把公交车位置数据发送给智能手机用户，用户的"掌上公交"App就会显示公交车的当前位置信息。

这个应用实现了"物与物"的相连，即把公交车和手机这两个物体"连接"在一起，让手机可以实时获取公交车的位置信息。进一步讲，这个应用实际上也实现了"物和人"的连接，让手机用户可以实时查看公交车的位置信息。

在这个应用中，安装在公交车上的GPS设备属于物联网的感知层；安装在公交车上的4G/5G网络传输模块以及电信运营商的4G/5G移动通信网络属于物联网的网络层；智能公交指挥调度中心的数据处理平台属于物联网的处理层；智能手机上安装的"掌上公交"App属于物联网的应用层。

2. 物联网的应用

物联网的应用主要体现在物联感知技术的应用上。物联感知技术在智慧城市、工业物联网、车联网、智慧医疗、智慧农业、智能家居等领域有广阔的应用前景，可扫描二维码获悉。

物联网的应用

3. 物联网产业链

完整的物联网产业链主要包括核心感应器件提供商、感知层末端设备提供商、网络提供商、软件与行业解决方案提供商、系统集成商、运营及服务提供商等环节。前两项涉及数据采集,第三项涉及数据传输,后三项涉及数据处理。

核心感应器件提供商:提供一维条码、二维码、RFID标签及制作设备等自动识别技术产品、各类传感器、智能仪器仪表等物联网核心感应器件及设备。

感知层末端设备提供商:提供条码和射频等自动识别设备、传感系统及设备、智能控制系统及设备、GPS设备、末端网络产品等。

网络提供商:包括电信网络运营商、广电网络运营商、互联网运营商、卫星网络运营商和其他网络运营商等。

软件与行业解决方案提供商:提供微操作系统、中间件、解决方案等。

系统集成商:提供行业应用集成服务。

运营及服务提供商:提供行业物联网运营及服务。

4. 我国物联网的发展

2009年8月,国务院原总理温家宝到无锡物联网产业研究院考察物联网的建设工作时提出了"感知中国"的概念。RFID技术、二维码技术、图像识别技术、生物特征识别技术等自动识别技术是构成传感器网络的核心技术,是物联网的前端数据采集平台,也是物联网技术的主要组成部分。

2013年2月5日,国务院发布《关于推进物联网有序健康发展的指导意见》(以下简称《意见》)。该《意见》指出,物联网是新一代信息技术的高度集成和综合运用,具有渗透性强、带动作用大、综合效益好的特点,推进物联网的应用和发展,有利于促进生产生活和社会管理方式向智能化、精细化、网络化方向转变,对于提高国民经济和社会生活信息化水平,提升社会管理和公共服务水平,带动相关学科发展和技术创新能力增强,推动产业结构调整和发展方式转变具有重要意义,我国已将物联网作为战略性新兴产业的一项重要组成内容。

华经产业研究院发布的《2022年自动识别与数据采集行业现状》中显示,全球物联网行业市场规模快速增长,2021年全球物联网行业市场规模达到8122亿美元,同比增长11.03%,随着全球5G商业化进程加速,未来几年物联网行业有望进入加速增长周期,预计2024年全球物联网行业市场规模将达到1.11万亿美元。随着物联网及相关产业的不断发展,人们对自动识别与数据采集的需求将不断增加,这将成为推动自动识别与数据采集(AIDC)行业发展的主要动力。

物联网本身是在需求牵引和技术推动下持续发展的一种新模式、新技术、新业态,也将是推动数字经济的重要抓手,万物皆可联网已成为全球网络未来发展的重要方向。《"十四五"数字经济发展规划》也对作为未来数字经济重要底座支撑的物联网新型基础设施建设做了重点布局。毫无疑问,我国的物联网产业链及市场发展拥有广阔的前景。

IoT Analytics统计数据显示,2025年中国物联网连接数将增长至309亿,2020—2025年均复合增速有望超20%。如今,物联网已在安防监控、智能交通、智能电网、智能物流、智慧农业等各个领域实现了应用的多点开花。

目前，我国物联网领域已经开启新的发展阶段，5G网络加快部署、巨头拓展物联网生态、行业规模化连接等出现显著效果，物联网与新技术融合初显成效，可以预见，"十四五"期间物联网将具备较强的产业能量和市场预期。

4.3 人工智能

经过半个多世纪的发展，人工智能已经度过了简单地模拟人类智慧的阶段，发展成为研究人类智能活动的规律，构建具有一定智能的人工系统或硬件，使其能够完成以往需要人的智力才能完成的工作，并对人类智能进行拓展的边缘学科。

4.3.1 人工智能的内涵

1. 人工智能的概念

"人工智能"一词由达特茅斯学院的助理教授约翰·麦卡锡(John McCarthy)在1956年提出。1956年，达特茅斯会议首次提出人工智能的定义：使一部机器的反应像一个人在行动时所依据的智能。因此，1956年也就成为了人工智能元年。

目前，人们普遍认可的观点如下：人工智能(artificial intelligence，AI)是研究、开发用于模拟、延伸和扩展人的智能的理论、方法、技术及应用系统的一门新的技术科学。人工智能是新一轮科技革命和产业变革的重要驱动力量。

人工智能是一门极富挑战性的学科，属于自然科学和社会科学的交叉学科，涉及哲学、认知科学、数学、神经生理学、心理学、信息论、控制论、不定性论等，远非计算机学科所能概括。从事这项研究的人，必须懂得计算机科学、心理学和哲学等知识。

从实践来看，人工智能是计算机科学的一个分支，是智能学科的重要组成部分，其探索智能的实质，并生产出一种新的能以与人类智能相似的方式做出反应的智能机器。该领域的研究包括机器人、语言识别、图像识别、自然语言处理和专家系统等，其中语言识别、图像识别等在4.2.2小节有所涉及。

人工智能实现最大的飞跃是大规模并行处理器的出现，特别是GPU(图形处理单元)，它是具有数千个内核的大规模并行处理单元，而不是CPU(中央处理器)中的几十个并行处理单元。这大大加快了现有人工智能算法的速度。

人工智能也可以像人类那样通过试验和错误进行学习，这需要大量的数据来教授和训练人工智能。人工智能应用的数据越多，获得的结果就越准确。在过去，人工智能由于处理速度慢、数据量小而不能很好地工作，也没有像现在这样先进的传感器，并且当时互联网还没有被广泛应用，因此很难提供实时数据。

经过半个多世纪的发展，人工智能已经从技术缓慢积累进入全面起飞的新阶段。云计算、物联网和大数据等新一代信息技术的日趋成熟，为人工智能提供了海量数据和计算资源，使其得以深度学习进化，驱动人工智能技术不断升级，由"智能感知"向"智能思考"与"智能决策"持续演进。

人工智能从诞生以来，理论和技术日益成熟，应用领域也不断扩大。可以设想，未来人工智能带来的科技产品将会是人类智慧的"容器"。人工智能不是人的智能，但能像人那样思考，也可能超过人的智能。

2. 人工智能的核心能力

人工智能的目标是使机器能够胜任一些通常需要人类智能才能完成的复杂工作，帮助人类以更高效的方式进行思考与决策，其核心能力体现在以下三个层面。

(1) 计算智能。使机器具备超强的记忆力和超快的计算能力，从海量数据中进行深度学习与积累，从过去经验中获得领悟，并用于当前环境。例如，AlphaGo利用增强学习技术，借助价值网络与策略网络这两种深度神经网络，完胜世界围棋冠军柯洁。

(2) 感知智能。使机器具备视觉、听觉、触觉等感知能力，将前端非结构化数据进行结构化，并以人类的沟通方式与用户进行互动。例如，谷歌的无人驾驶汽车通过各种传感器对周围环境进行处理，从而有效地对障碍物、汽车或骑行者做出迅速避让。

(3) 认知智能。使系统或机器像人类大脑一样"能理解、会思考"，通过生成假设技术，实现以多种方式推理和预测结果。例如，Watson的询证系统可以根据病人的病史精准地判断病情并提出治疗方案。

3. 人工智能的类型

按照实力强弱，人工智能可以分为以下三大类。

(1) 弱人工智能(artificial narrow intelligence，ANI)，是指擅长单个方面的人工智能。例如，战胜国际象棋世界冠军卡斯帕罗夫的IBM深蓝，战胜李世石、柯洁的AlphaGo，它们只会下国际象棋或围棋，若要问其他的问题，它们就不知道该怎么回答了。

(2) 强人工智能(artificial general intelligence，AGI)，是指在各方面都能和人类比肩的人工智能，人类能干的脑力劳动它都能干。创造强人工智能比创造弱人工智能要难得多，目前人类还做不到。

(3) 超人工智能(artificial super intelligence，ASI)，牛津哲学家、知名人工智能思想家尼克·波斯特洛姆(Nick Bostrom)把它定义为"在几乎所有领域都比最聪明的人类大脑聪明很多，包括科学创新、通识和社交技能"。超人工智能可以是各方面都比人类强一点，也可以是各方面都比人类强很多。

现在人类已经掌握了弱人工智能。其实弱人工智能无处不在，人工智能革命是从弱人工智能，通过强人工智能，最终到达超人工智能的旅途。不过，对人工智能的现有能力不宜过分夸大，也不能将人工智能视为对人脑的"模拟"，因为人脑的工作机制至今还是个黑箱，无法模拟。

AlphaGo之所以可以战胜柯洁，是因为其具有强大且高速的计算能力，通过统计模拟棋手每一着下法的可能性，找出了制胜的招数，并不是真正地学会了模拟人类大脑来思考。尽管人工智能的计算能力远超人类，但当前人工智能的水平完全不能与人类智能相媲美。人类级别的人工智能(即强人工智能或通用人工智能)目前尚不存在。

然而，我们也有必要看到人工智能带来的潜在风险与挑战：从引发失业上升到安全和隐私问题，从缺乏透明度到偏见和歧视问题，从道德困境到法律和监管方面的问题，从失去人际关系到虚假信息和操纵的问题，从权力集中到经济不平衡的问题，从对人工智能的依赖到意想不到的后果问题，等等。

4.3.2　人工智能的关键技术

人工智能的工作原理如下：计算机通过传感器或人工输入的方式来收集关于某个情景的信息(数据)，并将此信息与已存储的信息进行比较，以确定它的含义。人工智能的关键技术主要体现在人工智能的工作和学习机制。目前，人工智能的工作和学习机制主要包括三种体系：人工神经网络、机器学习和深度学习。

1. 人工神经网络

人工神经网络(artificial neural network，ANN)，是20世纪80年代以来人工智能领域兴起的研究热点。它从信息处理角度对人脑神经元网络进行抽象，建立某种数学模型，按不同的连接方式(拓扑结构)组成不同的网络。在工程与学术界也常简称为神经网络。

神经网络是一种运算模型，由大量的节点(或称为神经元[①])相互连接构成。每个节点代表一种特定的输出函数，称为激励函数(activation function)。每两个节点间的连接都代表一个对于通过该连接信号的加权值，称之为权重，这相当于人工神经网络的记忆。网络的输出则依网络的连接方式、权重和激励函数的不同而不同。而网络自身通常都是对自然界某种算法或函数的逼近，也可能是对一种逻辑策略的表达。

与传统的计算机编程相比，人工神经网络具有以下突出特点。

(1) 人工神经网络能模拟人类大脑的形象思维能力。人类大脑的思维分为抽象(逻辑)思维、形象(直观)思维和灵感(顿悟)思维三种基本方式。逻辑思维是指根据逻辑规则进行推理的过程。计算机编程就是先将信息转化为概念，并用符号表示，然后根据符号运算按串行模式进行逻辑推理。这一过程可以写成串行的指令，让计算机执行。

形象思维是将分布式存储的信息综合起来，其结果是形成综合性的特征认识。这种思维方式的根本在于两点：一是信息通过神经元上的兴奋模式分布存储在网络上；二是信息处理是通过神经元之间同时相互作用的动态过程来完成的。人工神经网络就是模拟人类思维的第二种方式，典型的神经网络结构如图4-16所示。

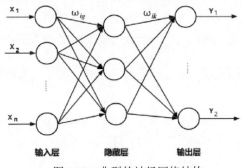

图4-16　典型的神经网络结构

(2) 人工神经网络是一个具有学习能力的系统。人工神经网络可以发展知识，以致超过设计者原有的知识水平。神经网络是通过对人脑的基本单元——神经元的建模和连接，探索模拟人脑神经系统功能的模型，并研制一种具有学习、联想、记忆和模式识别等智能信息处理功能的人工系统。

---

① 神经元是神经网络的基本单位。神经元有两个功能：计算与存储。计算是指神经元对其输入进行计算；存储是指神经元会暂存计算结果，并传递到下一层。

(3) 泛化能力。泛化能力指对没有训练过的样本和未知数据有较好的预测能力和控制能力。特别是对于一些有噪声的样本，神经网络具备很好的预测能力。

(4) 非线性映射能力。普通计算机编程需要对系统有透彻的了解，以建立精确的数学模型。当面对复杂系统，或者系统未知、系统信息量很少时，往往无能为力。而神经网络具有非线性映射能力，不需要对系统进行透彻的了解，但是能达到输入与输出的映射关系，可以大大降低设计的难度。

(5) 高度并行性与分布式存储。普通计算机的存储器与运算器相互独立，知识存储与数据运算互不相关，只能通过人工编制的程序使之沟通，这种沟通不能超越程序编制者的预设。而人工神经网络的基本结构模仿人脑，具有并行处理特征，可以大大提高工作速度。

神经网络还有一个重要的特征是它能够从环境中学习，通过学习训练可以将网络分布式存储的信息综合起来，生成学习结果。

2. 机器学习

机器学习(machine learning)是从有限的观测数据中学习或"猜测"出具有一般性的规律，并可以将总结出来的规律推广应用到未观测样本上。机器学习是一门涉及统计学、系统辨识、逼近理论、神经网络、优化理论、计算机科学、脑科学等诸多领域的交叉学科，专门研究计算机怎样模拟或实现人类的学习行为，以获取新的知识或技能，重新组织已有的知识结构使之不断改善自身的性能。

基于数据的机器学习是现代智能技术中的重要方法之一，是人工智能的核心，是使计算机具有智能的根本途径，其应用遍及人工智能的各个领域。机器学习研究从有限的观测数据(样本)出发寻找规律，利用这些规律对未来数据或无法观测的数据进行预测。

机器学习是人工智能的一个重要分支，是实现人工智能的必要手段。人工智能是沿着以"推理"为重点，到以"知识"为重点，再到以"学习"为重点的脉络发展的。

早期人们认为，如果能赋予机器逻辑推理能力，机器就会具有智能，人工智能研究处于"推理期"。当人们认识到人类判断和决策不仅依赖于推理能力，还需要知识时，人工智能进入了"知识期"，大量专家系统在此时诞生。随着研究的向前推进，专家发现人类知识无穷无尽，其中有些知识难以总结后交给计算机，于是人们产生了将知识学习能力赋予计算机本身的想法。

初期的人工智能可通过人工编程事先设定规则，在某些特定情境中体现出最基本的智能。然而，解决实际问题所需的算法往往太过复杂，很难由人工编程的方式实现。将做出各种复杂预测的困难工作(即数据优化和特征规范)，从程序员身上转嫁给程序，让程序学会学习，这正是现代化人工智能——机器学习理论所期待解决的问题。人工智能今天的强大，并不意味着它们开始接近人脑，恰恰相反，它们的优势在于能够完成人脑根本无法处理的大量数据。

根据学习模式、学习方法及算法的不同，机器学习的分类方法也不同。

1) 机器学习模式

根据学习模式可将机器学习分为监督学习、无监督学习和强化学习等。

(1) 监督学习是根据被标记的训练数据来推断一个功能的机器学习任务。简而言之，监督学习就是人们告诉机器特定输入的正确答案，比如这是一架飞机的图像，正确答案是"飞机"。监督学习通常需要大量的有签数据集，这些数据集一般需要由人工进行标注，成本很高。

(2) 无监督学习是根据类别未知(没有被标记)的训练样本解决模式识别中的各种问题，即让机器自己摸索，人类不给予任何总结的经验，不对任何数据进行标注。当前人工智能中的自然语言处理，让人工智能通过大量的语言输入去理解语言中词语关系的内在规律，就是"无监督学习"的一种应用。更常见的应用是网上购物时的推荐商品，机器通过分析大量的过往数据，"学习"去推荐买家可能感兴趣的商品。

(3) 强化学习又称为再励学习、评价学习，是一种重要的机器学习方法。这是关于机器应该如何行动以获得最大化奖励的问题。强化学习与监督学习的不同之处在于：强化学习不需要给出"正确"策略作为监督信息，只需要给出策略的(延迟)回报，并通过调整策略来取得最大化的期望回报。

例如，训练一个模型自动下围棋，对于每一种棋盘状态，即使是专家也很难都给出"正确"的着法，但是其最后的结果(输赢)却很容易判断，因此，可以通过大量的模拟数据，通过最后的结果(奖励)来倒推每一步棋的好坏，从而通过学习得出"最佳"的下棋策略。强化学习广泛应用于很多领域，如电子游戏、棋类游戏、迷宫类游戏、控制系统、推荐等。

2) 机器学习的重点

关于机器学习有下面几种定义：机器学习是一门人工智能的科学，该领域的主要研究对象是人工智能，特别是如何在经验学习中改善具体算法的性能；机器学习是对能通过经验自动改进的计算机算法的研究；机器学习是用数据或以往的经验，优化计算机程序的性能标准。从以上定义中可以看出，机器学习强调3个关键词：算法、经验、性能。

机器学习在数据的基础上，通过算法构建模型并对模型进行评估。评估的性能如果达到要求，就用该模型来测试其他数据；如果达不到要求，就调整算法来重新建立模型，再次进行评估。如此循环往复，最终获得满意的模型来处理其他数据。机器学习模型训练的目的就是使得参数尽可能逼近真实情况。

机器学习已经被成功应用于多个领域，如个性推荐、金融反欺诈、语音识别、自然语言处理和机器翻译、模式识别、智能控制等。

3. 深度学习

根据学习方法可以将机器学习分为传统机器学习和深度学习。现在非常热门的深度学习(deep learning)是机器学习的子类，是目前机器学习的前沿领域。它的灵感源于人类大脑的工作方式，是利用深度神经网络来解决特征表达的一种学习过程。深度学习是机器学习中一种基于对数据进行特征(对象显示出来的特征)学习的方法，代表着机器学习的高级阶段。

传统机器学习是浅层学习，不涉及特征学习，其特征主要靠人工经验或特征转换方法来获取。两者的本质区别是，深度学习是机器学习特征，即通过机器学习自身来产生样本特征；而传统机器学习是人工设计特征，即传统机器学习描述样本的特征通常是由专家来设计的。因此，传统机器学习属于分类器学习，通过人工设计的特征学习得到分类模型；深度学习可以做到端对端学习，通过机器自身学习掌握特征得到分类模型。

深度学习通过组合底层特征形成更加抽象的高层表示属性类别或特征，以发现数据的分布式特征表示。深度学习利用的技术是深度(多层)神经网络。深度神经网络本身并非是一个全新的概念，可以理解为包含多个隐含层的神经网络结构，如图4-17所示。

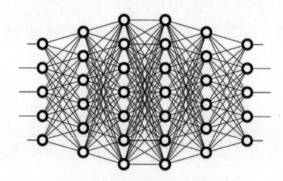

图4-17　深度神经网络结构示意图

所谓"深度"，是指原始数据进行非线性特征转换的次数，也可以看作从输入节点到输出节点所经过的路径长度。早年人工神经网络只有2层深，不足以构建大型网络，现在少则十层，多则百层，这主要得益于大数据和云计算的出现。

通过深度学习，计算机能够自己生成模型，进而进行相应的判断。为了提高深层神经网络的训练效果，人们对神经元的连接方法和激活函数等方面做出了调整。深度学习的目的在于建立模拟人脑进行分析学习的神经网络，模仿人脑的机制来解释数据。

不过，尽管神经网络模型是深度学习的主要模型，但是神经网络和深度学习并不等价。深度学习可以采用神经网络模型，也可以采用深度置信网络(一种概率图模型)等其他模型。

4.3.3　人工智能基础设施与技术产品

一直以来，算法、算力和数据被视为人工智能发展的"三驾马车"，也是推动人工智能发展的重要基础。算法基础已在"4.3.2人工智能的关键技术"中有所介绍，下面介绍人工智能基础设施与技术产品。

1. 人工智能基础设施

人工智能基础设施为人工智能产业提供计算能力的支撑，是人工智能产业发展的重要保障，其范围包括智能芯片、智能传感器、AI数据中心等。

1) 智能芯片

智能芯片是人工智能的核心部件，也是人工智能时代的战略制高点。智能芯片可以分为通用类芯片(CPU、GPU、FPGA)、基于FPGA(现场可编程门阵列)的半定制化芯片、全定制化ASIC(专用集成电路)芯片、类脑计算芯片(IBM True North)。

另外，主要人工智能处理器还有DPU(数据处理器)、BPU(分支处理单元)、NPU(网络处理器)、EPU(智能节能处理器)等适用于不同场景和功能的人工智能芯片。

随着互联网用户量和数据规模的急剧膨胀，人工智能发展对计算性能的要求迫切增长，对CPU计算性能提升的需求超过了摩尔定律的增长速度。同时，受限于技术原因，传统处理器的性能也无法按照摩尔定律继续增长，发展下一代智能芯片迫在眉睫。未来的智能芯片主要是在两个方向发展：一是模仿人类大脑结构的芯片，二是量子芯片。

2) 智能传感器

智能传感器是具有信息处理功能的传感器。智能传感器带有微处理机，具备采集、处理、交换信息的功能,是传感器与微处理机相结合的产物。智能传感器属于人工智能的神经末梢,用于全面感知外界环境。

各类传感器的大规模部署和应用为实现人工智能创造了不可或缺的条件。不同应用场景,如智能安防、智能居家、智能医疗等对传感器应用提出了不同的要求。这类应用与前面介绍的物联网也紧密相关,且相互交叉融合。

与一般传感器相比,智能传感器具有以下优点:通过软件技术可实现高精度的信息采集,而且成本低;具有一定的编程自动化能力;功能多样化。未来,随着人工智能应用领域的不断拓展,市场对传感器的需求将不断增多,高敏度、高精度、高可靠性、微型化、集成化将成为智能传感器发展的重要趋势。

3) AI数据中心

常规的单机计算模式已经无法满足人工智能大规模数据计算处理的需要,数据中心已经成为AI高算力的关键基础设施。关于我国数据中心的总体建设情况参见"4.1.4云计算数据中心"。

2021年7月4日,工信部印发《新型数据中心发展三年行动计划(2021—2023年)》,计划到2023年底,全国数据中心机架规模年均增速保持在20%左右,平均利用率力争提升到60%以上,总算力超过200EFLOPS,高性能算力占比达到10%。加快高性能、智能计算中心部署,推动CPU、GPU等异构算力提升,逐步提高自主研发算力的部署比例,推进新型数据中心算力供应多元化,支撑各类智能应用。

根据Gartner的预测,到2025年,服务器、数据中心和存储的市场规模将达到1120亿美元,2020—2025年CAGR(复合年均增长率)为8.0%。2022年,全球服务器约1500万台,其中AI服务器出货量约13万台,AI服务器的占比不到1%。随着各企业相继发布大模型,对推理和训练的算力需求大幅上升,AI服务器出货量有望迎来爆发式增长。

2023年12月1日,据微软官方消息,微软将在未来三年内投资25亿英镑,扩建下一代AI数据中心等基础设施,为新的人工智能模型的运行提供至关重要的基础设施。微软计划扩大其在伦敦和卡迪夫的数据中心规模,并计划向英格兰北部地区扩张。这项基础设施投资将有助于满足对高效、可扩展和可持续的人工智能专用计算能力的爆炸性需求,以及等待利用最新云计算和人工智能突破的私营和公共部门的需求。

2. 人工智能技术及产品

人工智能技术与产品涉及知识图谱、自然语言处理、计算机视觉、生物特征识别、AR/VR、人机交互、智能终端、智能运载工具、智能机器人等,其中生物特征识别技术已经在4.2.2自动识别技术中有所介绍。

1) 知识图谱

知识图谱(knowledge graph)在图书情报界称为知识域可视化或知识领域映射地图,是显示知识发展进程与结构关系的一系列各种不同的图形。知识图谱用可视化技术描述知识资源及其载体,挖掘、分析、构建、绘制和显示知识及它们之间的相互联系。

具体来说,知识图谱是通过将应用数学、图形学、信息可视化技术、信息科学等学科的理论与方法与计量学引文分析、共现分析等方法结合,并利用可视化的图谱形象地展示学科的核心结构、发展历史、前沿领域及整体知识架构,达到多学科融合目的的现代理论。

它把复杂的知识领域通过数据挖掘、信息处理、知识计量和图形绘制而显示出来，揭示知识领域的动态发展规律，为学科研究提供切实的、有价值的参考。

知识图谱可以帮助企业自动构建行业图谱，摆脱原始的人工输入，可以应用于智能搜索、文本分析、机器阅读理解、异常监控、风险控制等场景，达到真正的智能和自动。知识图谱可用于反欺诈、不一致性验证等公共安全保障领域，需要用到异常分析、静态分析、动态分析等数据挖掘方法。特别地，知识图谱在搜索引擎、可视化展示和精准营销方面有很大的优势，已成为业界的热门工具。但是，知识图谱的发展还有很大的挑战，如数据的噪声问题，即数据本身有错误或数据存在冗余。随着知识图谱应用的不断深入，还有一系列关键技术需要突破。

2) 自然语言处理

自然语言处理(natural language processing，NLP)是计算机科学领域与人工智能领域中的一个重要方向。它研究实现人与计算机之间用自然语言进行有效通信的各种理论和方法。自然语言处理是一门融语言学、计算机科学、数学于一体的科学。因此，这一领域的研究将涉及自然语言，即人们日常使用的语言，所以它与语言学的研究有着密切的联系，但又有重要的区别。自然语言处理并不是一般地研究自然语言，而在于研发能有效地实现自然语言通信的计算机系统，特别是其中的软件系统。因而它是计算机科学的一部分。

自然语言处理的应用非常广泛，如机器翻译、舆情监测(舆情分析和观点挖掘)、自动摘要、观点提取、问答系统、语音识别、信息检索、智能搜索、文本语义对比、手写体和印刷体字符识别、信息抽取与过滤、文本分类与聚类等，它涉及与语言处理相关的数据挖掘、机器学习、知识获取、知识工程、人工智能研究和与语言计算相关的语言学研究等。

3) 计算机视觉

计算机视觉是一门研究如何使机器"看"的科学，进一步讲，就是指用摄影机和计算机代替人眼对目标进行识别、跟踪和测量等机器视觉，并进一步做图形处理，使其成为更适合人眼观察或传送给仪器检测的图像，如图4-18所示。

图4-18　依靠计算机视觉技术自动识别室内物体和人

计算机视觉既是工程领域，也是科学领域中一个富有挑战性的重要研究领域。计算机视觉是一门综合性的学科，已经吸引了来自各个学科的研究者参加到对它的研究之中。其中包括计算机科学和工程、信号处理、物理学、应用数学和统计学、神经生理学和认知科学等。

计算机视觉作为一门科学学科，研究相关的理论和技术，试图建立能够从图像或多维数据中获取"信息"的人工智能系统。这里所说的"信息"指香农(信息论创始人)定义的，可以用来帮助做一个"决定"的信息。因为感知可以视为从感官信号中提取信息，所以可将计算机视觉视为研究如何使人工系统从图像或多维数据中"感知"的科学。

计算机视觉和机器视觉领域有明显的重叠。计算机视觉涉及应用于许多领域的自动图像分析的核心技术。机器视觉通常指的是结合自动图像分析与其他方法和技术,以提供自动检测和机器人指导在工业应用中的一个过程。在许多计算机视觉应用中,计算机被预编程,以解决特定的任务,但基于学习的方法现在正变得越来越普遍。

有不少学科的研究目标与计算机视觉相近或与此有关。这些学科中包括图像处理、模式识别或图像识别、景物分析、图像理解等,参阅"4.2.2自动识别技术"中的图像识别技术。计算机视觉包括图像处理和模式识别,除此之外,它还包括空间形状的描述、几何建模,以及认识过程。实现图像理解是计算机视觉的终极目标。

根据所解决的问题,计算机视觉可分为计算成像学、图像理解、三维视觉、动态视觉和视频编解码五大类。目前,计算机视觉研究领域已经衍生出了一大批快速成长的、有实际作用的应用,如人脸识别、图像检索(Google Images进行图片检索)、摄像监测(用于监测可疑行为或交通违法行为的监视摄像头遍布于公共场所)、智能汽车(计算机视觉仍然是检测交通标志、灯光和其他视觉特征的主要技术)等。

4) VR/AR

虚拟现实(virtual reality,VR)技术,又称为虚拟实境或灵境技术,是20世纪发展起来的一项全新的实用技术。虚拟现实技术囊括计算机、电子信息、仿真技术,其基本实现方式是以计算机技术为主,利用并综合三维图形技术、多媒体技术、仿真技术、显示技术、伺服技术等多种高科技的最新发展成果,借助计算机等设备产生一个逼真的三维视觉、触觉、嗅觉等多种感官体验的虚拟世界,其模拟环境的真实性与现实世界难辨真假,用户可以在虚拟现实世界体验到最真实的感受,让人有种身临其境的感觉,如图4-19和图4-20所示。虚拟现实具有沉浸性、交互性、多感知性、构想性和自主性等典型特征。

图4-19 头戴VR设备的女孩　　　图4-20 采用虚拟现实技术的虚拟弓箭

即使VR技术前景较为广阔,但作为一项高速发展的科学技术,其自身的问题渐渐浮现,如用户视觉体验问题等。对于VR企业而言,如何突破目前VR发展的瓶颈,让VR技术成为主流,仍是他们亟待解决的问题。

部分用户使用VR设备会产生眩晕、呕吐等不适感,这也是导致用户体验不佳的主要因素。一方面是因为清晰度不足,另一方面是因为刷新率无法满足要求。VR体验的高价位同样是制约其扩张的原因之一。

增强现实(augmented reality,AR)技术是一种将虚拟信息与真实世界巧妙融合的技术,广泛运用了多媒体、三维建模、实时跟踪及注册、智能交互、传感等多种技术手段,将计算机生成的文字、图像、三维模型、音乐、视频等虚拟信息模拟仿真后，应用到真实世界中，两种信息互为补充，从而实现对真实世界的"增强"。

AR技术是把原本在现实世界的一定时间空间范围内很难体验到的实体信息(视觉信息、声音、味道、触觉等)通过计算机等科学技术，模拟仿真后再叠加，将虚拟的信息应用到真实世界，被人类感官所感知，从而达到超越现实的感官体验。真实的环境和虚拟的实体信息实时地叠加到了同一个画面或空间中。

VR技术受到了越来越多人的认可，随着社会生产力和科学技术的不断发展，各行各业对VR技术的需求日益旺盛。VR技术也取得了巨大进步，并逐步成为一个新的科学技术领域。

VR用户基数较小，移动性较差，具有隔离的沉浸感，因此主要集中在娱乐用途上。与VR相比，AR会触及更多的人，因为它是对人们日常生活的无缝补充。AR是将计算机生成的虚拟世界叠加在现实世界上，已在很多领域实际应用，佐证了AR作为工具对人类的影响更为深远，而不是像VR那样在现实世界之外营造出一个完全虚拟的世界。

概念辨析4-3

元宇宙

"元宇宙"这一概念始于国外的科幻作品，是指人类运用数字技术构建的，由现实世界映射或超越现实世界，可与现实世界交互的虚拟世界，具备新型社会体系的数字生活空间。它能够满足人类的社交、娱乐、购物、游戏等远程交互需求，甚至可能成为未来社会的"基础设施"。在新一代信息技术的快速发展铺垫以及在疫情和用户需求等原因的作用下，"元宇宙"概念进入了大众的视野，在2021年成为新的聚焦点。

元宇宙实际上并不是一项新技术，而是多种技术的融合运用，目前公认的元宇宙构建六大技术分别是区块链技术、交互技术、电子游戏技术、人工智能技术、网络及运算技术和物联网技术，而实际上，元宇宙的技术范畴将随着科技的发展不断发生变化。

5) 人机交互

人机交互(human-computer interaction，HCI)又称为人机互动(human-machine interaction，HMI)，是指人与系统之间使用某种对话语言，以一定的交互方式，为完成确定任务的人(用户)与系统之间的信息交换过程。系统可以是各种各样的机器，也可以是计算机化的系统和软件。人机交互是与认知心理学、人机工程学、多媒体技术、虚拟现实技术等密切相关的综合学科，是一门研究系统与用户之间交互关系的学问。

人机交互界面通常是指用户可见的部分。用户通过人机交互界面与系统交流，并进行操作。小如收音机的播放按键，大至飞机上的仪表板或发电厂的控制室。人机交互界面的设计要包含用户对系统的理解(即心智模型)，体现系统的可用性或用户友好性。

传统的人与计算机之间的信息交换主要依靠交互设备进行，主要包括键盘、鼠标、操纵杆、数据服装、眼动跟踪器、位置跟踪器、数据手套、压力笔等输入设备和打印机、绘图仪、显示器、头盔式显示器、音箱等输出设备。人机交互技术除了传统的基本交互和图形交互，还包括语音交互、情感交互、体感交互及脑机交互等。

人机交互面临的问题如下：受教育背景、技能水平、思考方式、学习方法，以及文化和民族因素的影响，不同的计算机用户具有不同的使用风格；人机交互技术在不断发展和变化，新的交互技术不断涌现，这可能会导致以前的研究和设计变得过时；当用户逐渐掌握了新的接口时，他们可能提出新的要求；等等。

人机交互技术领域热点技术的应用潜力已经开始展现。例如，智能手机配备的地理空间跟踪技术，应用于可穿戴式计算机、隐身技术、浸入式游戏等的动作识别技术，应用于虚拟现实、遥控机器人及远程医疗等的触觉交互技术，应用于呼叫路由、家庭自动化及语音拨号等场合的语音识别技术，对于有语言障碍的人士的无声语音识别，应用于广告、网站、产品目录、杂志效用测试的眼动跟踪技术，针对有语言和行动障碍的人开发的"意念轮椅"(可扫描二维码获悉)采用的基于脑电波的人机界面技术，等等。

"意念轮椅"

目前，人机交互解决方案供应商不断地推出各种创新技术，如指纹识别技术、侧边滑动指纹识别技术、TDDI(触控与显示驱动器集成)技术、压力触控技术等。热点技术的应用开发是机遇也是挑战，基于视觉的手势识别率低，实时性差，需要研究各种算法来改善识别的精度和速度，眼睛虹膜、掌纹、笔迹、步态、语音、唇读、人脸、DNA等人类特征的研发应用也正受到关注，多通道的整合也是人机交互的热点。另外，与"无所不在的计算""云计算"等相关技术的融合与促进也需要继续探索。

人机交互应用主要有个人助理、语音助手、智能客服、情感交互、体感交互、脑机交互等。在智能交互技术方面，目前的最新研究成果是机器人交互技术。机器人交互技术是指通过机器人与人的交互来完成任务的技术。机器人交互技术主要涉及人机交互、运动规划、视觉识别等。

6) 智能终端

一般而言，智能终端是一类嵌入式计算机系统设备，因此其体系结构框架与嵌入式系统体系结构是一致的。同时，智能终端作为嵌入式系统的一个应用方向，其应用场景设定较为明确，因此，其体系结构比普通嵌入式系统结构更加明确，粒度更细，且拥有一些自身的特点。

智能终端处理器是智能终端的核心器件之一，其功能和效率对整个系统的性能影响极大。智能终端对处理器的基本要求主要有以下三点。

(1) 高性能。智能终端发展非常迅速，新应用层出不穷，不少应用都要求智能终端有较高的性能，因此，要求智能终端处理器具有较高的性能，从而为用户提供完整的功能和较好的体验。

(2) 高集成度。智能终端对尺寸非常敏感，因此，要求处理器具有较高的集成度，能在比较小的尺寸上集成更多的器件。这样不仅能够使整个终端尺寸得到控制，还能降低设计的复杂程度，提高系统的可靠性。

(3) 低功耗。智能终端大都采用电池供电，系统功耗非常敏感。因此，要求处理器有较低的功耗。

以上三点有的是相辅相成的，如高集成度往往意味着高性能；而有的则是相互矛盾的，如性能的提高往往会造成功耗的增加。这就要求设计人员根据应用场景考虑三者的相互关系进行合理设计，使其达到平衡。

智能终端设备是指具有多媒体功能的智能设备，这些设备支持音频、视频、数据等方面的功能。例如，数字会议桌面智能终端、内置多媒体功能的PDA、车载智能终端、家居智能终端、智能手机、可穿戴智能终端(如智能手表、智能耳机、智能眼镜)等。

7) 智能运载工具

(1) 自动驾驶汽车。

在智能运载工具产业中，自动驾驶汽车的发展备受瞩目。自动驾驶汽车的发展初衷在于把汽车控制权从人类转移到机器，从而避免出现一些人为原因导致的交通事故。除此之外，自动驾驶汽车的上路，还能一定程度缓解交通拥堵现象，并对汽车设计、乘坐体验施加深入影响。

经过多年的技术积累，目前自动驾驶汽车已经进入了道路测试新常态，商业化序幕也已然开启。业内专家表示，随着自动驾驶汽车的发展逐步与共享出行生态相融合，并向货运场景加速扩张，未来20年内，自动驾驶汽车市场规模有望增长至3000亿元。

面对自动驾驶汽车的广阔市场前景，我国政府也相继出台了多项政策，大力推动自动驾驶汽车产业的发展，并为自动驾驶路测提供了法律管理依据。在企业层面，百度成为了国内自动驾驶汽车领域的"领头羊"，各大科技互联网公司、地图服务商、汽车制造商等也纷纷入局，展开了激烈竞逐。

随着人工智能技术的持续发展，自动驾驶汽车的软硬件研发将有望获得更多助力。特别是自动驾驶汽车在测试过程中积累的海量数据，将其利用深度学习、机器算法等技术进行分析，为自动驾驶系统的学习、训练提供"养料"。因而可以预见，自动驾驶汽车或将成为人工智能技术转化应用的标志性成果。

(2) 无人机。

无人机是指没有驾驶人员、可携带任务载荷、可重复使用、以无线电遥控或自身程序控制为主的新型航空器。得益于"军民融合"的推进，以及飞控系统、核心组件等的不断升级，民用无人机产业近些年来得到了快速发展。无人机制造成本的持续下降，使得其价格愈发亲民，率先推动了消费级无人机市场的爆发。当前，我国已经成为民用无人机制造业大国，且正在从"大国"向"强国"进发。

按照无人机用途划分，可分为军用无人机和民用无人机。军用无人机按照作战用途可以分为单用途无人机和多用途无人机，单用途无人机按照任务又可以划分为侦察机、战斗机、电子干扰机、通信中继无人机等，多用途无人机主要指察打一体无人机。民用无人机可分为工业级无人机和消费级无人机，工业级无人机可在气象、监测、农用、通信、治安管理等多个领域应用，消费级无人机主要用于航拍等娱乐消费领域。

目前，除了快速普及的消费级无人机，工业级无人机市场也在快速升温。眼下，无人机已经在农业植保、地理测绘、管道巡检、电力巡检、海洋监测、应急通信等诸多行业实现了广泛应用，工业级无人机市场崛起在望。

在军事领域，与传统的载人飞机相比，无人机具有体积小、质量轻、造价便宜、编组灵活、对作战环境要求低等优点，在反恐战争、纳卡战争、俄乌冲突(目前还在进行中)等实战中展现出了巨大的军事价值，已经成为21世纪陆战、海战、空战舞台上的重要角色。

(3) 无人船。

相对于自动驾驶汽车，无人船的发展要显得"低调"许多。实际上，自动驾驶汽车与无人船的核心技术一脉相承，都是自动驾驶技术。甚至从技术实现难度上来说，无人船所面临的商用场景要更为简单。毕竟，船舶行驶在茫茫大海上，密集度远不如汽车，也不会遇到非机动车、行人等其他影响因素。当然，这并不意味着无人船的技术要求和标准要低于自动驾驶汽车。

目前，欧洲国家对于无人船的发展颇为重视，北欧国家挪威更是凭借良好的峡湾、海域条件，成为了全球无人船领域的重要基地和测试"圣地"，地位一如自动驾驶汽车领域的美国加利福尼亚州。在企业层面，英国航空发动机巨头罗尔斯·罗伊斯已然成为这一行业中的领军者。在俄乌冲突中，乌克兰也使用了无人船对俄罗斯黑海舰队进行攻击。

无论是自动驾驶汽车，还是无人机、无人船等智能运载工具行业，都将是人工智能技术落地的主要场景，也是全球交通领域未来变革的主流方向和未来竞争的重要高地。因此，我国亟须进一步加强车载感知、自动驾驶、车联网、物联网等技术集成和配套，探索发展自动驾驶汽车、无人机、无人船专业化服务体系，推动上述行业走向全面商业化。

8) 智能机器人

(1) 机器人的定义。

机器人(robot)是一种能够半自主或全自主工作的智能机器。机器人具有感知、决策、执行等基本特征，可以辅助甚至替代人类完成危险、繁重、复杂的工作，提高工作效率与质量，服务人类生活，扩大或延伸人的活动及能力范围。2021年，美国1/3的手术是使用机器人系统进行的。

国家标准化组织对机器人的定义：机器人是一种能够通过编程和自动控制来执行诸如作业或移动等任务的机器。

美国机器人工业协会对机器人的定义：机器人是一种用于移动各种材料、零件、工具或专用装置，通过可编程动作来执行各种任务，并具有编程能力的多功能操作机。

日本机器人工业协会对机器人的定义：机器人是一种带有记忆装置和末端执行器的、能够通过自动化的动作而代替人类劳动的通用机器。

(2) 机器人的分类。

关于机器人的分类，国际上没有制定统一的标准，从不同的角度可以有不同的分类。

按照发展阶段划分，机器人可分为示教再现型机器人(第一代机器人)、感觉型机器人(第二代机器人)、智能型机器人(第三代机器人)。

机器人的分类

按照智能程度划分，机器人可分为传感型机器人、交互型机器人、自主型机器人。

按照控制方式划分，机器人可分为操作型机器人、程控型机器人、示教再现型机器人、数控型机器人、感觉控制型机器人、适应控制型机器人、学习控制型机器人、智能机器人。

按照应用环境划分，机器人可分为制造环境下的工业机器人和非制造环境下的服务与仿人型机器人。

按照移动性划分，机器人可分为半移动式机器人和移动机器人。

按照机器人的功能和用途来分类，机器人可分为医疗机器人、军用机器人、海洋机器人、助残机器人、清洁机器人和管道检测机器人等。

(具体内容可扫描二维码获悉)

综上所述，机器人在工业、医学、农业、服务业、建筑业，以及军事等广泛的领域中均有重要用途，发挥着重要作用。但是，我们也要清醒地认识到，机器人在造福人类的同时，也可能带来一定的危机和挑战。

人形机器人

人形机器人又称为仿生人，是一种旨在模仿人类外观和行为的机器人，特指具有和人类相似肌体的种类。常见于电影、电视、漫画、小说等。直到最近，机器人学方面的进展已经可以设计出功能化拟真化的人形机器人(humanoid robot)。

人形机器人具备类人形态(见图4-21)，能够适配人类工作环境，在养老助残、环境清洁、医疗康养、家政服务等领域具有巨大应用潜力。据国际投行高盛预测，到2035年，人形机器人市场规模有望达到1540亿美元，为缓解老年护理劳动力短缺问题、减轻家庭和社会负担提供新的解决思路。

图4-21　人形机器人

工信部印发的《人形机器人创新发展指导意见》(以下简称《意见》)指出，人形机器人集成人工智能、高端制造、新材料等先进技术，有望成为继计算机、智能手机、新能源汽车后的颠覆性产品，发展潜力大、应用前景广，是未来产业的新赛道。此外，《意见》还提出，探索"机器人即服务"的新模式，加速人形机器人低成本、灵活部署应用。

(3) 潜在风险与挑战。

1920年，捷克作家卡雷尔·凯佩克(Karel Capek)发表了科幻剧本《罗萨姆的万能机器人》。在剧本中，凯佩克把捷克语"Robota"写成了"Robot"，"Robota"是奴隶的意思。该剧预告了机器人的发展对人类社会的悲剧性影响，引起了人们的广泛关注，被当成"机器人"一词的起源。

在该剧中，机器人按照其主人的命令默默地工作，没有感觉和感情，以呆板的方式从事繁重的劳动。后来，罗萨姆公司取得了成功，使机器人具有了感情，导致机器人的应用部门迅速增加。在工厂和家务劳动中，机器人成了必不可少的成员。机器人发觉人类十分自私和不公正，终于造反了，机器人的体能和智能都非常优异，因此消灭了人类。

但是机器人不知道如何制造它们自己，认为它们自己很快就会灭绝，所以它们开始寻找人类的幸存者，但没有结果。最后，一对感知能力优于其他机器人的男女机器人相爱了。这时机器人进化为人类，世界又起死回生了。

凯佩克提出的是机器人的安全、感知和自我繁殖问题。科学技术的进步很可能引发人类不希望出现的问题。虽然科幻世界只是一种想象，但人类社会将可能面临这种现实。

为了防止机器人伤害人类，1950年科幻作家阿西莫夫(Asimov)在《我是机器人》一书中提出了"机器人三原则"，给机器人社会赋予新的伦理性，为机器人研究人员、设计制造厂家和用户提供了十分有意义的指导方针。"机器人三原则"如下。

① 机器人必须不伤害人类，也不允许看见人类将受到伤害而袖手旁观。

② 机器人必须服从人类的命令，除非人类的命令与第一条相违背。

③ 机器人必须保护自身不受伤害，除非这与上述两条相违背。

4.3.4 人工智能应用现状及发展趋势

人类社会已经开始全面迈入人工智能时代。在未来的数十年间，人工智能有可能从根本上改变人类的社会经济形态。同时，人工智能也向开发者、企业、政府和劳动者提出了严峻的挑战。

1. 人工智能的应用现状

人工智能与行业领域的深度融合将改变甚至重新塑造传统行业。人工智能与物联网的结合已经被广泛应用于制造、家居、金融、交通、安防、医疗、物流、零售等各个领域，对人类社会的生产和生活产生了深远的影响，参阅"4.2.4物联网及其应用"。随着制造强国、网络强国、数字中国建设进程的加快，各领域对人工智能技术和产品的需求将进一步释放，相关智能产品的种类和形态也将越来越丰富。

2023年2月，工信部发布的数据表明，2022年我国AI核心产业规模已达到5000亿。截至2022年底，工信部设立的国家AI创新应用先导区增至11个，覆盖长三角、京津冀、粤港澳、成渝四大战略区域，以及长江中游城市群。启信宝联合城市进化论发布的《中国人工智能产业图鉴》显示，2016年全国AI相关存续企业近28万家，2022年已超过60万家，相较于6年前存续企业数量增长超114%。

从2023年7月7日中国科学技术信息研究所在上海2023世界人工智能大会上发布的《2022全球人工智能创新指数报告》中可以看出，全球人工智能处于加速发展期。报告显示，目前中、美两国引领世界人工智能发展，呈梯次分布的总体格局保持不变。我国人工智能发展成效显著，但在国际化方面美国的优势尤其突出。

2023年，分析公司stateof.ai发布了《*State of AI Report 2023*》，揭示了人工智能在行业应用和研究领域的持续发展以及未来的巨大潜力。随着技术的不断进步和创新应用的出现，人工智能将在未来几年内继续改变各行业的发展模式和社会的运行方式。

报告重点回顾了人工智能在各行业的主要发展以及研究领域的重大发现。随着全球对GPU需求的不断增长，英伟达市值成功迈入1万亿美元俱乐部，标志着人工智能硬件市场的飞速发展。同时，由于出口管制限制了一些先进芯片的销售，各大芯片供应商正在积极开发不受出口管制的替代品，展现了人工智能技术在全球范围内的广泛应用和挑战。

在研究领域，报告提到GPT-4的落地和其与开源替代方案之间的能力差距，验证了从人类反馈中强化学习的力量。同时，尽管有LLaMa-1/2等模型的推动，但目前仍不清楚人类生成的数据能否维持人工智能的扩展趋势多久，以及添加合成数据的影响。

在安全领域，随着人工智能能力的提高，生存风险辩论首次成为主流并显著加剧。同时，研究人员正在探索替代方案以解决RLHF(reinforcement learning with human feedback，基于人类反馈的强化学习)的挑战。随着SOTA模型能力的提高，对其进行一致的评估变得越来越困难。

此外，《*State of AI Report 2023*》还特别关注了行业应用的发展。报告指出，在ChatGPT的引领下，GenAI应用在图像、视频、编码、语音和CoPilot方面都取得了突破性的进展，推动了180亿美元的风险投资和企业投资。同时，由于多模态成为新的前沿领域，所有参与方的兴奋感大幅提升。

报告还提及了生命科学领域的重要应用。大型语言模型和扩散模型通过为分子生物学和药物发现带来新的突破，继续为该领域助力。这是人工智能技术在生物医药领域的重大应用，预示着人工智能将在未来持续改变生命科学领域的发展。

2. 人工智能的发展趋势

在技术上，人工智能领域在最近几年取得了显著的进步。根据哈佛大学的研究，推动人工智能快速发展的四大因素如下：一是计算机性能在近几十年呈指数级增长；二是训练机器学习的大型数据集数量增加；三是机器学习技术不断进步；四是人工智能领域商业投资猛增。其中机器学习子领域的发展是主因。未来，这些因素仍将推动人工智能进一步发展，在发展方向与核心技术产品上呈现新的特点。

1) 发展方向

中国信息通信研究院发布的《人工智能白皮书(2022年)》提出，人工智能迈入新阶段，将由技术创新、工程实践、可信安全"三维"坐标来定义和牵引。第一个纬度突出创新，围绕算法和算力方面的创新仍会不断涌现。第二个纬度突出工程，工程化能力逐渐成为人工智能大规模赋能千行百业的关键要素。第三个纬度突出可信，发展负责任和可信的人工智能成为共识，将抽象的治理原则落实到人工智能全生命流程将成为重点。

(1) 技术创新。超大规模预训练模型继续朝着规模更大、模态更多的方向发展；"生成式人工智能"技术不断成熟，未来听、说、读、写等能力将有机结合；知识计算成为推动人工智能从感知智能向认知智能转变的重要探索，随着类脑科技的发展，人工智能必然向认知智能时代迈进，即让机器能理解会思考；人工智能与科学研究的融合不断深入，开始"颠覆"传统研究范式。

(2) 工程实践。工具体系层面，体系化与开放化成为研发平台技术工具链的发展特点。开发流程层面，工程化关注人工智能模型开发的生命流程，追求高效且标准化的持续生产、持续交付和持续部署。模型管理层面，企业需要建设对模型生命周期的管理机制，对模型的版本历程、性能表现、衍生的模型档案等进行标准化的管理运维。

(3) 可信安全。人工智能治理实质化进程加速推进，从初期构建以"软法"为导向的社会规范体系，开始推进以"硬法"为保障的风险防控体系。典型场景化治理加速落地，特别聚焦于自动驾驶、智慧医疗和人脸识别等领域。

2) 人工智能的前沿领域：生成式AI

生成式AI作为当前人工智能的前沿领域，成为全球最热的科技话题。自2022年OpenAI发布ChatGPT以来，全球爆发生成式AI热潮，诸多科技类企业纷纷推出生成式AI模型、产品和相关底层基础设施及服务。

2023年11月29日，北京市科学技术委员会、中关村科技园区管理委员会在AICC 2023人工智能计算大会上发布的《北京市人工智能行业大模型创新应用白皮书(2023年)》指出，大模型技术迅速迭代，打破了原有AI技术发展的上限，呈现数据巨量化、模型通用化、应用模式中心化等特点，以"无限生产"的能力重塑企业生产引擎，推动生产效率颠覆式提升。

在中国互联网协会、中国软件行业协会的指导下，天津市人工智能学会等联合发布的《2023年全球生成式AI产业研究报告》指出，近年全球数据规模持续增长，IDC预计到2025年全球数据规模将达到175ZB，为人工智能模型训练提供海量数据资源；高性能AI芯片的推出为大规模预训练模型提供重要算力支撑；伴随技术的不断发展，Transformer、BERT、LaMDA、ChatGPT等模型实现快速迭代优化。

(1) 算力。

① AI高性能芯片为生成式AI训练提供算力支撑。

人工智能的发展从深度学习时代进入大模型时代，大规模预训练模型的参数量呈现指数级上升，需要高性能算力的支撑。

目前，大规模预训练模型训练算力是以往的10到100倍，当前主流生成式AI模型的训练广泛使用到英伟达Tensor Core GPU芯片，如微软斥资数亿美元购买数万颗英伟达A100芯片以帮助OpenAI打造ChatGPT。

② AI计算集群为生成式AI训练提供大规模算力资源。

AI计算集群能够提供大规模算力、持续提高算力资源利用率、提升数据存储和处理能力，加速AI大模型训练和推理效率。

当前较为典型的AI计算集群有英伟达DGX SuperPOD、百度智能云高性能计算集群EHC、腾讯新一代高性能计算集群HCC等，相关算力基础设施持续为生成式AI训练场景提供强大算力资源，进一步降低模型训练门槛和成本，推动生成式AI模型的落地进程。

③ AI云服务为生成式AI模型开发提供平台支撑。

人工智能预训练模型的开发对于云服务有较大需求，AI云服务可以提供人工智能开发模块，通过多元化的服务模式，降低开发者的开发成本和产品开发周期，为模型开发提供AI赋能。

例如，亚马逊SageMaker可提供图片/图像分析、语音处理、自然语言理解等相关服务，使用者无须了解参数和算法即可实现功能的应用；百度飞桨EasyDL零门槛AI开发平台提供图像分类、物体检测、文本分类、声音分类和视频分类等功能，实现一站式自动化训练，降低AI定制开发门槛。

(2) 模型。

① 语言类生成主流模型：OpenAI GPT-1至GPT-4。

自2018年以来，OpenAI先后发布了GPT-1、GPT-2、GPT-3、ChatGPT、GPT-4等一系列生成式预训练模型。GPT-1模型基于Transformer架构，仅保留架构中解码器部分。2023年发布的GPT-4模型拥有更为强大的多模态能力，其支持图文多模态输入并生成应答文字，可实现对视觉元素的分类、分析和隐含语义提取，表现出优秀的应答能力。

② 语言类生成主流模型：Google Transformer到PaLM-E。

2017年，Google发布了具有标志性意义的Transformer模型，该模型的解码模块成为GPT模型的核心要素，通过引入注意力机制，可实现更大规模的并行计算，明显减少模型的训练时间，使得大规模AI模型得以应用。BERT模型、LaMDA模型在信息提取能力和安全性等方面不断提升。最新推出的PaLM-E模型具有很强的泛化和迁移能力，在完成视觉语言和通用语言任务的同时，可处理多模态数据(语言、视觉、触觉等)，实现指导机器人完成相应任务的功能。

③ 图像类生成主流模型：Diffusion Model。

Diffusion Model的相关研究可追溯到2015年，去噪扩散概率模型(denoising diffusion probabilistic model，DDPM)在2020年被提出，展示了扩散模型的强大能力，带动了扩散模型的发展。模型主要包括两个过程：前向过程和反向过程。其中，前向过程又称为扩散过程，扩散模型通过给图像增加高斯噪声破坏训练数据来学习，找出逆转噪声过程的方法，利用学习的去噪声方法实现从随机输入中合成新的图像。Diffusion Model的优势在于生成的图像质量更高，不需要通过对抗性训练，在所需数据更少的条件下，该模型的图像生成效果有明显提升。

在数据、算力和模型的共同推动下，全球生成式AI产业得以迅速发展，相关场景应用也不断丰富。除了文本生成、图像生成、音频生成、视频生成等，特别值得一提的是数字人。数字人指存在于非物理世界(如图片、视频、直播、VR)中，并具有多重人类特征的综合。数字人代表着从文本/音频等低密度模态向图像/视频/实时交互等信息密度更高模态的转化，未来视频乃至元宇宙领域都将是数字人的重要应用场景。在生成式AI领域，数字人生成可划分为数字人视频生成和数字人实时互动，数字人视频生成是目前应用比较广泛的领域之一，而数字人实时互动多应用于可视化的智能客服，更强调实时交互功能。

2023年8月，麦肯锡发布了题为《2023年人工智能发展概况：生成式AI的爆发之年》的报告。该报告深入分析了生成式AI在全球范围内各地区及行业中的使用情况，同时也展现了生成式AI的广泛使用将会对各行业发展及劳动力角色转变产生深远的影响。

生成式人工智能是指基于算法、模型、规则生成文本、图片、声音、视频、代码等内容的技术。《2023年十大新兴技术报告》指出，生成式人工智能是一种通过学习大规模数据集生成新的原创内容的新型人工智能，在2022年底因ChatGPT发布而引起了公众广泛关注。生成式人工智能将在教育和研究等多个行业引发颠覆性变革。

3) 生成式AI的典型产品：ChatGPT

ChatGPT受到关注的重要原因是引入了新技术RLHF。RLHF解决了生成模型的一个核心问题，即如何让人工智能模型的产出和人类的常识、认知、需求、价值观保持一致。ChatGPT是AIGC(AI-Generated Content，人工智能生成内容)技术进展的成果。该模型能够促进利用人工智能进行内容创作、提升内容生产效率与丰富度。

与此同时，ChatGPT在使用上也有局限性，模型仍有优化空间。ChatGPT模型的能力上限是由奖励模型决定的，该模型需要巨量的语料来拟合真实世界，对标注员的工作量及综合素质要求较高。ChatGPT可能会出现创造不存在的知识，或者主观猜测提问者的意图等问题，模型的优化将是一个持续的过程。

一项调查显示，截至2023年1月，美国89%的大学生都是用ChatGPT做作业。同月，巴黎政治大学(Sciences Po)宣布，该校已向所有学生和教师发送电子邮件，要求禁止使用ChatGPT等一切基于AI的工具，旨在防止学术欺诈和剽窃。

2023年3月11日，三星DS部门开始允许员工使用ChatGPT，但在不到20天的时间里就发生了3起机密信息泄露事件，其中2起与半导体设备有关，另外1起与会议内容有关。4月，中国支付清算协会表示，此类智能化工具已暴露出跨境数据泄露等风险，倡议支付行业从业人员谨慎使用ChatGPT。

2023年6月14日，欧洲议会投票通过了《人工智能法案》，禁止实时面部识别，并对ChatGPT等生成式人工智能工具提出了新的透明度要求。

2023年8月15日起，国家网信办联合国家发改委、教育部、科技部、工信部、公安部、广电总局发布的《生成式人工智能服务管理暂行办法》(以下简称《办法》)正式施行。《办法》旨在促进生成式人工智能健康发展和规范应用，维护国家安全和社会公共利益，保护公民、法人和其他组织的合法权益。

《办法》明确提出，提供和使用生成式人工智能服务，应当遵守法律、行政法规，尊重社会公德和伦理道德。不得侵害他人肖像权、名誉权、荣誉权、隐私权和个人信息权益；提升生成式人工智能服务的透明度，提高生成内容的准确性和可靠性。

《办法》的发布，既是促进生成式人工智能健康发展的重要要求，也是防范生成式人工智能服务风险的现实需要。

4) 生成式AI面临的机遇与挑战

生成式AI对就业的影响：挑战与机遇并存。一方面，生成式AI将促进岗位智能化升级，部分工作岗位将被替代；另一方面，生成式AI也会创造很多新职业，机器学习工程师、自然语言处理工程师、机器人工程师将成为热门职业。除此之外，围绕人工智能的相关领域也将产生大量新的工作岗位。

生成式AI本质是机器学习的应用，其在模型学习阶段不可避免地会使用大量的数据集执行训练，但对训练后生成物的版权归属问题尚存争议。由于法律主体才能享有权利，生成式AI作品的版权只能由对作品的生成具有贡献的人享有，相关人员包括软件开发者、所有者和使用者(主体身份可能重合)，一般认为生成式AI软件开发者已从软件版权中得到补偿，生成式AI作品版权主要在软件所有者和使用者之间分配。

2023年，世界互联网大会正式发布了《发展负责任的生成式人工智能研究报告及共识文件》(以下简称《报告》)。

《报告》指出，今年的生成式人工智能演进速度之快、赋能范围之广、影响程度之深前所未有。以负责任的态度推动生成式人工智能发展不仅十分必要，而且愈发紧迫，是事关人工智能乃至人类文明发展的重要命题。

《报告》呈现了当前生成式人工智能的技术发展态势，提出了技术为全球带来的机遇和挑战，并全面梳理了全球为发展人工智能所做出的努力，总结提炼了发展负责任的生成式人工智能十条共识。

《报告》提出，当前生成式人工智能的技术发展主要呈现三方面的趋势：一是生成式人工智能技术突飞猛进，主要得益于模型、数据、算力三大要素的不断演进；二是开源开放驱动了生成式人工智能生态繁荣；三是生成式人工智能的突破也为通用人工智能的探索带来了希望。机遇则主要表现为生成式人工智能对经济发展、社会进步、公益事业和科学研究起到了积极的推动作用，带来了新的工具。《报告》呈现了全球企业将生成式人工智能应用于交通、金融、教育、医疗等14个领域的57个实践案例。

与此同时，技术的内在风险也引发了安全隐患，带来了不少挑战：生成式人工智能带来的人机关系的变化可能导致科技伦理失范，技术的跃迁还会在某种程度上对传统规则和秩序发起挑战，进一步拉大国家和地区间数字化发展的差距等。

对此，全球多个国际组织、国家、地区及产业界，积极探索人工智能发展与治理路径，已经形成了一些原则、治理规范、实践范式等。最终，在技术发展态势、机遇、挑战、全球努力的基础之上，《报告》总结提炼了发展负责任的生成式人工智能的十条共识，具体内容可扫描二维码获悉。

十条共识

人工智能具有广泛的应用前景。作为新一轮产业变革的核心驱动力，人工智能在催生新技术、新产品的同时，对传统产业也具有较强的赋能作用，能够引发经济结构的重大变革，促进社会生产力的整体跃升。

人工智能将把人从枯燥、单调的重复劳动中解放出来，越来越多的简单性、重复性、危险性工作由人工智能系统完成，在减少人力投入、提高劳动效率的同时，还能比人类做得更快、更好、更准确。不仅如此，随着人工智能水平的提高，在一些复杂的工作领域也可能替代人类。在不久的将来，我们将看到整个人类社会的生活质量和经济水平由于人工智能的推动而发生巨大的变化。

与此同时，我们也要清醒地意识到人工智能带来的风险与挑战。一是劳动者失业的风险加大。不仅因为人工智能对劳动者的替代，还因为劳动者需要接受新的技能培训，要学会如何与人工智能协作。二是加大"数字鸿沟"。应用模式的差异让先行企业与后来者的差距不断增大，使本来就已经落后的企业被甩得越来越远。各国、各地区发展的不均衡，使得国家间、地区间的"数字鸿沟"可能进一步扩大。三是涉及伦理道德、法律、监管等方面的新情况、新问题。对于人工智能发展可能出现的失控、反噬及伤害，也要引起高度关注。

4.4 区块链

继大数据、云计算、物联网、人工智能等新兴技术之后，区块链(blockchain)技术在全球范围内掀起了新一轮的研究与应用热潮。区块链的出现实现了从传递信息的"信息互联网"向传递价值的"价值互联网"的转变，提供了一种新的信用创造机制。

4.4.1 区块链概述

区块链技术最初是为了支持比特币的发行和交易而设计的。2008年，中本聪(Satoshi Nakamoto)提出了比特币的概念，并在2009年1月正式上线了比特币系统，同时引入了区块链这一集成创新技术。

两个月后理论步入实践，2009年1月3日，第一个序号为0的创世区块诞生。2009年1月9日出现序号为1的区块，并与序号为0的创世区块相连接形成了链，这标志着区块链的诞生。

区块链的诞生受到广泛关注，与比特币的风靡密切相关。事实上，区块链技术仅是比特币的底层技术，在比特币通行很久之后，人们才把它从比特币中抽象地提炼出来。从某种角度来看，可以把比特币被为区块链最早的应用。

1. 区块链的基本概念

区块链就是一个个区块组成的链条。每个区块中保存了一定的信息，它们按照各自产生的时间顺序连接成链条。这个链条被保存在所有的服务器中，只要整个系统中有一台服务器可以工作，整条区块链就是安全的。

这些服务器在区块链系统中被称为节点，它们为整个区块链系统提供存储空间和算力支持。如果要修改区块链中的信息，就必须征得半数以上节点的同意并修改所有节点中的信息，而这些节点通常掌握在不同的主体手中，因此篡改区块链中的信息是一件极其困难的事。

相比于传统的网络，区块链具有两大核心特点：一是数据难以篡改，二是去中心化。基于这两个特点，区块链所记录的信息更加真实可靠，可以帮助解决人们互不信任的问题。区块链没有中心节点，每个节点都是平等的，每个节点共同参与全网数据的集体维护。

传统的中心化网络由中心节点集中控制，数据全部保存在中心节点。例如，法定货币由人们信任的中心化机构(如中央银行)记账，几乎所有的银行都用中心化方式维护巨大的数据库，这个数据库保留着该行所有的交易数据。

中心化数据库的转账效率非常高，在同一个数据库里，瞬间就可以完成转账。但由于任何能够充分访问中心化数据库的人都可以摧毁或破坏其中数据，因此也存在中介系统瘫痪、中介违约、中介欺瞒，甚至中介耍赖等风险，当然还可能存在滥发货币的风险。例如，冰岛、阿根廷等国家出现的经济危机、通货膨胀、货币贬值就是滥发货币的后果。

区块链的本质就是一个"去中心化"和"去中介化"的"不可篡改"的分布式账本(共享账本)或记账工具，是一种管理持续增长的、按序整理成区块并受保护以防篡改交易记录的分布式账本数据库。

区块链的三要素是交易、区块和链，具体如下。

(1) 交易：是一次操作(如添加一条记录)，它会导致账本状态的一次改变。

(2) 区块：记录了一段时间内发生的所有交易和状态结果，是对当前账本状态的一次共识。

(3) 链：由一个个区块按照发生顺序串联而成，是整个状态变化的日志记录。

可以看出，区块链的本质就是分布式账本，是一种数据库。其实质就是用哈希算法实现信息不可篡改，用公钥(地址)、私钥来标识身份，通过去中心化和去中介化(去信任)的方式来集体维护一个可靠数据库。

以比特币为例，所谓的"去中介化"，是指个人与个人之间的电子现金(比特币)交易无须可信第三方中介的介入；"去中心化"是指这个电子现金(比特币)的发行也不需要中心化机构管理，而是由代码与社区共识来完成。在区块链系统中无须中心化平台做信任的桥梁，区块链将全网的参与者作为交易的监督者，交易双方可以在无须建立信任关系的前提下完成交易，实现价值的转移。

虚拟货币与法定货币

比特币、以太币等各种虚拟货币(又称为数字加密货币或数字代币)与传统货币是完全不同的,并不是真正意义上的货币,只是一个个区块链(系统)应用。2021年9月24日,中国人民银行等部门发布《关于进一步防范和处置虚拟货币交易炒作风险的通知》(以下简称《通知》)。《通知》指出,虚拟货币不具有与法定货币等同的法律地位。

2023年2月,国际货币基金组织就各国应如何对待加密资产制定了一项九点行动计划,其中最重要的一点是"通过加强货币政策框架来维护货币的主权和稳定,不授予比特币等加密货币官方或法定货币地位"。

法定货币是一个国家的政府或中央银行掌管的,往往以纸质凭证为形式的限定货币,其以国家政府的信用作为担保,确保使用者在指定区域内可以使用限定货币实现市场交换。例如,美国的限定货币美元、中国的人民币都属于由政府信用担保的信用货币。中国人民银行是我国管理人民币的主管机关,负责人民币的设计、印制和发行。

数字人民币是由中国人民银行发行的数字形式的法定货币,由指定运营机构参与运营并向公众兑换,以广义账户体系为基础,支持银行账户松耦合功能,与纸钞硬币等价,具有价值特征和法偿性,支持可控匿名。

分布式数据库并非新发明,早在20世纪70年代就已经面世。但是,区块链的颠覆性在于区块链没有管理员,它是无中心的。其他数据库都有管理员,中心管理员具有最高权限,可以审核和更改数据;但是区块链没有管理员,如果有人想对区块链添加审核,也实现不了,因为它的设计目标就是防止出现居于中心地位的管理当局。

正因如此,区块链才能做到无法被单个节点所控制。否则,一旦某个组织掌握了管理权就会控制整个平台,其他使用者就必须任其摆布了。

2. 区块链的工作原理

概括地说,区块链的工作原理是利用块链式数据结构来验证与存储数据,利用分布式节点共识算法来生成和更新数据,利用密码学的方式保证数据传输和访问安全的一种全新的分布式基础架构与计算范式。

1) 防篡改:引入哈希函数

为了避免中心化记账的问题,是否可以不用中心化机构来记账呢?这也是比特币发行的初衷。不由传统的"可信"的中介机构记账,那么由谁来记账呢?怎样保证新的记账者不会篡改交易记录呢?黑客攻击、篡改交易记录怎么办?这正是比特币要解决的第一个问题——防篡改。

为了实现"防篡改",就需要引入哈希函数。哈希函数的作用是将任意长度的字符串转变成固定长度的输出(随机散列),输出的值称为"哈希值"。哈希函数有很多,比特币使用的是SHA-256,输出的固定长度是256位。哈希函数必须满足一个要求——计算过程不能太复杂,用现代计算机去计算可以很快得到结果。

例如,输入字符串是"把厦门大学建设成高水平研究型大学",经过哈希函数转换以后,输出值是"EFC15…8FBF5"。当输入字符串变为"把厦门大学建设成高水平研究型大学!",

只增加了一个"!"，经过哈希函数转换以后，输出值是"17846…6DC3A"。可以看出，只要输入字符串发生微小变化，哈希函数的输出值就会完全不同。

哈希函数有以下两个非常重要的特性。

第一个特性：很难找到两个不同的a和b，使得h(a)=h(b)，也就是说，通过两个不同的输入，很难找到对应的、相同的输出。

第二个特性：根据已知的输出，很难找到对应的输入。

注意看第一个特性。输入字符串是一个任意长度的字符串，是一个无限空间。而哈希函数的输出是固定长度的字符串，是一个有限的空间。从无限空间映射到有限空间，肯定存在多对一的情况，因此肯定会存在两个不同输入对应于同一个输出的情况。也就是说，肯定存在两个不同的a和b，使得h(a)=h(b)。

虽然这种情况在理论上是存在的，但是概率极低，可以近似认为不可能发生，实际上并不知道用什么方法可以找到。因为其中没有任何规律可言，可能需要用计算机把所有可能的字符串都遍历一遍，但是，即使用目前最强大的超级计算机去遍历，也几乎要花费无穷无尽的时间，才能找到这样一个字符串。现在计算机找不到，那么将来计算机发展了，是不是可以很容易找到呢?未必。因为虽然计算机变得更强大了，但只要增加哈希函数输出值的长度，寻找可能的输入就依然会很困难。

了解了哈希函数以后，现在就来看看如何利用哈希函数来形成区块链。

区块，就是区块链分布式账本网络上的一个数据包，即账本(存放已记录数据的文件)。账本的作用是记录交易，确认并保存信息。数据以区块为单位产生和存储。区块的生成时间由系统设定，比如10分钟就生成一个区块，记录这段时间内的交易。每个区块内记录的交易条数可能是不同的，如果这段时间内发生的交易次数较多，则这个区块记录的交易条数就较多；反之亦然。

区块之间按照时间顺序形成继承关系。区块45是区块46的父区块，区块46是区块47的父区块，区块47是区块48的父区块，以此类推，如图4-22所示。

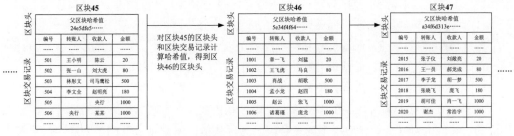

图4-22　区块链示意图

在每个区块上增加区块头，在区块头中记录父区块的哈希值。在每个区块存储父区块的哈希值，就可以把所有区块按照顺序组织起来，形成区块链。每个区块包含两个部分：区块头(head)，用于记录当前区块的特征值；区块体(body)，用于记录实际数据，即交易记录。

区块头包含了当前区块的多项特征值：生成时间、上一个区块(父区块)的哈希值、新生成的本区块的哈希值等。而本区块的哈希值又将成为下一个区块的父区块哈希值。每个区块都如此操作。每个区块的区块头里都存储父区块的哈希值。这样就将所有区块按照顺序连接了起来，最终形成了一条区块链条，即"区块链"。

由此可以看出，区块链的纽带是哈希值。那么，区块链是如何防止交易记录被篡改的呢？

假设我们修改了区块45的一点内容，当有其他人来检查时，他很容易就可以发现，区块46中已经记录的关于区块45的哈希值，和最新计算得到的区块45的哈希值不一样了。由此他就可以知道，区块45已经被篡改过。

假设篡改区块45的人的权限很大，他不仅把区块45的内容篡改了，他还把区块46中的区块头的内容也篡改了，那么实际上，我们也能够发现篡改信息的行为。因为区块46的头部被篡改以后，重新计算得到的区块46的哈希值就和保存在区块47中的头部的哈希值不同了。

假设这个篡改记录的人很厉害，他不仅篡改了区块45，还篡改了区块46的头部和区块47的头部，他一直篡改下去，一直篡改到最后一个区块，也就是最新的一个区块，那么也没有什么问题。因为他只有获得最新区块的写入权，才可以做到。

若想获得最新区块的写入权(也就是记账权)，他就必须控制网络中至少51%的算力。但是通过硬件和电力控制算力的成本是十分高昂的，个人几乎无法承受。正是通过这种联动机制，区块链保证了自身的可靠性，数据一旦写入，就无法被篡改。这就像历史事件一样，发生了就发生了，从此再也无法改变。

2) 促交易：引入数字签名技术

传统的交易需要账号和密码，如银行卡号和对应的银行卡密码。在比特币中，私钥是一串256位的二进制数字。获取私钥不需要申请，甚至不需要计算机，可以自己抛256次硬币来生成。地址由私钥转化而成，但是根据地址不能反推出私钥。地址即身份，代表了比特币世界的ID。一个地址(私钥)产生以后，只有进入区块链账本，才会被大家知道。

比特币世界中的地址就相当于现实世界中的银行卡号，比特币世界中的私钥就相当于现实世界中的银行卡密码。但是它们之间还是有一些区别的，具体如下。

(1) 银行卡密码可以修改，而私钥一旦生成就无法修改。

(2) 银行卡需要申请，而地址和私钥自己就可以生成。

(3) 银行卡是实名制，而地址和私钥是匿名的。

(4) 个人申请银行卡有限制，但是地址和私钥可以无限生成。

这里需要重点强调的是，在比特币世界中，私钥就是一切。首先，你的地址是由私钥产生的，其他人可以查看你地址上的资金，因为区块链账本都是公开的。其次，只要有人知道你的私钥，他就可以发起一笔交易，把你的资金转到他自己的账户中去。因此，你一旦丢失了私钥，就丢失了一切。它与银行卡不同，对于银行卡而言，其他人只知道你银行卡的密码是没有用的，还要知道你的卡号，而且你还可以挂失银行卡。因此，妥善保管私钥是非常重要的，很多人都因为丢失了私钥而遭受了巨大的损失。

现在假设张三已经有了地址和私钥，想要转给李四10比特币，如何将这条交易记录添加到区块链中呢？

在把一条交易记录添加到区块链之前，首先要确认交易记录的真实性，这时就需要用到数字签名技术。张三调用签名函数Sign()对本次转账进行签名，然后其他人通过验证函数

Verify()来验证签名的真实与否。也就是说，张三通过签名函数Sign()，使用自己的私钥对本次交易进行签名，任何人都可以通过验证函数Verify()来验证此次签名是否由持有张三私钥的张三本人发出(而不是其他人冒用张三的名义)，若是就返回True，否则返回 False。Sign()和Verify()由密码学保证不被破解。

签名函数Sign(张三的私钥,转账信息:张三转10比特币给李四)=本次转账签名　　　　　(4-1)

验证函数Verify(张三的地址,转账信息:张三转10比特币给李四,本次转账签名)=True　　　　(4-2)

签名函数的执行都是自动的，并不需要我们手动去处理。例如，我们安装了比特币钱包App，它就会帮我们去做这样的事情，因为钱包App知道我们的私钥，所以我们只要告诉这个App，我想转10比特币给李四，那么这个钱包App会帮我们自动生成这次转账的信息和签名，然后向全网发布，等待其他人使用Verify()函数来验证。

3) 去中心化记账：引入PoW机制

一条交易记录的真实性得到确认以后，接下来的问题是，由谁负责记账呢?也就是说，由谁负责把这条交易添加到区块链中呢?

首先，我们会想到由银行、政府或支付宝这些机构负责记账，也就是采用"中心化方式"来记账。然而，历史上所有由中心化机构记账的虚拟货币尝试都失败了。因为中心化记账的缺点很多，主要如下。

(1) 拒绝服务攻击。对于一些特定的地址，记账机构拒绝为之提供记录服务。

(2) 厌倦后停止服务。如果记账机构没有从记账中获得收益，那么时间长了就会停止服务。

(3) 中心机构易被攻击。例如，服务器遭到破坏和网络攻击等。

可见中心化记账存在很多问题，因此，比特币需要解决第二个问题——去中心化。在比特币区块链中，为了实现去中心化，采用了一种方式，即每个人都有权参与记账，每个人都可以保留完整账本。任何人都可以下载开源程序，加入P2P网络，监听全世界发送的交易，成为记账节点参与记账。当P2P网络中的某个节点接收到一条交易记录时，它会传播给相邻的节点，然后相邻的节点再传播给其他相邻的节点，那么通过这样一个P2P网络，这个数据会瞬间传遍全球。

采用去中心化记账以后，具体的分布式记账流程如下。

(1) 某人发起一笔交易以后，向全网广播。

(2) 每个记账节点持续监听、传播全网的交易。收到一笔新交易，验证准确性以后，将其放入交易池，并继续向其他节点传播。

(3) 因为网络传播，同一时间、不同记账节点的交易池不一定相同。

(4) 每隔10分钟，从所有记账节点中，按照某种方式抽取一个节点，将其交易池作为下一个区块，并向全网广播。

(5) 其他节点根据最新的区块中的交易，删除自己交易池中已经记录的交易，继续记账，等待下一次被选中。

在这个分布式记账的步骤中，还有一个很重要的问题就是如何分配记账权。在比特币区块链中，采用的是工作量证明(proof of work，PoW)机制来分配记账权。记账节点通过计算数学题来争夺记账权。找到某随机数，使得以下不等式成立。

SHA-256哈希函数(随机数，父区块哈希值，交易池中的交易)＜某一指定值　　　(4-3)

计算上面这个数学公式，除了从零开始遍历随机数碰运气，没有其他办法。解题的过程又叫"挖矿"，记账节点被称为"矿工"。谁先解对，谁就获得记账权。某记账节点率先找到解，就向全网公布，其他节点验证无误之后，将该区块列入区块链，重新开始下一轮计算，这种机制称为PoW。

总而言之，比特币的全貌就是：采用区块链(数据结构+哈希函数)，保证账本不能被篡改；采用数字签名技术，保证只有自己才能够使用自己的账户；采用P2P网络和PoW共识机制，保证去中心化的运作方式。

3. 区块链的主要技术特征

区块链开创了一种在不可信的竞争环境中低成本建立信任的新型计算范式和协作模式，凭借其独有的信任建立机制，实现了穿透式监管和信任逐级传递。区块链具有去中心化、开放性、自治性、信息不可篡改和匿名性等特征。

(1) 去中心化。由于分布式核算与存储不存在中心化的硬件或管理机构，任何节点的权利和义务都是均等的，系统中的数据块由整个系统中具有维护功能的节点来共同维护。去中心化是区块链最突出、最本质的特征。

(2) 开放性。区块链技术基础是开源的，系统是开放的，除交易各方的私有信息被加密外，区块链的交易等数据对所有人公开，任何人都可以通过公开的接口查询区块链数据和开放相关应用。因此，整个系统信息高度透明。

(3) 自治性。区块链采用基于协商一致的规范和协议(类似比特币采用的哈希算法等各种数学算法)使得整个系统中的所有节点都能够在去信任的环境中自由安全地交换数据，使得对"人"的信任改成了对机器的信任，任何人为干预都不起作用。由于区块链在参与者的节点上运行，能提供所需保密度，交易各方之间无须设置中间人，点与点之间也无须进行信任验证。

(4) 信息不可篡改。区块链采用密码学中的散列(哈希)算法，并由多方共同维护。每一个区块都包含了前一个区块的加密散列、相应时间标记(时间戳)，以及交易数据，这样的设计使得区块内容具有难以篡改的特性。

(5) 匿名性。由于区块链各节点之间的数据交换遵循固定且预知的算法，因此区块链网络是无须信任的，可以基于地址而非个人身份进行数据交换。这种匿名的特征能极好地保护交易者的隐私。除非有法律规范要求，单从技术上来讲，各区块节点的身份信息不需要公开或验证，信息传递可以匿名进行。

4. 区块链的主要类型

区块链系统根据应用场景和设计体系的不同，一般分为公共区块链、行业区块链和私有区块链。

1) 公共区块链

公共区块链是指世界上任何个体或团体都可以发送交易，且交易能够获得该区块链的有效确认，任何人都可以参与其共识过程的区块链，简称公共链。目前的普遍说法为公有链，但笔者认为叫公共链更贴切。

公共链的各个节点可以自由加入和退出网络，并参与链上数据的读写，运行时以扁平的拓扑结构互联互通，网络中不存在任何中心化的服务端节点。在公共链中，程序开发者也无权干涉用户，所以区块链可以保护使用他们开发的程序的用户。在这里每一个参与者都可以看到所有的账户余额和其所有的交易活动。

公共链是最早的区块链，也是应用最广泛的区块链，包括比特币、以太币、超级账本、大多数山寨币，以及智能合约等，其中公共链的始祖是比特币。(关于比特币、以太币和超级账本的介绍可扫描二维码获悉)

2) 行业区块链

行业区块链是指由某个群体内部指定多个预选的节点为记账人，每个区块的生成由所有的预选节点共同决定(预选节点参与共识过程)，其他接入节点可以参与交易，但不过问记账过程(本质上还是托管记账，只是变成分布式记账，预选节点的多少、如何决定每个块的记账者成为该区块链的主要风险点)，其他人可以通过该区块链开放的API进行限定查询的区块链，往往被用于机构间，简称为行业链或联盟链。

行业链的各个节点通常有与之对应的实体机构组织，通过授权后才能加入或退出网络。各机构组织组成利益相关的联盟，共同维护区块链的健康运行。行业链适用于机构间的交易等B2B场景。例如，在银行间进行支付、结算或清算的系统就可以采用行业链的形式，将各家银行的网关节点作为记账节点，当网络上有超过2/3的节点确认一个区块，该区块记录的交易将得到全网确认。

行业链对交易的确认时间、每秒交易数都与公共链有较大的区别，对安全和性能的要求也比公共链高。行业链由参与成员机构共同维护，并提供了对参与成员的管理、认证、授权、监控、审计等全套安全管理功能。

3) 私有区块链

私有区块链是指网络中的所有节点都掌握在一个人或一家机构手中的区块链，简称私有链。私有链各个节点的写入权限归内部控制，而读取权限可视需要有选择性地对外开放。私有链仍然具备区块链多节点运行的通用结构，适用于特定机构的内部数据管理与审计。

私有链的主要价值在于提供安全、可溯源、不可篡改、自动执行的运算平台，这是传统系统很难做到的。因为私有链加入节点少，所以交易速度快。但是即使节点少，也具有很高的信任度，因此并不需要每个节点都来验证一个交易(无须挖矿)。私有链一般在企业内部应用，在政府也会有一些应用。

4.4.2　区块链的核心技术

一般说来，区块链系统由数据层、网络层、共识层、激励层、合约层和应用层组成，如图4-23所示。其中，数据层封装了底层数据区块以及相关的数据加密和时间戳等基础数据和基本算法；网络层则包括分布式组网机制、数据传播机制和数据验证机制等；共识层主要封装网络节点的各类共识算法；激励层将经济因素集成到区块链技术体系中来，主要包括经济激励的发行机制和分配机制等；合约层主要封装各类脚本、算法和智能合约，是区块链可编程特性的基础；应用层则封装了区块链的各种应用场景和案例。

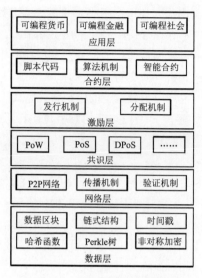

图 4-23　区块链系统的组成

该模型中，基于时间戳的链式区块结构、分布式节点的共识机制、基于共识算力的经济激励和灵活可编程的智能合约是区块链技术比较具有代表性的创新点。

1. 分布式账本

分布式账本指的是交易记账由分布在不同地方的多个节点共同完成，而且每个节点记录的是完整的账目，因此它们都可以参与监督交易合法性，同时也可以共同为其作证，也称为共享账本。

与传统的分布式存储有所不同，区块链的分布式存储的独特性主要体现在两个方面：一是区块链每个节点都按照块链式结构存储完整的数据，传统分布式存储一般是将数据按照一定的规则分成多份进行存储；二是区块链每个节点存储都是独立的、地位等同的，依靠共识机制保证存储的一致性，而传统分布式存储一般是通过中心节点与其他备份节点同步数据。没有任何一个节点可以单独记录账本数据，从而避免了单一记账人被控制或被贿赂而记假账的可能性。由于记账节点足够多，理论上讲，除非所有的节点被破坏，否则账目就不会丢失，从而保证了账目数据的安全性。

在传统的数据库中，用户可以对数据执行四种操作：创建、读取、更新和删除(统称为CRUD命令)。而区块链用户只能以附加块的形式添加数据，所有先前的数据被永久存储，无法更改。因此，区块链仅能执行以下操作：读取：查询和获取数据；验证和写入：向区块链添加更多的数据。

交易是一种改变区块链上数据状态的操作。区块链上之前的核算科目永远保持不变，而新的科目可以改变之前科目中的数据状态。例如，如果区块链记录我的比特币钱包中有50比特币，该数据会永久存储在区块链中。当我花费了10比特币时，该交易也被记录在区块链上，我的钱包余额变成40比特币。

不过，分布式账本并非意味着100%的去中心化，而是具有不同程度的去中心化。分布式账本是一个网络和权限匹配的结构，是去中心化的结构。无须许可的、公共的共享系统(公共链，如比特币、以太币等虚拟货币)是100%去中心化的，需要许可的、公共的共享系统(行业链/联盟链)，以及需要许可的、私有的共享系统(私有链)并非100%的去中心化。

2. 共识机制

共识机制就是所有记账节点之间怎么达成共识，去认定一个记录的有效性，这既是认定的手段，也是防止篡改的手段。共识达成需要依赖可靠的共识算法。

共识算法通常解决的是分布式系统中由哪个节点发起提案，以及其他节点如何就这个提案达成一致的问题。提案的含义在分布式系统中十分宽泛，如多个事件发生的顺序、某个键对应的值、谁是领导等，可以认为任何需要达成一致的信息都是一个提案。

区块链的共识机制具备"少数服从多数"和"人人平等"的特点，其中"少数服从多数"并不完全指节点个数，也可以是计算能力、股权数或其他的计算机可以比较的特征量。"人人平等"是指当节点满足条件时，所有节点都有权优先提出共识结果、直接被其他节点认同后并最后有可能成为最终共识结果。

1) 一致性问题

分布式系统首先面对的问题就是一致性问题。一致性是指对于系统中的多个节点，给定一系列的操作，在协议的保障下，试图使得它们对处理结果达成某种程度的一致。但一致性并不代表结果的正确与否，而是系统对外呈现的状态一致与否。

由于系统中各个节点之间的网络通信可能出现任意延迟和内容故障，节点的处理可能是错误的，甚至节点自身随时可能出现宕机(也称为死机)；同步调用会让系统变得不具备可扩展性，难以使系统达成一致性要求。

在实践中，绝对理性的一致性很难达成，越强的一致性要求往往意味着越弱的性能。很多时候，人们发现对一致性可以适当放宽一些要求，在一定约束下实现一致性。一致性由强到弱依次为：强一致性、顺序一致性和因果一致性。

2) 共识算法

实际上，如果分布式系统中的各个节点都能保证以十分强大的性能(瞬间响应、高吞吐)无故障运行，那么实行共识过程并不复杂，简单地通过广播进行瞬时投票和应答即可。然而，现实中这样完美的系统并不存在，如响应请求往往存在时延、网络会出现中断、节点会发生故障，甚至存在恶意节点故意破坏系统。

一般地，故障(不响应)的情况称为"非拜占庭错误"，恶意响应的情况称为"拜占庭错误"(对应节点为拜占庭节点)。现实中，拜占庭问题更为广泛，讨论的是允许存在少数节点作恶(消息可能被伪造)场景下的一致性达成问题。

专栏4-5

拜占庭问题

拜占庭问题，又称为拜占庭将军问题(Byzantine General Problem)，是由莱斯利·兰伯特(Leslie Lamport)提出的点对点通信中的基本问题，是指在不可靠信道上试图通过消息传递的方式达到一致性是不可能的。

拜占庭位于如今的土耳其的伊斯坦布尔，是东罗马帝国的首都。由于当时拜占庭罗马帝国国土辽阔，为了达到防御目的，每个军队都分隔很远，将军与将军之间只能靠信差传消息。拜占庭将军问题是一个协议问题，拜占庭帝国军队的将军们必须全体一致地决定是否攻击某一支敌军。问题是这些将军在地理上是分隔开来的，并且将军中存在叛徒。

叛徒可以任意行动以达到以下目标：欺骗某些将军采取进攻行动；促成一个不是所有将军都同意的决定，如当将军们不希望进攻时促成进攻行动；迷惑某些将军，使他们无法做出决定。如果叛徒达到了这些目的之一，则任何攻击行动的结果都是注定要失败的，只有达成一致的决定才能获得胜利。

针对以上问题，有四种不同的共识算法，适用于不同的应用场景，在效率和安全性之间取得平衡。针对非拜占庭错误的情况，一般包括Paxos算法、Raft算法及其变种，其适用环境一般是不考虑集群中存在恶意节点，只考虑系统或网络原因导致的故障节点。

对于要求能容忍拜占庭错误的情况，解决方案就是设计一个拜占庭容错机制。目前最为普遍的两种共识算法是工作量证明(PoW)和权益证明(PoS)。PoW是算力密集型算法，PoS是资本集中型算法。无论是PoW算法，还是PoS算法，其核心思想都是通过经济激励来鼓励节点对系统的贡献和付出，通过经济惩罚来阻止节点作恶。

PoW一般应用于虚拟货币等开放型DLT(distributed ledger technology，分布式账本技术)，网络中的节点自愿进行数据验证("挖矿")。PoW机制具有不易篡改的优势，但需要投入大量算力并带来较大的资源消耗。

PoS大多应用于封闭型DLT，要求节点捆绑一定量的数字资产，以验证和添加新的区块。捆绑资产的概念类似于提供抵押品，会产生一定的金融资源占用。

3. 智能合约

智能合约(smart contract)是指DLT网络参与者之间的协议条款，即基于分布式账本可信的不可篡改的数据，可以自动执行一些预先定义好的规则和条款。其实质是一种计算机程序——可编程的脚本。

智能合约由一组代码(合约的函数)和数据(合约的状态)组成。智能合约可以对接收的信息进行回应，也可以接收和存储价值，还可以向外发送信息和价值。智能合约类似于一个值得信任的第三方机构，可以临时保管资产，并按照事先约定的规则执行操作。智能合约可以执行复杂的多方协议，主要用于区块链成员之间的自动化交易。例如，航班延误险一旦达到了可赔付的条件，就会通过区块链智能合约自动把赔付金额汇入客户账户。

4. 安全技术

区块链安全技术主要包括散列算法(默克尔树、哈希函数)、非对称加密、数字签名、数字证书等。哈希函数、数字签名等技术前面有所提及。

加解密技术从技术构成上分为对称加密和非对称加密。对称加密的加解密密钥相同；非对称加密的加解密密钥不同，一个称为公钥，另一个称为私钥。公钥加密数据，只有对应的私钥可以解密。

4.4.3　区块链应用现状及发展趋势

区块链技术被视为继大型机、个人计算机、互联网之后计算机模式的颠覆式创新，很可能在全球范围引起一场新的技术革命和产业变革。目前，区块链技术被很多大型机构称为彻底改变业务乃至机构运行方式的重大突破性技术。

不同于很多其他技术，区块链技术并非发源于科研院所，也不是来自企业，而是发源于开源社区，并在社区中发展壮大，此后逐渐受到金融机构、信息科技巨头等机构的关注。目前，具有代表性的区块链开源项目有以下两类。

一类是以虚拟货币为代表的源自技术社区的开源项目。这一类主要以公共链为主，大部分项目采用PoW作为共识机制。相应的社区组成包括开发者、矿工、代币持有者及代币交易平台等。另一类是由传统企业发起的区块链开源项目，最具代表性的便是超级账本。

从应用视角来看，简单来说，区块链是一个分布式的共享账本和数据库，具有去中心化、不可篡改、全程留痕、可以追溯、集体维护、公开透明等特点。这些特点保证了区块链的"诚实"与"透明"，为区块链创造信任奠定了坚实的基础。而区块链丰富的应用场景，基本上都基于区块链能够解决信息不对称的问题，实现多个主体之间的协作信任与一致行动。

2023年12月7日，中国信通院发布《区块链白皮书(2023年)》(以下简称《白皮书》)。《白皮书》显示，区块链技术面向高扩展、高性能和高安全持续演进。区块链基础设施建设初见成效，国产自主生态正稳步发展壮大。

当前，区块链技术沿公有链(公共链)和联盟链(行业链)两大技术路线分别演进，公有链聚焦高性能、高扩展性和高安全性强化技术创新，联盟链则面向自主化、广域化、规模化应用实现持续优化。当前融合两者优势的开放联盟链也迎来快速发展，有望成为Web 3.0时代数据价值释放和协作共享的技术底座。

同时，区块链技术正与公共服务、实体经济等领域深度融合。全球区块链应用范围从金融领域逐步向外延展，在实体经济、政务服务、公共服务、数字原生等领域加速落地。区块链通过独特的机制正在成为促进数据供给流通和价值释放的重要基础设施，为构建Web 3.0应用生态提供有力支撑。

过去一年，全球主要国家和地区正加快基于区块链的下一代互联网(Web 3.0)战略布局，持续探索新场景新业态，带动区块链技术、应用和产业迎来新发展机遇。区块链通过与相关信息技术的融合应用，正成为促进实体经济提质增效和数字经济创新发展的重要数字基础设施，助力构建以数据为关键要素的数字经济，在新一轮科技革命和产业变革中迸发勃勃生机。

《白皮书》指出，总的来看，我国区块链技术实力明显提升，应用创新百花齐放，区域和行业基础设施初步形成，但同时也面临着技术自主创新能力较为薄弱、联盟激励机制尚未成型、基础设施建设缺乏统筹等困难和挑战。

一是区块链技术自主研发能力存在短板，难以支撑应用深度创新。我国在共识算法、数据存储等方面的自主创新能力尚需进一步强化，身份安全、授权管理和生物识别等配套技术还有待提升，以解决未来数字资产、数字身份等应用创新过程中提出的新问题。此外，我国仍存在开源社区话语权较弱、核心专利较少、基础设施与海外差距较大等困境，难以支撑未来数字资产交易规模化增长和自主化应用。

二是联盟链缺乏有效治理机制，产业规模化增长受限。联盟链应用规模与公有链有较大差距，据IDC预测，中国区块链市场规模预计将在2024年突破25亿美元，而国外2022年

DeFi^①领域市场规模已接近500亿美元，国内外市场规模差距较为明显(笔者认为，这种差距的形成与我国主动防范和处置虚拟货币交易炒作风险有关，扫描二维码获悉具体内容)。此外，国内区块链应用过程中重技术、轻治理，联盟的治理规则不健全，缺乏有效的激励机制，相较于公有链，在公信力和认可度方面存在短板和劣势，在一定程度上限制了产业规模的可持续增长。

防范和处置
虚拟货币交易
炒作风险的
有力举措

三是区块链基础设施建设缺乏统筹，影响规模化应用。国内各行业各地区的区块链基础设施从区域和行业角度发展建设，以服务区域和行业应用需求为主。但从国家层面看，各个城市级、行业级区块链基础设施的技术标准不统一、节点不互联、数据难互通，服务特定区域、特定行业尚可满足需求，更高层面的区块链基础设施尚未出现，已经制约了跨区域、跨行业、跨主体的规模化应用，对我国区块链技术应用和产业的长期健康发展会带来一定影响。

展望未来，Web 3.0 和数据要素有望成为区块链技术应用创新的重要突破口。

短期来看，区块链作为我国"十四五"规划数字经济重点产业之一，国家层面对于产业发展的支持态度不会改变，区块链技术与经济社会各领域深度融合的良好态势不会改变。

中期来看，随着"数据二十条"等一系列政策措施相继出台和数据基础设施建设的快速推进，区块链技术能够有力支撑数据权利分置导向，推动数据要素可靠、可信、安全流转，有望在数据确权、交易、流通等场景中发挥重要价值。

长期来看，Web 3.0、元宇宙等新兴产业正快速发展，区块链作为其关键底层支撑技术，有望随着网络规模不断扩展、技术渗透率持续强化、应用成熟度稳步提升，为Web 3.0、元宇宙等新理念提供先行先试的创新载体，探索形成可体验、可感知的新模式、新业态。

4.5　大数据与相关技术之间的关系

云计算、大数据和物联网被称为第三次信息化浪潮的"三朵浪花"。云计算彻底颠覆了人类社会获取IT资源的方式，大大减少了企业部署IT系统的成本，有效降低了企业的信息化门槛。大数据为企业提供了海量数据的存储和计算能力，帮助企业从大量数据中挖掘到有价值的信息，服务于企业的生产决策。物联网则以"万物互联"为终极目标，把自动识别技术、传感器等前端感知技术与互联网有机融合，形成人与物、物与物相连，实现数据采集、信息化和远程管理控制。

与此同时，人工智能和区块链的发展热潮一浪高过一浪，它们作为21世纪科技发展的新成就，深刻揭示了科技发展对人类社会带来的巨大影响。大数据与云计算、物联网、人工智能、区块链之间存在着密不可分的联系。

4.5.1　大数据与云计算、物联网之间的关系

大数据、云计算和物联网代表了IT领域最新的技术发展趋势，三者既有区别又有联系。大数据与云计算的关系最为密切，是一对密切相关的概念；但大数据不止于大，而云计算

---

① DeFi(Decentralized Finance，去中心化金融)，也称为"开放式金融"，是以比特币、以太币为代表的虚拟货币、区块链和智能合约结合的产物。DeFi有两大支柱，一是以比特币和以太币为代表的稳定币，二是实现交易、借贷和投资的智能合约。

也并非真正为云；云计算是软硬件资源的虚拟化，而大数据则是海量数据的高效处理。

云计算最初包含两层含义：一是以Google的GFS和 MapReduce为代表的大规模分布式并行计算技术；二是以Amazon的虚拟机和对象存储为代表的"按需租用"的商业模式。但是，随着大数据概念的提出，云计算中的分布式计算技术开始更多地被列入大数据技术，当人们提到云计算时，大多指的是底层基础IT资源的整合优化，以及以服务的方式提供IT资源的商业模式。

从云计算和大数据概念的诞生到现在，两者之间的关系非常微妙，就像一枚硬币的正反面一样，既密不可分，又千差万别。大数据必然无法用单台的计算机进行处理，必须采用分布式架构。它的特色在于对海量数据进行分布式数据挖掘。但它必须依托云计算的分布式处理、分布式数据库、云存储和虚拟化技术。

因此，我们不能把云计算和大数据割裂开来作为截然不同的两种技术来看待。云计算与大数据是相辅相成的关系，它们在很大程度上是互相促进和依存的关系，结合使用可以帮助企业更有效地利用数据，提高运营效率和降低成本。此外，物联网也是和云计算、大数据相伴相生的技术。三者之间的关系如图4-24所示。

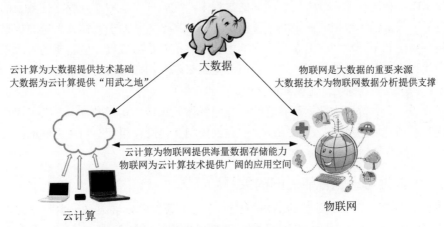

图4-24　大数据与云计算、物联网之间的关系

1. 大数据、云计算和物联网的区别

大数据侧重于对海量数据进行存储、处理与分析，从海量数据中发现价值，服务于生产和生活；云计算旨在整合和优化各种IT资源，并通过网络以服务的方式廉价地提供给用户；物联网的发展目标是实现"物物相连"，通过各类自动识别技术尽可能地收集各种数据，应用创新是物联网发展的核心。

2. 大数据、云计算和物联网的联系

从整体上看，大数据、云计算和物联网这三者是相辅相成的。大数据根植于云计算，大数据分析的很多技术都来自云计算，云计算则提供了大量的存储空间和工具，可以帮助企业存储和管理大数据。云计算还提供了弹性、可扩展的计算能力，可以随着数据量的增长而增加计算资源。云计算的分布式数据存储和管理系统(包括分布式文件系统和分布式数据库系统)提供了海量数据的存储和管理能力，分布式并行处理框架MapReduce提供了海量

数据分析能力。没有这些云计算技术作为支撑，大数据分析就无从谈起。

反之，大数据为云计算提供了丰富的应用场景，为云计算提供了"用武之地"，企业可以利用大数据的信息来改进业务流程，降低成本和提高效率。大数据分析可以帮助企业发现新的商机、洞察客户需求，从而提高销售额和客户满意度。没有大数据这个"练兵场"，云计算技术再先进，也不能发挥它的应用价值。

大数据技术的战略意义不在于掌握庞大的数据信息，而在于对这些具有意义的数据进行专业化处理。换而言之，如果把大数据比作一种产业，那么这种产业实现盈利的关键，在于提高对数据的"加工能力"，通过"加工"实现数据的"增值"。

物联网通过各类自动识别技术源源不断地采集大量数据，为大数据提供了更为丰富的数据来源，成为了大数据的重要数据来源。没有物联网的飞速发展，就不会带来数据产生方式的变革(即由人工产生阶段转向自动产生阶段)，大数据时代也不会这么快就到来。同时，物联网需要借助于云计算和大数据技术，实现物联网大数据的存储、分析和处理。

《飞轮效应：数据驱动的企业》一书中指出，大数据与互联网截然不同。大数据是互联网发展的自然延伸，又是互联网发展的一个临界点。数据本身在转化为信息，并通过信息的提炼成为普适规律，最终创造利润的过程中，变得价值连城。互联网使数据的收集和共享方便了很多。大数据的意义并不仅仅是通信，其本质是便于人们从大量的信息中学习到从较少的信息中无法获取的东西。这其中当然有很多数字垃圾，但聪明的人似乎总能从垃圾中找到珍宝。单个的数据并没有价值，但越来越多的数据累加，量变就会引起质变。没有整合和挖掘的数据，价值就无法体现。

可以说，云计算、大数据和物联网三者已经彼此渗透、相互融合，在很多应用场合都可以同时看到它们的身影。在未来，它们会继续相互促进、相互影响，更好地服务于社会生产和生活的各个领域。

4.5.2 大数据与人工智能之间的关系

大数据与人工智能都是当前的热门技术。人工智能的发展要早于大数据，人工智能在20世纪50年代左右就已经开始发展，受到长期、广泛的关注，在近年来再次被推向顶峰；而大数据的概念直到2010年左右才形成，从2013年开始得到较多关注，在2017年达到顶峰。

人工智能和大数据是紧密相关的两种技术，两者既有联系，又有区别。

1. 人工智能与大数据的联系

一方面，人工智能需要数据来建立其智能，特别是机器学习。例如，机器学习图像识别应用程序需要数以万计的汽车图像作为训练样本，以了解汽车的构成，方便将来能够识别它们。人工智能应用的数据越多，其获得的结果就越准确。过去，由于处理器速度慢、数据量小，人工智能不能很好地工作。今天，大数据为人工智能提供了海量的数据，使得人工智能技术有了长足的发展，甚至可以说，没有大数据就没有人工智能。

另一方面，大数据技术为人工智能提供了强大的存储能力和计算能力。在过去，人工智能算法都依赖于单机的存储和单机的算法。而在大数据时代，面对海量的数据，传统的单机存储和单机算法都已经无能为力。

2. 人工智能与大数据的区别

人工智能与大数据存在着明显的区别，人工智能是一种计算形式，它允许计算机执行认知功能。例如，对输入起作用或做出反应，类似于人类的做法。而大数据是一种传统计算，它不会根据结果采取行动，只是寻找结果。

另外，两者要达成的目标和实现目标的手段不同。大数据的主要目的是通过数据的对比分析来掌握和推演出更优的方案。以推荐为例，我们之所以会接收到不同的推送内容，是因为大数据根据我们日常观看的内容，综合考虑了我们的观看习惯，推断出哪些内容更可能让我们会有同样的感觉，并将其推送给我们。

而人工智能的开发是为了辅助或代替人们更快、更好地完成某些任务或进行某些决定。不管是汽车自动驾驶、自我软件调整，还是医学样本检查工作，人工智能都是在完成人类之前完成的相同任务，但区别在于其速度更快、错误更少，它能通过机器学习的方法，掌握人们日常进行的重复性的事项，并以其计算机的处理优势来高效地达成目标。

4.5.3　大数据与区块链之间的关系

区块链和大数据都是新一代信息技术，两者既有区别，又存在紧密的联系。

1. 大数据与区块链的联系

区块链的可信任性、安全性和不可篡改性，正在让更多数据被释放出来，区块链会对大数据产生深远的影响。

1) 区块链使大数据极大降低信用成本

人类社会未来的信用资源从何而来?其实正迅速发展的互联网和金融行业已经告诉了我们答案，信用资源会在很大程度上来自大数据。理论上通过大数据挖掘建立每个人的信用资源是很容易的事，但是现实并非如此。

关键问题就在于，现在的大数据并没有基于区块链存在，这些大的互联网公司几乎都是各自垄断，出现了"数据孤岛"现象。在经济全球化、数据全球化的时代，如果大数据仅掌握在互联网公司，那么全球的市场信用体系是不能去中心化的。

如果使用区块链技术对数据文件加密，直接在区块链上进行交易，那么我们的交易数据将来可以完全存储在区块链上，成为我们个人的"信用之云"，所有的大数据将成为每个人产权清晰的信用资源，这也是未来全球信用体系构建的基础。

2) 区块链是构建大数据时代的信任基石

区块链因其去中心化、不可篡改的特性，可以极大地降低信用成本，实现大数据的安全存储。将数据放在区块链上，可"解放"更多数据，使数据可以真正"流通"起来。基于区块链技术的数据库应用平台，不仅可以保障数据的真实、安全、可信，而且如果数据遭到破坏，还可以通过区块链技术的数据库应用平台灾备中间件进行迅速恢复。

3) 区块链是促进大数据价值流通的管道

"流通"使得大数据发挥出更大的价值。类似资产交易管理系统的区块链应用，可以将大数据作为数字资产进行流通，实现大数据在更加广泛领域的应用及变现，充分发挥大数据的经济价值。我们看到，数据的"看过、复制即被拥有"等特征，曾经严重阻碍数据流通。

但是，基于去中心化的区块链，能够规避数据被任意复制的风险，保障数据拥有者的合法权益。区块链还提供了可追溯路径，能有效破解数据确权难题。有了区块链提供安全保障，大数据将更加活跃。

2. 大数据与区块链的区别

大数据与区块链的区别主要表现在以下几个方面。

(1) 数据量不同。区块链技术是分布式数据存储、点对点传输、共识机制、加密算法等计算机技术的新型应用模式。区块链处理的数据量小，具有细致的处理方式。而大数据管理的是海量数据，要求广度和数量，处理方式上会更粗糙。

(2) 数据结构不同。区块链是结构定义严谨的块，通过指针组成的链，是典型的结构化数据，而大数据需要处理的更多的是非结构化数据。

(3) 独立性不同。区块链系统为保证安全性，信息是相对独立的，而大数据的重点是信息的整合分析。

(4) 作用不同。区块链是一个分布式账本，本质上就是一个数据库，而大数据指的是对数据进行深度分析和挖掘，是一种间接的数据。

(5) 满足的CAP定理不同。CAP定理指的是一个分布式系统不可能同时满足一致性、可用性和分区容错性这三个要求，最多只能同时满足其中两个。大数据通常可以满足可用性和分区容错性，区块链则可以满足一致性和分区容错性。

专栏4-6

CAP定理

CAP定理又称为布鲁尔定理，指的是一个分布式系统不可能同时满足一致性(consistency)、可用性(availability)和分区容错性(partition tolerance)这三个要求，最多只能同时满足其中两个。

(1) 一致性，即所有节点访问同一份最新的数据副本，也就是在分布式环境中，多点的数据是一致的。

(2) 可用性，即保证每个请求都能获取到非错的响应，但是不保证获取的数据为最新数据。

(3) 分区容错性，即系统中任意信息的丢失或失败不会影响系统的继续运作。

理解CAP定理最简单的方式就是想象两个节点分处分区两侧，允许一个节点更新状态会导致数据不一致，即丧失了一致性；如果为了保证数据的一致性，将分区一侧的节点设置为不可用，那么又丧失了可用性；除非两个节点可以互相通信，才能既保证一致性又保证可用性，但这又会丧失分区容错性。

---

(6) 基础网络不同。大数据底层的基础设施通常是计算机集群，而区块链的基础设施通常是P2P网络。

(7) 价值来源不同。对于大数据而言，数据是信息，需要从数据中提炼价值。而对于区块链而言，数据是资产，是价值的传承。

(8) 计算模式不同。在大数据的场景中，是把一件事情分给多个人做。例如，在MapReduce计算框架中，一个大型任务会被分解成很多个子任务，分配给很多个节点同时去计算。而在区块链的场景中，是让多个人重复做一件事情。例如，P2P网络中的很多个节点同时记录一笔交易。

最后，用人们所熟悉的人体器官去更加形象地类比这些高科技技术，其相互关系如图 4-25 所示。

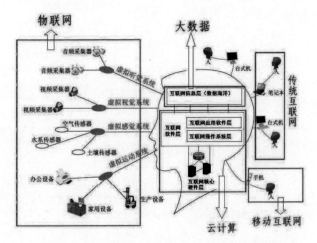

图 4-25　大数据与云计算、物联网等之间的关系

物联网相当于人的感官系统和神经系统，用来感知、采集、输送应用环境中的各种数据，并通过指令反向控制输出。因为是感官系统，自然对设备的灵敏度、精度和功耗的要求都比较高。

云计算相当于人的大脑，是物联网的神经中枢。目前很多物联网的服务器部署在云端，通过云计算提供应用层的各项服务。云计算相当于一个非常大的线上资源池，一旦有需要，人们就可以在任何地点联网快速地找到资料并进行处理，再也不用担心资料丢失和算力不足。

大数据相当于人的大脑记忆和存储的海量知识，这些知识只有通过消化、吸收、再造才能创造出更大的价值。物联网传输的信息，通过大数据分析、反馈，再向物联网设备发出控制指令。大数据的意义在于对数据进行专业化处理，特别是对人们的行为习惯进行分析。

人工智能就像一个什么都不懂的小孩，为了吸收大量的知识(数据)，不断进行深度学习，进化成为一个高人。人工智能离不开大数据，更是基于云计算平台完成深度学习进化。除了机器人领域，人工智能在语言识别、图像识别、自然语言处理等方面也都有重要作用。

关键术语

云计算；IaaS；PaaS；SaaS；公共云；私有云；混合云；系统虚拟化；虚拟化资源管理；数据中心；"东数西算"；互联网；物联网；TCP/IP；5G；条码识别技术；RFID技术；卡类识别技术；图像识别技术；生物特征识别技术；传感器；人工神经网络；机器学习；深度学习；知识图谱；自然语言处理；计算机视觉；VR/AR；人机交互；元宇宙；智能终端；自动驾驶；机器人；ChatGPT；区块链；比特币；虚拟电子货币；数字货币；法定货币；公共链；行业链(联盟链)；私有链；超级账本；分布式账本；共识机制；智能合约。

本章内容结构

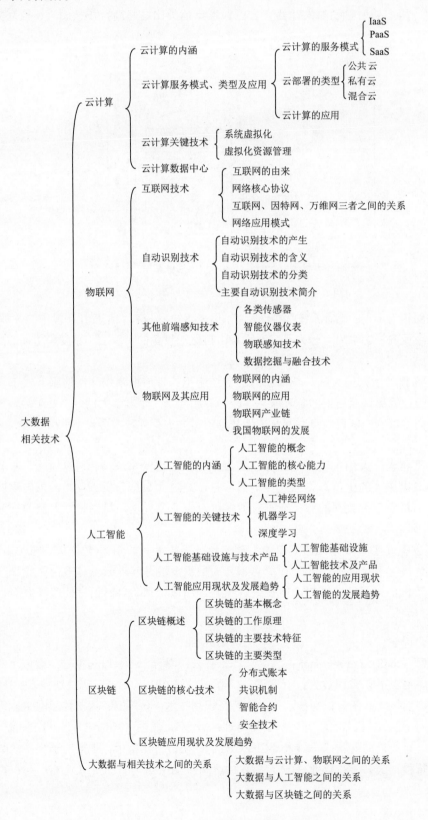

第 5 章

大数据关键技术

学习目标与重点

- 了解传统的数据存储与管理技术；了解云数据库的有关知识；了解数据可视化的发展历程。
- 掌握大数据处理的内涵、大数据处理架构；掌握数据采集的概念、数据源及数据采集的方法；掌握数据分析与数据挖掘的区别；掌握基于内存的分布式计算框架Spark及其生态系统；掌握数据可视化的作用与特点。
- 重点掌握数据预处理方法(数据清洗、数据转换、数据脱敏)；大数据存储与管理技术(分布式文件系统、NewSQL数据库、NoSQL数据库)；大数据处理与分析技术(批处理计算、流计算、图计算、查询分析计算)；业务导向的数据分析与呈现；主要可视化图表的使用。
- 难点：大数据处理架构Hadoop、NoSQL数据库、机器学习和数据挖掘算法、大数据处理与分析技术。

导入案例

"啤酒与尿布"的故事

在一家超市中，人们发现了一个特别有趣的现象：尿布与啤酒这两种风马牛不相及的商品居然摆在一起，如图5-1所示。但这一奇怪的举措居然使尿布和啤酒的销量都大幅增长了。这可不是一个笑话，而是一直被商家所津津乐道的发生在全球最大的美国沃尔玛连锁超市的真实案例。

图5-1　啤酒与尿布摆在了一起

这个故事发生于20世纪90年代，沃尔玛的管理人员在按周期统计分析销售数据时发现了一个令人难以理解的现象：每到周末的时候，超市里啤酒和尿布的销量就会突然增长，而且"啤酒"与"尿布"这两种看上去毫无关系的商品会经常出现在同一个购物篮中(见表5-1)，这种独特的销售现象引起了管理人员的注意。为了搞清楚其中的原因，他们派出工作人员进行调查。

表5-1　购物篮示例

TID	Items
001	Cola, Egg, Ham
002	Cola, Diaper, Beer
003	Cola, Diaper, Beer, Ham
004	Diaper, Beer

TID代表交易流水号，Items代表一次交易的商品。对这个数据集进行关联分析，可以找出关联规则{Diaper}→{Beer}，即购买了Diaper的顾客会购买Beer。这个关系不是必然的，但是可能性很大，这就已经足够了。

经过后续调查发现，这种现象一般出现在年轻的父亲身上。在美国有婴儿的家庭中，一般是母亲在家中照看婴儿，年轻的父亲周末前去超市购买尿布。在购买尿布的同时，他们中有30%～40%的人会顺便为自己购买啤酒(休息时喝酒是很多男人的习惯)，这样就会出现啤酒与尿布这两种看上去不相干的商品出现在同一个购物篮的现象。

如果这个年轻的父亲在卖场只能买到两种商品之一，那么他很有可能会放弃购物而到另一家商店，直到可以同时买到啤酒与尿布为止。弄清楚原因后，沃尔玛打破常规，尝试将啤酒与尿布摆放在相同的区域，让年轻的父亲可以很方便地同时找到这两种商品，并很快地完成购物，结果使啤酒和尿布的销量双双激增，为公司带来了巨大的利润。

这个故事之所以得到了广泛传播，是因为有数据分析结果的支撑。故事的内容不难理解，问题的关键在于商家是如何发现这种关联购买行为的。不得不说，大数据技术在这个过程中发挥了至关重要的作用。沃尔玛拥有极大的数据仓库系统，积累了大量原始交易数据，利用这些海量数据对顾客的购物行为进行"购物篮分析"，就可以准确了解顾客的购买习惯。

通过分析购物篮中的商品集合数据，找出商品之间的关联关系，发现客户的购买行为，从而获得更多的商品销售收入。本来啤酒和尿布是两种风马牛不相及的商品，但是如果关联在一起，就可能带来巨大的利益。这就是发现关联购买行为的重要意义。

思考：

1. "是什么"(关联关系)能否替代"为什么"(因果关系)？

2. 大数据分析与传统的数据分析有何异同？

正如第1章所述，大数据本身是一座金矿、一种资源、一种资产，但"沉睡"的资源是很难创造价值的，它必须经过采集、清洗、存储、处理、分析、可视化等加工处理之后，才能真正产生价值。本章将介绍大数据处理关键技术。

5.1　大数据处理概述

大数据技术就是从各种类型的数据中快速获取有价值的信息的技术。大数据领域已经涌现了大量新的技术，它们成为大数据采集、存储、处理和呈现的有力武器。大数据处理的相关技术一般包括数据采集与预处理、数据存储与管理、数据处理与分析、数据呈现与可视化等。

5.1.1　大数据处理的内涵

大数据处理是利用计算机硬件和软件技术对数据进行有效的收集、存储、分析和应用的过程，其目的在于充分、有效地发挥数据的作用。实现数据有效管理的关键是对数据的组织。《数据安全法》第三条第二款指出，数据处理，包括数据的收集、存储、使用、加工、传输、提供、公开等。

《"十四五"数字经济发展规划》指出，强化高质量数据要素供给。支持市场主体依法合规开展数据采集，聚焦数据的标注、清洗、脱敏、脱密、聚合、分析等环节，提升数据资源处理能力，培育壮大数据服务产业。

这与前面提到的大数据管理显然不同，由数据到大数据已经由量变发生了质变，大数据管理的着眼点与大数据处理不同，大数据处理主要从微观角度切入，侧重于对数据进行有效的收集、存储、分析和应用等数据处理环节的管理，而大数据管理主要从宏观角度切入，侧重于从战略的高度考虑大数据的充分利用、价值挖掘、产业融合，以及创造新产业、新业态、新模式。

1. 大数据处理分析过程

我们的身边存在各种各样的数据，那么，我们应该如何把数据变得可用呢？

第一步：数据采集与预处理。使用数据前一般要进行数据采集与清洗，也就是把数据变成一种可用的状态。这个过程需要借助工具去实现数据转换，如"古老"的UNIX工具AWK、XML解析器和机器学习库等。此外，脚本语言(如Perl和Python)也可以在这个过程发挥重要的作用。完成数据清洗以后，就要开始关注数据的质量。对于来源众多、类型多样的数据而言，数据缺失和语义模糊等问题是不可避免的，必须采取相应措施有效解决这些问题。

第二步：数据存储与管理。数据经过预处理以后，被存放到数据库系统中进行管理。从20世纪70年代到21世纪前十年，关系数据库一直是占据主流地位的数据库管理系统。它以规范化的行和列的形式保存数据，并可进行各种查询操作，同时支持事务一致性功能，很好地满足了各种商业应用的需求，从而长期占据市场垄断地位。

但是，随着Web 2.0应用的不断发展，非结构化数据开始迅速增加，关系数据库主要用于管理结构化数据，对于管理大规模非结构化数据则显得"力不从心"，暴露了很多难以克服的问题。NoSQL数据库(非关系数据库)的出现，有效满足了人们对非结构化数据进行管理的市场需求，并凭借其本身的特点得到了非常迅速的发展。

第三步：数据处理与分析。存储数据是为了更好地分析数据，分析数据需要借助数据挖掘和机器学习算法，以及相关的大数据处理技术。Google提出了面向大规模数据分析的分布式编程模型(MapReduce)，Hadoop对其进行了开源实现。MapReduce将复杂的、运行于大规模集群上的并行计算过程高度地抽象为两个函数——Map和Reduce，一个MapReduce作业通常会把输入的数据集切分为若干独立的小数据块，由Map任务以完全并行的方式处理它们，这大大提高了数据分析的速度。

此外，构建统计模型对数据分析也十分重要。统计是数据分析的重要方式，在众多开源的统计分析工具中，R语言和它的综合类库CRAN是很重要的。

第四步：数据可视化呈现。为了能够"让数据说话"，使分析结果更容易被人理解，还需要对分析结果进行可视化。可视化对于数据分析来说是一项非常重要的工作，如果需要找出数据的差别，就需要通过画图进行直观理解，继而找出问题所在。

综上所述，典型的数据处理分析过程如图5-2所示。因此，大数据关键技术知识体系涵盖了数据采集与预处理技术、数据存储与管理技术、数据处理与分析技术、数据可视化技术等。同时，在分析过程中，相关人员需要对商业领域的业务知识有一定的了解。

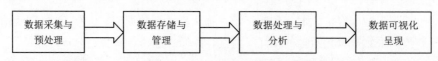

图5-2 典型的数据处理分析过程

2. 数据仓库数据处理过程

下面以数据仓库为例演示数据的使用方法。数据仓库体系结构及数据处理过程如图5-3所示。一些企业为了支持决策分析会构建数据仓库系统，其中会存放大量的历史数据。这些数据来自不同的数据源，利用抽取、转换、加载(extract-transform-load，ETL)工具将数据加载到数据仓库并不断进行更新。技术人员可以利用数据挖掘和联机分析处理(OLAP)工具从这些静态历史数据中找到对企业有价值的信息供分析决策使用。

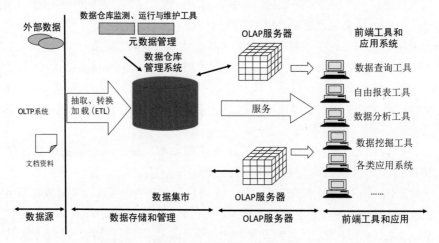

图5-3 数据仓库体系结构及数据处理过程

5.1.2 大数据处理架构Hadoop

Hadoop是Apache软件基金会旗下的一个开源分布式计算平台，为用户提供了系统底层细节透明的分布式基础架构。Hadoop的框架最核心的设计就是HDFS和MapReduce。HDFS用于对海量的数据进行存储，而MapReduce则用于对海量的数据进行计算。

1. Hadoop特性

Hadoop是一个能够对大量数据进行分布式处理的软件框架，并能以一种可靠、高效、可伸缩的方式进行数据处理，具有以下特性。

(1) 高可靠性。由于它假设计算元素和存储会失败，因此它维护多个工作数据副本，确保能够针对失败的节点重新分布处理。

(2) 高效性。Hadoop作为并行分布式计算平台，采用分布式存储和分布式计算两大核心技术，能够在节点之间动态地移动数据，并保证各个节点的动态平衡，因此处理速度非常快，能够高效地处理PB级数据。

(3) 高可扩展性。Hadoop的设计目标是在可用、廉价的计算机集群间高效、稳定地运行(分配数据并完成计算任务)，以便扩展到数以万计的计算机节点上。

(4) 高容错性。Hadoop采用冗余数据存储方式，能够自动保存数据的多个副本，并且能够自动将失败的任务重新分配。

(5) 成本低。Hadoop依赖于社区服务，运行在廉价的计算机集群，因此它的成本比较低，任何人都可以使用，普通用户也可以很容易地用自己的PC机搭建Hadoop运行环境。与数据集市相比，Hadoop是开源的，因此项目的软件成本也会大大降低。

另外，Hadoop带有用Java语言编写的框架，因此运行在 Linux 操作系统上是非常理想的。同时，Hadoop上的应用程序也可以使用其他语言编写，如C++。

Hadoop能在大数据处理中得到广泛应用，得益于其自身在数据抽取、转换和加载(ETL)方面的天然优势。Hadoop的分布式架构将大数据处理引擎尽可能地靠近存储，便于进行像ETL这样的批处理操作，因为这类操作的批处理结果可以直接走向存储。Hadoop的MapReduce功能实现了将单个任务打碎，并将碎片任务(Map)发送到多个节点上，之后再以单个数据集的形式加载(Reduce)到数据仓库中。

Hadoop设计之初就定位于高可靠性、高可拓展性、高容错性和高效性，正是这些设计上与生俱来的优点，才使得Hadoop一出现就受到众多大公司的青睐，同时也引起了研究界的普遍关注。

Hadoop的输出结果没有关系数据库的输出结果那么精确，它不能用于卫星发射、开具银行账户明细这种精确度要求很高的任务。但是对于不要求极端精确的任务，它比其他系统运行快得多。

信用卡公司VISA使用Hadoop将两年内730亿笔交易的处理时间，从一个月缩减至仅仅13分钟。这样大规模处理时间上的缩减足以引起商业变革了。也许Hadoop不适合正规记账，但是当允许少量错误存在的时候它就非常实用。

目前，Hadoop技术在互联网领域已经得到了广泛的运用，国内外采用Hadoop的公司主要有百度、网易、华为、亚马逊、苹果等。

2. Hadoop生态系统

经过多年的发展，Hadoop生态系统不断完善和成熟，目前已经包含了多个子项目(见图5-4)。除了核心的HDFS和MapReduce，Hadoop生态系统还包括ZooKeeper、HBase、Hive、Pig、Mahout、Sqoop、Flume、Ambari等功能组件。

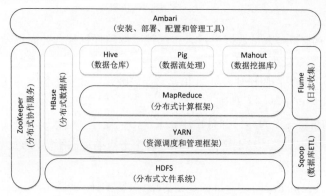

图5-4 Hadoop生态系统

Hadoop生态系统的主要组件及其简要功能如下。

(1) 分布式文件系统(HDFS)。HDFS是对谷歌GFS的开源实现，是Hadoop生态系统的两大核心组件之一。HDFS具有可处理超大数据、流式处理、可以运行在廉价服务器上等优点。

(2) 分布式计算框架(MapReduce)。MapReduce是对谷歌MapReduce的开源实现，也是Hadoop生态系统的两大核心组件之一。MapReduce是一种编程模型，用于大规模数据集(大于1TB)的并行运算，是具有代表性的大数据批处理技术，允许开发者在不会分布式并行编程的情况下，将自己的程序运行在分布式系统上。

(3) 分布式数据库(HBase)。HBase是一个高可靠性、高性能、实时读写、面向列、可伸缩的分布式数据库，是对谷歌BigTable的开源实现。HBase实际上是一个存储的映射表，一般采用HDFS作为其底层数据存储系统，主要用来存储非结构化和半结构化的松散数据。

(4) 数据仓库(Hive)。Hive是一个基于Hadoop的数据仓库工具，可以对存储在其文件中的数据集进行数据整理、特殊查询和分析处理。

(5) 数据流处理(Pig)。Pig是一种数据流语言和运行环境，适合于使用Hadoop和MapReduce平台来查询大型半结构化数据集。

(6) 数据挖掘库(Mahout)。Mahout是Apache基金会旗下的一个开源项目，提供一些可扩展的机器学习领域的经典算法，旨在帮助开发者更加方便、快捷地创建智能应用程序。

(7) 分布式协作服务(ZooKeeper)。ZooKeeper是对谷歌Chubby的开源实现，是高效和可靠的协同工作系统，提供统一命名、状态同步、集群管理等分布式的基础服务，用于构建分布式应用，减轻分布式应用程序所承担的协调任务。

(8) 日志收集(Flume)。Flume是Cloudera提供的一个高可用性、高可靠性、分布式的海量日志采集、聚合和传输的系统。

(9) 数据库ETL(Sqoop)。Sqoop是SQL-to-Hadoop的缩写，主要用来在Hadoop和关系数据库之间交换数据，可以改进数据的互操作性。Sqoop主要通过Java数据库互连(Java database connectivity，JDBC)和关系数据库进行交互。

(10) 资源调度和管理框架(YARN)。YARN(yet another resource negotiator，另一种资源协调者)是一种新的Hadoop资源管理器，它是一个通用资源管理系统，可为上层应用提供统一的资源管理和调度，它的引入为集群在利用率、资源统一管理和数据共享等方面带来了巨大好处。

(11) 安装、部署、配置和管理工具(Ambari)。Ambari是一种基于Web的工具，支持Hadoop集群的安装、部署、配置和管理。Ambari目前已支持大多数Hadoop组件。

5.2 数据采集与预处理

数据采集与预处理是具有关键意义的大数据处理环节。通过数据采集，人们可以获取自动识别及其他传感器数据、互联网数据、日志文件、业务系统数据等，便于进行后续的数据分析。对于采集到的数据需要进行预处理，数据预处理包括数据清洗、数据转换和数据脱敏。

5.2.1 数据采集

1. 数据采集的概念

数据采集又称为数据获取，是指通过各种技术手段对外部各种数据源产生的数据进行实时或非实时的采集。数据采集是大数据产业的基石，是利用一种装置，从系统外部采集数据并输入系统内部的一个接口，是数据入口，如果没有数据，大数据的商业价值就无从谈起。

大数据采集与传统数据采集既有联系又有区别。大数据采集是在传统的数据采集基础之上发展起来的，一些经过多年发展的数据采集架构、技术和工具被继承下来。同时，由于传统数据与大数据本身就存在区别(见表5-2)，使得大数据采集表现出了不同于传统数据采集的一些特点。

表5-2 传统数据与大数据的区别

衡量项目	传统数据	大数据
数据源	来源单一	来源广泛
数据量	数据量相对较少	数据量巨大
数据类型	类型单一，结构化数据	类型丰富，包括结构化、半结构化和非结构化数据
数据存储	关系数据库、并行数据仓库	分布式数据库、分布式文件系统
处理速度	通常不要求实时，也做不到	快，要求实时处理，秒级甚至毫秒级响应
价值密度	价值密度高	价值密度低，但整体商业价值高

在数据爆炸的大数据时代，数据来源广泛，被采集的数据类型复杂多样，不仅包括传统的结构化数据，也包括新型的半结构化数据、非结构化数据。非结构化数据是数据结构不规则或不完整，没有预定义的数据模型，包括各种格式的传感器数据、文本文档、日志数据、图片图像、音频视频等。

大数据采集有三大要点，具体如下。

(1) 全面性。全面性是指数据量足够具有分析价值、数据面足够支撑分析需求。例如，对于"查看商品详情"这一行为，需要采集用户触发时的环境信息、会话，以及用户ID，最后需要统计这一行为在某一时段触发的人数、次数、人均次数、活跃比等。

(2) 多维性。数据采集必须能够灵活、快速自定义数据的多种属性和不同类型，从而满足不同的分析目标要求。还是以"查看商品详情"为例，通过"埋点"[①]获取用户查看的商品是什么，以及商品价格、商品类型、商品ID等多个属性，从而知道用户看过哪些商品，什么类型的商品被查看的次数多，等等。

---

① 埋点，是网站分析的一种常用的数据采集方法，是指在需要采集数据的"操作节点"将数据采集的程序代码附加在功能程序代码中，对操作节点上的用户行为或事件进行捕获、处理和发送的相关技术及其实施过程。

(3) 高效性。高效性包含技术执行的高效性、团队内部成员协同的高效性，以及数据分析需求和目标实现的高效性。也就是说，采集数据时一定要明确采集目的，带着问题搜集信息，使信息采集更高效、更有针对性。此外，还要考虑数据的时效性。

专栏 5-1

数据采集的常见问题

数据采集的准确性会影响用户行为分析的效率和准确性。很多企业在数据采集的过程中会遇到各种各样的问题，以下四类问题比较常见。

问题一：前期业务沟通不明确。业务人员没有和技术人员明确数据采集时需要注意的细节问题。例如，站在业务人员的角度去观察用户行为，有效点击的定义是"用户对广告内容产生兴趣，进而发生的主动点击"。但这一点在技术人员眼中并非强相关，为了尽快完成数据采集任务，技术人员对点击的业务逻辑进行主观理解，将点击变为用户触碰，即用户手指刚刚触碰到屏幕就计为一个有效点击。这就导致采集到的数据并不是业务人员想要的数据，进而出现反复沟通、不断返工的情况。

问题二：采集时机和口径无法对齐。业务人员希望在某个节点采集数据，而技术人员可能不太理解该场景下为何要如此采集，往往会由于认知偏差造成数据采集的时机和口径无法对齐。

问题三：采集点没有统一管理。在数据采集的过程中，会有很多点击、浏览等数据产生，如果没有统一的渠道和规范来管理这些数据，那么业务人员提供给技术人员的埋点方案就很难顺利落地。

问题四：版本迭代更新无法发现数据变化。在新版本迭代后，往往需要通过新旧版本之间的数据对比来评估版本迭代的有效性。然而，实际情况是新版本发布后，由于旧版本的数据采集环境和新版本的业务逻辑采集环境不一致，出现了完全不符合预期的数据落差或增幅。这就导致新旧版本的数据对比缺乏意义，很难衡量改版带来的变化。

数据采集关乎数据质量，是数据分析和数据应用的基石。从目前来看，由数据采集带来的数据质量问题，已经成为很多企业的共性问题。

---

2. 数据源

数据采集的主要数据源除了物联网前端感知数据，还包括互联网数据、日志文件、业务系统数据等。

(1) 物联网前端感知数据。内容参阅"4.2.2 自动识别技术"和"4.2.3 其他前端感知技术"。在日常生活中，麦克风、DV录像、手机拍照功能等都属于物联网前端感知数据源的一部分。

(2) 互联网数据。互联网上有各种各样的数据，而且每天都会产生大量的新数据，是重要的数据源之一。互联网数据的采集通常是借助于网络爬虫来完成的。

(3) 日志文件。许多公司的业务平台每天都会产生大量的日志文件。日志文件一般由数据源系统产生，用于记录数据源执行的各种操作活动，如网络监控的流量管理、金融应用的股票记账和Web服务器记录的用户访问行为。人们可以从这些日志信息中获取很多有价值的数据。企业通过对这些日志信息进行采集和数据分析，可以为企业决策和企业后台服务器平台性能评估提供可靠的数据保证。

日志采集系统要做的事情就是收集日志数据供离线和在线的分析使用。很多互联网企业都有自己的海量数据采集工具，多用于系统日志采集，如Hadoop的Chukwa、Cloudera的Flume、Facebook的Scribe等，这些工具均采用分布式架构，能满足每秒数百兆字节的日志数据采集和传输需求。

(4) 业务系统数据。一些企业会使用传统的关系数据库(如MySQL和Oracle等)来存储业务系统数据。除此之外，Redis和MongoDB这样的NoSQL数据库也常用于进行数据的存储。企业每时每刻产生的业务数据，以数据库行记录形式被直接写入数据库中。

企业可以借助ETL工具，把分散在企业不同位置的业务系统的数据，抽取、转换、加载到企业数据仓库中，以供后续的商务智能分析使用(见图5-3)。通过采集不同业务系统的数据并统一保存到一个数据仓库中，就可以为分散在企业不同地方的商务数据提供一个统一的视图，满足企业的各种商务决策分析需求。

3. 数据采集的方法

数据采集是数据系统必不可少的关键部分，也是数据平台的根基。不同应用领域的大数据的特点、数据量、用户群体并不相同。根据不同的应用环境及采集对象，有多种不同的数据采集方法，主要包括系统日志采集、分布式消息订阅分发、ETL、网络数据采集等。

1) 系统日志采集

Flume是Cloudera提供的一个高可用性、高可靠性、分布式的海量日志采集、聚合和传输的系统，是Hadoop生态系统的组件之一(见图5-4)。Flume支持在日志系统中定制各类数据发送方，用于收集数据。同时，Flume具有对数据进行简单处理，并写到各种数据接受方(可定制)的能力。

Flume的运行核心是Agent(见图5-5)。Flume以Agent为最小的独立运行单位，一个Agent就是一个Java虚拟机(Java virtual machine，JVM)。Agent是一个完整的数据采集工具，包含三个核心组件：数据源(source)、数据通道(channel)和数据槽(sink)。通过这些组件，"事件"(event)可以从一个地方流向另一个地方。

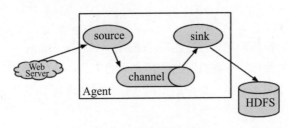

图5-5　Flume的运行核心

(1) 数据源是数据的收集端，负责将数据捕获后进行特殊的格式化处理，将数据封装到事件中，然后将事件推入数据通道。

(2) 数据通道是连接数据源和数据槽的组件，可以将它看作一个数据的缓冲区(数据队列)。它可以将事件暂存到内存，也可以永久保存在本地磁盘上，直到数据槽处理完该事件。

(3) 数据槽取出数据通道中的数据，将其存储到文件系统、数据库，或者提交到远程服务器。

2) 分布式消息订阅分发

分布式消息订阅分发也是一种常见的数据采集方式。Kafka就是一种具有代表性的产品。Kafka是由LinkedIn公司开发并于2011年开源的一种高可靠性、高吞吐量和可扩展的分布式发布/订阅消息系统，广泛应用于日志收集、流处理、消息队列等场景。用户通过Kafka不仅可以发布消息，还可以实时订阅消息。

Kafka的设计初衷是构建一个可以处理海量日志、用户行为和网站运营统计等的数据处理框架。为了满足上述应用需求，数据处理框架就需要同时具备实时在线处理的低延迟和批量离线处理的高吞吐量等功能。Kafka可以同时满足上述要求。

Kafka包括以下组件：话题(topic)、生产者(producer)、服务代理(broker)、消费者(consumer)，如图5-6所示。

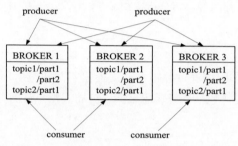

图5-6　Kafka的组件

(1) 话题：特定类型的消息流。

(2) 生产者：能够发布消息到话题的任何对象。

(3) 服务代理：保存已发布的消息的服务器，被称为代理或Kafka集群。

(4) 消费者：可以订阅一个或多个话题，并从服务代理拉数据，从而"消费"这些已发布的消息。

从图5-6中可以看出，生产者将数据发送到服务代理，服务代理有多个话题，消费者从服务代理获得数据。

3) ETL

ETL用来描述将数据从来源端经过抽取(extract)、转换(transform)、加载(load)至目的端的过程。ETL是用来实现异构多数据源的数据集成的工具，是数据仓库、数据挖掘和商务智能等技术的基石，常用于数据仓库中的数据采集和预处理环节(见图5-3)，但其对象并不限于数据仓库。

ETL是将业务系统的具有多种结构和类型的数据经过抽取、清洗、转换之后加载到目标数据库的过程。在数据仓库中，ETL从原系统中抽取数据，并根据实际商务需求对数据进行转换，然后把转换结果加载到数据仓库。目的是将企业中的分散、零乱、标准不统一的数据整合到一起，为企业的决策提供分析依据。ETL是BI(商务智能)项目的一个重要环节。ETL既包含了数据采集环节，也包含了数据预处理环节。

ETL的每一部分都要达到一个重要的目标，每个功能都非常重要。ETL工具通常包括以下主要功能。

(1) 数据抽取：就是一个从各种数据源中抽取数据的过程。具体来说，就是搜索整个数据源，使用某些标准选择合乎要求的数据，并把这些数据传送到目标文件中。

(2) 数据转换：包括数据的合并、汇总、过滤、转换等，重新格式化和计算数据，重新构建关键数据，以及总结与定位数据。抽取后的数据是没有经过加工的，数据转换的一个重要任务就是提高数据质量，包括补充已抽取数据中的缺失值、去除脏数据、修正错误格式等。内容参阅"5.2.2 数据预处理"。

(3) 数据加载：是将数据跨网络、跨操作平台加载到目标数据库中。

ETL 工具所要完成的工作主要包括三个方面：一是在数据仓库和业务系统之间搭建起一座桥梁，确保新的业务数据能够源源不断地进入数据仓库；二是用户的分析和应用能够反映最新的业务动态；三是从整体来看，ETL 的主要作用是为各种基于数据仓库的分析和应用提供统一的数据接口，屏蔽复杂的业务逻辑，而这正是构建数据仓库的意义所在。

ETL 是实现大规模数据初步加载的理想解决方案，它提供了高级的转换能力。ETL 任务通常在"维护时间窗口"进行，在 ETL 任务执行期间，数据源默认不会发生变化，这就使得用户不必担心 ETL 任务开销对数据源的影响，但也意味着，对于商务用户而言，数据和应用并非任何时候都是可用的。

目前，市场上主流的 ETL 工具有很多。其中，Kettle 是一款国外开源的 ETL 工具，使用 Java 语言编写，可以在 Windows、Linux、Unix 上运行，数据抽取高效、稳定。Kettle 的中文含义是水壶，顾名思义，开发者希望把各种数据装到一个"壶"里，然后以一种指定的格式流出。Kettle 包含 Spoon、Pan、Chef、Encr 和 Kitchen 等组件。

4) 网络数据采集

网络数据采集是指通过网络爬虫或网站公开应用程序接口(API)等方式从网站上获取数据信息。网络爬虫可以将非结构化数据从网页中抽取出来，并以结构化的方式存储为统一的本地数据文件。它支持对图片、音频、视频等文件或附件进行采集，附件与正文可以自动关联。网络数据采集的应用领域十分广泛。

(1) 网络爬虫的概念。

网络爬虫，就是一个自动提取网页的程序，是用于网络数据采集的关键技术。它为搜索引擎从万维网上下载网页，是搜索引擎的重要组成部分。

网络爬虫的工作原理如图 5-7 所示。抓取网页的一般方法如下：定义一个或若干个初始入口页面，获取初始网页的 URL(uniform resource locator，统一资源定位符)，在抓取网页的过程中，不断从当前页面上提取新的 URL 加入任务队列(一般一个页面中会包含指向其他页面的 URL)，直到满足系统的特定停止条件。

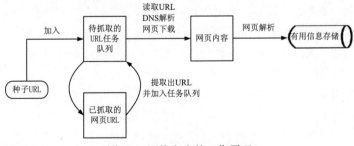

图 5-7　网络爬虫的工作原理

实际上，网络爬虫的行为与人们访问网站的行为是类似的。例如，当用户在京东商城购物时，整个活动过程如下：打开浏览器→搜索京东商城→点击链接进入京东商城网站→

站内搜索选择所需商品→浏览商品(价格、详情、评论等)→购买或点击链接进入下一个商品页面。现在，这个过程不再由用户手动完成，而是由网络爬虫自动执行。

(2) 网络爬虫的组成。

网络爬虫由控制节点、爬虫节点和资源库构成。网络爬虫的控制节点和爬虫节点的结构关系如图5-8所示。从图中可以看出，网络爬虫中可以有多个控制节点，每个控制节点下可以有多个爬虫节点，控制节点之间可以互相通信。同时，控制节点和其下的各爬虫节点之间也可以进行互相通信，属于同一个控制节点下的各爬虫节点间也可以互相通信。

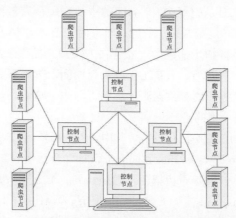

图5-8　网络爬虫的控制节点和爬虫节点的结构关系

控制节点主要负责根据URL地址分配线程，并调用爬虫节点进行具体的抓取。爬虫节点会按照相关的算法对网页进行具体的抓取，主要包括下载网页和对网页的文本进行处理，并在抓取后，将抓取结果存储到对应的资源库中。

(3) 网络爬虫的类型。

按照系统结构和实现技术划分，网络爬虫大致可以分为以下四种类型：通用网络爬虫、聚焦网络爬虫、增量式网络爬虫和深层网络爬虫。实际的网络爬虫系统通常是几种爬虫技术相结合实现的。

① 通用网络爬虫(General Purpose Web Crawler)。

通用网络爬虫，又称为全网爬虫(Scalable Web Crawler)，爬行对象从一些种子URL扩充到整个Web，主要为门户站点搜索引擎和大型Web服务提供商采集数据。由于商业原因，它们的技术细节很少被公布。

这类网络爬虫的爬行范围和数量巨大，对于爬行速度和存储空间要求较高，对于爬行页面的顺序要求相对较低，同时由于待刷新的页面太多，通常采用并行工作方式，但需要较长时间才能刷新一次页面。通用网络爬虫虽然存在一定缺陷，但适用于为搜索引擎搜索广泛的主题，有较强的应用价值。

为提高工作效率，通用网络爬虫会采取一定的爬行策略。常用的爬行策略为深度优先策略和广度优先策略。

深度优先策略：该策略按照深度由低到高的顺序，依次访问下一级网页链接，直到不能再深入为止。当所有链接遍历完后，爬行任务结束。这种策略比较适合垂直搜索或站内搜索，但爬行页面内容层次较深的站点时会造成资源的巨大浪费。

广度优先策略：该策略按照网页内容的目录层次来爬行页面，处于较浅目录层次的页面首先被爬行。当同一层次中的页面爬行完毕后，爬虫再深入下一层继续爬行。这种策略能够有效控制页面的爬行深度，避免了当遇到一个无穷深层分支时无法结束爬行的问题，实现方便，无须存储大量中间节点，不足之处在于需较长时间才能爬行到目录层次较深的页面。

② 聚焦网络爬虫(Focused Web Crawler)。

聚焦网络爬虫，又称为主题网络爬虫(Topical Crawler)，是指选择性地爬行那些与预先定义好的主题相关的页面的网络爬虫。和通用网络爬虫相比，聚焦爬虫只需要爬行与主题相关的页面，极大地节省了硬件和网络资源，保存的页面也由于数量少而更新快，还可以很好地满足一些特定人群对特定领域信息的需求。

聚焦网络爬虫的工作流程较为复杂，需要根据一定的网页分析算法过滤与主题无关的URL，保留有用的URL并将其放入等待抓取的URL队列。与通用网络爬虫相比，聚焦网络爬虫增加了链接评价模块及内容评价模块。其爬行策略实现的关键是评价页面内容和链接的重要性，不同的方法计算出的重要性不同，由此导致链接的访问顺序也不同。

聚焦网络爬虫常用的策略包括基于内容评价的爬行策略、基于链接结构评价的爬行策略、基于增强学习的爬行策略和基于语境图的爬行策略。

基于内容评价的爬行策略：将文本相似度的计算方法引入网络爬虫中，它将用户输入的查询词作为主题，包含查询词的页面被视为与主题相关，其局限性在于无法评价页面与主题相关度的高低。

基于链接结构评价的爬行策略：Web页面作为一种半结构化文档，包含很多结构信息，可用来评价链接重要性。

基于增强学习的爬行策略：引入增强学习，利用贝叶斯分类器，根据整个网页文本和链接文本对超链接进行分类，确定每个链接的重要性，从而决定链接的访问顺序。

基于语境图的爬行策略：通过建立语境图(context graphs)学习网页之间的相关度，训练一个机器学习系统，通过该系统可计算当前页面到相关Web页面的距离，优先访问距离近的页面中的链接。

③ 增量式网络爬虫(Incremental Web Crawler)。

增量式网络爬虫是指对已下载网页采取增量式更新和只爬行新产生的或已经发生变化的网页的爬虫，它能够在一定程度上保证所爬行的页面是尽可能新的页面。与周期性爬行和刷新页面的网络爬虫相比，增量式网络爬虫只会在需要的时候爬行新产生或发生更新的页面，并不重新下载没有发生变化的页面，可有效减少数据下载量，及时更新已爬行的网页，减少时间和空间上的耗费，但是增加了爬行算法的复杂度和实现难度。

增量式网络爬虫有两个目标：保持本地页面集中存储的页面为最新页面和提高本地页面集中页面的质量。为了实现第一个目标，增量式网络爬虫需要通过重新访问网页来更新本地页面集中页面内容，常用的方法包括统一更新法、个体更新法和基于分类的更新法。为了实现第二个目标，增量式网络爬虫需要对网页的重要性排序，常用的策略包括广度优先策略、PageRank优先策略等。

④ 深层网络爬虫(Deep Web Crawler)。

深层网络爬虫将Web页面按存在方式分为表层网页(surface Web)和深层网页(deep Web，

也称为invisible Web page或hidden Web)。表层网页是指传统搜索引擎可以索引的页面，即以超链接可以到达的静态网页为主构成的Web页面。深层网页是那些大部分内容不能通过静态链接获取的、隐藏在搜索表单后的、只有用户提交一些关键词才能获得的Web页面。深层网络爬虫爬行过程中最重要的部分就是表单填写，包含以下两种方法。

基于领域知识的表单填写：此方法一般会维持一个本体库，通过语义分析来选取合适的关键词填写表单。

基于网页结构分析的表单填写：此方法一般无领域知识或仅有有限的领域知识，将网页表单表示成DOM树，从中提取表单各字段值。

(4) 一款典型的网络爬虫框架：Scrapy。

Scrapy是一个基于Twisted的异步处理框架，是纯Python实现的一个快速、高层次的屏幕抓取和Web抓取的爬虫框架，用户只需要定制开发几个模块就可以轻松地获取一个爬虫，用来抓取网页内容或各种图片。

Scrapy吸引人的地方在于它是一个框架，任何人都可以根据需求对其进行修改。它提供了多种类型爬虫的基类，如BaseSpider、Sitemap爬虫等，最新版本又提供了对Web 2.0爬虫的支持。

Scrapy可运行于Linux、Windows、MacOS等多种环境，具有速度快、扩展性强、使用简便等特点，即便是新手，也能迅速学会使用Scrapy编写所需要的爬虫程序。Scrapy用途广泛，可以用于数据挖掘、信息处理、监测和自动化测试等。Scrapy的体系结构如图5-9所示。

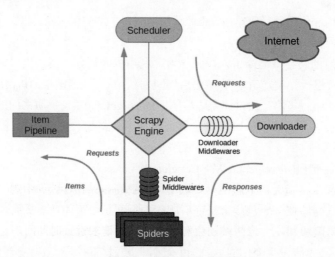

图5-9　Scrapy的体系结构

① Scrapy Engine(Scrapy引擎)：相当于一个中枢站，负责爬虫、项目管道、下载器、调度器4个组件之间的通信。

② Scheduler(调度器)：可以将其理解成一个队列，负责接受存储引擎发送过来的URL请求，并按照一定的方式进行整理排队，然后按顺序取出URL发送给引擎进行请求操作。

③ Downloader(下载器)：负责下载引擎发送的请求操作，并将其获取到的响应(网页内容)交还给引擎，由引擎转交给爬虫来处理。下载器基于高效的异步模型Twisted。

④ Spiders(爬虫)：相当于一个解析器，负责处理引擎发送过来的所有响应，并对其进

行解析(开发者可以在其内部编写解析规则)，解析出项目需要的数据发送存储请求给引擎，存入项目管道；解析出新的URL提交给引擎，再次进入调度器。入口URL也存储在爬虫中。

⑤ Item Pipeline(项目管道)：用于保存数据，是处理爬虫获取到的项目并进行后期处理(详细分析、过滤、存储等)的地方。

另外，还有2个中间件，即下载中间件和爬虫中间件。

① Downloader Middlewares(下载中间件)：一个可以自定义扩展下载功能的组件，处理引擎与下载器之间的请求与响应。

② Spider Middlewares(爬虫中间件)：介于引擎和爬虫之间的组件，主要是处理爬虫的响应输入和请求输出。

Scrapy整个数据处理流程由Scrapy引擎进行控制，其主要运行步骤如下：引擎从调度器中取出URL用于接下来的抓取，即引擎把URL封装成一个请求并传给下载器。下载器把资源下载下来，并封装成应答包由引擎转交给爬虫。爬虫解析应答包，如果解析出的是项目，则交给项目管道进行下一步的处理；如果解析出的是URL，则交给调度器等待抓取。Scrapy可以在本地运行，也可以部署到云端实现真正的生产级数据采集。

(5) 反爬机制。

为什么会有反爬机制？原因主要有两点：第一，在大数据时代，数据是十分宝贵的财富，很多企业不愿意让自己的数据被别人免费获取，因此，很多企业都为自己的网站设计了反爬机制，防止网页上的数据被爬走；第二，简单低级的网络爬虫，数据采集速度快，伪装度低，如果没有反爬机制，它们就会很快地抓取大量数据，甚至因为请求过多，造成网站服务器不能正常工作，影响企业的业务开展。常见的反爬机制有以下几种。

① IP限制。网站会对频繁访问、异常访问或基于不同模式访问的IP地址进行封锁，以对恶意爬虫进行限制。为了应对这种反爬机制，爬虫可以使用代理IP来隐藏真实的IP地址，从而规避IP限制。

② 验证码。网站会在一些敏感操作或登录操作时引入验证码，要求用户输入正确的验证码以便继续访问。这种反爬机制可以有效防止自动化爬虫的访问。但是，对于一些技术水平较高的爬虫，破解验证码并不是不可能的事情。

③ 动态内容。为了防止爬虫直接从网页源代码中获取数据，网站会通过动态生成内容的方式来增加爬虫的难度。对于这种反爬机制，爬虫需要模拟浏览器的行为来获取数据。

④ 请求频率控制。网站可以通过技术手段对某些访问接口的请求频率进行监测和控制，避免过度频繁的访问。一些网站还会对某些特定的请求设置时间间隔，以限制请求的频率。爬虫可以通过设置合理的请求间隔来规避频率限制。

⑤ 登录限制。网站通过分析访问行为，对多次请求、快速请求等行为进行限制。例如，在短时间内连续访问某个页面多次，网站会向其展现为了防爬虫而引入的限制界面。对于这种情况，爬虫可以模拟用户登录行为来获取所需信息。

⑥ User-Agent检测。网站会检查用户的User-Agent信息，识别出可能的爬虫行为。爬虫程序通常会使用自定义的User-Agent字符串，网站可以根据这一特征识别出爬虫程序。爬虫可以通过修改User-Agent字段来伪装成浏览器的请求，从而规避这种反爬机制。

反爬机制是一把双刃剑，一方面它可以保护企业网站和网站数据，但是另一方面，如果反爬机制过于严格，就可能会误伤真正的用户请求，即真正的用户请求被错误地当成网络爬虫而被拒绝访问。如果既要应对网络爬虫，又要保证很低的误伤率，就会增加网站研发的成本。

通常而言，伪装度高的网络爬虫速度慢，但对服务器造成的负担也相对较小。因此，网站反爬的重点是针对那些简单粗暴的数据采集行为。有时反爬机制会允许伪装度高的网络爬虫获取数据，毕竟伪装度很高的数据采集行为与真实用户请求没有太大的差别。

5.2.2 数据预处理

在采集业务系统数据时，由于采集的数据类型复杂，对不同类型的数据进行数据分析之前，必须利用数据抽取技术对格式复杂的数据进行数据抽取，从而得到需要的数据，这里可以丢弃一些不重要的数据。

数据采集可能存在不准确的情况，因此经过数据抽取得到的数据必须进行数据清洗，即对那些不正确的数据进行过滤、剔除。针对不同的应用场景，对数据进行分析的工具或系统不同，还需要对数据进行转换操作，将其转换成不同的数据格式，最终按照预先定义好的数据仓库模型将数据加载到数据仓库中。

对于采集到的数据需要进行预处理。数据预处理包括数据清洗、数据转换和数据脱敏。

1. 数据清洗

数据清洗对于获得高质量的分析结果是十分重要的。如果没有高质量的输入数据，那么输出的分析结果的价值就会大打折扣，甚至没有任何价值。数据清洗是发现并纠正数据文件中可识别错误的一道程序，该步骤针对数据审查过程中发现的明显错误值、缺失值、异常值、可疑数据，选用适当的方法进行"清洗"，使"脏"数据变为"干净"数据，有利于后续的统计分析，从而得出可靠的结论。

数据清洗主要是对缺失值、异常值、数据类型有误的数据和重复值进行处理。

1) 缺失值处理

由于调查、编码和录入误差，数据中可能存在一些缺失值，需要进行适当的处理。常用的处理方法有估算、整例删除、变量删除和成对删除。

(1) 估算：最简单的办法就是用某个变量的样本均值、中位数或众数代替缺失值。这种办法虽然简单，但没有充分考虑数据中已有的信息，误差可能较大。还有一种办法就是根据调查对象对其他问题的回答，对变量之间的相关分析或逻辑推论进行估计。

(2) 整例删除：剔除含有缺失值的样本。这种做法的结果可能导致有效样本量大大减少，因此只适合关键变量缺失、含有异常值或缺失值的样本比重很小的情况。整例删除改变了样本量，使样本量减少。

(3) 变量删除：如果某一变量的缺失值很多，而且该变量对于所研究的问题不是特别重要，则可以考虑将该变量删除。这种做法减少了供分析用的变量数目，但没有改变样本量。

(4) 成对删除：是用一个特殊码(通常是9、99、999等)代表缺失值，同时保留数据集中的全部变量和样本。但是，在具体计算时只采用有完整答案的样本，因而不同的分析因涉及的变量不同，其有效样本量也会有所不同。这是一种保守的处理方法，最大限度地保留了数据集中的可用信息。

2) 异常值处理

异常值处理是指根据每个变量的合理取值范围和相互关系，检查数据是否合乎要求，发现超出正常范围、逻辑上不合理或相互矛盾的数据。例如，人体体温出现了57℃、体重出现了负数、成绩(满分100分)为102分等，都应视为超出了正常值域。又如，调查对象说自己开车上班，却又报告自己没有汽车，就属于逻辑上相互矛盾。发现异常值时，要列出问卷序号、记录序号、变量名称、错误类别等，便于进一步核对和纠正。

3) 数据类型转换

数据类型往往会影响后续的数据处理分析环节，因此需要明确每个字段的数据类型。例如，来自A表的"学号"是字符串型，而来自B表的"学号"是字符型，在进行数据清洗时就需要对两者的数据类型进行统一处理。

4) 重复值处理

重复值的存在会影响数据分析和挖掘结果的准确性，因此在数据分析和建模之前需要进行数据重复性检验，如果存在重复值，还需要进行重复值的删除。

在进行数据清洗时，需要注意如下事项。

(1) 数据清洗时优先进行缺失值、异常值和数据类型转换的操作，最后进行重复值的处理。

(2) 在对缺失值、异常值进行处理时，要根据业务的需求进行处理，这些处理并不是一成不变的。常见的填充包括统计值填充(常用的统计值有均值、中位数、众数)、前/后值填充(一般在前后数据存在关联时使用)、零值填充。

(3) 在数据清洗之前，最重要的是对数据表进行查看，要了解表的结构、发现需要处理的值，这样才能将数据清洗彻底。

(4) 数据量的大小也关系着数据的处理方式。当总数据量较大，而异常的数据(包括缺失值和异常值)量较少时，可以选择直接删除处理，因为这不太会影响最终的分析结果。但是，当总数据量较小，每个数据都可能影响分析的结果时，就需要认真对数据进行处理(可能需要通过其他的关联表去找到相关数据进行填充)。

(5) 在导入数据表后，一般需要将所有列依次地进行清洗，以保证数据处理的彻底性。有些数据可能看起来是正常可以使用的，实际上在进行处理时可能会出现问题。例如，某列数据看起来是数值类型，但实则是字符串类型，这就会导致在进行数值操作时无法使用。

2. 数据转换

数据转换是将数据从一种表示形式转变为另一种表现形式的过程，是把原始数据转换成符合目标算法要求的数据。常见的数据转换策略如下。

平滑处理：帮助去除数据中的噪声。常用的方法包括分箱法、回归分析和聚类等。

聚集处理：对数据进行汇总操作。例如，对每天的数据进行汇总操作可以获得每月或每年的总额。这一操作常用于构造数据立方体或对数据进行多粒度的分析。

数据泛化处理：用更抽象(更高层次)的概念来取代低层次的数据对象。例如，街道属性可以泛化到更高层次的概念，如城市、国家；又如，年龄属性可以映射到更高层次的概念，如青年、中年和老年。

规范化处理：将属性值按比例缩放，使之落入一个特定的区间，如0.0～1.0。常用的数据规范化方法包括Min-Max规范化、Z-Score规范化和小数定标规范化等。

属性构造处理：根据已有属性集构造新的属性，后续数据处理直接使用新增的属性。例如，根据已知的质量和体积属性，计算出新的属性——密度。

下面重点介绍平滑处理和规范化处理。

1) 平滑处理

噪声是指被测量变量的一个随机错误和变化。平滑处理旨在去除数据中的噪声。常用的方法包括分箱法、回归分析和聚类等。这里主要介绍分箱法，而回归分析和聚类将在后面的"机器学习和数据挖掘算法"中介绍。

分箱法是指通过考察"邻居"(周围的值)来平滑存储数据的值，排序后的数据被分配到若干箱子(bin)中，用"箱的深度"来表示每个箱里数据的个数，用"箱的宽度"来表示每个箱值的取值区间。由于分箱法考虑相邻的值，因此是一种局部平滑方法。分箱的主要目的是去噪，将连续数据离散化，增加粒度。

典型的分箱方法一般有两种：一种是等高方法，即每个箱子中元素的个数相等；另一种是等宽方法，即每个箱子的取值间距(左右边界之差)相同，如图5-10所示。

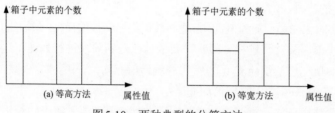

图5-10　两种典型的分箱方法

下面具体介绍三种等高方法：按箱平均值等高法、按箱中值等高法和按箱边界值等高法。

假设有8、24、15、41、4、9、18、60、25共9个数，将其按从小到大的顺序进行排序，得到数据集$X=\{4，8，9，15，18，24，25，41，60\}$。

如果基于按箱平均值等高法分为3箱对其进行平滑处理，则分箱处理步骤如下。

① 把原始数据集X放入以下3个箱子。

箱子1：4，8，9

箱子2：15，18，24

箱子3：25，41，60

② 分别计算每个箱子的平均值。

箱子1的平均值：$(4+8+9)/3 = 7$

箱子2的平均值：$(15+18+24)/3 = 19$

箱子3的平均值：$(25+41+60)/3 = 42$

③ 用每个箱子的平均值替换该箱子内的所有元素。

箱子1：7，7，7

箱子2：19，19，19

箱子3：42，42，42

④ 合并各个箱子中的元素得到基于按箱平均值等高法平滑处理后新的数据集\{7，7，7，19，19，19，42，42，42\}。

如果基于按箱中值等高法分为3箱对其进行平滑处理，则分箱处理步骤②～④(步骤①不变)如下。

② 找出每个箱子的中值。

箱子1的中值：8

箱子2的中值：18

箱子3的中值：41

③ 用每个箱子的中值替换该箱子内的所有元素。

箱子1：8，8，8

箱子2：18，18，18

箱子3：41，41，41

④ 合并各个箱子中的元素得到基于按箱中值等高法平滑处理后新的数据集{8，8，8，18，18，18，41，41，41 }。

如果基于按箱边界值等高法分为3箱对其进行平滑处理，则分箱处理步骤②～④(步骤①不变)如下。

② 分别确定每个箱子的最小值和最大值。

箱子1：最小值为4，最大值为9

箱子2：最小值为15，最大值为24

箱子3：最小值为25，最大值为60

③ 根据就近原则，用每个箱子的最小值或最大值替换该箱子内的所有元素。

箱子1：4，9，9

箱子2：15，15，24

箱子3：25，25，60

④ 合并各个箱子中的元素得到基于按箱边界值等高法平滑处理后新的数据集{4，9，9，15，15，24，25，25，60 }。

2) 规范化处理

规范化处理是一种重要的数据转换策略。它将一个属性取值范围投射到一个特定范围，以消除数值型属性因大小不一而造成的挖掘结果的偏差，常用于神经网络、基于距离计算的最近邻分类和聚类挖掘的数据预处理等。

(1) Min-Max规范化。

Min-Max规范化是一种线性转换方法，其转换公式如下。

$$X = (待转换属性值-属性最小值)/(属性最大值-属性最小值) \qquad (5\text{-}1)$$

假设属性的最大值和最小值分别是98 000元和9500元，现在需要利用Min-Max规范化方法，将"顾客收入"属性的值映射到0 ～ 1 的范围内，那么，当"顾客收入"属性的值为65 500元时，对应的转换结果是多少？

按照Min-Max规范化转换公式5-1计算如下。

$$X = (65\ 500-9500)/(98\ 000-9500) \approx 0.633$$

Min-Max规范化比较简单，但是也存在一些缺陷，当有新的数据加入时，可能导致最大值和最小值发生变化，需要重新定义属性的最大值和最小值。

(2) Z-Score规范化。

Z-Score规范化的主要目的是将不同量级的数据统一转换为同一个量级，统一用计算出的Z-Score衡量，以保证数据之间的可比性，其转换公式如下。

$$Z = (待转换属性值-属性平均值)/属性标准差 \qquad (5\text{-}2)$$

假设要比较学生A与学生B的考试成绩，A的考卷满分是100分(及格60分)，B的考卷满分是150分(及格90分)。很显然，A考出的80分与B考出的80分代表着完全不同的意义。但是从数值来讲，A与B在数据表中都是用数字80代表各自的成绩。那么如何能够用一个同等的标准来比较A与B的成绩呢？Z-Score就可以解决这一问题。

假设A班的平均分是75分，标准差是10，A考了90分；B班的平均分是110分，标准差是15，B考了125分。那么谁的成绩更加优秀？

采用Z-Score规范化以后，按照转换公式5-2计算如下。

学生A：$Z = (90-75)/10 = 1.5$

学生B：$Z = (125-110)/15 = 1$

因此，A的成绩更优秀。

若A考了60分，B考了95分，则A的Z-Score是-1.5，B的Z-Score是-1，这时，A的成绩显然更差些。

Z-Score规模化的优点是不需要知道数据集的最大值和最小值，对离群点规范化效果好。此外，Z-Score规模化能够应用于数值型的数据，并且不受数据量级的影响，因为它本身的作用就是消除量级给分析带来的不便。

但是Z-Score规模化也有一些缺陷。首先，Z-Score规模化对于数据的分布有一定的要求，正态分布是最有利于Z-Score计算的。其次，Z-Score规模化消除了数据具有的实际意义，A的Z-Score和B的Z-Score与他们各自的分数不再有关系，因此，Z-Score只能用于比较数据间的结果，探究数据的真实意义还需要还原数据。

(3) 小数定标规范化。

小数定标规范化通过移动属性值的小数位置来达到规范化的目的，所移动的小数位数取决于属性绝对值的最大值，其转换公式如下。

$$x = 待转换属性值/10^k \qquad (5\text{-}3)$$

其中，k 为能够使该属性绝对值的最大值的转换结果小于1的最小值。

例如，假设属性的取值范围是-995 ～ 915，则该属性绝对值的最大值为995，很显然，这时 $k=3$。当属性的值为523时，按照转换公式5-3计算如下。

$$x = 523/10^3 = 0.523$$

小数定标规模化的优点是直观简单，缺点是并没有消除属性间的权重差异。

3. 数据脱敏

数据脱敏是在给定的规则、策略下对敏感数据进行转换、修改的技术，实现对敏感数据的隐藏和保护，以解决敏感数据在非可信环境中使用的问题。数据脱敏的目的是实现对敏感隐私数据的可靠保护。数据脱敏不是必需的数据预处理环节，可以根据业务需要进行选择。

1) 数据脱敏的原则

数据脱敏不仅要抹去数据中的敏感内容，还要保持原有的数据特征、业务规则和数据关联性，保证开发、测试和大数据类业务不会受到脱敏的影响，达成脱敏前后的数据一致性和有效性。具体原则如下。

(1) 保持原有数据特征。数据脱敏前后必须保持原有数据特征。例如，身份证号码由 17 位数字本体码和 1 位校验码组成，分别为区域地址码(6 位)、出生日期(8 位)、顺序码(3 位)和校验码(1 位)。因此，对身份证号码进行脱敏就需要保证脱敏后依旧保持这些特征信息。

(2) 保持数据之间的一致性。在不同业务中，数据和数据之间具有一定的关联性。例如，出生年月或出生日期和年龄之间的关系。同样，身份证信息脱敏后仍需要保证出生日期字段和身份证中包含的出生日期之间的一致性。

(3) 保持业务规则的关联性。保持业务规则的关联性是指数据脱敏时数据关联性、业务语义等保持不变。特别是高度敏感的账户类主体数据，往往会贯穿主体的所有关系和行为信息，因此需要特别注意保证所有相关主体信息的一致性。

(4) 多次脱敏之间的数据一致性。相同的数据进行多次脱敏，或者在不同的测试系统进行脱敏，需要确保每次脱敏的数据始终保持一致性，只有这样才能保障业务系统数据变更的持续一致性和广义业务的持续一致性。

2) 数据脱敏的方法

数据脱敏的方法主要如下。

(1) 数据替换。用设置的固定虚构值替换真值。例如，将手机号码统一替换为 139***12345。

(2) 无效化。通过对数据值进行截断、加密、隐藏等使敏感数据脱敏，使其不再具有利用价值，如将地址的值替换为"******"。数据无效化与数据替换所达成的效果基本类似。

(3) 随机化。采用随机数据代替真值，保持替换值的随机性以模拟样本的真实性。例如，用随机生成的姓和名代替真值。

(4) 偏移和取整。通过随机移位改变数字数据，如把日期"2023-12-15 5:18:23"改为"2023-12-15 5:00:00"。偏移取整在确保数据安全性的同时，保证了范围的大致真实性，此项功能在大数据利用环境中具有重大价值。

(5) 掩码屏蔽。掩码屏蔽是对账户类数据的部分信息进行脱敏的有力工具，如银行卡号或身份证号的脱敏。例如，把身份证号码"210523199606050358"替换为"210523********0358"。

(6) 灵活编码。在需要特殊脱敏规则时，可执行灵活编码以满足各种可能的脱敏规则。例如，用固定字母和固定位数的数字替代合同编号真值。

5.3　数据存储与管理

数据存储与管理是数据分析流程中的重要一环。对于采集到的数据，必须进行有效的存储和管理，才能进行高效的处理和分析。数据存储与管理是利用计算机硬件和软件技术对数据进行有效的存储和应用的过程，其目的在于充分、有效地发挥数据的作用。

在大数据时代，数据存储与管理面临着巨大的挑战。一方面，需要存储的数据类型越来越多，包括结构化、半结构化和非结构化数据；另一方面，涉及的数据量越来越大，已经超出了传统的数据存储与管理技术的处理范围。因此，涌现了大量新的存储与管理技术，主要包括分布式文件管理系统、NewSQL 和 NoSQL 数据库、云数据库等。

在学习大数据存储与管理技术之前，首先要了解一下传统的数据存储与管理技术。

5.3.1 传统的数据存储与管理技术

传统的数据存储与管理技术包括文件系统、关系数据库、数据仓库和并行数据库等。

1. 文件系统

操作系统中负责管理和存储文件信息的软件机构称为文件管理系统，简称文件系统(file system)。文件系统由三部组成：文件系统的接口、对对象进行操纵和管理的软件集合、对象及属性。从系统角度来看，文件系统是对文件存储设备的空间进行组织和分配，负责文件存储并对存入的文件进行保护和检索的系统。

具体来说，文件系统负责为用户建立文件，存入、读出、修改、转储文件，控制文件的存取，当用户不再使用时撤销文件等。在计算机中，文件系统是命名文件及放置文件的逻辑存储和恢复的系统。DOS、Windows、OS/2、Macintosh和UNIX-based操作系统都有文件系统，在文件系统中文件被放置在分等级的树状结构中的某一处。

文件系统指定了命名文件的规则。这些规则包括文件名的字符数最大量、哪种字符可以使用，以及某些系统中文件名后缀可以有多长。文件系统还包括通过目录结构找到文件的指定路径的格式。例如，人们平时在计算机中使用的Word文档、PPT文件、文本文件、音频文件、视频文件等，都是由操作系统中的文件系统进行统一管理的。

2. 关系数据库

除文件系统之外，数据库是另外一种主流的数据存储和管理技术。数据库指的是以一定方式储存在一起，能被多个用户共享、具有尽可能小的冗余度、与应用程序彼此独立的数据集合。对数据库进行统一管理的软件称为数据库管理系统(database management system，DBMS)。在不引起歧义的情况下，经常会混用"数据库"和"数据库管理系统"这两个概念。

在数据库的发展历史上，先后出现过网状数据库、层次数据库、关系数据库等，这些不同的数据库分别采用了不同的数据模型(数据组织方式)。目前比较主流的数据库是关系数据库，其采用了关系数据模型来组织和管理数据。

数据库的关系模型是在1970年由IBM的研究员埃德加·弗兰克·科德(Edgar Frank Codd)首先提出的，奠定了关系模型的理论基础。在之后的几十年中，关系模型的概念得到了充分的发展。目前市场上常见的主流关系数据库产品包括Oracle、SQL Server、MySQL、Sybase、DB2等。

1) 关系数据库的内涵

关系数据库又称为关系型数据库，是指采用关系模型来组织数据的数据库，其以行和列的形式存储数据，这一系列的行和列称为表，可以将关系表看成一张二维表格，如学生成绩表(见表1-2)，可以将关系数据库看成一组关系表的集合，因此关系数据库就是由二维表及其之间的关系组成的一个数据组织。

关系模型中的常用概念如下。

(1) 关系：一个关系对应着一个二维表，关系名就是通常说的表名。

(2) 元组：二维表中的一行称为一个元组，也称为记录，一行就是一条记录。

(3) 属性：可以理解为二维表中的一列，在数据库中经常被称为字段，其标识称为字段名，其值称为属性值。

(4) 域(值)：属性的取值范围，即数据库中某一列的取值限制。

(5) 关键字：用来唯一标识元组的属性，常称为主键，由一个或多个列组成。例如，学生成绩表(见表1-2)中的"学号"就可以唯一标识一个元组，则"学号"为主键；而在学生选课表(见表5-3)中，只有属性组"学号"和"课程号"才能唯一标识一个元组，因此主键为(学号，课程号)。

表5-3　学生选课表

学号	姓名	课程号	课程名
2022670011	刘伟强	15024402	大数据管理导论
2022670011	刘伟强	15023302	管理学
2022670045	张旭东	15024402	大数据管理导论
2022670045	张旭东	15023302	管理学

(6) 关系模式：二维表中的行定义，即对关系的描述。一般表示为关系名(属性1，属性2…属性n)，如表1-2中的关系模型可以表示为学生成绩表(学号，姓名，班级，成绩)。在关系数据库中，关系模式是型，关系是值。

关系数据库中的数据具有规范的结构，因此通常把保存在关系数据库中的数据称为"结构化数据"。与之相对应，类似图片、视频、音频文件所包含的数据没有规范的结构，这类数据称为"非结构化数据"；而类似网页文件(如HTML文件)这种具有一定结构但又不是完全规范化的数据称为"半结构化数据"。

2) 关系数据库的特点

(1) 存储方式。传统的关系数据库采用表格的储存方式，数据以行和列的方式进行存储，读取和查询都十分方便。用户通过查询来检索数据库中的数据，而查询是一个用于限定数据库中某些区域的执行代码。

(2) 存储结构。关系数据库按照结构化的方法存储数据，每个数据表都必须将各个字段定义好(即先定义好表的结构)，再根据表的结构存入数据，这样做的好处在于：由于数据的形式和内容在存入数据之前就已经定义好了，因此整个数据表的可靠性和稳定性都比较高。但带来的问题就是一旦存入数据后，如果需要修改数据表的结构就会十分困难。

(3) 存储规范。关系数据库为了规范化数据、避免重复，以及充分利用存储空间，把数据按照最小关系表的形式进行存储，这样数据管理就可以变得一目了然，当然这主要是一张数据表的情况。如果是多张表情况就不一样了，表与表之间通过主外键关系发生关联，并通过连接查询获得相关结果。

(4) 扩展方式。由于关系数据库将数据存储在数据表中，数据操作的瓶颈出现在多张数据表的操作中，而且数据表越多这个问题越严重。若要解决这个问题，则可以提高数据库处理能力，也就是选择速度更快、性能更高的计算机，这种方法虽然具有一定的拓展空间，但拓展空间是非常有限的，也就是说关系数据库只具备有限的纵向扩展能力。

(5) 查询方式。关系数据库采用结构查询语言(structured query language，SQL)来对数据库进行查询。SQL早已获得了各个数据库厂商的支持，成为数据库行业的标准，它能够支持数据库的CRUD(增加、查询、更新、删除)操作，具有非常强大的功能，各种具有完全不同底层结构的数据库系统可以使用相同的SQL作为数据输入与管理的接口。SQL可以采用类似索引的方法来加快查询操作。

(6) 事务性。关系数据库强调事务的ACID原则，即原子性、一致性、隔离性、持久性，当事务被提交给了DBMS，则DBMS需要确保该事务中的所有操作都成功完成且其结果被永久地保存在数据库中，不会回滚。关系数据库十分强调数据的强一致性，如果事务中有的操作没有成功完成，则事务中的所有操作都需要回滚到事务执行前的状态，从而确保数据库状态的一致性。

专栏5-2

ACID原则

原子性(atomicity)是指一个事务要么全部执行，要么不执行，也就是说一个事务不可能只执行了一半就停止了。

一致性(consistency)是指事务的运行并不改变数据库中数据的一致性。例如，一致性约束了 $a+b=10$，一个事务改变了 a，那么 b 也应该随之改变。

隔离性(isolation)也称为独立性，是指两个以上的事务不会出现交错执行的状态。因为这样可能会导致数据不一致，具体来讲，就是事务之间的操作是独立的。

持久性(durability)是指事务执行成功以后，该事务对数据库所做的更改便会持久地保存在数据库之中，不会无缘无故地回滚。

---

(7) 连接方式。不同的关系数据库产品都遵循一个统一的数据库连接接口标准，即开放式数据库互连(open database connectivity，ODBC)。ODBC具有一个显著的优点：用它生成的程序是与具体的数据库产品无关的，这样可以为数据库用户和开发者屏蔽不同数据库异构环境的复杂性。ODBC提供了数据库访问的统一接口，为应用程序实现与平台的无关性和可移植性提供了基础，因而获得了广泛的支持和应用。

3) 关系数据库的局限性

在数据存储与管理发展史上，传统关系数据库是一座重要的里程碑。金融、证券等商务领域的数据处理对数据查询的便捷性、按照严格规则处理事务的速度、多用户访问的并发性，以及数据的安全性有较高的要求。

正是针对这些要求，传统关系数据库的设计具有这样一些特点：数据组织形式结构化、一致性模型严格、查询语句简单便捷、数据分析能力强大、程序与数据独立性较高。正是由于这些特点，传统关系数据库得到了广泛的应用。

也正是由于以上特点，传统的关系数据库管理系统(RDBMS)也存在明显的局限性(瓶颈)：为了满足强一致性的要求，影响了并发性能的发挥；采用结构化数据表的存储方式，对非结构化数据进行管理时又缺乏灵活性。具体如下。

(1) 高并发读写需求瓶颈。Web 2.0时代用户的并发性非常高，往往达到每秒上万次读写请求，对于传统关系数据库来说，行的值由相应的列的值来定位，这种访问模型会影响快速访问的能力，对硬盘I/O是一个很大的挑战。此外，关系数据库十分强调数据的一致性，为此付出了降低读写性能的巨大代价。

(2) 海量数据高效率读写瓶颈。虽然关系数据库存储数据和处理数据的可靠性很不错，但一旦面对海量数据处理的时候效率就会变得很差，特别是遇到高并发读写的时候性能就会下降得非常厉害。网站每天产生的数据量是巨大的，对于关系数据库来说，在一张包含海量数据的表中查询，效率是非常低的。

(3) 非结构化数据瓶颈。传统关系数据库对非结构化数据(如视频、网页等)的支持度较差，只局限于一些结构化数据(如数据、字符串等)。随着大数据时代的到来，非结构化数据已经占到了90%，成为需要存储和处理的海量数据的重要组成部分，显然关系数据库无法适应这种需求，其应用场景受到了很大的局限。

(4) 高扩展性和可用性瓶颈。就像盖房子，一旦打完地基，再想扩大就很难了。传统的关系数据库也是如此，一旦确定了关系表结构，再想进行横向扩展(水平扩展)就很难了。对于需要提供24小时不间断服务的网站来说，对传统数据库系统进行升级和扩展是非常痛苦的事情，往往需要进行停机维护和数据迁移。

3. 数据仓库

当前的数据处理大致可以分为操作型处理(事务型处理)和分析型处理。操作型处理主要是为企业的特定应用服务的，是对数据库联机的日常操作，如对一个或一组记录进行查询和修改，人们普遍关心的是系统的响应时间，以及数据的完整性和安全性。分析型处理主要是为管理人员的决策分析服务的，这类服务往往需要访问大量历史数据。两者之间的巨大差异导致了操作型处理和分析型处理的必然分离。

数据仓库(data warehouse，DW)是一个面向主题的、集成的、相对稳定的、反映历史变化的数据集合，用于支持管理决策。数据仓库是决策支持系统(decision support system，DSS)和联机分析应用数据源的结构化数据环境。数据仓库研究和解决从数据库中获取信息的问题，是以关系数据库、并行处理和分布式技术为基础的数据存储与处理技术。

1) 数据仓库的特征

(1) 面向主题。操作型数据库的数据组织面向事务处理任务，而数据仓库中的数据按照一定的主题域进行组织。主题是指用户使用数据仓库进行决策时所关心的重点，只是一个逻辑上的概念，它依然是基于关系数据库来实现的。

(2) 集成。数据仓库的数据来自分散的操作型数据库，将所需数据从原来的数据中抽取出来，进行加工与集成、统一与综合之后才能进入数据仓库。数据仓库中的数据是在对原有分散的数据库数据进行抽取和清理的基础上经过系统加工、汇总和整理得到的，必须消除源数据中的不一致性，以保证数据仓库内的信息是一致的。

(3) 相对稳定。数据仓库中的数据主要供决策分析使用，所涉及的数据操作主要是数据查询，一旦某个数据进入了数据仓库，一般情况下将被长期保留，也就是数据仓库中一般有大量的查询操作，但修改和删除操作很少，通常只需要定期地加载、刷新。

(4) 反映历史变化。对数据仓库而言，至关重要的是历史数据。数据仓库中的数据通常包含历史信息，系统记录了从过去某一时点到当前的各个阶段的信息，通过这些信息，可以对发展历程和未来趋势做出定量分析和预测。例如，每天(也可以是每周、每月等)抽取销售数据，这样一个月下来，数据仓库就保存了这个月每天的销售数据，可以按天分析这个月的销售变化情况。

数据库与数据仓库

数据仓库是在数据库已经大量存在的情况下，为了进一步挖掘数据资源、为了决策需要而产生的，它并不是所谓的"大型数据库"。建设数据仓库的目的是便于进行前端查询和分析，由于有较大的冗余，需要的存储也较大。

数据库与数据仓库的主要区别在于：数据库是面向事务的设计，数据仓库是面向主题的设计。数据库一般存储在线交易数据，数据仓库一般存储历史数据。数据库为捕获数据而设计，数据仓库为分析数据而设计。

2) 数据仓库的数据模型

不同于数据库的是，数据的多维视图是数据仓库中存储数据的模型，它对前端工具、数据仓库的设计和OLAP的查询引擎有直接的影响。数据呈现与可视化的相关内容参阅本章5.5节。

将数据测量值存放在由层次的维构成的多维空间所构成的图就是多维数据视图。在多维数据模型中，还可以对一个或多个维做集合运算。例如，按省份和季度对销量进行计算和排序，可以看出不同省份、不同季度的销售情况。一般情况下，时间维对决策中的许多分析都很重要，它是一个具有特殊意义的维度。

3) 数据仓库体系结构

数据仓库并不是一种新的数据库，而是一种典型的系统的数据应用方式。一个典型的数据仓库系统通常包括数据源、数据存储和管理、OLAP服务器、前端工具和应用四部分，如图5-3所示。

(1) 数据源。数据源是数据仓库的基础，即系统的数据来源。通常包含各种内部数据和外部数据。内部数据包括OLTP系统中的各种业务数据和办公自动化系统中的各类文档资料等。外部数据包括法律法规、市场信息、竞争对手信息，以及各类外部统计数据和其他相关文档等。

(2) 数据存储和管理。数据存储和管理是整个数据仓库的核心。在现有各业务系统的基础上，对数据进行抽取、转换并加载到数据仓库中，按照主题进行重新组织，最终确定数据仓库的物理存储结构，同时存储数据库的各种元数据[①](包括数据仓库的数据字典、记录系统定义、数据转换规则、数据加载频率和业务规则等)。对数据仓库系统的管理，也就是对相应数据库系统的管理，通常包括数据的安全、归档、备份、维护和恢复等工作。

(3) OLAP服务器。OLAP服务器对需要分析的数据按照多维数据模型进行重组，以支持用户随时从多角度、多层次来分析数据，发现数据规律与变化趋势。

(4) 前端工具和应用。前端工具主要包括数据查询工具、自由报表工具、数据分析工具、数据挖掘工具等，主要应用包括数据分析、数据报表、数据挖掘等。

综上可以看出，数据仓库不仅用于对数据进行存储和管理，还用于对数据进行处理和分析。

---

① 元数据是关于数据的组织、数据域及其关系的信息，简单来说，元数据就是用来描述数据的数据。

4. 并行数据库

并行数据库(parallel database)是指那些在无共享的体系结构中进行数据操作的数据库系统。这些系统大部分采用了关系数据模型并且支持SQL语句查询。但为了能够并行执行SQL的查询操作,系统中采用了两个关键技术:关系表的水平划分和SQL语句的分区执行。

并行数据库的目标是高性能(high performance)和高可用性(high availability)。通过多个节点并行执行数据库任务,提高整个数据库系统的性能和可用性。最近几年涌现的一些提高系统性能的新技术,如索引、压缩、实体化视图、结果缓存、I/O共享等,使得并行数据库不再必须部署在专有硬件上,也可以部署在普通的商业机器上。

并行数据库的主要缺点就是没有较好的弹性,而这种特性对中小企业和初创企业是有利的。人们在对并行数据库进行设计和优化时认为集群中节点的数量是固定的,若需要对集群进行扩展和收缩,就必须为数据转移过程制订周全的计划。这种代价是昂贵的,并且会导致系统在某段时间内不可访问。

并行数据库的另一个问题就是系统的容错性较差。过去人们认为节点故障是个特例,并不经常出现,因此系统只提供事务级别的容错功能,如果在查询过程中节点发生故障,那么整个查询都要从头开始执行。这种重启任务的策略使得并行数据库难以在拥有数千个节点的集群上处理较长的查询,因为在这类集群中节点的故障经常发生。

基于以上分析,并行数据库只适用于资源需求相对固定的应用环境。但是不管怎样,并行数据库的许多设计原则为其他海量数据系统的设计和优化提供了比较好的借鉴。

5.3.2 大数据存储与管理技术

大数据存储与管理技术面临的挑战主要在于如何提高扩展性。首先是容量方面的扩展,要求底层存储架构和文件系统以低成本方式及时、按需扩展存储空间。其次是数据格式方面的扩展,应满足各种非结构化数据的管理需求。大数据存储与管理技术是整个大数据系统的基础。

在大数据环境下,为保证高可用、高可靠和经济性,往往采用分布式存储方式来实现经济性,采用冗余存储的方式来保证存储数据的可靠性,即为同一份数据存储多个副本。大数据时代的数据存储与管理技术主要包括分布式文件系统、NewSQL数据库、NoSQL数据库、云数据库、数据仓库等,其中数据仓库已在前文有所介绍。

1. 分布式文件系统

大数据时代必须解决海量数据的高效存储问题,为此,分布式文件系统(distributed file system,DFS)应运而生。相对于传统的本地文件系统而言,分布式文件系统是一种通过网络实现文件在多台主机上进行分布式存储的文件系统。

计算机通过文件系统管理、存储数据,而在信息爆炸时代,人们可以获取的数据呈指数级增长,单纯通过增加硬盘个数来扩展计算机文件系统存储容量的方式,在容量大小、容量增长速度、数据备份、数据安全等方面的表现都不尽如人意。

分布式文件系统可以有效地解决数据存储和管理难题,即将固定于某个地点的某个文件系统扩展到任意多个地点/多个文件系统,众多的节点组成一个文件系统网络。每个节点可以分布在不同的地点,通过网络进行节点间的通信和数据传输。

人们在使用分布式文件系统时，无须关心数据是存储在哪个节点上，或者是从哪个节点获取的，只需要像使用本地文件系统一样管理和存储文件系统中的数据。分布式文件系统是建立在客户机/服务器技术基础之上的，一个或多个文件服务器与客户机文件系统协同操作，这样客户机就能够访问由服务器管理的文件。

分布式文件系统把大量数据分散到不同的节点上存储，大大降低了数据丢失的风险。分布式文件系统具有冗余性，部分节点的故障并不影响整体的正常运行，而且即使出现故障的计算机存储的数据已经损坏，也可以由其他节点将损坏的数据恢复出来。因此，安全性是分布式文件系统最主要的特征。

分布式文件系统通过网络将大量零散的计算机连接在一起，形成一个巨大的计算机集群，使各主机均可以充分发挥其价值。此外，集群之外的计算机只需要经过简单的配置就可以加入分布式文件系统中，具有极强的可扩展能力。

谷歌开发了分布式文件系统——GFS，通过网络实现文件在多台计算机上分布式存储，较好地满足了大规模数据存储的需求。HDFS是对谷歌GFS的开源实现。最开始HDFS作为Apache Nutch搜索引擎项目的基础架构，后来独立出来作为Apache Hadoop Core项目的一部分(见图5-4)。

HDFS具有高容错性，并且可以部署在低廉的硬件上。HDFS提供高吞吐量来访问应用程序的数据，非常适用于那些具有超大数据集的应用程序。HDFS放宽了POSIX[①]的要求，来实现流式读取文件系统数据的目的。

1) HDFS的设计目标和功能特性

HDFS支持流数据读取和处理超大规模文件，并能够运行在由廉价的普通计算机组成的集群上，这主要得益于HDFS在设计之初就充分考虑到实际环境的特点，即硬件故障是常态，而不是异常。总体而言，HDFS要实现以下目标(具有以下功能特性)。

(1) 兼容廉价硬件设备。整个HDFS系统由成百上千个存储着文件数据片段的服务器组成，每个组成部分都很可能出现故障，这就意味着HDFS里总是有一些节点是失效的，因此，故障的检测和自动快速恢复是HDFS一个很核心的设计目标。HDFS在设计上采取了多种机制保证在硬件出错的环境中实施数据的完整性。

(2) 流数据访问。运行在HDFS之上的应用程序必须流式地访问数据集，它不是运行在普通文件系统之上的普通程序。HDFS被设计成适合批量处理的，而不是用户交互式的。重点是在数据吞吐量，而不是数据访问的反应时间，POSIX的很多硬性要求对于HDFS应用都是非必需的，去掉POSIX的一小部分关键语义可以获得更好的数据吞吐率。

(3) 大数据集。运行在HDFS之上的程序有大量的数据集。典型的HDFS文件大小是GB到TB的级别。所以，HDFS被调整成支持大文件。它应该提供很高的聚合数据带宽，一个集群中数百个节点可以支持千万级别这样的文件。

(4) 简单一致性模型。HDFS采用了"一次写入、多次读取"的操作模式。假定一个文件一旦创建、写入、关闭之后就不需要修改了，因此，只能读取，无法再次写入。这个模

① POSIX(可移植操作系统接口)是由理查德·斯托曼应IEEE的要求而提议的一个易于记忆的名称。它基本上是portable operating system interface的缩写，而X则表明其对Unix API的传承。POSIX是IEEE为了在各种Unix操作系统上运行软件而定义的一系列互相关联的API标准的总称，其正式名称为IEEE Std 1003，国际标准名称为ISO/IEC 9945。

型简单化了数据一致的问题，并使高吞吐量的数据访问变得可能。

(5) 异构软硬件平台间的可移植性。HDFS被设计成可以简便地实现平台间的迁移，这将推动需要大数据集的应用更广泛地采用HDFS作为平台。

2) HDFS体系架构

HDFS采用了主从结构模型，一个HDFS集群是由一个名称节点(NameNode)和若干个数据节点(DataNode)组成的，如图5-11所示。典型的部署是由一台专门的机器来运行名称节点软件，集群中的其他机器每台运行一个数据节点。体系结构不排斥在一台机器上运行多个数据节点，但是实际的部署一般不会有这种情况。

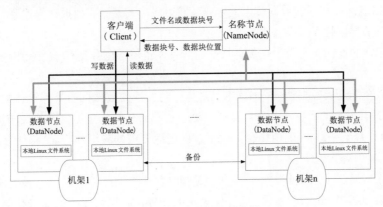

图5-11 HDFS的体系结构

其中，名称节点(也称为名字节点)作为主服务器，负责管理文件系统的命名空间和客户端对文件的访问操作，如打开、关闭、重命名等，同时确定块与数据节点的映射；集群中的数据节点，通常是一个数据节点运行一个数据节点进程，负责处理文件系统客户端的读/写请求，在名称节点的统一调度下进行数据块的创建、删除和复制等操作。每个数据节点的数据实际上是保存在本地Linux文件系统中的。

名称节点维护文件系统的命名空间，记录每一个对文件系统元数据的改变。例如，在HDFS中创建一个新的文件，名称节点将会在EditLog事务日志中插入一条记录来记录这个改变。应用程序可以指定文件的副本数，文件的副本数被称为文件的复制因子(一般情况下复制因子为3)[①]，这些信息也由命名空间来负责存储。

整个文件系统的命名空间(包括文件块的映射表和文件系统的配置)都被存储在一个名为FsImage的文件中，该文件也被存储在名称节点的本地文件系统中。名称节点在内存中保留一个完整的文件系统命名空间和文件块的映射表的镜像。这个元数据被设计成紧凑的，这样4GB内存的名称节点就足以处理非常大的文件数和目录。

名称节点周期性地接受集群中数据节点的心跳和块报告。一个心跳的到达表示这个数据节点是正常的。一个块报告包括该数据节点上所有块的列表。每个数据节点会周期性地向名称节点发送"心跳"信息，报告自己的状态，没有按时发送心跳信息的数据节点会被标记为"宕机(死机)"，不会再给它分配任何I/O请求。

---

① HDFS的副本放置策略是将第一个副本放在本地节点，将第二个副本放到本地机架上的另外一个节点，将第三个副本放到不同机架上的节点。这种方式减少了机架间的写流量，从而提高了写的性能。

集群中只有一个名称节点极大地简单化了系统的体系结构。名称节点是仲裁者和所有HDFS元数据的仓库，用户的实际数据不经过名称节点。用户在使用HDFS时，仍会像在普通文件系统中那样，使用文件名去存储和访问文件。实际上，内部机制是将一个文件分割成一个或多个块，这些块被存储在若干个数据节点中。

当客户端需要访问一个文件时，首先把文件名发给名称节点，名称节点根据文件名找到对应的数据块(一个文件可能包含多个数据块)，再根据每个数据块信息找到实际存储各个数据块的数据节点位置，并把数据节点位置发送给客户端，最后客户端直接访问这些数据节点获取数据。在整个访问过程中，名称节点不参与数据的传输。这种设计方式，使得一个文件的数据能够在不同的数据节点上实现并发访问，大大提高数据访问速度。

3) HDFS的局限性

HDFS特殊的设计在实现上述优良特性的同时，也使得自身具有一些应用局限性，主要包括以下几个方面。

(1) 不适合低延迟数据访问。HDFS主要是面向大规模数据批量处理设计的，采用流式数据读取，具有很高的数据吞吐率，但是，这也意味着较高的延迟。因此，HDFS不适用于需要低延迟(如数十毫秒)的应用场合。对于有低延迟要求的应用程序而言，HBase是一个更好的选择。

(2) 无法高效存储大量小文件。小文件是指文件大小小于一个块的文件。HDFS被设计成能可靠地在集群中的大量机器之间存储大量的文件，它以块序列的形式存储文件。文件中除了最后一个块，其他块都有相同的大小，典型的块大小是64MB。HDFS无法高效存储和处理大量小文件，过多的小文件会给系统扩展性和性能带来诸多的问题。

首先，HDFS采用名称节点来管理文件系统的元数据，这些元数据会被保存在内存中，从而使客户机可以快速获取文件实际存储位置。通常，名称节点中每一个文件的元数据大概是150字节，如果有1000万个文件，每个文件对应一个块，那么名称节点至少要消耗3GB的内存来保存这些元数据信息。

很显然，这时元数据检索的效率就比较低了，需要花费较多的时间找到一个文件的实际存储位置。而且，如果继续扩展到数十亿个文件，名称节点保存元数据所需的内存空间还会大大增加，以现有的硬件水平，是无法在内存中保存如此大量的元数据的。

其次，用MapReduce处理大量小文件时，会产生过多的Map任务，线程管理开销会大大增加，因此处理大量小文件的速度远远低于处理同等规模大文件的速度。

再次，访问大量小文件的速度远远低于访问几个大文件的速度，因为访问大量小文件需要不断从一个数据节点跳到另一个数据节点，严重影响性能。

(3) 不支持多用户写入及任意修改文件。HDFS只允许一个文件有一个写入者，不允许多个用户同时对一个文件执行写操作；而且只允许对文件执行追加操作，不能执行随机写操作。

2. NewSQL数据库

1) NewSQL数据库简介

NewSQL是对各种新的可扩展、高性能关系数据库的简称，这类数据库不仅具有海量数据的存储管理能力，还保持了传统数据库支持ACID和SQL等特性。其中的"New"用来表明与传统关系数据库的区别。不同的NewSQL数据库的内部结构差异很大，但是它们都有两个显著的共同特点：一是都支持关系数据模型；二是都使用SQL作为其主要的接口。

因此，NewSQL是指这样一类新式的关系数据库管理系统：针对OLTP(读-写)工作负载，追求提供与NoSQL系统相同的扩展性能，且仍然保持ACID和SQL等特性。目前具有代表性的NewSQL数据库主要包括Spanner、VoltDB等；还有一些在云端提供的NewSQL数据库，包括Amazon RDS、Microsoft SQL Azure等。

2) 典型产品——谷歌Spanner

在众多的NewSQL数据库中，Spanner备受瞩目。Spanner是谷歌公司研发的、可扩展的、多版本、全球分布式并且支持同步复制的数据库，是谷歌第一个可以全球扩展并支持外部一致性的分布式事务数据库。复制技术可以用来服务于全球可用性和地理局部性。客户端会自动在副本之间进行失败恢复。

随着数据和服务器的变化，Spanner会自动把数据进行重新分片，从而有效应对负载变化和处理失败。Spanner可以扩展到几百万个机器节点、跨越成百上千个数据中心、具备几万亿数据库行的规模。应用程序可以借助Spanner来实现高可用性，通过在一个地区内部或跨越不同地区复制数据，保证即使在面对大范围的自然灾害时数据依然可用。

(1) Spanner的主要特性。

Spanner支持通用的事务，提供了基于SQL的查询语言。作为一个全球分布式数据库，Spanner具有以下特性。

第一，在数据的副本配置方面，应用程序可以在一个很细的粒度上进行动态控制。应用程序可以详细规定哪些数据中心包含哪些数据、数据距离用户有多远(控制用户读取数据的延迟)、不同数据副本之间距离有多远(控制写操作的延迟)，以及需要维护多少个副本(控制可用性和读操作性能)。数据也可以动态和透明地在数据中心之间进行移动，从而平衡不同数据中心内资源的使用。

第二，Spanner提供了读和写操作的外部一致性，以及在一个时间戳下的跨越数据库的全球一致性的读操作。这些特性使得Spanner可以支持一致的备份、一致的MapReduce执行和原子模式变更，所有都是在全球范围内实现，即使存在正在处理中的事务也可以。

Spanner能做到这些，是因为有一个用GPS和原子钟实现的时间API。这个API能将数据中心之间的时间同步精确到10ms以内。因此，Spanner可以为事务分配全球范围内有意义的提交时间戳，即使事务可能是分布式的。这些时间戳反映了事务序列化的顺序。Spanner是第一个可以在全球范围内提供这种保证的系统。

(2) Spanner的体系架构。

一个Spanner部署称为一个Universe，是一个包含许多个Zone的集合，每个Zone都大概像一个BigTable/HBase服务器的部署，如图5-12所示。Zone是管理部署的基本单元。Zone的集合也是数据可以被复制到的位置的集合。当新的数据中心加入服务，或者旧的数据中心被关闭时，Zone可以加入到一个运行的系统中，或者从中移除。Zone也是物理隔离的单元，在一个数据中心中，可能有一个或多个Zone。例如，属于不同应用的数据可能必须被分区存储到同一个数据中心的不同服务器集合中。

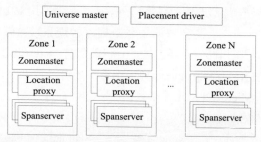

图 5-12　Spanner服务器的组织方式

一个Zone包括一个Zonemaster和一百至几千个Spanserver。Zonemaster把数据分配给Spanserver，Spanserver把数据提供给客户端。客户端使用每个Zone上面的Location proxy来定位可以为自己提供数据的Spanserver。

Universe master是一个控制台，它显示了关于Zone的各种状态信息，以便进行交互式调试。Placement driver会周期性地与Spanserver进行交互，来发现那些需要被转移的数据，以满足新的副本约束条件或进行负载均衡。

3) 典型产品——VoltDB

一些NewSQL数据库比传统的关系数据库具有明显的性能优势。例如，内存数据库VoltDB，使用了NewSQL创新的体系架构，释放了主内存运行数据库中消耗系统资源的缓冲池，在执行交易时可以比传统关系数据库快45倍。

VoltDB具有NoSQL数据库的可伸缩性和传统关系数据库系统的ACID一致性，能使用SQL存取，可扩展服务器数量为39个，每秒可以处理160万个交易，单节点的数据处理速度远远高于其他数据库管理系统。

3. NoSQL数据库

1) NoSQL数据库概述

NoSQL泛指非关系数据库，是一种不同于关系数据库的数据库管理系统设计方式，是对非关系数据库的统称，它所采用的数据模型并非传统的关系数据库的关系模型，而是类似键/值、列族、文档、图结构等非关系模型，可以存储非结构化、半结构化数据。

NoSQL最常见的解释是"non-relational(非关系型)"；另外一种解释是"Not Only SQL(不仅仅是SQL)"，而不是"No SQL"这么简单。因此，NoSQL具有了新的意义：NoSQL数据库既可以是关系数据库，也可以是非关系数据库，它可以根据需要选择更加适用的数据存储类型。因此，两者不是对立关系，而是相互补充的关系。

NoSQL系统普遍采用了以下技术。

(1) 简单数据模型。大多数NoSQL系统采用的是一种更加简单的数据模型。这与分布式数据库不同，在这种更加简单的数据模型中，每个记录都有唯一的键，并且外键和跨记录的关系不被系统支持，只支持单记录级别的原子性。这种一次操作获取单个记录的约束使数据操作可以在单台机器中执行，由于没有分布式事务的开销，极大地增加了系统的可扩展性。

(2) 弱一致性。NoSQL系统的一致性是通过复制应用数据来实现的。由于NoSQL系统广泛应用弱一致性模型(如最终一致性和时间一致性)，减少了更新数据时同步副本的开销。

(3) 元数据和应用数据的分离。NoSQL数据管理系统需要对元数据和应用数据这两类数据进行维护。但是对这两类数据的一致性要求并不一样，只有元数据一致且为实时的情况下，系统才能正常运行；对应用数据而言，场合不同，对其一致性需求也不同。

专栏5-3

NoSQL的三大基石

NoSQL的优势主要体现在海量数据管理方面的高性能。而海量数据管理所涉及的存储放置策略、一致性策略、计算方法、索引技术等都建立在数据一致性理论的基础之上。数据一致性理论又包括CAP定理(见专栏4-6)、BASE模型和最终一致性模型。这三个有关数据一致性的理论是NoSQL的三大基石。

(1) BASE模型。

BASE模型是一种通过牺牲高一致性来获得可用性或可靠性的模型。它主要包括基本可用性、软状态(柔事务性)和最终一致性。基本可用性是指系统能够基本运行，一直提供服务。软状态是指系统不要求一直保持强一致状态。最终一致性是指系统需要在某一时刻后达到一致性要求。

BASE是通过牺牲一定的数据一致性与容忍性来换取高性能的保持甚至提高。这里所说的"牺牲一定的数据一致性"并不是完全忽略数据的一致性。如果完全忽略数据的一致性，数据就会出现混乱，即使系统可用性再高、分布式再好也会没有任何利用价值。"牺牲一致性"是指放弃关系数据库中要求的强一致性，只要系统能够达到最终一致性即可。

(2) 最终一致性。

在学习最终一致性之前，需要了解一下强一致性和弱一致性。强一致性：无论更新操作是在哪个数据副本上执行的，之后的所有读操作都会获得最新的数据。弱一致性：用户读到某一操作对系统特定数据的更新需要一段时间，这段时间称为"不一致性窗口"。

最终一致性是复制型数据库中的一种弱一致性。只要求一个对象的全部副本的最后结果是相同的和正确的，而不要求其中间状态是一致的。最终一致性模型又可以划分为以下五种模型，即因果一致性、"读己之所写"一致性、会话一致性、单调读一致性和单调写一致性(时间轴一致性)。

如何尽快将更新后的数据分布到整个系统，降低达到最终一致性的时间窗口，是提高系统的可用度和用户体验非常重要的方面。

概念辨析5-2

BASE模型和ACID原则

BASE模型可以定义为CAP定理中A和P的衍生。在单机环境下，ACID是数据的属性；而在分布式环境中，BASE是数据的属性。BASE思想主要强调基本的可用性，即如果需要高可用性(也就是纯粹的高性能)，就要牺牲一致性或容错性。

如果以化学的酸和碱来比喻，就可以将BASE比喻为碱，将ACID比喻为酸，因此，BASE与ACID是完全对立的两个模型。

借助上述技术，NoSQL数据库能够很好地解决海量数据带来的挑战，其主要优点如下。

(1) 易扩展。NoSQL数据库具有灵活的水平可扩展性,可以支持海量数据存储。NoSQL数据库种类繁多,但都有一个共同的特点就是去掉了数据库的关系型特性。NoSQL数据库没有固定的表结构,通常也不存在连接操作,无须严格遵守ACID约束,数据之间无关系,这样就非常容易扩展,无形之间在架构层面带来了可扩展的能力。

(2) 大数据量,高性能。NoSQL数据库具有非常高的读写性能,尤其在大数据量下,同样表现优秀。这得益于它的无关系性,数据库的结构简单。

(3) 灵活的数据模型。NoSQL数据库无须事先为要存储的数据建立字段,随时可以存储自定义的数据格式。而在关系数据库中,增删字段是一件非常麻烦的事情。如果是非常大数据量的表,增加字段简直就是一个噩梦。这点在大数据量的Web 2.0时代尤其明显。

(4) 高可用。NoSQL数据库在不太影响性能的情况下,就可以方便地实现高可用的架构。例如,HBase模型通过复制模型就能实现高可用。NoSQL数据库支持MapReduce风格的编程,可以较好地应用于大数据时代的各种数据管理。

NoSQL数据库的出现,一方面弥补了关系数据库在当前商业应用中存在的各种缺陷,另一方面也撼动了关系数据库的传统垄断地位。

NoSQL数据库比较适用于以下几种情况:①数据模型比较简单;②需要灵活性更强的IT系统;③对数据库性能要求较高;④不需要高度的数据一致性;⑤对于给定Key,比较容易映射复杂值的环境;等等。

2) 典型的NoSQL数据库

典型的NoSQL数据库包括键值数据库、列族数据库、文档数据库和图数据库四类,如图5-13所示。下面具体介绍这四类NoSQL数据库。

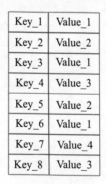

(a) 键值数据库

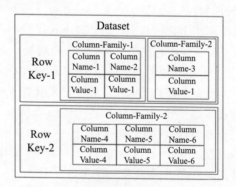

(b) 列族数据库

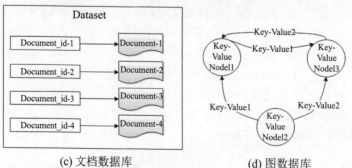

(c) 文档数据库　　　　　　(d) 图数据库

图5-13　典型的NoSQL数据库

(1) 键值数据库。

键值数据库是最常见的NoSQL数据库的存储形式，是一种以键/值对(Key-Value)存储数据的数据库，如图5-13(a)所示。键值数据库会使用一个哈希表，这个表中有一个特定的键(Key)和一个指针指向特定的数据(Value)。Key可以用来定位Value，即存储和检索具体的Value。

Value对数据库而言是不可见的，不能对Value进行索引和查询，只能通过Key进行查询。Value可以用来存储任意类型的数据，包括整型、字符型等。在存在大量写操作的情况下，键值数据库比关系数据库有明显的性能优势。因为关系数据库需要建立索引来加速查询，当存在大量写操作时，索引会频繁更新，由此会产生高昂的索引维护代价。

关系数据库通常很难横向扩展，但是键值数据库天生具有良好的伸缩性，理论上几乎可以实现数据量的无限扩容。Key-Value模型对于IT系统来说的优势在于简单、易部署。根据数据的保存方式划分，键值存储可分为临时性(数据保存在内存中)、永久性(数据保存在磁盘中)，以及两者兼具三种情况。

Redis是一款具有代表性的两者兼具的键值数据库产品，可以对关系数据库起到很好的补充作用，目前正在被越来越多的互联网公司采用。Redis的数据都缓存在内存中，以便提高效率；同时会周期性地把更新的数据写入磁盘，或者把修改操作写入追加的记录文件，并以此为基础实现Master-Slave(主从)同步。

当然，键值数据库也有其自身的局限性。键值数据库虽然处理速度非常快、存放数据量大、支持高并发，但基本上只能通过键的完全一致查询数据，即非常适合通过主键进行查询，不能进行复杂的条件查询。因此，如果只对部分值进行查询或更新，效率就会比较低。

在使用键值数据库时，应该尽量避免多表关联查询，可以采用双向冗余存储来代表关联，把操作分解成单表操作。此外，键值数据库在发生故障时不支持回滚操作，因此无法支持事务。键值数据库的有关内容如表5-4所示。

表5-4　键值数据库的有关内容

项目	描述
相关产品	Redis、Riak 等
数据模型	Key 指向 Value 的键/值对；键是一个字符串对象，值可以是任意类型的数据，如整型、字符型、数组、列表、集合等
典型应用	涉及频繁读写、拥有简单数据模型的应用； 内容缓存，主要用于处理大量数据的高访问负载，也用于一些日志系统等，如会话、配置文件、参数、购物车等； 存储配置和用户数据信息的移动应用
优点	扩展性好，灵活性好，大量写操作时性能高
缺点	数据无结构化，通常只被当作字符串或二进制数据，无法存储结构化信息，条件查询效率较低
不适用情形	不是通过键而是通过值来查：键值数据库根本没有通过值查询的途径； 需要存储数据之间的关系：在键值数据库中，不能通过两个或两个以上的键来关联数据； 需要事务的支持：在一些键值数据库中，产生故障时，不可以回滚
使用者	百度云数据库 (Redis)、BestBuy(Riak)、Twitter(Redis 和 Memcached)

(2) 列族数据库。

① 列族数据库简介。

列族数据库一般采用列族数据模型，如图5-13(b)所示。列族数据库由多个行构成，每行数据包含一个或多个列族，不同的行可以具有不同数量的列族，属于同一列族的数据会被存放在一起。每行数据通过行键进行定位，与这个行键对应的是一个或多个列族。

从这个角度来看，也可以将列族数据库视为一个键值数据库。列族可以被配置成支持不同类型的访问模式，一个列族也可以被设置成放入内存当中，以消耗内存为代价来换取更好的响应性能。列族数据库的有关内容如表5-5所示。

表5-5　列族数据库的有关内容

项目	描述
相关产品	BigTable、HBase、Cassandra、HadoopDB 等
数据模型	列族 (以列族式存储，将同一列族数据存放在一起)
典型应用	分布式数据存储与管理； 数据在地理上分布于多个数据中心的应用程序； 可以容忍副本中存在短期不一致情况的应用程序； 拥有动态字段的应用程序； 拥有潜在大量数据的应用程序，大到几百 TB 的数据
优点	查找速度快，可扩展性强，容易进行分布式扩展，复杂性低
缺点	功能较少，大多不支持强事务一致性
不适用情形	需要 ACID 事务支持的情形，Cassandra 等产品就不适用
使用者	Ebay(Cassandra)、Twitter(Cassandra and HBase)、Facebook(HBase)、Yahoo!(HBase)

列族数据库也称为列式数据库，是以列相关存储架构进行数据存储的数据库，主要适用于批量数据处理和即时查询。相对应的是行式数据库(传统关系数据库)，数据以行相关的存储体系架构进行空间分配，主要适用于小批量的数据处理，常用于联机事务型数据处理。

在实际应用中，面向行的数据存储架构更适用于OLTP频繁交互事务的场景。面向列的数据存储架构更适用于OLAP(如数据仓库)这样在海量数据(可能达到TB规模)中进行有限复杂查询的场景。

② 典型产品——谷歌Bigtable。

Bigtable是一个分布式数据存储系统，起初用于解决典型的互联网搜索问题，是谷歌为其内部海量结构化数据开发的云存储技术。Bigtable是谷歌的第三项云计算关键技术，是所有云时代分布式存储系统的开发蓝本，已经在超过60个谷歌的产品和项目上得到了应用。

这些应用无论在数据量方面，还是在延迟需求方面，都对Bigtable提出了与传统存储系统截然不同的需求。尽管这些应用的需求大不相同，但是Bigtable依然能够为所有谷歌产品提供灵活的、高性能的解决方案。

Bigtable的设计是为了能可靠地处理PB级的海量数据，使其能够部署在上千台机器上，具有高可靠性、高性能、可伸缩等特性。Bigtable借鉴了并行数据库和内存数据库的一些特性，但其提供了一个完全不同的接口。Bigtable不支持完整的关系数据模型，而是为用户提供简单的数据模型，使客户可以动态控制数据的分布和格式。

Bigtable利用谷歌提出的MapReduce分布式并行计算模型来处理海量数据，使用谷歌分布式文件系统GFS作为底层数据存储系统，并采用Chubby提供协同服务管理。Bigtable的主要特性如下：支持大规模海量数据、分布式并发数据处理效率极高、易于扩展且支持动态伸缩、适用于廉价设备、适合读操作不适合写操作。

③ 典型产品——HBase。

• HBase简介。

HBase(Hadoop Database)是一款具有代表性的列族数据库产品，HBase是Apache的Hadoop项目的子项目(见图5-4)，是对谷歌Bigtable的开源实现。HBase在Hadoop之上提供了类似于Bigtable的能力。

HBase是一个高可靠性、高性能、面向列、可伸缩的分布式存储系统，可以支持超大规模数据存储，它可以通过横向扩展的方式，在廉价PC Server上搭建起大规模结构化存储集群，利用廉价计算机集群处理由超过10亿行数据和数百万列元素组成的数据表。

HBase不同于一般的关系数据库，它是一个适合于非结构化和半结构化数据存储的数据库；另一个不同的是HBase基于列的而不是基于行的模式。

HBase利用Hadoop MapReduce来处理HBase中的海量数据，实现高性能计算；利用ZooKeeper作为协同服务，实现稳定服务和失败恢复；使用HDFS作为高可靠的底层数据存储系统，利用廉价集群提供海量数据存储能力。

当然，HBase也可以直接使用本地文件系统而不用HDFS作为底层数据存储。不过，为了提高数据可靠性和系统的健壮性，发挥HBase处理大数据量等功能，一般都使用HDFS作为HBase的底层数据存储系统。

此外，为了方便在HBase上进行数据处理，Sqoop提供了方便的RDBMS数据导入功能，使得传统数据库数据向HBase中迁移变得非常方便；Pig和Hive为HBase提供了高层语言支持，使得在HBase上进行数据统计处理变得非常简单。

• HBase数据模型。

HBase是一个稀疏、分布式、持久化存储的多维有序映射表，表的索引是行键(row key)、列族(column family)、列限定符(column qualifier)和时间戳(timestamp)，如图5-14所示。

图5-14 HBase表示例

表：HBase采用表来组织数据，表由行和列组成，列划分为若干列族。单个表可以有上亿行、上百万列。对于为空(null)的列，不占用存储空间。因此，表也可以设计得非常稀疏。

行键：每个HBase表都由若干行组成，每个行由行键来识别。访问表中的行有3种方式：通过单个行键访问、通过一个行键的区间来访问、全表扫描。行键可以是任意字符串，最大长度支持64KB。实际应用中一般在10～100字节。

在HBase内部，行键保存为字节数组。按照行键的字典序组织数据，利用这个特性可以通过选择合适的行键，将经常一起读取的行存储在一起，使数据访问具有良好的局部性。表的行区间可以动态划分，每个行区间称为一个子表。子表是HBase数据分布和负载均衡的基本单位，不同的子表可以有不同的大小。为了限制子表的移动和恢复成本，每个子表默认的最大尺寸为200MB。

列族：面向列(族)的存储和权限控制，列(族)独立检索。

列关键字一般表示一种数据类型，列关键字的集合称为列族，列族是访问控制的基本单位。一个HBase表被分组成许多列族的集合。存储在同一列族下的数据属于同一种类型，列族下的数据被压缩在一起保存，具有较高的压缩率。

列族需要在表创建时就定义好，并且表中的列族数量不宜过多(HBase的一些缺陷使得列族的数量只限于几十个)，但表中可以有无限多个列，每个列都归属于某个列族。列关键字的命名语法为"列族：限定词"，列族名称必须是可打印的字符串，限定词则可以是任意字符串。访问控制、磁盘和内存的使用统计都是在列族层面进行的。

在实际应用中，人们可以借助列族上的控制权限实现特定的目的。例如，人们可以允许一些应用能够向表中添加新的数据，而另一些应用只允许浏览数据。HBase列族还可以被配置成支持不同类型的访问模式。例如，一个列族也可以设置成放入内存，以消耗内存为代价，换取更好的响应性能。

列限定符：列族中的数据通过列限定符(或列)来定位。列限定符没有数据类型，不需要事先定义，也不需要在不同行之间保持一致。

单元格：在HBase表中，通过行键、列族和列限定符可确定一个单元格(cell)。单元格存储的数据没有数据类型。HBase以单元格为单位来写入和读取数据，这一点与关系数据库有很大区别。在关系数据库中，数据以行为单位，一行一行写入，一行一行读取。而在HBase中，数据是一个单元格一个单元格写入，一个单元格一个单元格读取。

时间戳：每个单元格都可以保存同一份数据的多个版本，每个版本对应一个不同的时间戳，这些版本采用时间戳进行索引。每次对一个单元格执行新建、修改、删除操作时，HBase都会隐式地自动生成并存储一个时间戳。

时间戳是64位整型数据，既可以由系统赋值，也可由用户指定。一个单元格的不同版本按照时间戳倒序排列，即最新的数据排在最前面。这样，最新的版本可以最先被读取。为了简化多版本数据的管理，每个列族都有两个设置参数用于版本的自动回收，即用户可以指定保存最近N个版本或保留足够新的版本(如最近7天的内容)。

• HBase系统架构。

HBase系统架构(见图5-15)，包括客户端、ZooKeeper服务器、Master主服务器、Region服务器。需要说明的是，HBase一般采用HDFS作为底层数据存储系统，因此，图中加入了HDFS和Hadoop数据节点。

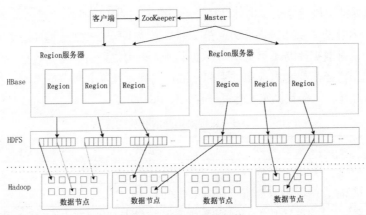

图5-15 HBase系统架构

在一个HBase中，存储了许多表。对于每个HBase表而言，表中的行根据行键的值的字典序进行维护。表中包含的行的数量可能非常庞大，无法存储在一台机器上，需要分布存储到多台机器上。因此，需要根据行键的值对表中的行进行分区，每个行区间构成一个分区，该分区称为Region，包含了位于某个值域的所有数据，它是负载均衡和数据分发的基本单位，这些Region会被分发到不同的Region服务器上。

在HBase服务器集群中，包含了一个Master和多个Region服务器。Master主要负责表和Region的管理工作。Region服务器负责维护分配给自己的Region，并响应用户的读写请求。

Master就是这个HBase集群的"总管"，它必须知道每个Region服务器的状态。ZooKeeper就可以轻松做到这一点。每个Region服务器都需要到ZooKeeper中进行注册，ZooKeeper会实时监控每个Region服务器的状态并通知HMaster。这样，HMaster就可以通过ZooKeeper随时感知到每个Region服务器的工作状态。

客户端包含访问HBase的接口，同时在缓存中维护着已经访问过的Region位置信息，用来加快后续数据访问过程。HBase客户端使用HBase的RPC(remote process call，远程过程调用)机制与Master和Region服务器进行通信。其中，对于管理类操作，客户端与Master进行RPC；而对于数据读写类操作，客户端与Region服务器进行RPC。

(3) 文档数据库。

文档数据库是一种用来管理文档的数据库，如图5-13(c)所示。它与传统数据库的本质区别在于：在传统的数据库中，信息被分割成离散的数据段，而在文档数据库中，文档是处理信息的基本单位，可长、可短，甚至可以无结构，与字处理文档类似，是数据库的最小单位。

它与关系数据库的主要区别在于：文档数据库允许建立不同类型的非结构化或任意格式的字段，并且不提供完整性的支持。一个文档相当于关系数据库中的一条记录。但是它与关系数据库并不是相互排斥的，它们之间可以相互补充、扩展。

虽然每一种文档数据库的部署都有所不同，但是大多数文档以某种标准化格式封装并对数据进行加密，同时用多种格式进行解码，包括XML、YAML、JSON和BSON等，也可以使用二进制格式进行解码(如PDF、Office等)。

文档数据库通过键来定位一个文档，因此可以看成键值数据库的一个衍生品，但是文档数据库比键值数据库具有更高的查询效率。每个文档可能具有完全不同的结构。文档数据库既可以根据键来构建索引，也可以基于文档内容来构建索引。

基于文档内容的索引和查询能力，是文档数据库不同于键值数据库的地方。因为在键值数据库中，值对数据库是不可见的，不能根据值来构建索引。文档数据库主要用于存储并检索文档数据，当需要考虑很多关系和标准化约束以及需要事务支持时，传统的关系数据库是更好的选择。文档数据库的有关内容如表5-6所示。

表5-6　文档数据库的有关内容

项目	描述
相关产品	MongoDB、CouchDB 等
数据模型	键／值：键是文档键，值是版本化的文档
典型应用	存储、索引并管理面向文档的数据或类似的半结构化数据。例如，适用于后台具有大量读写操作的网站、使用嵌套结构等非规范化数据的应用程序
优点	性能好(高并发)、灵活性高、复杂性低、数据结构灵活(数据结构要求不严格，表结构可变，不需要像关系数据库一样预先定义表结构)； 提供嵌入式文档功能，将经常查询的数据存储在同一个文档中； 既可以根据键来构建索引，也可以根据内容构建索引
缺点	查询性能不高，而且缺乏统一的查询语法
不适用情形	在不同的文档上添加事务。文档数据库并不支持文档间的事务，如果对这方面有需求，则不应该选用这个解决方案
使用者	百度云数据库(MongoDB)、SAP(MongoDB)

MongoDB是一款具有代表性的文档数据库产品，是一个基于分布式文件存储的文档数据库，旨在为Web应用提供可扩展的高性能数据存储解决方案。MongoDB最大的特点是它支持的查询语言非常强大，其语法有点类似于面向对象的查询语言，几乎可以实现类似关系数据库单表查询的绝大部分功能，而且还支持对数据建立索引。

MongoDB是一个介于关系数据库和非关系数据库之间的产品，是非关系数据库当中功能最丰富、最像关系数据库的一种NoSQL数据库。它支持的数据结构非常松散，是类似JSON的BSON格式，因此可以存储比较复杂的数据类型。它的特点是易使用、易部署、高性能，非常容易存储数据。

概念辨析5-3

文档数据库与文件系统

文档数据库与五六十年代管理数据的文件系统不同，文档数据库仍属于数据库范畴。首先，文件系统中的文件基本上对应于某个应用程序。当不同的应用程序所需要的数据有部分相同时，也必须建立各自的文件，不能共享数据，而文档数据库可以共享相同的数据。因此，文件系统比文档数据库数据冗余度更大、更浪费存储空间，且更难于管理维护。其次，文件系统中的文件是为某一特定应用服务的，因此，要想对现有的数据再增加一些新的应用是很困难的，系统不容易扩充，数据和程序缺乏独立性，而文档数据库具有数据的物理独立性和逻辑独立性，数据和程序分离。

(4) 图数据库。

图数据库是将数据以图的方式存储，以点、边为基础存储单元，以高效存储、查询图数据为设计原理的数据管理系统，如图5-13(d)所示。理解图概念是理解图数据库的基础。图是一组点(顶点、节点)和边的集合，"点"表示实体，"边"表示实体间的关系，节点和边都可以有自己的属性。不同实体通过各种不同的关系关联起来，形成复杂的对象图。

图数据库使用图作为数据模型来存储数据，完全不同于关系模型，也完全不同于键值、列族和文档数据模型。图数据结构直接存储了不同顶点之间的依赖关系，而关系数据库和其他类型的非关系数据库则以非直接的方式来表示数据之间的关系。

在图数据库中，数据间的关系和数据本身同样重要，它们被作为数据的一部分存储起来。这样的架构使图数据库能够快速响应复杂关联查询，因为实体间的关系已经提前存储到了数据库中。图数据库可以直观地可视化关系，是存储、查询、分析高度互联数据的最优办法。

在实际应用中，图数据库主要适用于关系较强的数据，可以高效地处理实体之间的关系，比较适合于处理社交网络、模式识别、依赖分析、推荐系统，以及路径寻找等问题。有些图数据库(如Neo4j)完全兼容ACID。

以基于社交网络的应用为例，用户作为应用中的实体，通过不同的关系关联在一起，如亲人关系、朋友关系和同事关系等。不同的关系有不同的属性，如同事关系所包含的属性包括所在公司的名称、开始的时间和结束的时间等。对于这样的应用，使用图数据库来进行数据存储，不仅实现起来简单，后期的维护成本也比较低。

图数据库虽然在处理图和关系这些应用领域具有很好的性能，但在其他领域的性能不如其他的NoSQL数据库。图数据库的有关内容如表5-7所示。

表5-7 图数据库的有关内容

项目	描述
相关产品	Neo4j、GraphDB、OrientDB 等
数据模型	图结构
典型应用	专门用于处理具有高度相互关联关系的数据，比较适合于社交网络、模式识别、依赖分析、推荐系统，以及路径寻找等问题，专注于构建关系图谱
优点	灵活性高，支持复杂的图形算法，可用于构建复杂的关系图谱
缺点	复杂性高，不太好做分布式的集群方案，只能支持一定的数据规模
使用者	Adobe(Neo4j)、Cisco(Neo4j)、T-Mobile(Neo4j)

Neo4j是一款具有代表性的图数据库产品。它是一个嵌入式、基于磁盘的、支持完整事务的Java持久化引擎，在图(网络)中而不是表中存储数据。Neo4j提供了大规模可扩展性，在一台机器上可以处理数十亿节点/关系/属性的图，可以扩展到多台机器并行运行。

相对于关系数据库来说，图数据库善于处理大量复杂、互连接、低结构化的数据，这些数据变化迅速，需要频繁地查询，而在关系数据库中，这些查询会导致大量的表连接，因此会产生性能上的问题。

Neo4j重点解决了传统关系数据库在处理涉及大量连接操作的查询时出现的性能衰退问题。通过围绕图进行数据建模，使得Neo4j的数据模型在表达能力上非常强。链表、树和散列表等数据结构都可以抽象成图来表示。Neo4j同时提供了在对象图上进行查找和遍历的功能，能够对节点进行索引，同时还支持非常复杂的图的遍历操作。

在图上进行最实用的操作是图的遍历。通过图的遍历，可以获取与图中节点之间的关系相关的信息。遍历方式的描述信息由以下几个要素组成。

① 遍历的路径：通常用关系的类型和方向来表示。

② 遍历的顺序：常见的遍历顺序有深度优先和广度优先两种。

③ 遍历的唯一性：可以指定在整个遍历中是否允许经过重复的节点、关系和路径。

④ 遍历过程的决策器：用来在遍历过程中判断是否继续进行遍历，以及选择遍历过程的返回结果。

⑤ 起始节点：遍历过程的起点。

此外，Neo4j还提供了非常快的图算法、推荐系统和OLAP风格的分析，而这一切在目前的关系数据库系统中都是无法实现的。因此，也可以将Neo4j视为一个高性能的图引擎。

概念辨析5-4

图数据库与图引擎

图数据库(graph database)不同于图引擎(graph eengine)。图数据库主要应用为联机事务处理(OLTP)，针对数据做事务(ACID)处理。图引擎用于联机分析处理(OLAP)，进行数据的批量分析。

4. 云数据库

云数据库是"第4章4.1云计算"内容的一部分，可以结合在一起学习，其共性特征参阅前文，其个性特征在此补充介绍。

从数据模型的角度来说，云数据库并非一种全新的数据库技术，而是以服务的方式提供数据库功能的技术。云数据库并没有专属于自己的数据模型，云数据库所采用的数据模型可以是关系数据库所使用的关系模型(如微软SQL Azure等)，也可以是NoSQL数据库所使用的非关系模型(如Amazon Dynamo等)。

同一公司也可能提供采用不同数据模型的多种云数据库服务(如百度云采用了分布式关系数据库MySQL、文档数据库MongoDB、键值数据库Redis三种数据库)。许多公司在开发云数据库时，后端数据库都是直接使用现有的各种关系数据库或NoSQL数据库产品。云数据库与各类数据库之间的关系如图5-16所示。

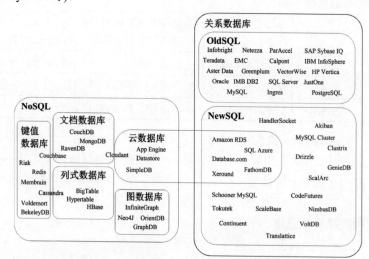

图5-16　云数据库与各类数据库之间的关系

　　与自建数据库相比，云数据库是指被优化或部署到一个虚拟计算环境中的数据库，是在云计算的大背景下发展起来的一种新兴的共享基础架构的数据库，极大地增加了数据库的存储能力，可以实现按需付费、按需扩展、高可用性，以及存储整合等优势。

　　有人认为数据库属于应用基础设施，因此把云数据库划入 PaaS 的范畴；也有人认为数据库本身也是一种应用软件，因此把云数据库划入 SaaS 的范畴。其实，云数据库到底应该被划入 PaaS 的范畴还是 SaaS 的范畴并不重要，重要的是它允许用户以服务的方式通过网络获得云端的数据库服务。

　　云数据库不存在单点失效问题。在云数据库中，数据通常是冗余存储的，在地理上也是分散的。如果一个节点失效了，那么剩余节点就会接管未完成的事务。使用云数据库的用户不必控制原始数据库的机器，也不必了解它身在何处。用户只需要一个有效的连接字符串(URL)就可以开始使用云数据库，而且就像使用本地数据库一样。

　　云数据库供应商主要分为三类：一是传统的数据库厂商，如 Oracle、IBM DB2、微软 SQL Server 等；二是涉足数据库市场的云数据库厂商，如 Amazon、Google、阿里巴巴、百度、腾讯等；三是新兴厂商，如 Vertica、LongJump 等。

　　代表性云数据库产品主要有 Amazon DynamoDB、Amazon SimpleDB、Amazon RDS、Google Cloud SQL、Oracle Cloud、阿里云 RDS、百度云数据库、腾讯云数据库等。

5.4　数据处理与分析

　　在数据处理与分析环节，可以利用统计学、机器学习和数据挖掘方法，结合数据处理与分析技术，对数据进行处理与分析，从而得到有价值的结果，服务于生产和生活。统计学、机器学习和数据挖掘方法并非大数据时代的新生事物，但是，它们在大数据时代得到了新的发展——实现方式从单机程序发展到分布式程序，从而充分利用了计算机集群的并行处理能力。

　　大数据时代新生的 MapReduce 和 Spark 等大数据处理技术，为高性能的大数据处理与分析提供了强有力的支撑。此外，还有大数据数据仓库 Hive、流计算框架 Storm 和 Flink、大数据编程框架 Beam、查询分析系统 Dremel 等，有效地满足了不同应用场景的大数据处理与分析需求。

5.4.1　数据分析与数据挖掘

　　数据分析可以分为广义的数据分析和狭义的数据分析。广义的数据分析包括狭义的数据分析和数据挖掘，如图 5-17 所示。广义的数据分析是指用适当的分析方法(来自统计学、机器学习和数据挖掘等领域)，对收集来的数据进行分析，提取有用信息并形成结论的过程。

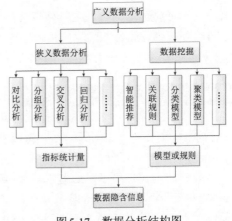

图 5-17　数据分析结构图

1. 狭义的数据分析与数据挖掘的区别

狭义的数据分析是指根据分析目的，用适当的统计分析方法及工具，对收集来的数据进行处理与分析，提取有价值的信息，发挥数据的作用。

数据挖掘是指从大量的数据中，通过统计学、人工智能、机器学习等方法，挖掘出未知的且有价值的信息和知识的过程。

从以上定义层面就可以看出，狭义的数据分析和数据挖掘是有着明显的区分的，除此之外，还有以下区别。

(1) 在作用层面。数据分析主要有三大作用：现状分析、原因分析、预测分析(定量)。数据分析的目标明确，先做假设，然后通过数据分析来验证假设是否正确，从而得到相应的结论。数据挖掘主要侧重于解决四类问题：分类、聚类、关联和预测(定量、定性)。数据挖掘的重点是寻找未知的模式与规律。例如，数据挖掘案例"啤酒与尿布"中的数据关系就是事先未知的但又非常有价值的信息。

(2) 在方法层面。数据分析主要采用对比分析、分组分析、交叉分析、回归分析等常用分析方法；数据挖掘主要采用决策树、神经网络、关联规则、分类分析、聚类分析等统计学、人工智能、机器学习等方法进行挖掘。

(3) 在结果层面。数据分析一般都是得到一个指标统计量结果，如总和、平均值等，这些指标数据都需要结合业务进行解读，才能发挥出数据的价值与作用。数据挖掘则是输出模型或规则，并且可相应得到模型得分(如流失概率值、总和得分、相似度、预测值等)或标签(高中低价值用户、流失与非流失、信用优良中差等)。

概念辨析 5-5

数据挖掘与机器学习

数据挖掘可以视为机器学习与数据库的交叉，它主要利用机器学习界提供的算法来分析海量数据，利用数据库界提供的存储技术来管理海量数据。从知识来源角度而言，数据挖掘领域的很多知识也"间接"来自于统计学界，之所以说"间接"，是因为统计学界中的很多技术需要在机器学习界进行验证和实践并变成有效的机器学习算法以后，才可能进入数据挖掘领域，对数据挖掘产生影响。

虽然数据挖掘的很多技术都来自机器学习领域，但是，我们并不能因此就认为数据挖掘只是机器学习的简单应用。毕竟，机器学习通常只研究小规模的数据对象，往往无法应用到海量数据的情形，数据挖掘领域必须借助于海量数据管理技术对数据进行存储和处理，同时对一些传统的机器学习算法进行改进，使其能够支持海量数据的情形。

(注：关于机器学习的内容参阅"第4章4.3.2人工智能的关键技术"的相关内容)

概念辨析 5-6

数据挖掘与知识发现

数据挖掘主要是为了发现隐藏在数据中的有用信息和规律，数据库知识发现(knowledge discovery in database，KDD)是"数据挖掘"的一种更广义的说法，即从各种媒体表示的信息中，根据不同的需求获得知识。

知识发现的目的是向使用者屏蔽原始数据的琐碎细节，从原始数据中提炼出有意义的、简洁的知识，直接向使用者报告。KDD表示将低层数据转换为高层知识的整个过程，包括数据准备、数据挖掘、结果表达和解释，如图5-18所示。

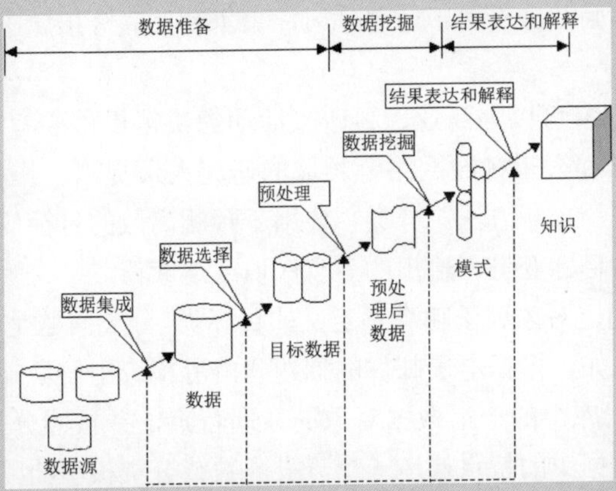

图5-18 知识发现的过程

数据挖掘是知识发现过程的核心步骤。一般而言，数据挖掘任务可以分为两大类。一是描述任务：刻画数据的特征，概括数据中潜在联系的模式(包括相关、趋势、聚类和异常等)。二是预测任务：根据当前数据进行推理、预测，根据其他属性的值预测特定属性的值。

概念辨析5-7

数据分析与数据处理

数据分析过程通常会发生数据处理(或者说伴随着大量数据计算)，因此，数据分析和数据处理是一对关系紧密的概念，很多时候，两者是融合在一起的，很难割裂开来。也就是说，当用户在进行数据分析的时候，底层的计算机系统会根据数据分析任务的要求，使用程序进行大量的数据处理(或者说发生大量的数据计算)。例如，当用户进行决策树分析时，需要事先根据决策树算法编写分析程序，当分析开始以后，决策树分析程序就会从磁盘读取数据进行大量计算，最终给出计算结果(也就是决策树分析结果)。

数据分析包含两个要素，即理论和技术。在理论层面，需要统计学、机器学习和数据挖掘等知识；在技术层面，包括单机分析工具(如SPSS、SAS等)或单机编程语言(如Python、R)，以及大数据处理与分析技术(如MapReduce、Spark、Hive等)。数据分析可以是针对小规模数据的分析，也可以是针对大规模数据的分析(这时称为"大数据分析")。

在大数据时代到来之前，数据分析主要以小规模的抽样数据为主，一般使用统计学、机器学习和数据挖掘的相关方法，以单机分析工具(如SPSS、SAS等)或单机编程(如Python、R)的方式来实现分析程序。

但是到了大数据时代，数据量爆炸式地增长，很多时候需要对规模巨大的全量数据而不是小规模的抽样数据进行分析，这时，单机工具和单机程序已经显得"无能为力"，需要采用分布式实现技术，例如，使用MapReduce、Spark或Flink编写分布式分析程序，借助集群的多台机器进行并行数据处理分析，这个过程称为"大数据处理与分析"。

2. 机器学习和数据挖掘算法

机器学习和数据挖掘是计算机学科中比较活跃的研究分支之一，数据处理与分析环节需要用到大量的机器学习和数据挖掘算法。典型的算法包括分类、聚类、回归分析和关联分析等。其中，分类和回归分析属于监督学习，聚类和关联分析属于无监督学习。

1) 分类

数据库中隐藏着许多可以为商业、科研等活动的决策提供参考的知识。目前，机器学习、模式识别、统计学和人工神经网络等领域的研究人员提出了许多预测方法，其中，分类和回归就是两种不同的预测方法。分类主要用于预测离散的目标变量，输出的是离散值；而回归用于预测连续的目标变量，输出的是有序值或连续值。

分类的任务就是确定对象属于哪个预定义的目标类。分类问题是一个普遍存在的问题，有许多不同的应用。例如，根据电子邮件的标题和内容检查出垃圾邮件。

分类是指找出数据库中的一组数据对象的共同特点，并按照分类模式将其划分为不同的类，其目的是根据数据集的特点构造一个分类函数或分类模型(也常称为分类器)，该模型能将未知类别的样本映射到给定类别中。

分类又称为监督学习，是一种重要的机器学习和数据挖掘技术，是在已知训练样本类别的情况下，通过训练建立相应模型；聚类则是无监督学习，即在训练样本的类别与类别个数均未知的情况下进行的，聚类里的每个训练样本的类标号都是未知的，要学习的类集合或数量也可能事先不知道。此处可以结合"4.3.2人工智能的关键技术"中的相关内容一起学习。

构造分类模型的过程一般分为训练和测试两个阶段。在构造模型之前，将数据集随机地分为训练数据集和测试数据集。先使用训练数据集来构造分类模型，然后使用测试数据集来评估模型的分类准确率。如果认为模型的准确率可以接受，就可以用该模型对其他数据元组进行分类。通常，分类学习模型用分类规则、判定树(决策树)、人工神经网络或数学公式的形式提供。

2) 聚类

聚类类似于分类，但与分类的目的不同，聚类是直接针对数据的相似性和差异性将一组数据分为几个类别。属于同一类别的数据相似性很大，不同类别的数据差异性很大，跨类数据的关联性很低。聚类分析起源于分类学，但是聚类不等于分类。聚类与分类的不同在于，聚类所要求划分的类是未知的。

聚类又称为群分析，也是一种重要的机器学习和数据挖掘技术。聚类的目的是将数据集中的数据对象划分到若干个簇中，并且保证每个簇中的样本间特性距离尽量接近，不同簇的样本间特性距离尽量远。通过聚类生成的簇是一组数据对象的集合。簇需要满足两个条件：一是每个簇至少包含一个数据对象；二是每个数据对象仅属于一个簇。

聚类一般属于无监督分类的范畴，它没有任何先验知识可用，即按照一定的要求和规律，在没有关于分类的先验知识的情况下对数据进行分类。聚类既能作为一个单独的过程，找寻数据内部的分布结构，也能作为分类等其他学习任务的前驱过程。主要的聚类分析方法有系统聚类法、有序样品聚类法、动态聚类法、模糊聚类法、图论聚类法、聚类预报法等。

聚类的典型应用如下。在商务方面，聚类能帮助市场分析人员从客户基本库中发现不同的客户群，并且用购买模式来刻画不同客户群的特征。在生物学方面，聚类能用于推导植物和动物的分类，对基因进行分类，获得对种群中固有结构的认识。聚类在地球观测数据库中相似地区的确定、汽车保险单持有者的分组，以及根据房子的类型、价值和地理位置对一个城市中的房屋进行分组方面也可以发挥作用。聚类也能用于对Web上的文档进行分类，以发现信息。

聚类的常见应用场景如下。

(1) 目标用户的群体分类。通过对根据特定运营目的和商业目的所挑选出的指标变量进行聚类分析，把目标群体划分成几个具有明显特征区别的细分群体，从而可以在运营活动中为这些细分群体采取精细化、个性化的运营和服务，最终提升运营的效率和商业效果。

(2) 不同产品的价值组合。企业可以按照不同的商业目的，并依照特定的指标来对众多的产品种类进行聚类分析，把企业的产品体系进一步细化分成具有不同价值、不同目的的多维度的产品组合，并且在此基础上分别制订相应的开发计划、运营计划和服务计划。

(3) 探测发现离群点和异常值。通过聚类分析方法可以帮助发现离群点和异常数据。相似或相邻近的数据聚合在一起形成了各个聚类集合，而那些位于这些聚类集合之外的数据对象，则被视为离群点或异常数据，如图5-19所示。

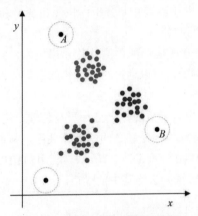

图5-19　基于聚类的离群点检测

专栏5-4

离群点检测

离群点(outlier)是一个数据对象，但它不同于其他数据对象。在样本空间中，它是与其他样本点的一般行为或特征不一致的点。值得注意的是，离群点并不一定是异常值。例如，A月薪50万元，B、C、D月薪5000元，虽然A月薪异常于样本集，是离群点，但是它并不是异常值。

离群点检测就是通过多种检测方法找出其行为不同于预期对象的数据点的过程。离群点检测的任务是识别特征显著不同于其他数据的观测值，这样的点称为离群点或孤立点。离群点检测算法的目标是发现真正的离群点，同时避免将正确的对象标注为离群点。离群点检测的应用包括欺诈检测、入侵检测、故障检测、疾病的不寻常模式、生态系统扰动等。

根据正常数据和离群点的假定分类，离群点检测可以分为以下4种方法：基于统计的离群点检测、基于距离的离群点检测、基于聚类的离群点检测和基于偏差的离群点检测。图5-19就是基于聚类的离群点检测。

3) 回归分析

回归分析指的是确定两种或两种以上变量间相互依赖的定量关系的一种统计分析方法，反映了数据库中数据的属性值的特性，通过函数表达数据映射的关系来发现属性值之间的依赖关系。回归分析的主要内容如下。

(1) 建模：从一组数据出发，确定某些变量之间的定量关系式，即建立数学模型并估计其中的未知参数。

(2) 检验：对关系式的可信程度进行检验。

(3) 变量判断：在许多自变量共同影响一个因变量的关系中，判断哪个(些)自变量的影响是显著的，哪个(些)是不显著的，将影响显著的自变量加入模型中，将影响不显著的自变量从模型中剔除。

(4) 预测：利用模型进行预测或控制。

回归分析按照涉及的变量的多少，可分为一元回归分析和多元回归分析；按照因变量的多少，可分为简单回归分析和多重回归分析；按照自变量和因变量之间的关系类型，可分为线性回归分析和非线性回归分析。

在大数据分析中，回归分析是一种预测性的建模技术，它研究的是因变量(目标)和自变量(预测器)之间的关系。例如，可以通过对近五年的销售数据进行回归分析，从而对下一年的销售趋势做出预测并做出针对性的营销改变。

也可以利用回归分析的拟合函数对数据进行平滑处理。例如，借助线性回归方法(包括多变量回归方法)，就可以获得多个变量之间的拟合关系，从而达到利用一个(或一组)变量值来预测另一个变量取值的目的。如图5-20所示，利用STIRPAT模型回归拟合分析方法所获得的拟合函数，能够平滑数据并去除其中的噪声。

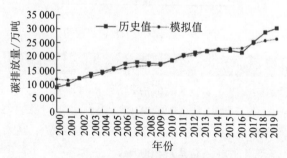

图5-20　山西省能源消费碳排放量模拟值与历史值对比

4) 关联分析

关联分析最初是针对购物篮分析(market basket analysis)问题提出的，即通过分析发现顾客放入"购物篮"中的不同物品之间的关联关系(不一定是因果关系，如啤酒与尿布之间并不是因果关系)，分析顾客的购物习惯。

关联分析又称为关联挖掘，就是从有噪声的、模糊的、随机的海量数据中，挖掘出隐藏的、人们事先不知道的、但是有潜在关联的信息或知识的过程，即可以根据一个或若干个数据项的出现推导出其他数据项的出现，但它们之间的关系并不是逻辑思维上的因果关系。所发现的信息或知识通常用关联规则或频繁项集的形式表示。

随着收集和存储在数据库中的数据规模的增大，人们对从这些数据中挖掘出的关联知识也越来越有兴趣。例如，从大量的商业交易记录中发现有价值的关联知识就可以帮助企业进行交叉营销、客户关系管理或辅助相关的商业决策。结合"第2章2.3.4相关而非因果"中的内容和本章的导入案例，可以加深对关联规则的理解。

在对数据进行关联分析时，需要注意两个关键问题：一是从大型事务数据集中发现模式可能在计算上要付出很高的代价；二是所发现的模式可能是虚假的，因为发现的模式可能是偶然发生的。

常见的关联分析算法包括Apriori算法和FP-Growth算法等。

5.4.2 大数据处理与分析技术

大数据处理与分析面向的是海量数据，因此需要运用一些特殊的处理与分析技术。大数据处理与分析技术主要包括四种类型，即批处理计算、流计算、图计算和查询分析计算(见表5-8)。

表5-8 大数据处理与分析技术的主要类型

类型	解决问题	代表性产品
批处理计算	针对大规模数据的批量处理	MapReduce、Spark 等
流计算	针对流数据的实时计算	Flink、Storm、Flume、Spark Streaming
图计算	针对大规模图结构数据的处理	Pregel、Spark GraphX 等
查询分析计算	大规模数据的存储管理和查询分析	Dremel、Hive 等

1. 批处理计算

批处理计算主要用于进行大规模数据的批量处理。MapReduce是具有代表性的大数据批处理技术，允许开发者在不会分布式并行编程的情况下，将自己的程序运行在分布式系统上。Hadoop MapReduce也是Hadoop生态系统的两大核心组件之一(见图5-4)。

Spark是一个针对超大数据集合的低延迟的集群分布式计算系统，比MapReduce快许多，因为Spark启用了内存分布数据集合，即使用内存代替HDFS或本地磁盘来存储中间结果。目前Spark已经形成了一个庞大的生态系统，将在下节专门介绍。

1) MapReduce的特性

谷歌在2003—2006年发表了3篇文章阐述GFS、MapReduce和BigTable的核心思想。其中，MapReduce是谷歌的核心计算模型，将复杂的、运行于大规模集群上的并行计算过程高度地抽象为两个函数：Map(映射)函数和Reduce(归约)函数。

MapReduce是面向大数据并行处理的计算模型、框架和平台，它隐含了以下三层含义。

(1) MapReduce是一个基于集群的高性能并行计算平台。它允许用市场上普通的商用服务器构成一个包含数十、数百、数千个节点的分布和并行计算集群。

(2) MapReduce提供了一个庞大但设计精良的并行计算软件框架，能自动完成计算任务的并行化处理，自动划分计算数据和计算任务，在集群节点上自动分配和执行任务并收集计算结果，将数据分布存储、数据通信、容错处理等并行计算涉及的很多系统底层的复杂细节交由系统负责处理，大大减少了软件开发人员的负担。

(3) MapReduce提供了一种简便的并行程序设计模型与方法，用Map和Reduce两个函数编程实现基本的并行计算任务，提供了抽象的操作和并行编程接口，以便完成大规模数据的编程和计算处理。

2) MapReduce的设计理念

MapReduce的设计理念就是"计算向数据靠拢",而不是"数据向计算靠拢"。由于移动数据需要大量的网络传输开销,尤其是在大规模数据环境下,这种开销尤为惊人,因此,移动计算要比移动数据更加经济。

本着这个理念,在一个集群中,只要有可能,MapReduce框架就会将Map程序就近在HDFS数据所在节点运行,即将计算节点和存储节点放在一起运行,从而减少节点间的数据移动开销。

3) MapReduce的工作流程

大规模数据集处理包括分布式存储和分布式计算两个核心环节。谷歌用分布式文件系统GFS实现分布式数据存储,用MapReduce实现分布式计算。而Hadoop用HDFS实现分布式数据存储,用Hadoop MapReduce实现分布式计算。MapReduce的输入和输出都需要借助于分布式文件系统进行存储,这些文件被分布存储在集群中的许多节点上。

MapReduce的核心思想是"分而治之",即把一个大的数据集拆分成多个小数据块在多台机器上并行处理(见图5-21)。也就是说,在MapReduce中,一个存储在分布式文件系统中的大规模数据集会被切分成许多独立的小数据块,这些小数据块可以被多个Map任务在多台机器上并行处理,每个Map任务通常运行在数据存储节点上。这样计算与数据就可以放在一起运行,而不需要额外的数据传输开销。

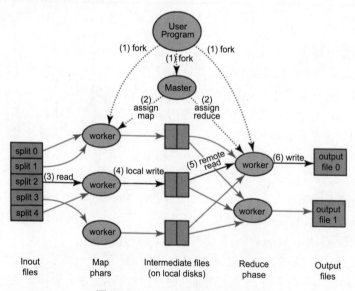

图5-21 MapReduce的工作流程

MapReduce框架会为每个Map任务输入一个数据子集,Map任务生成的中间结果(键值形式)会继续作为Reduce任务的输入在多台机器上并行执行,具有相同键的键值对会被发送到同一个Reduce任务。最终由Reduce任务进行汇总计算得到最后结果,并输出/写入分布式文件系统。

需要注意的是,适合用MapReduce来处理的数据集需要满足一个前提条件:待处理数据集可以分解成许多小的数据集,而且每一个小数据集都可以完全并行地进行处理。

4) MapReduce的不足之处

MapReduce的不足之处体现在以下方面。

(1) 表达能力有限。计算都必须转化为Map和Reduce两种操作，但这并不适合所有的情况，难以描述复杂的数据处理过程。

(2) 磁盘IO开销大。每次执行都需要从磁盘读取数据，并且在计算完成后需要将中间结果写入磁盘中，IO开销大。

(3) 延迟高。一次计算可能要分解成一系列按顺序执行的MapReduce任务，任务之间的衔接由于涉及IO开销，会产生较高延迟。而且，在前一个任务完成之前，后续任务无法开始，因此难以胜任复杂、多阶段的计算任务。

由于MapReduce是基于磁盘的分布式计算框架，因此，性能方面要逊色于基于内存的分布式计算框架(如Spark、Flink)，因此市场空间逐渐被挤压，地位也逐渐被边缘化。但不可否认的是，MapReduce的一些优秀的设计思想在其他框架中得到了很好的继承。

2. 流计算

在传统的数据处理流程中，总是先收集数据，然后将数据放到数据库中。当人们需要的时候通过数据库对数据进行查询，得到答案或进行相关的处理。这样看起来虽然非常合理，但是结果却可能严重地滞后，尤其是在实时搜索应用环境中的某些具体问题时，类似于MapReduce方式的离线处理并不能很好地解决问题。

这就引出了一种新的数据计算结构——流计算方式。它可以很好地对大规模流动数据在不断变化的运动过程中实时地进行分析，捕捉到可能有用的信息，并把结果发送到下一计算节点。流数据也是大数据分析中重要的数据类型。

1) 流计算的基本理念

流数据(数据流)是指在时间分布和数量上无限的一系列动态数据集合体，数据的价值随着时间的流逝而降低，因此，必须采用实时的计算方式给出秒级响应。流计算可以实时处理来自不同数据源的、连续到达的流数据，经过实时分析处理，给出有价值的分析结果。

流计算秉承一个基本理念，即数据的价值随着时间的流逝而降低，因此，当事件出现时就应该立即处理，而不是缓存起来进行批量处理。为了及时处理流数据，需要一个低延迟、可扩展、高可靠的处理引擎。对于一个流计算系统来说，它应达到以下需求。

(1) 高性能：处理大数据的基本要求，如每秒处理几十万条数据。

(2) 海量式：支持TB级甚至PB级的数据规模。

(3) 实时性：必须保证一个较低的延迟时间，达到秒级别，甚至是毫秒级别。

(4) 分布式：支持大数据的基本架构，必须能够平滑扩展。

(5) 易用性：能快速进行开发和部署。

(6) 可靠性：能可靠地处理流数据。

针对不同的应用场景，相应的流计算系统会有不同的需求，但是针对海量数据的流计算，无论是数据采集还是数据处理都应达到秒级响应的要求。

2) 流计算的处理流程

传统的数据处理流程需要先采集数据并将其存储在关系数据库等数据管理系统中，之后用户便可以通过查询操作和数据管理系统进行交互，最终得到查询结果。这一流程隐含了两条信息：一是存储的数据是旧的，已经不具有实效性了；二是需要用户主动发出查询。

流计算处理流程包括数据实时采集、数据实时计算和实时查询服务。

(1) 数据实时采集。

数据采集系统的基本架构包括Agent、Collector、Store三个部分。

① Agent：主动采集数据，并把数据推送到Collector。

② Collector：接收多个Agent的数据，并进行有序、可靠、高性能的转发。

③ Store：存储Collector转发过来的数据。但对于流计算，一般在Store部分不进行数据的存储，而是将采集的数据直接发送给流处理系统进行实时计算。

(2) 数据实时计算：在此阶段对采集的数据进行实时的分析和计算。

(3) 实时查询服务：在流处理流程中，实时查询服务可以不断更新结果，并将用户所需的结果实时推送给用户。

由此可见，流处理系统与传统的数据处理系统的不同之处在于：一是流处理系统处理的是实时的数据，而传统的数据处理系统处理的是预先存储好的静态数据；二是流处理系统无须用户主动发出查询，实时查询系统可以主动将实时结果推送给用户，而传统的数据处理系统需要用户主动发出查询。

3) 典型产品——Twitter Storm

Twitter Storm是一个免费、开源的分布式实时计算系统，也是大数据领域第一个开源的流处理框架，可以简单、高效、可靠地处理流数据，并支持多种编程语言。Storm框架可以方便地与数据库系统进行整合，从而开发出强大的实时计算系统。目前，Storm框架已成为Apache软件基金会旗下的项目。

Twitter为了应对其不断增长的流数据实时处理需求，开发了Storm流处理框架。为了处理实时数据，Twitter采用了实时处理系统和批处理系统组成的分层数据处理架构。

一方面，由Hadoop和ElephantDB(专门用于从Hadoop中导出Key/Value数据的数据库)组成批处理系统；另一方面，由Storm和Cassandra(列族数据库)组成实时系统。在计算查询时，该系统会同时查询批处理视图和实时视图，并把它们合并起来以得到最终结果。实时系统处理的结果最终会由批处理系统来修正。

Storm已经广泛应用于流计算，具有以下主要特点。

(1) 整合性强：可方便与队列系统和数据库系统进行整合。

(2) 简易的API：Storm的API在使用上既简单又方便。

(3) 高实时性：达到毫秒级别。

(4) 可扩展性：并行特性使其可以运行在分布式集群中。

(5) 高容错性：可自动进行故障节点重启、任务重新分配。

(6) 可靠的消息处理：保证每个消息都能完整处理。

(7) 支持各种编程语言来定义任务。

(8) 快速部署：可以快速进行部署和使用。

(9) 免费、开源：用户可以轻易进行搭建、使用，大大降低学习和使用成本。

4) 典型产品——Flink

Flink是Apache软件基金会的顶级项目之一，是一个针对流数据和批数据的分布式计算框架，目前主要还是依靠开源社区的贡献而发展。Flink所要处理的主要场景是流数据，批数据只是流数据的一个特例而已，也就是说，Flink会把所有任务当成流来处理。

Flink可以支持本地的快速迭代以及一些环形的迭代任务。Flink以层级式系统形式组建其软件栈，不同层的栈建立在其下层的基础上。Flink的典型特性如下。

(1) 提供了面向流处理的DataStream API和面向批处理的DataSet API。

(2) 提供了多种候选部署方案，如本地模式、集群模式和云模式。

(3) 提供了一些类库，包括Table(处理逻辑表查询)、Flink ML(机器学习)、Gelly(图像处理)和CEP(复杂事件处理)。

(4) 提供了较好的Hadoop兼容性，不仅支持YARN，还支持HDFS、HBase等。

3. 图计算

图是表达事物之间复杂关联关系的组织结构，在大数据时代，许多数据都以大规模图或网络的形式呈现，因此现实生活中的诸多应用场景都需要用到图，如用户好友关系图、道路图、电路图、社交网络、病毒传播网、国家电网、文献网和知识图谱等，还有最短路径、集群、网页排名、最小切割、连通分支等也存在图计算问题。图计算算法的性能直接关系到应用问题解决的高效性，尤其对于大型图(如社交网络和网络图)。在很长一段时间内，一直缺少一个可扩展的通用系统来解决大型图的计算问题。

1) 传统图计算方案存在的不足

针对大型图的计算问题，传统图计算解决方案存在以下不足之处。

(1) 为特定的图应用定制相应的分布式实现：通用性不好。

(2) 基于现有的分布式计算平台进行图计算：在性能和易用性方面往往无法达到最优。例如，MapReduce作为单输入、两阶段、粗粒度数据并行的分布式计算架构，在表达多迭代、稀疏结构和细粒度数据方面显得力不从心。

(3) 使用单机的图算法库：在规模方面具有很大的局限性。

(4) 使用已有的并行图计算系统：无法为大规模分布式系统非常重要的一些方面(如容错)提供较好的支持。

2) 通用图计算软件

针对大型图的计算，目前通用的图计算软件主要包括两种：第一种主要是基于遍历算法的、实时的图数据库，如Neo4j、OrientDB等；第二种则是以图顶点为中心的、基于消息传递批处理的并行引擎，如Hama、Giraph、Pregel等。

Pregel是一款基于整体同步的并行计算模型实现的并行图处理系统，搭建了一套可扩展的、有容错机制的平台，该平台提供了一套非常灵活的API，可以描述各种各样的图计算。Pregel主要用于图遍历、最短路径、PageRank计算等。其他代表性图计算产品还包括Facebook针对Pregel的开源实现Giraph、Spark生态里的GraphX等。

第二种图计算软件主要是基于BSP模型(bulk synchronous parallel computing model，整体同步并行计算模型)实现的并行图处理系统，又称为大同步模型或桥模型。

一个BSP模型由大量通过网络相互连接的处理器组成，每个处理器都有快速的本地内存和不同的计算线程。一次BSP计算过程包括一系列全局超步(超步是指计算中的一次迭代)，每个超步主要包括三个组件。一个超步的垂直结构如图5-22所示。

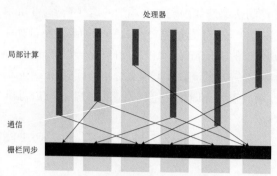

图 5-22　一个超步的垂直结构图

(1) 局部计算：每个参与的处理器都有自身的计算任务，它们只读取存储在本地内存中的值，不同处理器的计算任务都是异步并且独立的。

(2) 通信：处理器群相互交换数据。

(3) 栅栏同步：当一个处理器遇到"路障"(栅栏)，会等其他所有处理器完成它们的计算步骤；每一次同步也是一个超步的完成和下一个超步的开始。

4. 查询分析计算

针对超大规模数据的存储管理与查询分析，只有提供实时和准实时的响应，才能更好地满足企业经营管理的需要。Hadoop比较适用于大规模数据的批量处理，而对于实时的交互式处理就显得力不从心。

1) 典型产品——Dremel

谷歌开发的Dremel是一款可扩展的、交互式的实时查询系统，能够满足这种实时交互式处理需求，用于只读嵌套数据的分析。通过结合多级树状执行过程和列式数据结构，它能做到几秒内完成对万亿张表的聚合查询，并且可以在2～3秒完成PB级别数据的查询。

Dremel具有以下几个主要的特点。

(1) Dremel是一个大规模、稳定的系统。在一个PB级别的数据集上面，将任务缩短到秒级，无疑需要大量的并发计算，继而需要有足够的容错考虑，保证整个分析的速度不被集群中的个别慢节点或坏节点所影响。

(2) Dremel是对MapReduce交互式查询能力不足的补充。在设计之初，Dremel并非是MapReduce的替代品，虽然它也需要和数据运行在一起，将计算移动到数据上面，但是它只执行非常快的查询分析。在使用时，常用它来处理MapReduce的结果集或建立分析模型。

(3) Dremel的数据模型是嵌套的。互联网数据大多是非关系的，这就要求Dremel必须有一个灵活的数据模型，这个数据模型对于获得高性能的交互式查询而言至关重要。嵌套数据模型相对于关系模型而言具有明显的优势。

(4) Dremel中的数据是用列式存储的。当对采用列式存储的数据进行分析时可以只扫描需要的数据，从而大大减少磁盘的访问量。同时，列式存储可以实现更高的压缩率，使CPU和磁盘发挥最大的效能。

(5) Dremel结合了Web搜索和并行DBMS的技术。首先，它借鉴了Web搜索中的"查询树"的概念，将一个相对巨大、复杂的查询分割成较小、较简单的查询(分割查询)，并发地在大量节点上查询。其次，与并行DBMS类似，提供一个类似SQL的接口。

2) 典型产品——Hive

Hive是一个基于Hadoop的数据仓库工具(见图5-4),用来进行数据抽取、转换、加载,这是一种可以存储、查询和分析存储在Hadoop中的大规模数据的机制,由Facebook开发并于2008年开源,可以对存储在其文件中的数据集进行数据整理、特殊查询和分析处理。

Hive可以看作用户编程接口,能将结构化的数据文件映射为一张数据库表,其本身并不存储和处理数据,而是依赖分布式文件系统HDFS存储数据,依赖分布式并行计算模型MapReduce处理数据。

Hive的优点是学习成本低。Hive定义了简单的类SQL查询语言——HiveQL,它与大部分SQL语法兼容,用户可以通过编写HiveQL语句实现快速的MapReduce统计,Hive自身可以将HiveQL语句快速转换成MapReduce任务进行运行,使MapReduce变得更加简单,而不必开发专门的MapReduce应用程序,因而十分适用于数据仓库的统计分析。

在Hadoop生态系统中,Pig可以作为Hive的替代工具,它是一种数据流语言和运行环境,适用于在Hadoop平台上查询半结构化数据集,常用于ETL过程的一部分,即将外部数据装载到Hadoop集群中,然后转换为用户需要的数据格式。HBase可以提供数据的实时访问功能,而Hive只能处理静态数据,主要是BI报表数据。

就设计初衷而言,在Hadoop上设计Hive是为了减少复杂MapReduce应用程序的编写工作,设计HBase则是为了实现对数据的实时访问,因此,HBase与Hive的功能是互补的,HBase实现了Hive不能提供的功能。

Hive作为比较流行的数据仓库分析工具之一,得到了广泛的应用,最适合应用在基于大量不可变数据的批处理作业。Hive的特点包括可伸缩(在Hadoop的集群上动态添加设备)、可扩展、容错、输入格式的松散耦合。

但是,Hive采用MapReduce执行引擎来完成批量数据处理,而MapReduce是一个面向批处理的非实时计算架构,因此实时性不好,查询延迟较高,不适合用于联机事务处理,也不提供实时查询功能,不能满足查询的实时交互性。

3) 典型产品——Impala

Impala是由Cloudera公司参照Dremel系统主导开发的新型实时查询引擎,它提供SQL语义,能直接、快速地查询存储在HDFS和HBase中的PB级别的大数据。

Impala作为开源大数据分析引擎,支持实时计算,它提供了与Hive类似的功能,并在性能上比Hive高出3~30倍。需要指出的是,Impala的目的并不在于替换现有的包括Hive在内的MapReduce工具,而是提供一个统一的平台用于实时查询。事实上,Impala的运行依然需要依赖Hive的元数据。

Impala不需要把中间结果写入磁盘,省掉了大量的I/O开销。Impala采用了与商用MPP并行关系数据库类似的分布式引擎,可以直接从HDFS或HBase中用SQL语句查询数据,而不需要把SQL语句转换成MapReduce任务来执行,从而大大降低了延迟,可以很好地满足实时查询的需要。

5.4.3 大数据处理与分析代表性产品

除了前面介绍的批处理框架MapReduce、流计算框架Storm和Flink、图处理系统Pregel、实时查询系统Dremel、数据仓库工具Hive、实时查询引擎Impala等代表性产品,本节再补充介绍基于内存的分布式计算框架Spark、机器学习框架TensorFlowOnSpark、大数据编程框架Beam等产品，并对相关产品进行一些比较分析。

1. 基于内存的分布式计算框架Spark

Apache Spark是专为进行大规模数据处理而设计的快速通用的计算引擎。Spark最初由美国加州大学伯克利分校的AMP实验室于2009年开发，是基于内存计算的大数据通用并行计算框架，可用于构建大型的、低延迟的数据分析应用程序。自2013年Spark加入Apache孵化器项目后发展迅猛，如今已成为Apache软件基金会最重要的三大分布式计算系统开源项目之一，另外两个开源项目为Hadoop和Storm。

Spark拥有MapReduce所具有的优点，但不同于MapReduce的是，其中间输出结果可以保存在内存中，从而不再需要读写HDFS，因此Spark能更好地适用于数据挖掘与机器学习等需要迭代的MapReduce的算法。Spark作为大数据计算平台的后起之秀，于2014年打破了Hadoop保持的基准排序纪录。Spark使用206个节点用时23分钟完成了100TB数据的排序；Hadoop使用2000个节点用时72分钟完成100TB数据的排序。

Spark仅用约十分之一的计算资源，获得了比Hadoop快两倍多的速度。新纪录的诞生，使得Spark获得多方追捧，也表明了Spark可以作为一个更加快速、高效的大数据计算框架。腾讯、百度、亚马逊等公司均不同程度地使用了Spark来构建大数据分析应用，并将其应用到实际的生产环境中。相信在将来，Spark会在更多的应用场景中发挥重要作用。

1) Spark的主要特点

Spark具有以下4个主要特点。

(1) 运行速度快。Spark使用先进的有向无环图(directed acyclic graph，DAG)执行引擎，以支持循环数据流与内存计算。基于内存的执行速度比MapReduce快上百倍，比基于磁盘的执行速度也能快上十倍左右。

(2) 容易使用。Spark支持使用Java、Python和R语言等进行编程，简洁的API设计有助于用户轻松构建并行程序，并且可以通过Spark Shell进行交互式编程。

(3) 通用性强。Spark提供了完整而强大的技术栈，包括SQL查询、流式计算、机器学习和图算法组件，这些组件可以无缝整合在同一个应用中，足以应付复杂的计算。

(4) 运行模式多样。Spark可运行于独立的集群模式中，也可运行于Hadoop中，还可以运行于Amazon EC2等云环境中，并且可以访问HDFS、Cassandra、HBase、Hive等多种数据源。

2) Spark相对于MapReduce的优点

Spark在借鉴MapReduce优点的同时，很好地解决了MapReduce存在的问题。相对于MapReduce，Spark主要具有以下优点。

(1) Spark的计算模式也属于MapReduce，但不局限于Map和Reduce操作，还提供了多种数据集操作类型，编程模型比MapReduce更灵活。

(2) Spark的最大特点就是将计算数据、中间结果都存储在内存中，避免了从磁盘中频繁读取数据，大大减少了I/O开销，带来了更高的迭代运行效率，更适用于迭代运算比较多的数据挖掘和机器学习运算；而使用MapReduce进行迭代计算非常耗资源，因为每次迭代计算都需要从磁盘中写入、读取中间数据，I/O开销大。

(3) Spark基于DAG的任务调度执行机制，要优于MapReduce的迭代执行机制。

近年来，大数据机器学习和数据挖掘的并行化算法研究成为大数据领域一个较为重要的研究热点。在Spark崛起之前，学界和业界普遍关注的是Hadoop平台上的并行化算法设计。但是，MapReduce的网络和磁盘读写开销大，难以高效地实现需要大量迭代计算的机器学习并行算法，因此，国内外研究的重点开始转移到如何在Spark平台上实现各种机器学习和数据挖掘的并行化算法设计。

3) Spark与Hadoop的关系

Spark正以其结构一体化、功能多元化的优势，逐渐成为当今大数据领域最热门的大数据计算平台。目前，越来越多的企业放弃MapReduce，转而使用Spark开发企业应用。但是需要指出的是，Spark作为计算框架，只能解决数据计算问题，无法解决数据存储问题，Spark只是取代了Hadoop生态系统中的计算框架MapReduce，而Hadoop中的其他组件依然在企业大数据系统中发挥着重要的作用。

例如，企业在采用Spark解决数据计算问题的同时，依然需要依赖Hadoop分布式文件系统HDFS和分布式数据库HBase来实现不同类型数据的存储和管理，并借助于YARN实现集群资源的管理和调度。因此，在许多企业的实际应用中，Hadoop和Spark的统一部署是一种比较现实、合理的选择。

由于MapReduce、Storm和Spark等都可以运行在资源管理框架YARN之上，因此，可以在YARN之上统一部署各种计算框架，如图5-23所示。这些不同的计算框架统一运行在YARN之上，可以带来以下好处。

(1) 计算资源按需伸缩。

(2) 不同负载应用混搭，集群利用率高。

(3) 共享底层存储，避免数据跨集群迁移。

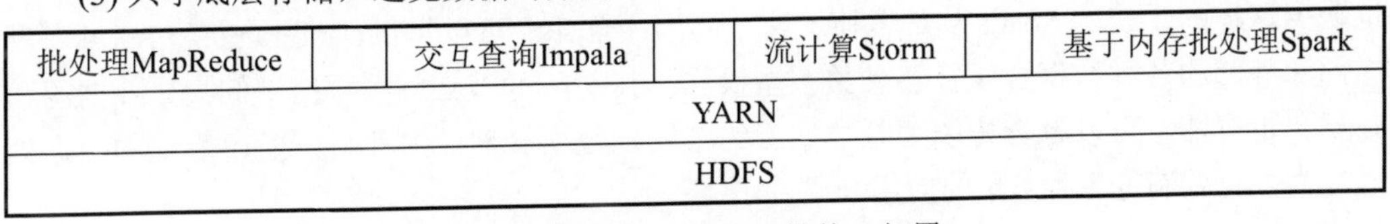

批处理MapReduce		交互查询Impala		流计算Storm		基于内存批处理Spark
YARN						
HDFS						

图5-23 Hadoop和Spark的统一部署

在实际应用中，大数据处理主要包括以下三种情景。

(1) 复杂的批量数据处理：通常时间跨度在数十分钟到数小时之间。

(2) 基于历史数据的交互式查询：通常时间跨度在数十秒到数分钟之间。

(3) 基于实时数据流的数据处理：通常时间跨度在数百毫秒到数秒之间。

目前已经有很多成熟的开源软件用于处理以上三种情景。例如，可以利用MapReduce进行批量数据处理，可以利用Impala进行交互式查询(Impala与Hive相似，但底层引擎不同，提供了实时交互式SQL查询)，对于流式数据处理可以采用开源计算框架Storm，对于批量数据快速处理需求可以采用基于内存的计算框架Spark，速度更快。

一些企业可能只会涉及其中部分应用场景，只需部署相应软件即可满足业务需求。但是，对于另外一些公司而言，可能会同时存在以上三种场景，这就需要同时部署三种不同的软件。但是这种做法也难免会带来以下问题。

(1) 不同场景之间输入输出数据无法做到无缝共享，通常需要进行数据格式的转换。

(2) 不同的软件需要不同的开发和维护团队，带来了较高的使用成本。

(3) 难以对同一个集群中的各个系统进行统一的资源协调和分配。

为此，Spark生态系统应运而生。

4) Spark生态系统

(1) Spark生态系统的设计思想。

Spark的设计遵循"一个软件栈满足不同应用场景"的理念，逐渐形成了一套完整的生态系统，既能够提供内存计算框架，又支持SQL即席查询、实时流式计算、机器学习和图计算等。Spark可以部署在资源管理器YARN之上，提供一站式的大数据解决方案。

Spark所提供的生态系统足以应对上述大数据处理的三种场景，即同时支持批处理、交互式查询和流数据处理。Spark生态系统主要包含Spark Core、Spark SQL、Spark Streaming、Structured Streaming、GraphX和MLlib等组件，如图5-24所示。

Spark SQL		Spark Streaming		Structured Streaming		GraphX		MLlib
Spark Core								

图5-24 Spark生态系统

① Spark Core：包含最基础和最核心的功能，如内存计算、任务调度、部署模式、故障恢复、存储管理等，主要面向批数据处理。Spark Core建立在统一的抽象弹性分布式数据集(resilient distributed dataset, RDD)之上，使其可以以基本一致的方式应对不同的大数据处理场景。Spark Core通常简称为Spark。

② Spark SQL：是Spark中用于结构化数据处理的组件，提供了一种通用的访问多种数据源的方式，采用了DateFrame数据模型，支持用户在Spark SQL中执行SQL语句，实现对结构化数据的处理。在实际的大数据应用中，经常需要融合关系查询和复杂分析算法，但是缺少这样的系统。Spark SQL填补了这个鸿沟：首先，可以提供DataFrame API，可以对内部和外部的各种数据源执行各种关系型操作；其次，可以支持大数据中的大量数据源和数据分析算法，可以融合传统关系数据库的结构化数据管理能力和机器学习算法的数据处理能力，有效满足各种复杂的应用需求。

③ Spark Streaming：是构建在Spark Core上的一种实时流计算框架，为Spark提供了可拓展、高吞吐、可容错的流计算能力。其核心思路是将流数据分解成一系列短小的批处理作业，每个作业可使用Spark Core进行快速处理。既可支持多种输入数据源，也可结合批处理和交互查询，适合一些需要对历史数据和实时数据进行结合分析的应用场景。

④ Structured Streaming：是一种基于Spark SQL引擎构建的、可扩展且容错的流处理引擎。通过一致的API，使得使用者可以像编写批处理程序一样编写流处理程序，降低了使用者的使用难度。由于Spark Streaming组件延迟较高，最快响应时间要在秒级，无法满足一些更快响应的需要。Structured Streaming的关键思想是将实时数据流视为一张正在不断添加数据的表。因此，可以把流计算视为在一个静态表上进行批处理查询，并进行增量查询，也可以将原先流处理的延迟降低到毫秒级别。

⑤ GraphX(图计算)：是Spark中用于图计算的API，可将其视为Pregel在Spark上的重写及优化。GraphX性能良好，拥有丰富的功能和运算符，能在海量数据上自如地运行复杂的图算法。

⑥ MLlib(机器学习)：传统的机器学习算法，由于技术和单机存储的限制，只能在少量数据上使用，依赖于数据抽样；大数据技术的出现，可以支持在全量数据上进行机器学习。

机器学习算法涉及大量迭代计算，基于磁盘的MapReduce不适合进行大量迭代计算；基于内存的Spark比较适合进行大量迭代计算。

Spark提供了一个基于海量数据的机器学习库，它提供了常用机器学习算法的分布式实现。开发者只需要有Spark基础并且了解机器学习算法的基本原理和方法中相关参数的含义，就可以轻松地通过调用相应的API来实现基于海量数据的机器学习过程。Spark-Shell的即席查询也是一个关键。算法工程师可以边写代码边运行，边看结果。

MLlib是Spark的机器学习库，旨在简化机器学习的工程实践。MLlib由一些通用的学习算法和工具组成，包括分类、回归、聚类、协同过滤、降维等，同时还包括底层的优化原语和高层的流水线API等。具体来说，MLlib主要包括以下几方面内容。

- 算法工具：常用学习算法，如分类、回归、聚类和协同过滤等。
- 特征化工具：特征提取、转换、降维和选择工具。
- 流水线：用于构建、评估和调整机器学习工作流的工具。
- 持久性：保存和加载算法、模型和管道。
- 实用工具：线性代数、统计、数据处理等工具。

需要说明的是，无论是Spark SQL、Spark Streaming、Structured Streaming、MLlib，还是GraphX，都可以使用Spark Core的API处理问题，它们的使用方法几乎是通用的，处理的数据也可以共享，不同应用之间的数据可以无缝集成。

不同应用场景下可以选用的Spark生态系统组件和其他框架如表5-9所示。

表5-9 不同应用场景下可以选用的Spark生态系统组件和其他框架

应用场景	时间跨度	Spark生态系统组件	其他框架
复杂的批量数据处理	小时级	Spark	MapReduce、Hive
基于历史数据的交互式查询	分钟级、秒级	Spark SQL	Impala、Dremel、Drill
基于实时数据流的数据处理	毫秒、秒级	Spark Streaming、Structured Streaming	Storm、S4
基于历史数据的数据挖掘	——	MLlib	Mahout
图结构数据的处理	——	GraphX	Pregel、Hama

(2) Structured Streaming和Spark SQL、Spark Streaming三者之间的关系。

Structured Streaming处理的数据与Spark Streaming一样，也是源源不断的数据流，区别在于：Spark Streaming采用的数据抽象是DStream(本质上就是一系列RDD)，而Structured Streaming采用的数据抽象是DataFrame。

Structured Streaming可以使用Spark SQL的DataFrame来处理数据流。虽然Spark SQL也采用DataFrame作为数据抽象，但是，Spark SQL只能处理静态的数据，而Structured Streaming可以处理结构化的数据流。这样，Structured Streaming就将Spark SQL和Spark Streaming的特性结合了起来。

Spark Streaming只能实现秒级的实时响应，而Structured Streaming由于采用了全新的设计方式，采用微批处理模型时可以实现100毫秒级别的实时响应，采用持续处理模型时可以支持毫秒级的实时响应。

专栏5-5

为何说Flink是理想的流计算框架

与Spark Streaming、Structured Streaming和Storm相比，为何说Flink是理想的流计算框架？Spark Streaming和Structured Streaming的特性参阅前文，Storm和Flink的特性参阅"5.4.2大数据处理与分析技术"中流计算的相关内容。在此基础上，比较如下。

(1) Spark Streaming与Storm的比较。

Spark Streaming和Storm最大的区别在于：Spark Streaming无法实现毫秒级的流计算，而Storm可以实现毫秒级响应。

Spark Streaming构建在Spark上，一方面是因为Spark的低延迟执行引擎(100ms+)可以用于实时计算；另一方面，相比于Storm，弹性分布式数据集更容易进行高效的容错处理。

Spark Streaming采用的小批量处理的方式使得它可以同时兼容批量和实时数据处理的逻辑和算法，因此方便了一些需要历史数据和实时数据联合分析的特定应用场合。

(2) Spark Streaming与Flink的比较。

Flink和Spark一样，都是基于内存的计算框架，因此都可以获得较好的实时计算性能。

当它们都运行在YARN之上时，Flink的性能甚至还要略好于Spark，因为Flink支持增量迭代，具有对迭代进行自动优化的功能。

Flink和Spark Streaming都支持流计算，两者的区别在于：Flink是一行一行地处理数据，而Spark Streaming是基于RDD的小批量处理。因此Spark Streaming在流式处理方面不可避免地会增加一些延时，实时性没有Flink好。

Flink的流计算性能和Storm差不多，可以支持毫秒级响应，而Spark Streaming则只能支持秒级响应。

(3) 理想的流计算框架。

流处理架构需要具备低延迟、高吞吐和高性能的特性，而从目前市场上已有的产品来看，只有Flink可以满足要求。Storm虽然可以做到低延迟，但是无法实现高吞吐，也不能在故障发生时准确地处理计算状态。

Spark Streaming采用微批处理方法实现了高吞吐和容错性，但是牺牲了低延迟和实时处理能力。Structured Streaming采用持续处理模型时可以支持毫秒级的实时响应，但是，这是以牺牲一致性为代价的，持续处理模型只能做到"至少一次"的一致性，而无法保证端到端的完全一致性。

Flink实现了Google Dataflow流计算模型，是一种兼具高吞吐、低延迟和高性能的实时流计算框架，并且同时支持批处理和流处理。此外，Flink支持高度容错的状态管理，防止状态在计算过程中因为系统异常而出现丢失。因此，与Spark Streaming、Structured Streaming和Storm相比，Flink就成为了能够满足流处理架构要求的理想的流计算框架。

2. 机器学习框架TensorFlowOnSpark

TensorFlowOnSpark是一个开源的、基于Python的机器学习框架，它是由谷歌公司开发的，在图形分类、音频处理、推荐系统和自然语言处理等场景下有着丰富的应用，是目前最热门的机器学习框架。TensorFlow是一个采用数据流图(dataflow diagram，DFD)用于数值计算的开源软件库。

数据流图中的节点表示数学操作，图中的线则表示节点间相互联系的多维数据组，即张量(tensor)。在计算过程中，张量从图的一端流动到另一端，这也是这个工具取名为"TensorFlow"的原因。

尽管TensorFlow开放了自己的分布式运行框架，但在目前公司的技术架构和使用环境上不是那么友好，如何将TensorFlow加入现有的环境中，并为用户提供更加方便易用的环境，成为了目前所要解决的问题。

TensorFlowOnSpark项目是由Yahoo开源的一个软件包，能将TensorFlow与Spark结合在一起使用，为Hadoop和Spark集群带来了可扩展的深度学习功能，使Spark能够利用TensorFlow拥有深度学习和GPU加速计算的能力。

传统情况下，处理数据需要跨集群(深度学习集群和Hadoop/Spark集群)，Yahoo为了解决跨集群传递数据的问题开发了TensorFlowOnSpark项目，目前已被用于雅虎私有云的Hadoop集群中，主要进行大规模分布式深度学习。

TensorFlowOnSpark在设计时充分考虑了Spark本身的特性和TensorFlow的运行机制，大大保证了两者的兼容性，使得可以通过较少的修改来运行已经存在的TensorFlow程序。在独立的TensorFlowOnSpark程序中，TensorFlow能够与Spark SQL、MLlib和其他Spark库一起处理数据。

同为机器学习，TensorFlowOnSpark与MLlib有何区别？MLlib是Spark生态系统的组件，是Spark的机器学习库。MLlib的具体特性参阅前文。TensorFlow是基于Python的机器学习框架，是由谷歌公司开发的，后经Yahoo移植到Spark上运行变成了TensorFlowOnSpark。

3. 大数据编程框架Beam

1) 多种开源技术的挑战

在大数据处理领域，开发者经常要用到很多不同的技术、框架、API、开发语言和SDK。大量的开源大数据产品为大数据开发者提供了丰富的工具的同时，也增加了开发者选择合适工具的难度，尤其对于新入行的开发者来说更是如此。

新的分布式处理框架可能带来更高的性能、更强大的功能和更低的延迟，但是，用户切换到新的分布式处理框架的代价也非常大。解决这个问题的思路包括两个部分：首先，需要一个编程范式，能够统一、规范分布式数据处理的需求；其次，生成的分布式数据处理任务应该能够在各个分布式执行引擎上执行。

2) Beam的设计目标(意义价值)

Beam是由谷歌贡献的Apache顶级项目，它的目标是为开发者提供一个易于使用且很强大的数据并行处理模型，能够支持流处理和批处理，并兼容多个运行平台。Beam使用一套高层抽象的API屏蔽了多种计算引擎的区别，开发者只需要编写一套应用代码就可以将其运行在不同的计算引擎之上。

5.5　数据呈现与可视化

在大数据时代，人们面对海量数据，有时难免会觉得无所适从。一方面，数据复杂多变且种类繁多，各种不同类型的数据大量涌现，庞大的数据量已经远远超出了人类的处理能力，日益紧张的工作已经不允许人们在阅读和理解数据上花费大量的时间；另一方面，人类大脑无法从堆积如山的数据中快速发现核心问题，必须有一种高效的方式来刻画和呈现数据所反映的本质问题。

若要解决以上问题，就需要进行数据可视化。它通过丰富的视觉效果，把数据以直观、生动、易理解的方式呈现给用户，可以有效提升数据分析的效率和效果。数据可视化是大数据分析的最后环节，也是非常关键的一环。

5.5.1 数据可视化

数据通常是枯燥乏味的，相对而言，人们对大小、图形、颜色等怀有浓厚的兴趣。数据可视化是指将大型数据集中的数据以图形图像形式表示，并利用数据分析和开发工具发现其中未知信息的处理过程。

数据可视化技术的基本思想是将数据库中的每一个数据项作为单个图元素来表示，大量的数据集构成数据图像，同时将数据的各个属性值以多维数据的形式表示，帮助人们从不同的维度观察数据，从而对数据进行更深入的观察和分析。

1. 数据可视化的发展历程

伦敦霍乱死亡地图

其实，人类很早就引入了可视化技术辅助分析问题。在数据可视化的发展历程中，早期有两个非常经典的事例至今仍为人们所津津乐道：一是1854年John Snow医师制作了伦敦霍乱死亡地图(可扫描二维码获悉)，据此找出了致命的水泵；二是1857年"提灯女神"南丁格尔设计的"鸡冠花图"(可扫描二维码获悉)，它以图形的方式直观地呈现了英军在克里米亚战争中牺牲的战士数量和死亡的原因，有力地说明了改善军队医院的医疗条件对减少军队死亡人数的重要性。

"鸡冠花图"

20世纪50年代，随着计算机的出现和计算机图形学的发展，人们可以利用计算机技术绘制出各种图形图表，可视化技术进入了全新的发展阶段。最初，可视化技术被大量应用于统计学领域，用来绘制统计图表，如圆环图、柱状图、饼图、直方图、时间序列图、等高线图、散点图等；后来被逐渐应用于地理信息系统、数据挖掘分析、商务智能工具等领域，有效地促进了人类对不同类型数据的分析与理解。

1987年，美国国家科学基金会(NSF)发布了题为《科学计算中的可视化》(*Visualization in Scientific Computing*)的报告，该报告把可视化首次作为一种组织性的次领域提出来，认为可视化是一种能够处理大量科学数据集的工具，能够提高科学家们从数据中发现现象的能力。20世纪90年代初，一个称为"信息可视化"的新研究领域诞生，旨在为许多应用领域对于抽象的异质性数据集的分析工作提供支持。数据看板(扫描二维码获悉)就是一种典型的应用。

数据看板

2. 数据可视化的作用与特点

数据可视化的对象是数据，它包含两个分支：处理科学数据的科学可视化与处理抽象的、非结构化信息的信息可视化。数据可视化作为数据内涵信息的展示方法和人机交互接口，已成为数据科学的核心要素之一。在面对大规模数据时，很多时候不可能通过直接观察数据本身或对数据进行简单地统计分析得到数据中蕴含的信息。

可视化不仅可以作用于数据科学过程中不同的部分，也可以作为一种人机交互手段贯穿于整个数据处理的过程。可视化技术利用计算机的巨大处理能力及计算机图像和图形学中的基本算法把海量数据转换为静态或动态的图像或图形，呈现在人们的面前。

数据可视化技术允许通过人机交互手段控制数据的提取和画面的显示，挖掘出藏于数据背后的不可见的现象，为人们分析数据、理解数据、形成概念、找出规律提供强有力的手段。数据可视化技术主要有以下三个特点。

(1) 交互性。用户可以方便地以交互的方式管理和开发数据。

(2) 多维性。可以看到表示对象或事件的数据的多个属性或变量，而数据可以按每一维的值，将其分类、排序、组合和显示。

(3) 可视性。利用图像、曲线、二维图形、三维体和动画来显示数据，并对其模式和相互关系进行可视化分析。

在大数据时代，让"茫茫数据"以可视化的方式呈现、让枯燥的数据以简单友好的图表形式展现，可以使数据变得更加通俗易懂，有助于用户更加方便、快捷地理解数据的深层次含义，有效参与复杂的数据分析过程，提升数据分析效率，改善数据分析效果。数据可视化的重要作用体现在以下四个方面。

(1) 观测、跟踪数据。许多实际应用中的数据量已经远远超出人类大脑可以理解的能力范围，如果还以枯燥数值的形式呈现，那么人们必然茫然无措。利用变化的数据生成实时的可视化图表，可以让人们一眼看出各种参数的动态变化过程，有效跟踪各种参数值。例如，百度地图提供的北京实时路况(扫描二维码获悉具体内容)。

北京实时路况

(2) 分析数据。利用可视化技术，不仅可以实时呈现当前分析结果，还可以引导用户参与分析过程，根据用户反馈信息执行后续分析操作，完成用户与分析算法的全程交互，实现数据分析算法与用户领域知识的完美结合。一个典型的用户参与的可视化分析过程如下：数据首先被转化为图像呈现给用户，用户通过视觉系统进行观察分析，同时结合相关领域的背景知识，对可视化图像进行认知，从而理解和分析数据的内涵与特征。用户还可以根据分析结果，通过改变可视化程序系统的参数设置，来交互式地改变输出的可视化图像，从而根据自己的需求从不同的角度对数据进行理解。

(3) 辅助理解数据。可视化技术可以帮助普通用户更快、更准确地理解数据背后的含义，如用不同的颜色区分不同对象、用动画显示变化过程、用图结构展现对象之间的复杂关系等。微软人立方关系搜索(扫描二维码获悉具体内容)就是典型的例子。

微软人立方
关系搜索

(4) 增强数据吸引力。传统、单调、保守的讲述方式已经不能引起读者的兴趣，因此需要以更加直观、高效的方式呈现信息。枯燥的数据被制作成具有强大视觉冲击力和说服力的图像，大大增强了读者的阅读兴趣。可视化的图表新闻就是一个非常受欢迎的应用，因此，现在的新闻播报中越来越多地使用数据图表，动态、立体化地呈现报道内容。例如，中国政府网图解政策栏目转发的一则新华社消息，2023年我国新能源汽车保有量超过2000万辆，如图5-25所示。又如，光明网转发的人民日报消息，我国制造业总体规模连续14年保持全球第一，如图5-26所示。

图5-25 可视化的图表新闻实例(一)

图5-26 可视化的图表新闻实例(二)

3. 业务导向的数据分析与呈现

企业在进行数据分析与呈现的过程中存在一些共同的痛点,可以归纳为以下四个方面。

(1) 容易陷入细节,忽视全局。企业在分析业务问题时容易陷入细节,既不清楚全站的数据表现,又不清楚用户实际流转的数据表现,进而容易忽视全局。

(2) 会使用看数工具,但数据分析不成体系。企业在分析数据时没有完整的体系,无法快速定位影响转化的关键高价值行为,也很难准确找到引导用户的切入点。

(3) 结果数据难以归因。企业想知道不同渠道或产品内各功能模块对结果产生了多少贡献,但结果数据往往难以归因,这就会产生业务转化率低、找不到优化方向等问题。

(4) 优化靠职业敏感度,而不是科学的数据分析。很多企业对活动迭代、产品迭代等工作还停留在"拍脑袋"决定迭代策略的阶段。

《用户行为分析:如何用数据驱动增长》一书中提出了业务导向的数据分析整体思路,即"用户流转地图—场景化—数据分析模型/工具",如图5-27所示。用户流转地图带领人们从全局视角出发,快速发现局部问题;场景化带领人们将数据分析落地到具体的场景中,脱离业务场景的数据分析是没有任何意义的,业务场景越具体,数据的含义才会越清晰,才越有助于数据洞察;数据分析模型/工具提供最基本、最底层、最常用的数据分析方法。

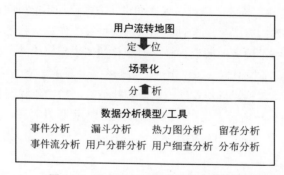

图5-27 业务导向的数据分析整体思路

用户流转地图是用来帮助业务人员概览业务全貌、洞察业务痛点、明确优化方向并规划迭代路径的工具。简而言之,用户流转地图是全面展示业务流程,快速发现业务断点的工具。具体而言，用户流转地图遵循全局—局部—产品的层层下钻思路，分为全局流转地图、局部流转地图和产品流转地图三层。

第一层是全局流转地图。需要基于公司战略，通过准确的业务定位与行业发展现状描绘全局流转地图，用于诊断全局业务。

第二层是局部流转地图，根据产品策略主要分为三大板块。一是站外渠道，观察平台的流量分发情况，识别异常渠道；二是平台流转，可通过代入平台App、小程序、网站等数据评估平台效能；三是裂变转化，即通过绘制裂变流转地图定位裂变断点。

第三层是产品流转地图。局部流转地图下钻到具体产品后可得到两种类型的产品流转地图：一种以功能为维度，如利用下钻搜索功能可找到搜索转化瓶颈；另一种以日常活动为维度，如根据活动的流转地图洞察活动流程的断点来探索或构建新的路径。

综上所述，用户流转地图的核心目标是通过"公司战略—产品策略—具体产品"三层逐步深入，评估线上各环节转化效率并找到转化断点，进一步下钻产品流转地图找到优化点，并根据各转化节点之间的关联找到新的转化路径，开拓新的增长点。概括来说就是"评效能、看瓶颈、开新路"。

关于场景化的概念参阅第3章中数据规划方法的相关内容。典型的通用型场景有二十个之多，其中横跨用户旅程各阶段比较具有代表性的五大通用型场景分别是找到最优投放渠道、打造黄金落地页、被低估的搜索框、活动迭代分析和产品健康度分析。不同的场景数据分析需要借助不同的数据分析模型，5.4.1、5.5.2 和 5.5.3 小节分别对典型的数据分析模型/工具进行了介绍。

5.5.2　可视化图表

1. 统计图表

统计图表是使用最早的可视化图形，已有数百年历史，发展非常成熟，因而被广泛使用。常见的统计图表包括柱形图、折线图、饼图、散点图、气泡图、雷达图等。

(1) 柱形图：又称为长条图、柱状图、条图、条状图、棒形图，是一种以长方形的长度为变量的统计图表。柱形图指定一个分析轴进行数据大小的比较(不同时间或不同条件)，只有一个变量，通常用于较小的数据集分析。

(2) 折线图：是将排列在工作表的列或行中的数据进行绘制后形成的线状图形。折线图可以显示随时间而变化的连续数据，因此非常适用于显示在相等时间间隔下数据的变化趋势。折线图适用于较大的数据集。图1-1是柱状图与折线图的混合图，交易额是柱状图，同比增长率是折线图。

专栏5-6

事件分析

事件分析法最早应用于金融领域，它作为一种实证研究方法，是指通过数据分析金融市场某一种特定事件对公司价值的影响。在用户行为数据分析中，事件是指用户操作产品的某个行为，即用户在产品内做了什么事情，转为描述性语言就是"操作+对象"。事件类型包括浏览页面、点击元素、浏览元素、修改文本框等。

事件分析是所有数据分析模型中最基础的一种，指对用户行为事件的指标进行统计、维度细分、筛选等分析操作。例如，对于"点击加入购物车按钮"这个事件，我们可以用"点击次数"或"点击人数"来度量，对应的指标分别是"点击加入购物车按钮的次数"和"点击加入购物车按钮的人数"。度量结果可以通过折线图、柱状图等呈现。

事件分析的折线图可以用于观察一个或多个数据连续变化的趋势，也可以根据需要与之前的周期进行同比数据分析。

专栏5-7

留存分析

留存分析是衡量产品对用户是否有持续吸引力及用户黏性的重要数据分析模型，可以通过表格和折线图来呈现。

留存分析表格展示了目标用户的留存详情，而通过留存分析折线图可以观测到随着时间推移用户留存率的衰减情况。在留存分析中，要明确以下三个基本概念。

留存用户：如果用户发生起始行为一段时间之后，又发生了目标行为，即认定该用户为留存用户。

留存行为：某个目标用户完成了起始行为之后，在后续日期完成了特定的留存行为，则留存人数加1。留存行为一般与目标有强相关性。在进行留存分析时，一定要根据自身业务的实际需要，确定高价值的留存行为，便于对产品的优化提供指导性建议。

留存率：是指"留存行为用户"占"起始行为用户"的比例。常见指标有次日留存率、7日留存率、次月留存率等。

用户在访问产品的初期在产品内的某些行为、频次可能会让他留下来，并且长久使用，成为忠诚用户。发现这些用户行为和行为的发生次数，再优化产品促使用户使用这些功能，可能会带来更高的留存率。

例如，领英(LinkedIn)发现第一周增加5个新社交关系的用户留存率很高，脸书(Facebook)发现注册第一周里增加10个好友的用户留存率很高，推特(Twitter)发现在第一周有30个追随者(followers)的用户留存率很高。这些"魔法数字"都是在用户行为的留存分析中发现的，因此，要努力发现这样的"魔法数字"，提高留存率。

(3) 饼图：仅排列在工作表的一列或一行中的数据可以绘制到饼图中。饼图显示一个数据系列中各项的大小与各项总和的比例。饼图适用于反映部分与整体的关系。需要注意的是，调查问卷里的单选题可以做成饼图，整体为100%；多选题不可做成饼图，因为多选题合计大于100%。

(4) 散点图：是指在回归分析中，数据点在直角坐标系平面上的分布图。散点图表示因变量随自变量而变化的大致趋势，据此可以选择合适的函数对数据点进行拟合。图5-20就是对散点进行拟合后得出的拟合曲线。

(5) 气泡图：可用于展示三个变量之间的关系。气泡图与散点图相似，不同之处在于，气泡图允许在图表中额外加入一个表示大小的变量。实际上，这就像以二维方式绘制包含三个变量的图表一样。气泡由大小不同的标记(指示相对重要程度)表示。俄罗斯工程师绘制的"互联网地图"(扫描二维码获悉具体内容)就是典型的例子。

"互联网地图"

(6) 雷达图：是以从同一点开始的轴上表示的三个或更多个定量变量的二维图表的形式显示多变量数据的图形方法。轴的相对位置和角度通常是无信息的。雷达图又称为网络图、蜘蛛图、星图、蜘蛛网图、不规则多边形、极坐标图或Kiviat图。雷达图主要应用于企业经营状况(收益性、生产性、流动性、安全性和成长性)的评价。扫描二维码了解雷达图的绘制方法。

雷达图的
绘制方法

2. 其他图表

当然，数据可视化不仅是统计图表，实际上，任何能够借助于图形方式展示事物原理、规律、逻辑的方法都可以叫数据可视化。因此，除了上述常见的图表，还有树图、漏斗图、热力图、关系图、桑基图、词云、日历图等。

(1) 树图：是一种比较流行的利用包含关系表达层次化数据的可视化方法。由于其呈现数据时高效的空间利用率和良好的交互性，受到了众多的关注，得到了深入的研究，并在科学、社会学、工程、商业等领域都得到了广泛的应用。有关树图的更多介绍可扫描二维码获悉。树图是一种常用的工具类型，它具有广泛的应用范围。表5-10列出了一些树图的演变名称及其应用。

树图

表5-10　树图的演变名称及其应用

名称	应用
分解树	在人口调查中，将人口样本分解为人口统计信息
关键质量特性树	将顾客的需求转化为产品的可测量参数和过程特性
决策树或逻辑图	绘制出思维过程以便决策
树干图	在产品的设计和开发阶段，用于识别产品的特性
故障分析树	识别故障的潜在原因
装配图	在制造过程中，描绘产品零部件的装配
工作或任务分析树	识别一项工作或任务的要求
组织图	识别管理和汇报间的关联水平
需求测量树	确定顾客需求并对产品或服务进行测量
工作分解结构 (WBS) 树	识别项目的所有方面，分解成具体工作包
知识结构图	在学习中，将知识结构按层次展开，清晰显示其间的逻辑关系

(2) 漏斗图：是一个简单的散点图，反映在一定样本量或精确性下单个研究的干预效应估计值，如图5-28所示。在漏斗图中，最常见的是以横轴为各研究效应估计值，以纵轴为研究样本量。

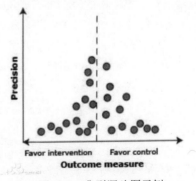

图5-28　典型漏斗图示例

漏斗分析是一套流程式的数据分析模型，通过将用户行为的各个节点作为分析模型节点来衡量每个节点的转化效果，适用于进行业务流程比较规范、周期长、环节多的流程分析，通过漏斗各环节业务数据的比较，能够直观地发现和说明问题所在。某平台数据转化率情况如图5-29所示。该平台通过漏斗图直观地展示了用户"浏览商品—放入购物车—生成订单—支付订单—完成交易"整个过程的数据转化率情况，便于进行分析和决策。

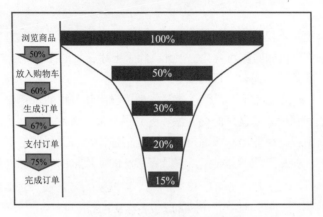

图5-29　某平台数据转化率情况

在图5-29中可以看出，用户从浏览商品到完成交易过程中的5个步骤间的转化率分别是50%、60%、67%和75%，最终总的转化率是15%。可以与行业平均数据或主要竞争对手的数据进行对比分析，发现优势和不足，有针对性地采取措施，以提高总的转化率。

除了采用漏斗图分析每个步骤间及总的转化情况，还可以按照时间维度采用折线图制作漏斗分析趋势图来监控每一步和总转化率的变化趋势，及时发现异常变化指标，找到原因，解决问题。

专栏5-8

用户分群分析

用户分群分析是指针对有某种特定行为或背景信息的用户，进行归类处理。通过用户分群分析可以帮助企业找到相应的用户群体，帮助企业了解他们是谁，做了哪些行为，进而进行有针对性的运营和产品优化工作。常用方法包括以下三种。

(1) 找到做过某些事情的人群，如过去7天完成过3次购物的人群。

(2) 找到有某些特定属性的人群，如年龄在25岁以下的男性。

(3) 找到在转化过程中流失的人群，如提交了订单但没有付款的用户。

通过用户分群分析，可以回答"用户参加哪个活动后在产品内活跃度更高""用户之前活跃最近却沉寂的原因是什么""每次走到最后一步就放弃注册的人群的共性特征有哪些"等各种以用户群体为对象的共性问题。同时，用户分群分析也是精细化运营的基础。

例如，某企业级SaaS公司以微信中的H5落地页为获取线索的主要来源，在进行漏斗分析时，发现使用iOS系统的用户从某周开始，其从"填写手机号"到"获取验证码"环节的转化率比Android端低了3.1%。

通过下钻分析，发现在某几款新型号的iPhone上的数据有明显差异。最终确定问题为H5页面未对新款iPhone机型的屏幕大小做适配，导致客服头像盖住了"获取验证码"按钮。通过用户分群分析定位流失原因，使该问题得以解决，转化率即刻回到前期的正常水平。

(3) 热力图：是一种常见的数据分析图表，以特殊高亮的形式显示访客热衷的页面区域和访客所在的地理区域的图示。热力图基于GIS坐标，用于显示人或物品的相对密度。扫描二维码可获悉热力图示例

热力图示例

专栏5-9

百度热力图

百度热力图可以直观地展示页面中每个区域的访客兴趣焦点，以图形化方式呈现。使用热力图可以轻松了解访客的行为模式，而无须进行烦琐的数据分析。同时，热力图还能显示不可点击区域的活动情况，这有助于发现访客可能会点击但不是链接的地方。

此外，热力图还能说明页面的哪些部分吸引了大多数访客的注意。这对那些对Web分析数据没有什么经验的站长或管理员非常有用。

如果在一个页面中有多个链接指向同一个URL，即在不同位置的3个链接指向同一个特定的产品页面，那么热力图将会显示访客最喜欢点击哪一个链接，这将有助于提升网页的设计，对用户更加友好。

目前，常见的热力图有三种：一是基于鼠标点击位置的热力图，适用于产品设计细节上的优化，如点击按钮的最佳位置；二是基于鼠标移动轨迹的热力图，适用于洞察用户心理，探究用户在产品上的注意力情况；三是基于内容点击的热力图，会追踪记录相对时间内用户对内容的点击偏好。

(4) 关系图：基于3D空间中的点线组合，再加以颜色、大小、粗细等维度的修饰，适用于表明各节点之间的关系。扫描二维码获悉关系图示例。

关系图示例

(5) 桑基图：又称为桑基能量分流图或桑基能量平衡图。因1898年Sankey(桑基)绘制的"蒸汽机的能源效率图"而闻名，此后便以其名字命名为"桑基图"。它是一种特定类型的流程图，图中延伸的分支的宽度对应数据流量的大小，通常应用于能源、材料成分、金融等数据的可视化分析。桑基图示例如图5-30所示。

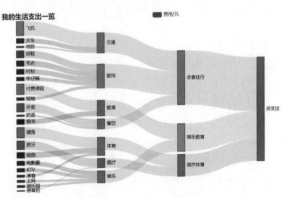

图5-30 桑基图示例

专栏5-10

事件流分析

事件流是了解用户行为变化或用户在产品内流转行为的最佳方法。事件流分析通过桑基图呈现，图5-31展示了三大运营商用户的携号转网情况。

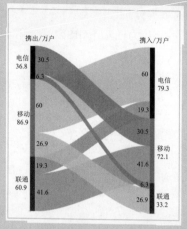

图5-31 三大运营商用户的携号转网情况

通过对比转出前后的结果可以看出，电信收益最大，其大幅增加主要来自移动，净增29.5万户；移动有一定的减少，其受电信的巨大影响通过联通的流入弥补了一部分；联通受影响最大，其大幅下降主要受移动的影响，净减14.7万户，同时受电信的影响也很大，虽然流入流出都不是很大，但也净减13万户。

企业进行事件流分析可以了解用户在做完任一行为之后的流向，也可以了解转化的用户是如何一步步完成转化的，以此判断用户的去向是否符合预设路径。例如，某社交平台希望提升新用户的激活，设想新用户在首页会点击最上方的坑位，但借助事件流分析发现53.7%的新用户流向了另一个次要的新功能，只有32.6%的用户点击了最上方的坑位，因此需要选择弱化次要功能的视觉设计。

5.5.3 可视化工具

目前已有许多数据可视化的工具，可以满足各种可视化的需要。主要包括入门级工具(Excel)、专业级工具、信息图表工具、地图工具、时间线工具和高级分析工具等。

1. 入门级工具

Excel是微软的办公软件Office的系列软件之一，可以进行各种数据的处理、统计分析和辅助决策操作，是日常数据分析工作中最常用的工具，简单易用，可以提供柱状图、折线图、饼图、散点图、气泡图、雷达图等常用图表。用户不需要进行复杂的学习就可以轻松地使用Excel提供的各种图表功能。Excel是普通用户的首选工具，但其在颜色、线条和样式上可选择的范围较为有限。

2. 专业级工具

1) SAS

SAS是由美国北卡罗来纳州立大学的两位生物统计学研究生于1976年开发的统计分析

软件，全称为"Statistics Analysis System"。SAS主要用于大型集成信息系统的决策支持，最初它的功能仅限于统计分析，如今，它的重要组成部分和核心功能仍是统计分析功能。SAS把数据存取、管理、分析和展现有机地融为一体，具有功能强大，统计方法齐、全、新，操作简便灵活的特点。目前，全世界有3万家机构采用SAS软件进行分析，它的直接用户已经超过三百万人，被称为统计软件界的"巨无霸"。

2) SPSS

SPSS是世界上最早的统计分析软件，由美国斯坦福大学的三位研究生于1968年开发，全称为"Solutions Statistical Package for the Social Sciences"(社会科学统计软件包)，它最突出的特点就是操作界面极为友好，输出结果美观漂亮(从国外的角度看)，是非专业统计人员的首选统计软件。随着SPSS产品服务领域的扩展和服务深度的增加，2000年其全称更改为"Statistical Product and Service Solutions"(统计产品与服务解决方案)。它封装了先进的统计学和数据挖掘技术来获得预测知识，并将相应的决策方案部署到现有的业务系统和业务过程中，从而提高企业的效益。

2009年，IBM公司收购了SPSS公司。IBM SPSS Modeler拥有直观的操作界面、自动化的数据准备和成熟的预测分析模型，结合商业技术可以快速建立预测性模型。目前，SPSS在我国社会科学、自然科学等领域都发挥了巨大作用。

3. 信息图表工具及代表性产品

信息图表是信息、数据、知识等的视觉表达，它利用人脑对于图形信息比对于文字信息更容易理解的特点，更高效、直观、清晰地传递信息。代表性产品有Google Chart API、ECharts、D3、Tableau和大数据魔镜等。

1) Google Chart API

谷歌的制图服务接口Google Chart API，可以为统计数据自动生成图片。该工具的使用方法非常简单，不需要安装任何软件，通过浏览器即可在线查看统计图表。Google Chart API提供了折线图、条状图、饼图、维恩图和散点图5种图表。

2) ECharts

ECharts是一款基于JavaScript的数据可视化图表库，提供直观、生动、可交互、可个性化定制的数据可视化图表。ECharts最初由百度前端数据可视化团队研发，并于2018年初捐赠给Apache基金会，成为ASF孵化级项目。

ECharts 提供了非常丰富的图表类型，包括常规的折线图、柱状图、散点图、饼图、K线图，用于统计的盒形图，用于地理数据可视化的地图、热力图、线图，用于关系数据可视化的关系图、treemap、旭日图，用于多维数据可视化的平行坐标，以及用于 BI 的漏斗图、仪表盘，并且支持图与图之间的混用，能够满足用户绝大部分分析数据时的图表制作需求。

3) D3

D3(Data-Driven Documents)是比较流行的可视化库之一，是一个用于网页作图、生成互动图形的JavaScript函数库，是一种基于数据的文档操作库，使用户可以使用HTML、SVG和CSS等技术来实现各种数据可视化。

D3提供了用于创建运行在Web上的交互式数据可视化的工具和技术。该库提供了一个D3对象，所有方法都通过这个对象调用。D3能够提供大量线性图和条形图之外的复杂图表样式，如Voronoi图、树状图、圆形集群和单词云等。

4) Tableau

Tableau是桌面系统中最简单的商务智能工具软件，更适用于企业和部门进行日常报表和数据可视化分析工作。Tableau致力于帮助人们查看并理解数据，帮助所有人快速分析、可视化并分享信息。数以万计的用户使用Tableau Public在博客与网站中分享数据。

Tableau实现了数据运算与美观的图表的完美结合，用户只要将大量数据拖入数字"画布"上，转眼间就能创建好各种图表。这一软件的理念是，界面上的数据越容易操控，企业对自己在业务领域中的所作所为到底是正确还是错误，就能了解得越透彻。

5) 大数据魔镜

大数据魔镜是一款优秀的国产数据分析软件，丰富的数据公式和算法可以让用户理解并探索、分析数据。用户只要通过一个直观的拖曳界面就可以创造交互式的图表和数据挖掘模型。大数据魔镜拥有全国最大的可视化效果库。

企业可以将其积累的各种来自内部和外部的数据整合在大数据魔镜中进行实时分析。大数据魔镜移动平台可以在苹果系列产品、安卓智能手机和平板电脑上展示关键绩效指标、文档和仪表盘，而且所有图标都可以进行交互、触摸，在手掌间即可随意查看和分析数据。

4. 地图工具及代表性产品

地图工具在数据可视化中较为常见，它在展现数据基于空间或地理分布上有很强的表现力，可以直观地展现各分析指标的分布、区域等特征。当指标数据要表达的主题与地域有关联时，就可以选择以地图为大背景，从而帮助人们更加直观地了解整体的数据情况，同时可以根据地理位置快速地定位到某一地区来查看详细数据。

1) Google Fusion Tables

Google Fusion Tables让一般使用者也可以轻松制作出专业的统计地图。该工具可以让数据以图表、图形和地图的形式呈现，从而帮助使用者发现一些隐藏在数据背后的模式和趋势。

2) Modest Maps

Modest Maps是一个小型、可扩展、交互式的免费库，提供了一套查看卫星地图的API，只有10KB大小，是目前最小的可用地图库。

3) Leaflet

Leaflet是一个小型化的地图框架，通过小型化和轻量化来满足移动网页的需要。

5. 时间线工具及代表性产品

时间线是表现数据在时间维度演变的有效方式，它通过互联网技术，依据时间顺序，把一方面或多方面的事件串联起来，形成相对完整的记录体系，再通过图文的形式呈现给用户。时间线可以应用于很多领域，其最大作用就是把过去的事物系统化、完整化、精确化。例如，用户旅程地图(UJM)就是由一系列用户行为在时间线上排布构成的。时间线概念图如图5-32所示。

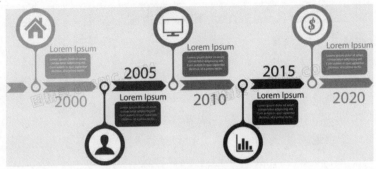

图5-32　时间线概念图

1) Timetoast

Timetoast是在线创作基于时间轴事件记载服务的网站，提供个性化的时间线服务，可以用不同的时间线来记录个人某方面的发展历程、心路历程、某件事的进度过程等。Timetoast基于Flash平台，可以在类似Flash时间轴上任意加入事件，最终在时间轴上显示事件在时间序列上的发展，事件的显示和切换十分流畅，使用鼠标点击即可显示相关事件，操作简单。

2) Xtimeline

Xtimeline是一个免费的绘制时间线的在线工具网站，操作简便，用户可以通过添加事件日志的形式构建时间表，同时也可以给日志配上相应的图表。不同于Timetoast的是，Xtimeline是一个社区类的时间轴网站，其中加入了组群功能和更多的社会化因素，除了可以分享和评论时间轴，还可以建立组群讨论所制作的时间轴。

6. 高级分析工具

1) R

R是属于GNU①系统的一个自由、免费、源代码开放的软件，是一个用于统计计算和统计制图的优秀工具，但是使用难度较高，通常为专业技术人士所掌握，用于大数据集的统计与分析。

2) Python

Pyhton是由荷兰人Guido van Rossum于1989年发明的，在1991年首次公开发行。它是一款简单易学的编程类工具，同时，其编写的代码具有简洁性、易读性和易维护性等优点。Pyhton原本主要应用于系统维护和网页开发，但随着大数据时代的到来，以及数据挖掘、机器学习、人工智能等技术的发展，Python进入了数据科学的领域。

Python是一种面向对象的解释型计算机程序设计语言，具有丰富和强大的库，能够把用其他语言制作的各种模块很轻松地连接在一起。Python也是一种很好的可视化工具，可以开发出各种可视化效果图。Python可视化库包括基于Matplotlib的可视化库、基于JavaScript的可视化库，以及基于上述两者或其他组合功能的库。

---

① GNU是一个操作系统，其内容软件完全以GPL方式发布。这个操作系统是GNU计划的主要目标，名称来自"GNU's Not Unix!"(GNU并非Unix!)的首字母递归缩写，因为GNU的设计类似Unix，但它不包含享有著作权的Unix代码。

专栏 5-11

用户细查

用户细查与用户分群功能是紧密相关的。当定位到企业所关心的某一用户群体后，用户细查可以进一步帮助企业了解这个群体内的用户在产品内的行为轨迹，从而清晰地展现用户与产品的整个交互过程。

例如，某在线旅游平台想了解哪些旅游产品的购买率更高，以便推出更多类似的产品。平台通过使用购买行为转化率等分析方法找到了一些购买率较高的产品，但这些产品的特征(如价格、地域、类别等)没有规律可循。

此时，平台可以先通过用户分群分析找出购买了该产品的所有用户，然后查看一些典型用户的访问轨迹。平台发现这些用户大多有"查看全部评论"的行为，并会在这个页面上停留较长的时间。进而发现购买率较高的产品的评分都在4.5分以上，并且有大量图文并茂的详细评论。而购买率较低的旅游产品则不具备这些用户行为，即使它们是主推过的、预期较高的产品。

因此可以提出初步假设，由于旅游产品通常价格较高，用户在产生购买行为时比较谨慎，正面的评论能大大加强用户的购买意向。在后续的旅游平台产品优化时，可以设计一种能刺激用户提交评论的激励机制，并筛选优质评论展示在旅游产品页面，以提高其购买率。

专栏 5-12

分布分析

分布分析主要用于了解不同区间事件的发生频次、不同事件计算变量的加和，以及不同页面浏览时长等区间的用户数量分布，可用柱状图、饼图呈现。分布分析不仅能洞察用户行为分布规律，还能作为事件分析、用户分群等功能的重要补充。

作为产品经理，如果想要集中精力优化最重要的页面，那么就需要知道关键页面浏览量的频次分布，找到对用户影响最大的页面；作为运营人员，无差别的用户运营会让人精疲力尽，因此需要知道贡献值靠前的用户分群，集中资源用于重点用户；作为市场人员，如果仅以渠道带来的注册量评估效果，那么ROI(投资回报率)只会一团糟，因此需要掌握不同广告渠道的用户质量。

例如，某电商平台的用户支付成功次数主要集中在0～1次之间，这明显低于平均水平，因此有效提高复购率就成了该电商平台GMV增长的关键点。可以通过分析浏览商品详情页的次数区间分布、订单金额的区间分布等，洞察用户行为分布规律，找到产品优化的方向和策略并进行实验，以提高转化与留存。

专栏 5-13

归因分析

归因分析是一种将销售功劳或转化功劳，按一种或一组分配规则，按劳分配给转化路径中不同接触点的数据分析模型。它可以帮助企业深入了解用户转化路径，找到广告或渠道对用户转化的促成关系。

随着获客成本越来越高，用户转化路径越来越复杂，企业需要通过归因分析找到最具价值和最具潜力的接触点，在节省营销费用的同时，更好地提升用户转化。常见的归因模型有以下四种。

(1) 首次归因模型。在回溯期内给首次触点的转化功劳分配100%，其余触点分配0%。

(2) 最终归因模型。在回溯期内给最后一次触点的转化功劳分配100%，其余分配0%。

(3) 线性归因模型。在回溯期内一次转化被各触点平均分配，如有5个触点各占20%。

(4) 位置归因模型。如在回溯期内给首次触点、末次触点各分配40%，其余中间触点平分剩余的20%。当然，这里的比例可以根据实际情况进行调整。

例如，某用户购买某品牌口红的转化路径如下：首先，其在今日头条的信息流上浏览了该品牌口红的广告A，然后又去微博浏览了该品牌口红的广告B。1天后，用户又在小红书上参与了该品牌口红的促销活动C，但未下单。2天后，用户又收到了该品牌口红的优惠券短信。于是，用户最后在百度上搜索了该品牌口红的官网，完成了下单购买。

在这条转化路径中，如果按照ROI分析逻辑，就会把所有权重算在百度搜索上，但这显然是典型的以偏概全。企业可以通过线性归因模型和位置归因模型，更科学地分析这条转化路径中各个触点的功劳，按线性归因模型计算，各平台各占25%，按位置归因模型计算，今日头条和百度搜索各占40%、微博和小红书各占10%，这样就不是百度搜索独享100%了。

关键术语

数据处理；数据采集；ETL；Flume；网络爬虫；Scrapy；数据预处理；数据清洗；数据转换；数据脱敏；数据存储与管理；文件系统；数据库；关系数据库；ACID原则；数据仓库；并行数据库；Hadoop；分布式文件系统；GFS；HDFS；NewSQL数据库；Spanner；NoSQL数据库；CAP定理；BASE模型；最终一致性模型；键值数据库；Redis；列族数据库；BigTable；HBase；文档数据库；MongoDB；图数据库；Neo4j；图引擎；云数据库；数据分析；数据挖掘；分类；聚类；回归分析；关联分析；知识分析；批处理计算；MapReduce；流计算；Storm；Flink；图计算；Pregel；查询分析计算；Dremel；Hive；Impala；Spark；Spark Core；Spark SQL；Spark Streaming；Structured Streaming；GraphX；MLlib；TensorFlowOnSpark；Beam；数据可视化；数据看板；用户流转地图；柱状图；折线图；饼图；散点图；气泡图；雷达图；树图；漏斗图；热力图；关系图；桑基图；日历图；时间线工具；地图工具；事件分析；留存分析；用户分群分析；用户细查；分布分析；事件流分析；归因分析；SAS；SPSS；Google Chart API；ECharts；D3；Tableau；大数据魔镜；R；Python。

本章内容结构

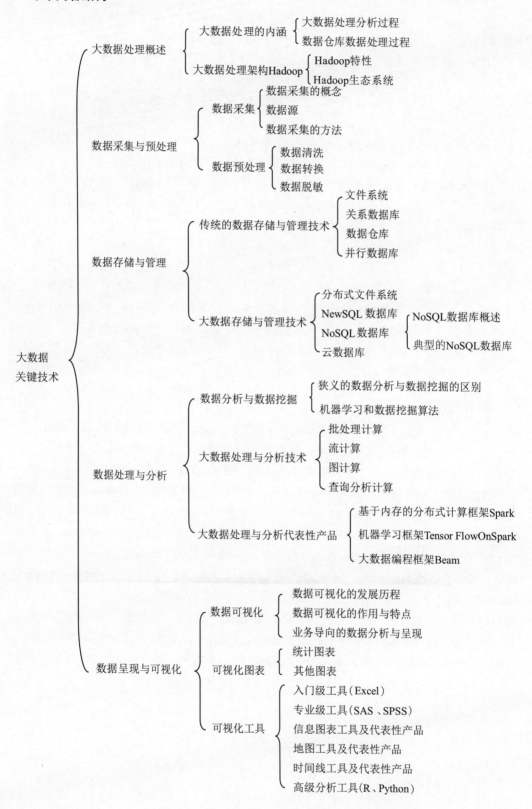

下 篇

应用篇

第6章 大数据应用

大数据应用

学习目标与重点

- 了解大数据预测可能出现的偏差及带来的挑战；了解人力资源数字化的重要作用和典型案例；了解财务大数据分析的主要内容；了解基于大数据的药品研发及无所不在的大数据研发。

- 掌握决策和预测的重要性；掌握大数据营销、网络化精准营销、数据库营销的有关内容；掌握大数据在数字政务、数字文化、数字生态文明中的应用。

- 重点掌握大数据在互联网领域、零售领域、金融领域，以及疫情防控、数字健康、智慧医疗、城市交通、智能安防和智能家居等方面的应用。

- 难点：发现新的大数据应用突破点。

颠覆传统的长尾理论

长尾理论，是指只要产品的存储和流通的渠道足够大，需求不旺或销量不佳的产品所占据的市场份额(短头面积)就可以和那些少数热销产品所占据的市场份额(长尾面积)相匹敌，甚至比它更大，即众多小市场进行汇聚可产生与主流市场相匹敌的市场能量。长尾理论模型如图6-1所示。也就是说，企业的销售量不在于传统需求曲线上那个代表"畅销商品"的头部，而是那条代表"冷门商品"且经常被人遗忘的长尾。

"长尾"(long tail)这一概念是由美国《连线》杂志主编克里斯·安德森(Chris Anderson)于2004年10月在《长尾理论》一书中最早提出的，用来描述以亚马逊为代表的电子商务网站的商业和经济模式。

电子商务网站与传统零售店相比，销售商品的种类更加繁多。虽然绝大多数商品都不热门，但是，这些不热门的商品总数量极其庞大，所累计的总销售额将是一个可观的数字，也许会超过热门商品的销售额。热门商品往往代表了用户的普遍需求，而长尾商品则代表了用户的个性化需求。

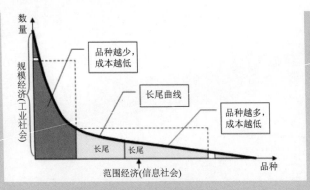

图6-1　长尾理论模型

　　举例来说，一家大型书店通常可摆放10万本书，但亚马逊网络书店当时的图书销售额中，有四分之一来自排名10万以后的书籍，而且这些"冷门"书籍的销售比例还在保持高速增长。这意味着消费者在面对无限的选择时，真正想要的东西和想要取得的渠道都出现了重大的变化，一套崭新的商业模式也随之崛起。

　　简而言之，长尾所涉及的冷门产品涵盖了更多人的需求，当有了需求后，会有更多的人意识到这种需求，从而使冷门不再冷。

　　安德森喜欢从数字中发现趋势。一次在与eCast首席执行官范·阿迪布的会面中，阿迪布提出了一个让安德森耳目一新的"98法则"，改变了他的研究方向。阿迪布从数字音乐点唱数据统计中发现了一个秘密：听众对98%的非热门音乐有着无限的需求。非热门的音乐集合市场无比巨大，听众几乎关注所有内容，他把这称为"98法则"。

　　安德森意识到阿迪布提出有悖常识的"98法则"隐含着一个真理。于是，他系统研究了亚马逊、狂想曲公司、Blog、Google、eBay、Netflix等互联网零售商的销售数据，并与沃尔玛等传统零售商的销售数据进行了对比，发现了一种符合统计规律(大数定律)的现象。这种现象恰如数量、品种二维坐标上的一条需求曲线，拖着长长的尾巴，向代表"品种"的横轴尽头延伸，"长尾"由此得名。

　　思考：

　　1. 长尾理论与二八定律是否矛盾？

　　2. 如何才能发挥长尾理论的作用？

　　21世纪是数据化的时代，所有企业都面临着共同的机遇与挑战：如何才能将海量的数据转化为财富和客户价值？如何利用这些数据激发下一波的业务创新？

　　正如《大数据时代：生活、工作与思维的大变革》一书中提到的，大数据是未来，是新的油田、金矿。随着大数据向各行各业渗透，未来的大数据将会随时随地为人类服务。然而，大数据的真实价值就像飘浮在海洋中的冰山，第一眼只能看到冰山的一角，绝大部分都隐藏在表面之下，需要人们去挖掘。

　　大数据宛如一座神奇的钻石矿，其价值潜力无穷。它与其他物质产品不同，并不会随着使用而有所消耗，相反，它是取之不尽，用之不竭的，可不断被使用并不断释放新的能量。如今，大数据已经无处不在，社会各行各业都已经融入了大数据的印迹。

6.1 从横向维度看大数据应用

2022年，工信部印发的《中小企业数字化转型指南》(以下简称《指南》)指出，当前，世界经济数字化转型成为大势所趋。中小企业是实体经济的重要组成部分，也是产业数字化转型的重点和难点。《指南》旨在助力中小企业科学高效推进数字化转型，提升为中小企业提供数字化产品和服务的能力，以数字化转型推动中小企业增强综合实力和核心竞争力。

从横向维度(也就是从管理的视角)来看，大数据在企业中的典型运用主要包括大数据预测与决策、大数据与市场营销、大数据与人力资源管理、财务大数据分析、大数据与研发、大数据与生产运营等。

6.1.1 大数据预测与决策

数据的真正价值来自于有效使用数据而做出的决策。企业的经营决策纷繁复杂，对企业的发展前景会产生重大影响。高端先进的大数据技术与手段使得人们能够进行准确的分析、预测，确保公司的决策能应对越来越复杂的环境和情况，跟上日益加快的时代步伐。

1. 决策是管理的重要职能

美国卡内基梅隆大学教授、1978年度诺贝尔经济学奖获得者赫伯特·西蒙(Herbert Simon)提出的"管理就是决策"，充分说明了决策在管理中的重要地位。实际上，"管理"与"决策"是两个不同的概念，决策不等于管理。

管理是为了有效地实现组织目标，是管理者利用相关知识、技术和方法对组织活动进行决策、组织、领导、控制并不断创新的过程。由此定义可以看出，决策是管理的重要职能之一，西蒙这样说是为了突出决策的地位和作用，强调决策是管理的核心内容。

事实上，决策是人们在政治、经济、技术和日常生活中普遍存在的一种行为，是管理中经常发生的一种活动，贯穿于管理过程的始终。那么，到底什么是决策呢？决策是指为了实现一定的目标，在多个备选方案中选择一个方案的分析判断过程，主要包括以下内涵。

(1) 决策的目的是解决问题或利用机会。决策往往是由问题而引发的，识别问题是决策的起点，解决问题是决策的目的。

(2) 决策的条件是有若干可供选择的方案。如果没有可供选择的方案或只有唯一的方案，也就不需要决策了。

(3) 决策的难点是需要对各种方案进行分析比较。比较的前提是获得与决策有关的全部信息；了解全部信息的价值所在，并据此拟订所有可能的方案；准确预测每个方案在未来的执行结果。在现实中，这往往是非常困难的，甚至可以说是无法做到的，因此，决策遵循的是满意的原则，而不是最优的原则。

(4) 决策的重点是选择相对满意的方案，这也是决策的结果。

(5) 决策的特征是一个过程。广义的决策过程包括发现问题、诊断原因、确定目标、制定备选方案、评价和选择方案、实施方案、监督和评估等。狭义的决策是一种行为，即在几种备选方案中做出选择的行为。

在决策过程中，决策者面临的主要问题如下：对风险进行科学分析并采取有效的方法来降低或消除风险；对冲突中的多种目标进行科学、全面的权衡，从可行的方案中选出最优的方案。决策支持系统的中心任务就是协助决策者统筹与协调好信息、机遇与资源三大要素之间的关系。故而，决策分析的科学性与决策模式的正确性是决策成功的关键。

如今，海量数据为决策提供了科学依据，传统决策开始走向大数据决策。依靠大数据进行决策，从数据中获取价值，让数据主导决策，是一种前所未有的决策方式，正在推动着人类信息管理准则的重新定位。随着大数据分析和预测性分析对管理决策影响力的逐渐扩大，依靠直觉做出决定的情况将会被彻底地改变。

澳大利亚Energex公司能够预测各地电力需求，从而确定应该在何处建设电网；联合爱迪生电力公司则能预测在用电高峰时可能出现的系统故障；大数据在教育领域也发挥了作用，如美国公立大学系统可以预测学生的辍学率，并根据其预测结果来积极管理学生，以降低辍学率；互联网行业和金融行业可以运用大数据对客户信用风险进行鉴别；大数据还能够预测民航领域的机票打折、班机延误等信息；纽约市政府利用大数据找出发生火灾和井盖爆炸概率较高的地点；快递企业依靠大数据确定合适的行驶路线，从而减少用户等候的时间；Zynga通过数据分析修改游戏产品；商场采用大数据分析产品之间存在的关联性；等等。

专栏6-1

爆红的《纸牌屋》

Netflix是美国一家线上影片租赁公司。该公司借助互联网使其客户群实现了快速增长；利用预测分析技术，分析客户希望购买或租赁的电影和电视节目；通过数学技巧和商业敏感性持续改善客户体验感。最终，Netflix借助推荐引擎Cinematch超越了百视达公司(一家曾击败许多租赁店的视频连锁店)，其分店遍布美国各地。

Netflix的成功在于发现客户需求，满足客户需求。Netflix的工程师通过对网上积累的大量数据进行分析后，发现喜欢BBC剧、导演大卫·芬奇(David Fincher)和老戏骨凯文·史派西(Kevin Spacey)的客户存在交集，为此Netflix决定投巨资买下BBC电视剧《纸牌屋》的版权，并请来大卫·芬奇担任导演，凯文·史派西担当男主角。

《纸牌屋》成为了Netflix网站上有史以来观看量最高的电视剧，并红遍美国及40多个国家。《纸牌屋》开创了大数据应用在电视剧制作的先河，这是大数据帮助人们做出前瞻性决策的实例之一。

毫无疑问，大数据预测与决策正在以不可阻挡之势扑面而来。随着大数据时代的到来，数据分析和数据挖掘的功能日渐强大，决策所依据信息的全面性越来越高，根据数据作决定的理性决策在迅速增多，而以往"拍脑袋"盲目决策的情况正在急剧减少。

上述成功案例无一不揭示着预测与决策的重要性。成功的预测与决策给企业带来的是巨大的价值。海量的数据使得预测分析更依赖于客观的数据而不是人的主观判断。在过去，人们做决定时往往依据自己的经验，有时甚至是个人的心情、喜好。

领导者的判断对企业的存亡尤为关键。一次正确的判断很有可能使企业抢占先机，在激烈的竞争中脱颖而出，从此迈向新的里程碑；而一次错误的决策很有可能使企业错失良机，甚至一蹶不振。

故而，在传统的企业中，有一位经验丰富、目光敏锐的领导人非常重要。世界著名咨询公司美国兰德公司的一项经典调查认为，世界上破产倒闭的大企业中，85%是因为决策不慎造成的。可见，领导人的决策水平对于办好企业非常关键。

然而，个人的经验、人生的阅历是有限的，且受个人性格、偏好等因素的影响，要想长期做出正确的判断是一件极其困难的事，甚至是难以实现的任务。大数据预测分析可以帮助人们解决这一难题。

未来，基于大数据的决策将生成更多新奇有效的、解决重大问题的方案。随着大数据预测与决策的发展，以前单纯依靠人类自身判断力的领域，最终可能都将被普遍改变甚至取代。

2. 预测是大数据的核心

《大数据时代：生活、工作与思维的大变革》一书中指出，大数据的核心就是预测。大数据是把数学算法运用到海量的数据上来预测事情发生的可能性。一封邮件被作为垃圾邮件过滤掉的可能性、输入的"teh"应该是"the"的可能性、从一个人乱穿马路时行进的轨迹和速度来看他能及时穿过马路的可能性等，都是大数据可以预测的范围。这些预测系统之所以能够成功，是因为它们是建立在海量数据的基础之上的。

大数据预测是大数据最核心的应用，大数据预测将传统意义的"预测"拓展到"现测"。大数据预测的优势体现在它把一个非常困难的预测问题，转化为一个相对简单的描述问题，而这是传统小数据集根本无法企及的。

从预测的角度来看，大数据预测不仅能够提供对现实业务的简单、客观的分析结果，还能帮助企业进行经营决策，收集起来的资料可以被规划，从而引导开发更大的消费力量。在市场经济条件下，预测的作用主要通过决策及行动计划来体现。在某种意义上来说，预测是决策的前提条件。

专栏6-2

预测用户行为，引导业务创新

当用户数据积累到一定的程度后，数据的能力将进入一个崭新的阶段和一个全新的领域——预测与智能决策。

用户行为数据的应用，从原始数据处理到标准报告生成，再到OLAP专题报告(发生了什么)和BI(商务智能)分析报告(为什么会发生)，这几个阶段基本体现了数据的第一个价值：它可以告诉企业管理者自己的业务正在发生什么，是什么导致了结果的产生，属于业务提升的必要手段。这一期间主要是人类做决定，数据被聚合以进行可视化。

再继续发展下去，数据就有可能告诉每个想要发展的企业都非常想了解的信息——"什么将会发生(预测分析/机器学习)""最优化策略是什么(规范性分析、人工智能系统)"。这一期间主要是机器人做决策，数据被反规范化、扁平化、细粒度。目前，在很多行业的局部场景中，数据模型驱动的机器学习和决策已经实现了这样的工作。

在第1章和第2章中随处可见大数据预测与决策的身影：预测产品流行趋势、预测房价走势、预测商品需求走势、预测情报、预测搜索结果排名、预测交通状况、预测产品价格、预测个人生活的轨迹和全貌、预测个体未来的健康状况和信用偿还能力等。

在公共卫生领域，流行病管理是一项关乎民众身体健康甚至生命安全的重要工作。某一疾病一旦在公众中暴发，就已经错过了最佳防控期，这往往会造成严重的生命和经济财

谷歌流行病预测

产损失。如今，大数据彻底颠覆了传统的流行疾病预测方式，使人类在公共卫生管理领域迈上了一个全新的台阶。大数据时代被广为流传的一个经典案例就是谷歌流行病预测(扫描二维码可获悉具体内容)。

谷歌开发了一个可以预测流感趋势的工具——Google流感趋势(Google Flu Trends，GFT)，它采用大数据分析技术，利用网民在Google搜索引擎中输入的搜索关键词来判断全美地区的流感情况。相比于美国疾病预防控制中心(CDC)发布的流感趋势报告，谷歌发布的流感趋势报告要更加及时、迅速。CDC是通过分析下级各医疗机构上报的患者数据生成流感趋势报告的，在时间上存在一定的滞后性，谷歌则是在第一时间收集网民关于感冒的相关搜索信息后进行分析得到的。另外，CDC获得的患者样本数也明显少于谷歌，因为在所有感冒患者中，只有一小部分重感冒患者才会因为去医院就医而进入官方的管控范围。

3. 大数据预测可能出现的偏差

值得注意的是，在谷歌流行病预测的案例中，2012年以前，GFT的预测结果非常准确，但是2012年以后，GFT的预测结果出现了偏差。出现偏差的原因主要有以下三个方面。

第一，过度的拟合导致预测不准。前几年的预测结果很好，就用前几年的数据去预测未来几年的情况，这并不总是可靠的。因为未来几年可能出现反常情况，如反季节的情况。一般，人们会认为冬天容易发生流感，但夏天也可能有流感暴发。GFT可能就没有预测到这些反常的情况，从而导致预测不准。

第二，媒体的过度关注导致预测不准。GFT的出现引起了广泛关注，使得普通民众、科学家、媒体等都开始使用谷歌浏览器搜索有关关键词，这自然会对谷歌的模型产生影响，从而导致预测不准。

第三，算法的演化导致预测不准。谷歌的搜索引擎服务于两个目标：一是为用户找出最有价值的信息；二是能够获得更多的广告收入。谷歌的算法工程师就是围绕这两个目标去不断地改进算法。改进算法的结果是，当用户在搜索引擎中输入关键词时，搜索引擎会自动推荐一些相关的关键词引导用户点击。然而，这些关键词并不一定是用户想要搜索的，从而导致预测不准。

尽管如此，不能否认谷歌通过搜索的关键词与流感的发病率之间建立起了联系，这种关联性使流感预测变得有价值。通过大数据预测在流行病预测防控中的典型应用，再结合第1章和第2章的相关内容，可以清楚地认识到大数据的核心就是预测。

4. 大数据预测与决策的关键

预测是人们通过对客观事实的历史和现状进行科学的调查与分析，由过去和现在去推测未来，由已知去推测未知，从而揭示客观事实未来发展的趋势和规律。预测作为一种手段，能为人们提供关于事物未来的信息，为决策者提供科学的决策依据。在决策全过程的每一个阶段都离不开预测，预测贯穿于决策的全过程。

人们能够预测的前提是事物的运动、变化和发展都呈现一定的规律性。然而，事物的规律通常以隐蔽的形式存在，受创造性思维能力、知识经验、对历史资料的掌握程度等多方面因素的影响。正确认识事物潜在的规律，做出准确的预测与决策，一直是困扰决策者的难题。如今，大数据技术的迅猛发展，使得预测与决策更为客观、科学。

海量的数据，无论是结构化、半结构化数据，还是非结构化数据，都是人们对行业进行全面分析的基础。决策者可以对这些数据进行系统、全面的分析挖掘，从而预测未来某些事件发生的概率和走势，并根据预测结果辅助自己做出重大决策。对大数据进行分析预测大大降低了决策者的主观判断风险，客观的数据使其做出的决策更具科学性。

1) 手握大数据源

在大数据时代，数据已成为企业的创新驱动力与核心资产。企业的核心竞争力将取决于拥有数据的质量、规模和收集、处理、分析、运用数据的能力。数据越多，相关度和质量越高，找出有用信息和得出正确结论的概率就越大。而那些占有大数据资源的先天优势群体，无疑在打破现有的传统格局上更具有优势。

掌控数据就能够支配市场，也意味着高额的投资回报。据有关数据统计，在美国，每提高10%的数据智能化，服务及产品质量将提升14.6%。数据不仅是同行资料，而且包含电商、社交、上下游、互联网、物联网等外部数据。事实证明，不同行业的数据也可能对本行业产生影响。

专栏6-3

社交网络情绪预测股市涨跌

随着大数据分析技术的发展，原本与股票行业毫无关系的社交网络及微博客服网站也开始对股票市场横插一脚。例如，有学者利用OpinionFinder和情绪状态量表(POMS)这两种不同的情绪跟踪工具分析了Twitter上近1000万条微博的文本。

结果发现，在冷静、警惕、确信、重要、和善、快乐这六种情绪中，冷静是具有预测价值的。单靠冷静这一情绪指标就能预测未来3～4天道琼斯工业平均指数的每日收盘涨跌，且准确率高达87.6%。利用大数据挖掘分析的舆情已经成为资本市场的"风向标"。

大数据分析技术可以帮助人们发现规律并做出预测，这将对整个经济社会产生巨大的影响。而大数据时代给各行业带来的是颠覆传统的改变。在大数据时代，"前向免费圈数据，后向创新来变现"成为新的做法。企业家、投资人需要重新审视产业和企业的投资价值与核心竞争力。

在以往传统的行业中，一般只关注行业竞争对手，然而如今是跨界竞争时代，跨界竞争防不胜防，尤其是需要注意跨界技术的颠覆。百年柯达成也战略，败也战略，就是迷失在数码相机对传统相机的跨界颠覆上。

2) 组建大数据分析团队

当拥有海量数据之后，如何进行数据挖掘，将数据转换为知识，再将知识付之于行动，这是大数据分析专家重点解决的问题。大数据分析专家从大量的、不完全的、有噪声的、模糊的、随机的实际数据中，提取隐含在其中的、人们事先不知道但又存在潜在价值的信息和知识。

对数据进行提炼、分析后，用先进的技术对其进行可视化展示，使得决策者能够快速洞悉数据背后隐藏的商业价值，从而运筹帷幄，决胜千里。因此，组建一个包含大数据科学家、大数据工程师、大数据分析师、商业情报分析师，以及用户在内的大数据分析团队对于进行大数据预测与决策至关重要。

3) 关联物是预测的关键

在小数据世界中，除了因果关系，相关关系也是有意义的。但在大数据的背景下，相关关系却大放异彩。在大数据时代来临前很久，相关关系就已经被证明是大有用途的。相关关系背后的数学计算是直接而又有活力的，这是相关关系的本质特征，也是让相关关系成为广泛应用的统计计量方法的原因。但是在大数据时代到来之前，相关关系的应用较少。

相关关系的核心是量化两个数据值之间的数量关系。相关关系通过识别有用的关联物来帮助人们分析现象，而不是通过揭示其内部的运作机制。相关关系没有绝对，只有可能性。只要找到一个与现象相关的关联物，相关关系就可以帮助人们捕捉现在和预测未来。例如，如果A和B经常一起发生，那么只需要注意到B发生了，就可以预测A也发生了。这有助于人们捕捉可能和A一起发生的事情，即使人们不能直接测量或观察到A。更重要的是，它还可以帮助人们预测未来可能发生什么。当然，相关关系是无法预知未来的，它只能预测可能发生的事情。但是，这已经极其珍贵了。

那么，如何寻找关联物呢？除了靠相关关系，人们还会使用一些建立在理论基础上的假设来指导自己选择适当的关联物。然而，个人以及团体的偏见可能会蒙蔽人们的双眼，导致人们在设立假设、应用假设和选择关联物的过程中犯错误。总之，这是一个复杂的过程，只适用于小数据时代。

在小数据时代，因果关系分析和相关关系分析都不容易，且耗费巨大，都要从建立假设开始，然后进行实验，假设要么被证实，要么被推翻。但由于两者都始于假设，这些分析就都有受偏见影响的可能，而且极易出现错误。

在小数据时代，由于计算机能力不足，大部分相关关系分析仅限于寻求线性关系。这种情况随着数据增加肯定会发生变化。事实上，实际情况远比人们想象的要复杂。经过复杂的分析，人们能够发现数据的非线性关系。

专栏6-4

幸福的非线性关系

多年来，经济学家和政治家一直错误地认为收入水平与幸福感是成正比例关系的。人们从数据图表上可以看到统计工具呈现的是一种线性关系，但事实上，它们之间存在一种更复杂的动态关系：对于收入水平在1万美元以下的人来说，一旦收入增加，幸福感会随之提升；但对于收入在1万美元以上的人来说，幸福感并不会随着收入的提升而提升。如果能发现这层关系，那么人们看到的应该是一条曲线，而不是统计工具分析出来的直线。

这个发现对决策者来说非常重要。如果只看到线性关系，那么政策重心应该完全放在增加收入上，因为这样才能增加全民的幸福感。而一旦察觉到这种非线性关系，策略的重心就会变成提高低收入人群的收入水平，因为这样明显更划算。

在大数据时代，人们无须再紧盯事物之间的因果关系，而应该寻找事物之间的相关关系，这会给人们提供非常新颖且有价值的观点。相关关系也许不能准确地告知人们某件事情为何发生，但是它会提醒人们这件事情正在发生。在许多情况下，这种提醒的帮助已经足够大了。

与此同时，在大数据时代，通过建立在人的偏见基础上的关联物监测法已经不再可行，因为数据量太大，而且需要考虑的领域太复杂。幸运的是，许多迫使人们选择假想分析法的限制条件也逐渐消失了。人们现在拥有如此多的数据和优秀的机器计算能力，因而不再需要人工选择一个关联物或一小部分相似数据来逐一分析了。

人们理解世界不再建立在假设的基础上，这个假设是指针对现象建立的有关其产生机制和内在机理的假设。取而代之的是，人们可以对大数据进行相关关系分析，即用数据驱动的大数据相关关系分析法取代基于假想的易出错的方法。大数据的相关关系分析法更准确、更快，而且不易受偏见的影响。

建立在相关关系分析法基础上的预测是大数据的核心。通过找出一个关联物并监控它，人们就能预测未来。在Google流感趋势中，计算机把检索词在5亿个数学模型上进行测试之后，准确地找出了与流感传播最相关的词条。

5. 大数据预测带来的挑战

美国国土安全部研发了一套名为未来行为检测技术(future attribute screening technology, FAST)的安全系统，它通过监测个人的生命体征、肢体语言和其他生理特征，可以发现潜在的恐怖分子。还有一些城市的警方通过预测来预防犯罪。

用大数据来预防犯罪，可以在犯罪行为发生之前及时进行制止，这样总比事后再惩罚要好得多，因为避免了犯罪行为的发生，也就是挽救了可能被伤害的人，同时整个社会都会因此而受益。如果大数据预测只用来预防不良行为和犯罪，那么人们是可以接受的。但是，倘若大数据预测可以用来判定某人有罪并对其尚未实施的行为进行惩罚，就可能使人们陷入一个危险的境地。

《大数据时代：生活、工作与思维的大变革》一书中提到，基于未来可能行为之上的惩罚是对公平正义的亵渎，因为公平正义的基础是人只有做了某事才需要对它负责。毕竟，想做而未做不是犯罪。

当人们用大数据来预防犯罪时，可能就会有人想进一步惩罚这个未来的罪犯。因为他们觉得如果只是阻止了犯罪行为而不采取惩罚措施，那么被阻止的人就可能因为未受损失而再次犯罪；如果被阻止的人因为未实施的犯罪行为而受到了惩罚，那么他可能就不会再次犯罪。

如何处理好这其中的关系，是大数据时代的新挑战。如果大数据分析完全正确，那么未来人们的行为会被精准地预测。因此，在未来，人们不仅会失去选择的权利，而且会按照预测去行动。如果精准预测成为现实，那么人们也就失去了自由意志，失去了自由选择生活的权利。这显然不是人们想要的结果。当然，精准预测是不现实的。大数据分析只能预测一个人未来很有可能发生的行为。

大数据预测给人们带来的威胁，不局限于司法公正方面，它还会威胁任何运用大数据预测对人们未来行为进行罪责判定的领域。也许，大数据预测可以为人们打造一个更安全、更高效的社会，但是却否定了人们自由选择的权利和承担责任的能力。大数据成为了集体选择的工具，但也放弃了人们的自由意志。

因此，必须清醒地认识到，大数据的不利影响并不是大数据本身的缺陷，而是人们滥用大数据预测所导致的结果。让人们为还未实施的未来行为买单是带来不利影响的主要原因，把个人罪责判定建立在大数据预测的基础上是不合理的。

综上所述，正确看待并正确运用大数据预测是非常重要的。

6.1.2 大数据与市场营销

在大数据时代来临之前，人们一般利用传统的营销数据，包括客户关系管理(CRM)系统中的客户信息、广告效果、展览等一些线下活动的效果。这些数据源提供的是消费者某一方面的有限的信息，远不足以给出充分的提示和线索。

《用户行为分析：如何用数据驱动增长》一书中指出，过去几十年的信息技术发展主要聚焦在企业内部，企业内部产生了大量的经营数据，但企业家看到的都是报表中的统计数字，比较难想象和理解大数据的价值，传统的对经营数据的分析主要用于"降成本提效率"，这是降低企业经营收入的成本线(bottom-line)。

如何提升企业的营收上线(top-line)？这需要利用数据加强对用户的理解并强化营销效果。这方面的实践受限于数据采集手段、处理能力，甚至是文化意识的发展水平，直到近年来才有了突飞猛进的发展。随着大数据时代的到来，若将传统数据与新型数据对接，并且能够保持实时更新，那么营销的游戏规则将会发生翻天覆地的变化，人们也将迎来大数据时代营销思维和营销模式的一场巨大变革。

专栏6-5

客户生命周期价值

多年来，用户的价值是通过历史购买行为来评估的。然而，已经产生的购买数据并不能代表用户的潜在价值。以此做出的营销策略往往会出现偏差。

通过对用户行为数据的深度分析，人们发现了一种非常重要的评估用户价值的指标——CLV(customer lifetime value，客户生命周期价值)。这是一种更高级的评估用户价值的指标，也是业务的一项重大升级。因为通过CLV的加和，企业看到的不仅是当下的经营收入，还可以看到自己拥有的未来价值，这对企业制定持续健康成长的战略非常重要。

亚马逊就是使用这一指标来评估用户的，它根据用户的行为数据建模，计算出每个用户一生中会在亚马逊消费的金额，即CLV。基于这样的价值，它们会关注每次促销活动对单个用户CLV的影响。这种全新的评估方式，使得企业兼顾了转化率与忠诚度的变化，平衡了短期效益和中长期效益的冲突。

基于用户行为数据评估用户生命周期总价值，企业的关注点在空间维度可以从单一的交易环境放大至用户在平台互动的全流程；在时间维度，可以从用户的初次接触延续到永久流失的完整生命周期。这是一种全新的企业经营视角，也是商业文化进步的一种体现。

概念辨析6-1

AARRR模型和RARRA模型

1. AARRR模型

AARRR模型(2A3R模型)因其掠夺式的增长方式也称为海盗模型，是戴夫·麦克卢尔(Dave McClure)于2007提出的，核心就是AARRR漏斗模型，对应客户生命周期，帮助大家更好地理解获客和维护客户的原理。同时，AARRR又分别对应了产品运营的五个关键环节。

用户获取(acquisition)：这是获取新用户的阶段，关键在于通过各种方式使新用户接触产品，如老用户推荐、各种媒介渠道等。

用户激活(activation)：在这个阶段，需要让用户真正使用产品，了解产品的核心功能或完成某个特定任务。

用户留存(retention)：通过留存率来监测用户的留存情况，目标是吸引用户并保持他们的活跃度，因为留住一个老用户的成本远低于获取一个新用户。

获得收益(revenue)：通过产品本身的功能及运营服务等来吸引用户，使他们愿意为产品付费，最终获得利益。

推荐传播(referral)：当用户对产品产生付费行为后，他们可能会向其他人推荐该产品，形成病毒式传播，这是互联网增长与传统行业增长的最大区别。

通过AARRR模型，我们可以了解到，获取用户只是运营中的第一步，随着互联网流量红利的消失，获取新用户的难度日益增长，做好用户的留存，是互联网企业持续稳定发展的关键。

2. RARRA模型

RARRA模型是托马斯·佩蒂特(Thomas Petit)和贾博·帕普(Gabor Papp)对AARRR模型的优化，它强调了用户留存的重要性，并重新排列了AARRR模型中的各个阶段。RARRA模型包括以下几个关键部分。

用户留存(retention)：为用户提供价值，以保持用户的活跃度和回访率。

用户激活(activation)：确保新用户在首次使用时就能感受到产品的价值。

用户推荐(referral)：建立有效的推荐系统，鼓励用户分享和讨论产品。

商业变现(revenue)：通过优化商业模式来提高收入。

用户拉新(acquisition)：鼓励现有用户带来新用户，并优化获客渠道。

RARRA模型认为，在当前的市场环境下，仅仅通过拉新获客已经不足以支撑长期的业务增长。相比之下，提升用户留存和活跃度，以及优化用户体验和运营方式，才是实现可持续增长的关键。因此，RARRA模型强调了从用户留存出发，逐步发展到商业变现的重要性。

根据IDC和麦肯锡对大数据的研究总结，大数据为商业领域带来的巨大价值主要体现在以下四个方面：一是可以对客户群体进行细分，并对每个群体量体裁衣般地采取专门的行动；二是运用大数据模拟实境，可以发掘新的需求并提高投入回报率；三是提高大数据成果在各相关部门的分享程度，可以提高整个管理链条和产业链条的投入回报率；四是可以进行商业模式、产品和服务的创新。

目前，大数据为确定营销策略、量化营销效果提供了有力的技术支持，同时也为首席营销官在高管层赢得了一席之地。大数据技术将从各个层面改变传统的市场营销，使得市场营销迎来全新的时代。

在这种大环境下，企业若想在商业竞争中立于不败之地，就要拥有全方位洞察用户需求、满足用户需求的能力，这种趋势在未来将成为必然。在数字化时代，用户行为数据将是激发企业创新活力的主要资源。下面主要介绍大数据营销、网络化精准营销和数据库营销。

1. 大数据营销

大数据营销是一种基于多平台大量数据的营销方式，它依赖于大数据技术和分析预测能力，能够使广告更加精准有效，给品牌企业带来更高的投资回报率，并且有助于企业制定更有针对性的商业策略。大数据营销的核心在于使网络广告在合适的时间，通过合适的载体，以合适的方式，投放给合适的人。

1) 大数据营销的主要特点

大数据营销是指通过互联网采集大量的行为数据，帮助广告主找出目标受众，以此对广告投放的内容、时间、形式等进行预判与调配，并最终完成广告投放的营销过程。大数据营销的特点如下。

(1) 多平台化数据采集。大数据的数据来源通常是多样化的，多平台化的数据采集有助于全面而准确地刻画网民行为。多平台采集可包含互联网、移动互联网、广电网、智能电视，以及未来的户外智能屏等数据。

(2) 强调时效性。在网络时代，网民的消费行为和购买方式极易在短时间内发生变化。因此，在网民需求点最高时及时进行营销非常重要。全球领先的大数据营销企业AdTime对此提出了时间营销策略，它可通过技术手段充分了解网民的需求，并及时响应每个网民当前的需求，让他在决定购买的"黄金时间"内及时接收到商品广告。

(3) 个性化营销。在网络时代，营销理念已从"媒体导向"向"受众导向"转变，通过对消费者行为的分析和预测，提供个性化的广告体验。以往的营销活动以媒体为导向，选择知名度高、浏览量大的媒体进行投放。如今，大数据技术可以使企业知晓目标受众身处何方，关注着什么位置的什么屏幕。大数据技术可以做到当不同用户关注同一媒体的相同界面时，广告内容有所不同，大数据营销实现了对网民的个性化营销。

(4) 性价比高。和传统广告"一半的广告费被浪费掉"相比，大数据营销在最大程度上让广告主的投放做到有的放矢，并可根据实时性的效果反馈及时对投放策略进行调整。

(5) 关联性。大数据营销的一个重要特点在于网民关注的广告之间具有关联性，由于大数据在采集过程中可快速得知目标受众关注的内容，并可知晓网民身在何处，这些有价信息可让广告的投放过程产生前所未有的关联性，即网民所看到的上一条广告可与下一条广告进行深度互动。

大数据营销的优势还包括增加个性化营销的准确率和为企业经营赋能等。此外，大数据营销还涉及对用户行为和特征的分析，以及对竞争对手传播态势的监测，以便进行有效的市场预测和决策分析。大数据营销不局限于数据本身，更重要的是如何用这些数据更好地服务于顾客，创造价值。

专栏6-6

基于大数据的Google广告

Google的关键词广告系统AdWords不仅是世界上最赚钱的产品，对广告商来说也是广告效果最好的平台。Google是怎么兼顾自己和广告商的利益的呢？它巧妙地利用数据来形成双赢甚至多赢的格局，它的做法是收集大量的数据并利用这些数据。

例如，当Google掌握了广告被点击的数据后，在展示广告时，如果某个广告的点击率较低，Google就会尽量减少该广告的展示频次。最终带来的结果是什么？对广告商来说是省钱的，因为他们不用把钱花在无用的广告上面；对Google来说，不展示这些广告那就可以把有限而宝贵的搜索流量留给那些可能被点击的广告，从而增加自己的收入；对用户来说，也不会看到自己不想看并且与自己没关系的广告，从而提升了用户的体验。这就是用数据来获得智能。

2) 大数据营销的主要内容

(1) 用户行为与特征分析。只有积累了足够的用户数据，才能分析出用户的喜好与购买习惯，甚至做到"比用户更了解用户自己"。这一点才是许多大数据营销的前提与出发点。

(2) 精准营销信息推送。精准营销总是被提及，但是真正做到的少之又少，反而出现了垃圾信息泛滥的情况。究其原因，主要就是过去名义上的精准营销并不怎么精准，因为其缺少用户特征数据支撑及详细准确的分析。

(3) 引导产品及营销活动满足用户喜好。如果能在产品生产之前或开展营销活动之前了解潜在用户的主要特征，以及他们对产品的期待，那么生产的产品和营销活动即可满足用户的喜好。

(4) 竞争对手监测与品牌传播。许多企业都想了解竞争对手在干什么，即使竞争对手不主动透露，企业也可以通过大数据监测分析得知。品牌传播的有效性也可通过大数据分析找准方向。例如，可以进行传播趋势分析、内容特征分析、互动用户分析、正负情绪分类、口碑品类分析、产品属性分布等，也可以通过监测掌握竞争对手传播态势，还可以参考行业标杆进行用户策划，根据用户需求策划内容，甚至可以评估微博矩阵运营效果。

(5) 品牌危机监测及管理支持。当品牌危机出现时，许多企业都会感到不安。然而，在新媒体时代，大数据可以帮助企业提前有所洞悉。在危机爆发前，最关键的是跟踪危机传播趋势，识别重要参与人员，方便快速应对。大数据可以采集负面定义内容，及时启动危机跟踪和报警，按照人群社会属性分析，聚类事件过程中的观点，识别关键人物及传播路径，进而可以保护企业、产品的声誉，抓住源头和关键节点，快速有效地处理危机。

(6) 重点客户筛选。如何筛选重点客户一直是许多企业家纠结的问题。有了大数据，或许可以更加客观地做出决策。从用户访问的各种网站可判断其最近关心的东西是否与企业相关；从用户在社会化媒体上所发布的各类内容及与他人互动的内容中，可以找出千丝万缕的信息，利用某种规则将这些信息关联及综合起来，就可以帮助企业筛选重点的目标用户。

(7) 改善用户体验。改善用户体验的关键在于真正了解用户及他们所使用的产品的状况，做最适时的提醒。例如，在大数据时代，你所驾驶的汽车可能会提前救你一命。通过遍布全车的传感器收集车辆运行信息，汽车可以在关键部件发生问题之前，向你或4S店预警，这不仅可以为你省钱，而且对保护生命大有裨益。事实上，美国的UPS快递公司早在2000年就利用这种基于大数据的预测性分析系统来检测全美60000辆车辆的实时车况，以便及时地进行防御性修理。

(8) SCRM中的客户分级管理支持。面对日新月异的新媒体，许多企业通过对粉丝的公开内容和互动记录进行分析，将粉丝转化为潜在用户，激活社会化资产价值，并对潜在用户进行多维度的画像。大数据可以分析活跃粉丝的互动内容，设定消费者画像的各种规则，关联潜在用户与会员数据，关联潜在用户与客服数据，筛选目标群体做精准营销，进而可以使传统客户关系管理结合社会化数据，丰富用户不同维度的标签，并可动态更新消费者生命周期数据，保持信息新鲜有效。

SCRM与CRM

SCRM的全称是Social CRM，即社交化客户关系管理，是一种专注于社交媒体的CRM系统，其目的是通过社交媒体平台实现企业与客户之间的有效沟通和互动，从而提高客户满意度和忠诚度，增加企业的销售额和市场份额，帮助企业实现客户管理和营销数字化转型。

SCRM和CRM的区别在于：CRM是一种传统的客户关系管理系统，主要依赖于传统的沟通方式，如电话、邮件等；而SCRM则是一种基于社交媒体的客户关系管理系统，主要依赖于社交媒体平台，如微信、微博、Facebook等。相比于CRM，SCRM更注重客户参与度和互动性，可以更好地了解客户需求和喜好，从而提高客户满意度和忠诚度。

(9) 发现新市场与新趋势。基于大数据的分析与预测，对于企业家洞察新市场与把握经济走向都是极大的支持。

(10) 市场预测与决策分析支持。关于数据对市场预测及决策分析的支持，早在数据分析与数据挖掘盛行的年代就被提出过。沃尔玛著名的"啤酒与尿布"案例就是那时的杰作。只是由于大数据时代数据规模大、类型多，对数据分析与数据挖掘提出了新要求。更全面、更及时的大数据，必然会对市场预测及决策分析的进一步发展提供更好的支撑。似是而非的、错误的、过时的数据对决策者来说是灾难。

商业进化：一切向用户靠拢

我们所处的商业社会，正在快速经历三种模式的更替变化(见图6-2)：分工协作模式、平台模式、DTC(direct to consumer，直接面对消费者)模式。

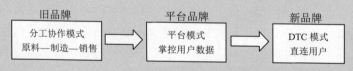

图6-2　商业进化历程中的三种模式

1. 分工协作模式

分工协作模式在一定程度上是大多数传统企业模式的缩影。明确的分工是该模式显著的产业特点，原材料供应商专注于资源环节，制造商专注于生产产品，渠道商专注于各级分销代理。精细化分工极大地提升了各个环节的生产效率，实现了生产效能最大化。

然而，区隔明显的分工在为产业链的各个价值增值点铸造了壁垒的同时，也阻断了数据的流通，原材料供应商不知道终端市场的波动，制造商不理解用户的需求，分销商无法选择适合市场的原料和工艺。信息的层层断点，导致分工协作模式在适应市场和赢得用户青睐方面行动迟缓，濒临淘汰。

2. 平台模式

平台模式率先变革的是渠道环节。平台模式因为能够连接更多的消费者，逐渐代替传统渠道而成为"巨无霸",并且绑定各类传统的制造商使其无法脱离。过去20年里,我国在搜索引擎、电子商务、社交媒体等方面的飞速发展,使得各家互联网巨头已经成为用户行为数据的掌控者。

然而,平台拥有的用户信息并不会与旧品牌商家共享,而是以加密的形式提供,这虽有助于保障用户隐私,但也使旧品牌商家无法在自己的交易中了解用户的构成、分布及真实需求。久而久之,旧品牌与用户的连接能力变弱,利用数据驱动自身业务发展的机会随之消失。而平台则通过连接庞大的供需方,掌握海量的用户数据,能全面洞察用户,逐渐在与旧品牌的博弈中成为游戏规则的制定者。

3. DTC模式

DTC模式重视直连用户,即以消费者的需求为牵引力,将产业链上的各个环节整合在自己手中,将数据前后打通,从前到后牵动整个产业链条联动调整。分工协作模式与DTC模式的对比如图6-3所示。这里有两种情况:一是新诞生的DTC模式的新品牌;二是由分工协作模式的旧品牌向DTC模式转型形成的新品牌。

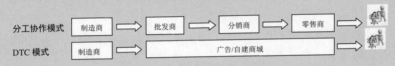

图6-3 分工协作模式与DTC模式对比

DTC模式与平台电商也保持若即若离的关系,他们往往善于使用各类平台曝光自己的品牌,完成与粉丝的互动,再利用各种关系,将流量汇集到自己手里。而最重要的一对一沟通和交易环节的数据,DTC模式则一定保留在自己完全可控的私域之中。

大量流量开始从公域被引入私域,再由自建商城、导购个人号等触点实现沟通与转化。不得不说,这和平台电商逐渐收紧对外输出用户行为数据有直接关系,争抢用户行为数据的竞争愈演愈烈。

DTC模式让新品牌能够直接与用户互动沟通,将用户数据掌握在企业手中。这也就意味着新品牌更擅长用数据进化自己的商业模式,能够真正做到以用户为中心,满足用户多样化、个性化、品质化的产品和服务需求。这也是DTC模式能让新品牌在短时间内实现业绩高速增长、越来越受到传统大型品牌零售企业重视的原因。

从分工协作模式到平台模式,再到DTC模式,这三者之间的本质差异其实是掌握用户数据量级和精度的差异。企业掌握的用户数据量级和精度越高,所在的商业环境越透明,制定商业决策的维度也就越高,胜出的可能性也就越大。

2. 网络化精准营销

2005年,"现代营销学之父"菲利普·科特勒(Philip Kotler)第一次提出了"精准营销"的概念。精准营销(precision marketing),就是在精准定位的基础上,依托现代信息技术手段建立个性化的顾客沟通服务体系,实现企业可度量的低成本扩张之路。

1) 精准营销的内涵

精准营销是一种专注于特定消费者的营销策略,其目的是通过市场细分和数据分析来创建个性化的沟通与服务,以满足消费者的具体需求和偏好。主要包括以下五层含义。

(1) 精准的市场定位：精准营销的基础在于对市场的精确区分，确保有效的市场、产品和品牌定位。

(2) 精准的营销思想：营销的终极目标是实现无营销的状态，即在不进行传统的广告宣传的情况下，仍然能够让客户接受品牌和产品。

(3) 精准的手段和工具：精准营销依赖于可量化和可衡量的手段和技术，如先进的数据库技术、网络通信技术和现代高效的物流系统。

(4) 个性化沟通和服务：精准营销强调与目标客户的个性化沟通，并提供定制化的产品或服务方案，以满足不同客户的需求，提升客户的品牌忠诚度和满意度。

(5) 低成本的可持续发展：通过精准的市场定位和个性化沟通，企业可以实现低成本的可持续发展，同时快速增加客户数量。

精确营销的"尴尬"

扫描二维码了解精确营销的"尴尬"。

精准营销需要大数据的支持，运用大数据技术收集和分析大量数据，帮助企业深入了解目标客户的消费习惯、需求和偏好；精准营销还需要多渠道和多样化的传播方式，通过采用多渠道和多样化的传播方式(如社交媒体、邮件、短信等)确保信息能够有效地传达给目标消费者；精准营销还需要实时监测和调整，通过实时监测营销效果并根据需要进行调整，以优化营销策略和效果。

综上所述，精准营销是一个综合性的营销策略，它不仅关注市场细分和个性化沟通，还涉及技术的应用、成本效益的提升，以及对消费者需求的深刻理解。

2) 网络精准营销模式

网络的发展为精准营销提供了更加广阔的平台。作为一种新的媒介，互联网给世界带来的转变不仅仅是字面上理解的精准，还驱动着事实上的精准。营销领域最活跃、最具创造力的部分将是基于互联网的"精准营销"。

精准营销的重心主要是识别网民的行为特征与消费心理，一般会从生活门户网站、专业性门户网站、专业的信息网站、E-mail、微信、微博，以及搜索引擎网站上获取网民的特征及行为习惯。在此基础上对网民的消费意向进行推测，并充分挖掘其消费潜力，进而"投其所好"，有针对性地对其进行特定的商业信息展示。下文中"大数据在互联网领域的应用"部分所讲的个性化推荐就是精准营销的典型代表。

大数据时代下的网络化精准营销正是在先进的数据库技术和网络通信技术的基础上发展起来的新型营销手段，具有十分光明而广阔的前景。

概念辨析6-3

点告、窄告和广告

点告是一种全新意义和全新形式的广告。从字面上理解，点告就是要以"点而告知"取代"广而告之"，改变传统的片面追求广告覆盖面的思路，转向专注于广告受众人群的细分及受众效果。

例如，企业可以通过问答的形式向目标群体推广企业的产品，而目标群体则可以根据回答问题的数量多少得到不同的奖励，最终实现宣传的目的。点告与媒体的相似之处在于：其以精准性、趣味性、参与性及深入性，潜移默化地影响目标受众，最终达到宣传企业的目的。

窄告，顾名思义，与广告相对立，这是一种把商品信息有针对性地投放到企业想要传递到的那些人眼前的广告形式。基于又精又准这种精准营销的理念要求，当投放广告时，采用语义分析技术对广告主的关键词及网文进行匹配，这样便可以有针对性地将广告投放到相关文章周围的联盟网站的窄告广告位上，即"窄"广告。

此外，窄告还具有另外一大特色，即能通过地址精确区分目标区域，锁定哪些区域是广告商指定的目标客户所在地，仅在这些相应的区域中进行投放，最终成功地精确定位目标受众。由此可见，窄告通过与信息网络技术相结合，最终实现了网上的分众传播。

3. 数据库营销

数据库营销(database marketing)，就是对客户资料进行数据采集、存储、处理后建立一个客户数据资料库，据此准确地对市场进行细分与定位，从而实现个性化、创新性的营销过程。它是在Internet与Database技术的基础上逐渐兴起和成熟起来的一种市场营销推广手段。因而，数据库营销的思想与如何在大数据时代有效利用大数据极其吻合，这也使得数据库营销成为大数据时代引领企业市场营销变革的主流方式之一。

数据库营销是一种集成了多种营销方法和技术的综合性经营理念，它不仅包括传统的营销工具和方法，如电子邮件、短信、电话等，还涉及数据分析和数据挖掘的技术。数据库营销的核心在于通过收集和积累消费者的大量信息，并进行深入分析和预测，精确定位产品，制定有针对性的营销信息，以此来吸引和说服消费者购买产品。

数据库营销的作用主要包括以下几个方面。

(1) 选择和编辑客户数据。收集、整理客户的数据资料，构建客户数据库，收集的客户的数据应包括客户的个人资料、交易记录等信息。

(2) 选择适当的消费者。有针对性地进行沟通，提高反馈率，增加销量，从而降低营销成本。

(3) 为使用营销数据库的企业提供消费者的状况，应用于邮件、电话、销售、服务、客户忠诚计划及其他营销方法中。

(4) 反击竞争者的武器。数据库可以反映与竞争者有联系的客户特征，进而分析竞争者的优劣势，改进营销策略，提供比竞争者更好的产品和服务，增进与客户的关系。

(5) 建立互信共赢的客户关系。数据库的服务过程本身就是数据库营销过程，数据必须是动态的、可扩充的和及时更新的，涵盖现有客户和潜在客户。

(6) 及时的营销效果反馈。可以分析市场活动的短期和长期效果，并提出改进方法。

企业赖以生存和发展的基础是深刻洞察和理解客户需求，而唯有对大量的客户进行数据挖掘和行为分析才可能达到"理解"和"洞察"的目的。

营销人员都清楚地知道，市场营销实际上就是管理决策的过程，首先通过市场调研、客户细分及产品定位等方式建立营销战略组合，而企业的战略组合则是由产品、价格、促销，以及渠道结合而成的，同时运用有效的措施保证营销计划的实施。

若要提高营销的效果、降低营销成本，企业就应该进行有针对性的精准营销，而数据库营销以一种适应大数据潮流逐渐成长起来的模式成为最佳的选择。

数据库营销制定出了"最易打动客户及潜在客户，与客户建立长期、高品质的良好关系，做到在适当时机以适当方式将必要的信息传达给适当的客户、有效地抓住客户的心理，让营销支持更有效益，建立用户忠诚度，增加企业利润"的营销模式，这样一来，可以为精准营销和良好客户关系的建立奠定坚实的基础。

专栏6-8

重新定义客户关系

传统企业更在意人、货、场三者之间的关系，讲求产品在不同场景(渠道)间的动销能力，认为能够卖更多的产品、获得更高的利润，就是好的业务。如今，越来越多的企业开始关注与用户之间的关系。但是有一个常见的错误观念，一些企业认为购买过产品的用户就是企业的用户，经常号称自己拥有几千万的用户。

事实上，交易只是与用户建立关系的起点，购买同一种产品的用户，可能因为感到满意，建立与企业的信任；也可能因为糟糕的购物体验，将企业"拉黑"。企业只有通过观察用户的行为数据，才能判断用户与企业关系的远近。这种远近关系是判断用户是否有可能复购、何时可能复购、是否会替企业传播正面口碑的重要依据。

因此，重建与用户的关系成为了企业经营的新课题。通过改进数字化的用户旅程，可以帮助企业重新构建与用户的关系。那些转瞬之间让人惊心动魄的"路转粉""粉转黑"的莫名操作，往往都是忽视用户行为数据、未及时干预的结果。

《用户行为分析：如何用数据驱动增长》一书中把应用用户行为数据指导业务升级的过程分为四个步骤：描述用户、理解需求、设计业务和重建关系。这四个步骤正是互联网企业能够不断更新进化的关键法宝。

学会使用用户行为数据来支撑以上四个步骤的工作方法，是企业走向数据时代的第一步。进一步的挑战是，企业能用怎样的频率重复迭代上面的步骤，是半年一次、一个月一次，还是几天一次？看懂学会与熟练运用间的差距，就是企业进化速度的差距。

专栏6-9

超级用户

超级用户，就是既有重度消费行为，又有重度互动行为的消费者，他们不但自己能够为企业贡献超高的消费额度，还能够影响周边的人为企业带来新客户。这些超级用户的价值是一般消费者的7～8倍。

例如，某企业在原有以交易获得积分的会员体系基础上，增加了以用户线上互动行为赚取成长值的第二积分体系，并巧妙地设计了双重积分互相促进升级的双轮驱动模式，不断发掘和打造"超级用户"。

随着大数据技术的迅速发展，数据库营销成为适应现代信息社会和大数据时代的独特营销方式。例如，在ZARA的实体店内，当顾客向店员反映"这个衣领图案很漂亮""我不喜欢口袋的拉链"这些微小的细节后，店员随即向分店经理进行汇报，经理通过ZARA内部的全球资讯网络，每天至少传递两次资讯给总部设计人员。总部根据汇集的数据做出即时决策后立即传送到生产线，改变产品样式。ZARA通过收集海量的顾客意见去做出生产销售决策的行为大大降低了存货率，同时根据这些数据分析出相似的"区域流行"，在颜色、版型的生产中，做出最靠近客户需求的市场区隔。

目前，数据库营销在欧美市场中非常普遍，被认为是提升企业竞争力的重要手段之一。在美国，大多数零售商和制造商认为拥有一个强大的营销数据库是非常必要的。此外，数据库营销也被视为"直销"的一个分支，它不仅仅是营销的工具、方法或技术平台，也是一种企业经营理念，深刻地改变了企业的市场营销模式和服务模式。

6.1.3　大数据与人力资源管理

人力资源数字化是一个涉及将传统人力资源实践转变为现代技术驱动实践的过程。近年来，人力资源数字化在各种规模的企业中越来越受欢迎。这一趋势是由许多因素推动的，包括提高效率、提高员工敬业度的需求，以及对数据驱动决策的需求。

1. 人力资源数字化的重要作用

人力资源数字化之所以重要，其中一个关键原因是它可以帮助企业提高运营效率。通过自动化某些人力资源流程，如招聘、入职和绩效管理，企业可以节省宝贵的时间和资源。这可以让人力资源专业人员专注于更具战略性的计划，从而改善业务成果。

相比传统的人工看简历、面试的费时费力方式，借助数据分析技术，建立合适的模型，可以快速筛选出合适的候选人。例如，某互联网公司通过分析招聘广告在不同渠道的曝光情况和应聘者的简历内容，构建了一个智能招聘系统。该系统能够自动匹配合适的候选人，并根据不同的岗位需求推荐最佳的人选，大大提高了人员招聘的效率和准确性。

在绩效考核方面，传统的绩效考核往往依赖于主管的主观判断，容易产生误导和不公平。利用大数据实时关注员工工作的真实状态，及时提供帮助，进行多维度绩效评估，可以使绩效考核结果更准确。例如，某银行通过对销售人员业绩数据进行分析，发现一部分员工绩效较低，但对特定类型的客户有更好的表现。基于这个发现，该银行在激励机制中增加了基于客户类型的绩效考核指标，以激励员工更好地服务特定用户群体。

在人力资源管理中，员工离职率高一直是一个棘手的问题。通过大数据分析，企业可以根据个人资料、绩效评估、工作满意度等数据指标，预测员工离职的可能性，并及时采取措施进行干预。例如，某公司通过分析员工的社交媒体活动和内部交流记录，发现一些表现不稳定的员工正在寻找新的工作机会。基于这些发现，公司对这些员工进行了针对性培训，并制定了相应的激励措施，有效地提高了员工的留任率。

人力资源数字化之所以重要，另一个重要原因是它可以提高员工的敬业度。通过为员工提供现代技术驱动的人力资源工具，如移动应用程序和虚拟现实培训计划，企业可以创建拥有更高敬业度和生产力的员工队伍。在培训上，大数据能让培训更有针对性、更有效，能更准确地支持企业决策和长期发展。

除了提高效率和敬业度，人力资源数字化还能够帮助人力资源领导者做出数据驱动的决策，推动从"经验+感觉"模式向"事实+数据"模式转型。企业可以通过汇聚更多的人力资源管理方面的信息资源，实现对组织部门、岗位、人员、业务等全面的关联性分析，让人力资源的工作更具有价值，提高工作的重要程度。

通过收集和分析有关员工行为、绩效和敬业度的数据，企业可以获得有价值的见解，为人力资源战略和政策提供必要的信息。例如，数据分析可以帮助企业找到导致员工敬业度低的原因，使企业能够采取有针对性的举措来解决问题。

人力资源数字化还可以帮助企业在瞬息万变的商业环境中保持竞争力。随着新技术的出现和劳动力市场的竞争变得更加激烈，能够利用技术改善人力资源实践的企业更有可能吸引和留住顶尖人才，从而帮助企业保持领先地位并保持行业竞争力。

最后，人力资源数字化可以帮助企业实现更广泛的业务目标。通过技术来提高员工敬业度，企业可以创建更具社会责任感的员工队伍，从而帮助企业实现其更广泛的可持续发展目标并提高其在市场上的声誉。

2. 人力资源数字化的典型案例

五个世界级人力
资源数字化案例

人力资源数字化已成为现代人力资源管理不可或缺的一部分，企业不能忽视实施数字化人力资源解决方案的潜在好处。扫描二维码查看五个世界级人力资源数字化案例，了解人力资源数字化如何改善招聘、入职、绩效管理、员工敬业度和整个人力资源流程。

进入大数据时代后，很明显，人力资源数字化将继续改变人力资源行业。接受变化并积极采取行动的企业将更有能力在竞争中保持领先地位并实现其业务目标。

6.1.4　财务大数据分析

我国在进入数字经济时代的同时，对企业智能化改造和数字化转型提出了新的要求；企业在进入智能财税的新时代的同时，也对企业财务大数据分析能力提出了更高的要求。对于企业财务管理人员而言，信息数据化可以帮助他们快速、准确地获取数据信息，实现数据可视化、风险预警等功能，为企业提供战略支持。

1. 财务大数据分析与传统财务分析的对比

财务大数据分析与传统财务分析主要有以下区别(见表6-1)。

在工具平台上，传统财务分析主要采用Excel软件来实现计算和对比功能，以及简单数据的可视化；而财务大数据分析主要采用Tableau、Python等软件，不仅能实现计算、对比功能，还能实现复杂数据的可视化。

在数据量上，财务大数据分析运用网络爬虫等方式获取数据，可以获取多家上市公司多年的财务数据；而传统财务分析因为工具平台的限制，往往只能选取某几家公司近几年的数据分析报告。

在分析维度上，财务大数据分析可以实现平台自动计算，因此以多维度关联分析为主；而传统财务分析则主要以人工分析为主，因此多集中在单个指标分析上。

在分析内容上，传统财务分析以财务数据分析为主；财务大数据分析不仅可以实现财务分析，还可以实现经营分析、战略分析等。

表6-1　财务大数据分析与传统财务分析的区别

类别	财务大数据分析	传统财务分析
工具平台	Tableau、Python 等软件	Excel 软件
数据量	数据量多（多家公司）	数据量少（少数几家公司）
分析维度	多维度关联分析	单个财务指标分析
分析内容	综合分析	财务数据分析

在财务大数据分析的背景下，简单的财务指标计算将被财务机器人所替代，企业对传统财务人才的需求减少。因此，企业需要引进具备数据获取、数据分析能力的复合型人才。

2. 财务大数据获取方式的变化

企业进行财务分析时，需要获取行业内其他公司的数据，用于进行财务比较。获取财务数据的方法有很多，如上海证券交易所网站、深圳证券交易所网站、巨潮资讯网、新浪财经网等财经网站，在这些网站上可以获取相应的财务数据。以分析企业的行业竞争力为例，可以获取同行业上市公司的财务报表，进行盈利能力、营运能力、发展能力等指标的计算，以判断本企业的行业竞争力。

传统的财务分析，一般直接进入上市公司网站，找到相应的要分析企业的数据进行下载，然后运用Excel进行计算，对比分析相应的指标。在大数据时代，可以通过网络爬虫的方式从互联网上获取数据，该方法可以获取大量的数据。

首先，根据需要分析的财务数据类型选择合适的数据源。例如，分析企业竞争力，需要对比A上市公司的相关数据。然后，编写爬虫程序。这一步需要具有一定编程能力的人员完成。例如，对比A上市公司相关的数据，需要进入上海证券交易所等平台，找到A上市公司的XBRL文件，获取网页源代码。最后，由于网络爬虫爬取到的数据往往存在一定的格式错误、缺失数值等问题，需要使用Python等软件进行数据清洗，方便后续的数据分析和处理。

企业利用网络自动化收集数据，大大减少了人工收集数据的时间和精力，而且能够提高数据的准确性和及时性，提高工作效率，进而通过数据的获取，了解市场动态，优化自身策略，提高竞争力。

3. 财务大数据分析的主要内容

1) 企业财务报表分析

在对企业财务报表进行分析时，可以根据分析目的选择不同的参照标准，以便精准找到企业存在的问题。例如，在分析企业本期利润水平时，可以采用趋势分析法和以往的利润数据作对比，也可以采用预算差异分析法和企业计划预算作对比，还可以采用横向比较分析法和目标企业作对比，判断企业是否达到了行业平均水平、是否超过了对标企业。通过精准选取不同的分析方法和参照标准，可以利用不同的数据发现规律性的信息或找到差异之处，从而为企业的下一步发展提供战略支持。财务报表分析方法如表6-2所示。

表6-2　财务报表分析方法

分析方法	分析对象	参照标准
趋势分析法	本期数据	上期数据
预算差异分析法	实际执行情况	计划预算
横向比较分析法	行业数据	行业平均水平
	目标企业	对标企业数据

传统财务报表分析主要是事后分析，通过前述方法找出企业与参照标准的差异，从而找到企业存在的问题。利用大数据分析和人工智能，不仅可以使事后分析更加精准和便捷，

还可以通过收集海量数据，利用其快速的算法，实现企业事前、事中分析，为企业分析转型提供基础，改进企业财务分析滞后的特点。

2) 企业财务指标分析

传统的财务指标分析利用Excel进行，通过对Excel设置公式来计算企业的偿债能力指标、盈利能力指标、营运能力指标和发展能力指标，然后根据计算结果来分析企业的偿债能力、盈利能力、营运能力和发展能力。传统的财务指标分析耗时耗力，而且数据处理量少。

财务大数据分析流程与第5章图5-2的数据处理分析过程是一致的。大数据财务指标分析往往按照以下步骤进行相应的财务指标分析，并实现可视化。

首先，根据企业需求，如分析企业的盈利能力、发展能力、偿债能力等，确定数据源，完成相应企业内部的文件、数据库、业务财务系统的数据采集工作。然后，利用网络爬虫等技术从上海证券交易所、深圳证券交易所等网站获取需要对比的上市公司的财务数据；其次，对采集到的数据进行清洗，弥补缺失值，为后续分析做铺垫。最后，利用Python等大数据分析工具，对企业财务数据进行分析，分析企业盈利能力、发展能力、偿债能力等，完成可视化呈现。

大数据技术的应用，使财务人员从传统的财务指标计算中解脱出来，财务指标可以由智能财务机器人等计算得出，大大地提升了计算速度。而且大数据技术可以实现数据可视化功能，让数字"开口说话"，财务人员只需要辅助判断和分析即可，在财务分析质量不断提高的同时提高了财务透明度，能够为企业发展提供战略支撑。

6.1.5　大数据与研发

众所周知，科学技术是第一生产力。可见，研发对于企业的重要性是毋庸置疑的。下面通过几个典型事例说明大数据在研发中的重要作用。

1. 基于大数据的药品研发

通过因果分析找到答案，进而研制出治疗某种疾病的药物，这是传统的药物研制方式，青霉素的发明过程就非常具有代表性。

19世纪中期，奥匈帝国的伊格纳兹·塞麦尔维斯(Ignaz Semmelweis)、法国的路易斯·巴斯德(Louis Pasteur)等人发现微生物细菌会导致很多疾病，因此人们很容易想到杀死细菌就能治好疾病，这就是因果关系。后来亚历山大·弗莱明(Alexander Fleming)等人发现，把消毒剂涂抹在伤员伤口上并不管用，因此就要寻找能够从人体内杀菌的物质。最终，弗莱明于1928年发现了青霉素，但是他不知道青霉素杀菌的原理。

而牛津大学的科学家钱恩(Chain)和亚伯拉罕(Abraham)搞清楚了青霉素杀菌的机理和有效成分——青霉烷，它能够破坏细菌的细胞壁。至此，青霉素治疗疾病的因果关系也才算完全找到，这时已经是1943年，离赛麦尔维斯发现细菌致病已经过去近一个世纪。

1945年，女科学家多萝西·霍奇金(Dorothy Hodgkin)搞清楚了青霉烷的分子结构，并因此获得了诺贝尔奖，到1957年，终于可以人工合成青霉素。搞清楚青霉烷的分子结构，有利于人类通过改进它来发明新的抗生素，亚伯拉罕就因此而发明了头孢类抗生素。

在整个青霉素的发现过程和其他抗生素的发明过程中，人类通过不断地分析原因，然后寻找答案(结果)。当然，通过这种因果关系找到的答案是非常让人信服的。

其他新药的研制过程和青霉素很类似，科学家们通常需要分析疾病产生的原因，寻找能够消除这些"原因"的物质，然后合成新药。这是一个非常漫长的过程，而且费用非常高。在十多年前，研制一种处方药需要花费10年以上的时间，投入10亿美元(约60～70亿元人民币)的科研经费。如今，时间和费用成本都有所提高。

一些专家估计，研制一种处方药需要20年的时间、20亿美元(约140亿元人民币)的投入。这也就不奇怪为什么有效的新药价格都非常昂贵，因为如果不能在专利有效期内赚回20亿美元的成本，就不可能有公司愿意投资研制新药。

研制一种新药需要如此长的时间、如此高的成本，这显然不是患者可以等待和负担的，也不是医生、科学家、制药公司想要的，但是过去没有办法，大家只能这么做。如今，有了大数据，寻找特效药的方法就和过去有所不同了。

美国一共只有5000多种处方药，而人类会得的疾病大约有1万种。如果将每一种药和每一种疾病进行配对，就会发现一些意外的惊喜。例如，斯坦福大学医学院发现，原来用于治疗心脏病的某种药物对治疗某种胃病特别有效。

当然，为了证实这一点，需要做相应的临床试验，但是这样找到治疗胃病的药只需要花费3年时间，成本也只有1亿美元(约7亿元人民币)。这种方法实际上依靠的并非因果关系，而是一种强相关性，即A药对B病有效。

至于为什么有效，接下来3年的研究工作实际上就是在反过来寻找原因。这种先有结果再反推原因的做法和过去通过因果关系推导出结果的做法截然相反。无疑，这样的做法会节省很多时间，但是，前提是有足够多的数据支持。

2. 无所不在的大数据研发

很少有人会认为一个人的坐姿可以表现丰富的信息，但是它确实可以。当一个人坐着的时候，他的身形、姿态和重量分布都可以被量化和数据化。日本先进工业技术研究所的越水重臣教授就证实了这一点。

专栏6-10

坐姿研究与汽车防盗系统

越水重臣教授进行了一项关于坐姿的研究。他和他的工程师团队通过在汽车座椅下部安装360个压力传感器以测量人对椅子施加压力的方式，把人体屁股特征转化成了数据，并且用0～256的数值对其进行量化，产生了独属于每个乘坐者的精确数据资料。

在这个实验中，这个系统能根据人体对座位的压力差异识别出乘坐者的身份，准确率高达98%。这项技术可以作为汽车防盗系统安装在汽车上。有了这个系统之后，汽车就能识别出驾驶者是不是车主。如果不是，系统就会要求司机输入密码；如果司机无法准确输入密码，汽车就会自动熄火。

把一个人的坐姿转换成数据后，这些数据就孕育出了一些切实可行的服务和前景光明的产业。例如，通过汇集这些数据，人们可以利用事故发生之前的坐姿变化情况，分析出坐姿和行驶安全之间的关系。这个系统同样可以在司机疲劳驾驶的时候发出警示或自动刹车。同时，这个系统不但可以发现车辆被盗，还可以通过收集到的数据识别出盗贼的身份。

越水重臣教授把一个从不认为是数据，甚至不被认为和数据沾边的事物转化成了可以用数值来量化的数据模式。这样创新性的应用展现了这些信息独特的价值，也为研发工作打开了一扇崭新的大门。

概念辨析6-4

大数据分析和大数据研发

大数据分析和大数据研发都是与大数据相关的工作，但它们的职责和重点略有不同。

大数据分析的主要职责是根据业务需求，运用各种数据分析工具和技术对大量数据进行分析和挖掘，发现数据背后的规律和趋势，为企业提供数据支持的决策依据。在这个过程中，数据分析师需要具备数据清洗、数据处理、数据可视化、数据建模等技能，熟悉常用的数据分析工具和编程语言，如Python、R等。

大数据研发则有广义与狭义之分。狭义的大数据研发更侧重于研发和维护大数据技术平台和数据仓库，保证大数据的存储、处理和分析能力，为企业提供强有力的技术支持。在这个过程中，大数据研发人员需要具备大数据技术栈的相关知识和经验，如Hadoop、Spark、Hive、Kafka等，能够编写高效的大数据处理程序，并保证数据平台的稳定性和可靠性。广义的大数据研发则是指大数据参与的各种各样的研发工作。

综上可以看出，大数据分析更侧重于数据分析和运用，而狭义的大数据研发更侧重于大数据技术开发和运行维护，广义的大数据研发则是指大数据在研发中的应用。

6.1.6 大数据与生产运营

《上海市推动制造业高质量发展三年行动计划(2023—2025年)》提出，到2025年，规模以上制造业企业数字化转型比例达80%以上。实施智能工厂领航计划，加快建设智能工厂，打造20家标杆性智能工厂、200家示范性智能工厂是重点任务之一。

《江苏省制造业智能化改造和数字化转型三年行动计划(2022—2024年)》提出，通过三年的努力，全省制造业数字化、网络化、智能化水平显著提升，新业态、新模式、新动能显著壮大，制造业综合实力显著增强，率先建成全国制造业高质量发展示范区。

到2024年底，全省规模以上工业企业全面实施智能化改造和数字化转型，劳动生产率年均增幅高于增加值增幅；重点企业关键工序数控化率达65%，经营管理数字化普及率超过80%，数字化研发设计工具普及率接近90%。对标世界智能制造领先水平，分行业分领域制定智能制造示范标准，累计建成国家智能制造示范工厂项目30个、省级智能制造示范工厂项目300个是重点任务之一。

专栏6-11

智能制造

智能制造(intelligent manufacturing, IM)是一种由智能机器和人类共同组成的人机一体化智能系统，在制造过程中能进行智能活动，如分析、推理、判断、构思和决策等。通过人与智能机器的合作，扩大、延伸和部分地取代人类在制造过程中的脑力劳动。它把制造自动化的概念更新并扩展为柔性化、智能化和高度集成化。

智能制造应当包含智能制造技术和智能制造系统，智能制造系统不仅能够在实践中不断地充实知识库，而且具有自学习功能，还有搜集与理解环境信息和自身的信息并进行分析判断和规划自身行为的能力。

毫无疑问，智能化是制造自动化的发展方向。制造过程中的各个环节几乎都广泛应用了人工智能技术。专家系统可以用于工程设计、工艺过程设计、生产调度、故障诊断等，也可以将神经网络和模糊控制技术等先进的计算机智能方法应用于产品配方、生产调度等，实现制造过程智能化。而人工智能技术尤其适用于解决特别复杂和不确定的问题。

智能制造主要涉及三个层面：一是智能装备，包括自动识别设备、人机交互系统、工业机器人，以及数控机床等具体设备，涉及跨媒体分析推理、自然语言处理、虚拟现实智能建模及自主无人系统等关键技术。二是智能工厂，包括智能设计、智能生产、智能管理，以及集成优化等具体内容，涉及跨媒体分析推理、大数据智能、机器学习等关键技术。三是智能服务，包括大规模个性化定制、远程运维，以及预测性维护等具体服务模式，涉及跨媒体分析推理、自然语言处理、大数据智能、高级机器学习等关键技术。

专栏6-12

工业4.0

工业4.0是基于工业发展的不同阶段做出的划分。按照共识，工业1.0是蒸汽机时代，工业2.0是电气化时代，工业3.0是信息化时代，工业4.0是智能化时代，是以智能制造为主导的第四次工业革命

工业4.0的概念最早出现在德国，由德国政府于2013年在汉诺威工业博览会上正式推出，其核心目的是提高德国工业的竞争力，在新一轮工业革命中占领先机。自此以来，工业4.0迅速成为德国的一个标签，并在全球范围内引发了新一轮的工业转型竞赛。

"中国制造2025"与德国"工业4.0"的合作对接渊源已久。2015年5月，国务院正式印发《中国制造2025》，全面部署推进实施制造强国战略。

工业4.0驱动新一轮工业革命，核心特征是互联。互联网技术降低了产销之间的信息不对称，加速了两者之间的相互联系和反馈，因此，催生出消费者驱动的商业模式，而工业4.0是实现这一模式的关键环节。工业4.0代表了"互联网+制造业"的智能生产，孕育了大量的新型商业模式，真正能够实现"C2B2C"的商业模式。

由此可见，智能制造正在世界范围内兴起，它是制造技术(特别是制造信息技术)发展的必然，是自动化和集成技术向纵深发展的结果。2021年12月21日，工信部、国家发改委等八部门印发了《"十四五"智能制造发展规划》(以下简称《规划》)。

《规划》指出，智能制造是制造强国建设的主攻方向，其发展程度直接关乎我国制造业质量水平。发展智能制造对于巩固实体经济根基、建成现代产业体系、实现新型工业化具有重要作用。

《规划》提出了我国智能制造"两步走"战略：到2025年，规模以上制造业企业大部分实现数字化网络化，重点行业骨干企业初步应用智能化；到2035年，规模以上制造业企业全面普及数字化网络化，重点行业骨干企业基本实现智能化。

6.2 从纵向维度看大数据应用

从纵向维度(行业视角)看大数据应用,即从《数字中国建设整体布局规划》(以下简称《规划》)指出的数字经济、数字社会、数字政务、数字文化和数字生态文明五大领域介绍大数据的典型应用。

《规划》指出,要全面赋能经济社会发展。一是做强做优做大数字经济;二是发展高效协同的数字政务;三是打造自信繁荣的数字文化;四是构建普惠便捷的数字社会;五是建设绿色智慧的数字生态文明。

6.2.1 数字经济

《数字中国建设整体布局规划》指出,做强做优做大数字经济。培育壮大数字经济核心产业,研究制定推动数字产业高质量发展的措施,打造具有国际竞争力的数字产业集群。推动数字技术和实体经济深度融合,在农业、工业、金融、教育、医疗、交通、能源等重点领域,加快数字技术创新应用。支持数字企业发展壮大,健全大中小企业融通创新工作机制,发挥"绿灯"投资案例引导作用,推动平台企业规范健康发展。

可见,数字经济涉及的领域非常广泛。下面主要介绍大数据在互联网、零售、金融、物流等领域的应用。

1. 大数据在互联网领域的应用

互联网企业其实一直都坚信一个说法——数据是下一个时代的新能源。他们努力为能打出这张底牌持续构建牌局,或小心翼翼地探索,或疯狂地跑马圈地,最终目的是获得更多的数据资产,从而促使产生新的业务模式或竞争壁垒。

用户行为数据作为能驱动商业发展的数据类型之一,深受互联网企业的重视。大多数互联网企业由于没有传统企业那样丰富的经营数据,用户线上行为数据便成为他们能够获得的最有价值的数据。

大数据在互联网领域的典型应用主要包括个性化推荐、长尾理论和预测性物流等。

1) 个性化推荐

互联网的飞速发展使人们进入了信息超载的时代,虽然搜索引擎可以帮助用户查找内容,但只能解决明确的需求。用户需要将需求转化为相关的关键词进行搜索。因此,当用户需求很明确时,搜索引擎通常能够较好地满足用户的需求。例如,用户想了解ChatGPT,只要在搜索引擎中输入"ChatGPT",就可以立即得到很多关于ChatGPT的信息。

然而,当用户没有明确需求时,就无法向搜索引擎提交明确的搜索关键词。这时,看似"神通广大"的搜索引擎,也会变得无用武之地,难以帮助用户有效地筛选信息。例如,用户突然想听一首自己从未听过的流行歌曲,面对当前众多的流行歌曲,用户可能会茫然无措。这时,用户无法告诉搜索引擎要搜索什么名字的歌曲,搜索引擎自然也无法为其找到心仪的歌曲。

为了能够让用户从海量信息中高效地获得自己所需的信息,个性化推荐系统应运而生。

(1) 个性化推荐系统。

个性化推荐系统是大数据在互联网领域的典型应用,是解决信息超载问题的一个非常有效的办法。它通过分析用户的历史数据来了解用户的需求和兴趣,从而将用户感兴趣的信息、物品等主动推荐给用户。个性化推荐系统是自动联系用户和物品的一种工具，与搜索引擎相比，个性化推荐系统通过研究用户的兴趣偏好，进行个性化计算，由系统发现用户的兴趣点，从而引导用户从海量信息中去发掘自己潜在的需求。

因为估算可以提前进行，所以个性化推荐系统快如闪电，而且适用于各种各样的产品。一个好的个性化推荐系统不仅能为用户提供个性化的服务，还能和用户建立密切关系，让用户产生依赖。

(2) 推荐方法。

个性化推荐系统的本质是建立用户和物品的联系。根据推荐算法的不同，推荐方法主要包括以下类型。

① 基于专家的推荐：是传统的推荐方式，本质上是一种人工推荐，由资深的专业人士来进行商品的筛选和推荐，需要较多的人力成本。如今，专家推荐的结果主要作为其他推荐算法结果的补充。

② 基于统计的推荐：是基于统计信息的推荐(如热门推荐)，概念直观，易于实现，但是对于用户个性化偏好的描述能力较弱。

③ 基于内容的推荐(content-based recommendation)：是信息过滤技术的延续与发展，它是建立在项目的内容信息上做出推荐的，更多地需要用机器学习的方法从关于内容的特征描述的事例中得到内容的特征，并基于内容的特征来发现与之相似的内容。基于内容的用户资料需要有用户的历史数据，用户资料模型可能随着用户偏好的改变而发生变化。

④ 基于关联规则的推荐(association rule-based recommendation)：以关联规则为基础，把已购商品作为规则头，规则体为推荐对象。关联规则挖掘可以发现不同商品在销售过程中的相关性，在零售业中已经得到了成功的应用。关联规则就是在一个交易数据库中统计购买了商品集X的交易中有多大比例的交易同时购买了商品集Y，其直观的意义就是用户在购买某些商品的时候有多大倾向去购买另外一些商品，如购买牛奶的同时很多人会购买面包。

⑤ 基于效用的推荐(utility-based recommendation)：是建立在对用户使用项目的效用情况进行计算的，其核心问题是怎么样为每一个用户去创建一个效用函数，因此，用户资料模型很大程度上是由系统所采用的效用函数决定的。基于效用推荐的好处是它能把非产品的属性，如提供商的可靠性(vendor reliability)和产品的可得性(product availability)等考虑到效用计算中。

⑥ 基于知识的推荐(knowledge-based recommendation)：在某种程度上可以将其视为一种推理(inference)技术，它不是建立在用户需要和偏好基础上推荐的。基于知识的推荐因其所用的功能知识不同而有明显区别。效用知识(functional knowledge)是一种关于一个项目如何满足某一特定用户的知识，因此能解释需要和推荐的关系，所以用户资料可以是任何能支持推理的知识结构，可以是用户已经规范化的查询，也可以是一个更详细的用户需要的表示。

⑦ 协同过滤推荐(collaborative filtering recommendation)：是推荐系统中应用较早且较为成功的技术之一。一般采用最近邻技术，利用用户的历史喜好信息计算用户之间的距离，然后利用目标用户的最近邻用户对商品评价的加权评价值来预测目标用户对特定商品的喜好程度，从而根据这一喜好程度来对目标用户进行推荐。

协同过滤是基于这样的假设：为某一用户找到他真正感兴趣的内容的最好方法是首先找到与此用户有相似兴趣的其他用户，然后将他们感兴趣的内容推荐给此用户。其基本思想非常易于理解，在日常生活中，人们往往会通过好朋友的推荐来进行一些选择。协同过滤正是把这一思想运用到了电子商务推荐系统中。

协同过滤是最早、最知名的推荐算法，不仅在学术界得到了深入研究，而且至今在业界仍有广泛的应用。协同过滤的最大优点是对推荐对象没有特殊的要求，能处理非结构化的复杂对象，如音乐、电影等。协同过滤主要包括基于用户的协同过滤、基于物品的协同过滤和基于模型的协同过滤。

- 基于用户的协同过滤(UserCF算法)：是推荐系统中最古老的算法。可以说，UserCF算法的诞生标志着推荐系统的诞生。该算法符合人们"趣味相投"的认知，即兴趣相似的用户往往有相同的物品喜好。当目标用户需要个性化推荐时，可以先找到和目标用户有相似兴趣的用户群体，然后将这个用户群体喜欢的而目标用户没有听说过的物品推荐给目标用户。

- 基于物品的协同过滤(ItemCF算法)：向目标客户推荐那些和他们之前喜欢的物品相似的物品。ItemCF算法并不是利用物品内容的属性计算物品之间的相似度，而是主要通过分析用户的行为记录来计算物品之间的相似度。该算法基于的假设是：物品A和物品B具有很大的相似度是因为喜欢物品A的用户大多也喜欢物品B。因此，如果用户购买了物品A，那么该算法也会向用户推荐物品B。

基于内容的推荐与基于物品的协同过滤有相似之处，但是，基于内容的推荐关注的是商品本身的特征，通过商品自身的特征来找到相似的商品；基于物品的协同过滤则依赖用户与商品间的联系，与商品自身特征没有太大关系。

- 基于模型的协同过滤(ModelCF算法)：根据用户给物品的打分来推断每个用户的喜好并推荐合适的物品。实际上，ModelCF算法同时考虑了用户和物品两个方面，因此，也可以看作UserCF算法和ItemCF算法的混合形式。

⑧ 组合推荐：也称为混合推荐(hybrid recommendation)。各种推荐方法都有优缺点，在实际应用中，单一的推荐算法往往无法取得良好的推荐效果。因此，人们经常采用组合推荐，研究和应用最多的是基于内容的推荐和协同过滤推荐的组合。

最简单的做法就是分别用基于内容的方法和协同过滤推荐方法去产生一个推荐预测结果，然后用某种方法组合其结果。尽管从理论上有很多种推荐组合方法，但在某一具体问题中并不见得都有效，组合推荐的一个最重要原则就是组合后要能避免或弥补各自推荐技术的弱点。

(3) 推荐系统的典型应用。

目前，推荐系统在电子商务、在线视频、社交网络等各类网站和应用中都扮演着重要的角色。亚马逊作为应用推荐系统的鼻祖，已将推荐的思想渗透到其网站的各个角落，实现了多个推荐场景。如图6-4所示，亚马逊网站利用用户的浏览历史记录来为用户推荐商品，推荐的主要是用户未浏览过、但可能感兴趣、有购买可能性的商品。

图6-4　亚马逊网站利用用户的浏览历史记录来推荐商品

推荐系统在在线音乐应用中也发挥着越来越重要的作用。相比于电影，音乐在数量上更为庞大，且个人喜好偏向更为明显，仅依靠热门推荐和专家推荐是远远不够的。虾米音乐则根据用户的音乐收藏记录来分析用户的音乐偏好，从而进行推荐，如图6-5所示。从推荐的结果来看，主要是以基于内容的推荐为主。例如，推荐同一风格的歌曲、推荐同一歌手的其他歌曲、推荐同一专辑中的其他歌曲等。

图6-5　虾米音乐根据用户的音乐收藏记录推荐歌曲

2) 长尾理论

从推荐效果的角度来看，热门推荐往往能取得不俗的效果，这也是各类网站中都能见到热门排行榜的原因。但是，热门推荐的主要缺陷在于推荐的范围有限，所推荐的内容在一定时期内也相对固定，无法为用户提供新颖且有吸引力的内容，自然难以满足用户的个性化需求。因此，热门推荐无法实现长尾商品的推荐。

从商品的角度来看，推荐系统要比热门推荐更加有效，推荐系统可以创造全新的商业和经济模式，帮助实现长尾商品的销售。热门商品往往代表了用户的普遍需求，而长尾商品则代表了用户的个性化需求。因此，可以通过发掘长尾商品并推荐给感兴趣的用户来提高销售额。这需要通过个性化推荐来实现。

个性化推荐可以通过个性化推荐系统来实现。此类推荐系统通过发掘用户、同类用户、最近邻用户的行为记录，找到该用户的个性化需求，发现该用户潜在的消费倾向，从而将长尾商品精确地推荐给需要它的用户，帮助用户发现那些他们感兴趣却很难发现的商品，进而提升销量，实现用户与商家的双赢。

(1) 长尾的价值。

"长尾"实际上是统计学中幂律①(power law)和帕累托分布(Pareto distributions)特征的一个口语化表达。

过去人们只关注重要的人(如大客户等)或重要的事(如热销商品等)，如果用正态分布曲线来描绘这些人或事，那么人们只关注曲线的"头部"，而忽略了处于曲线"尾部"、需要更多的精力和成本才能关注到的大多数人或事。例如，在销售产品时，厂商关注的是少数VIP客户，无暇顾及在人数上居于大多数的普通消费者；商场关注的是热销商品，无暇关注能够满足消费者个性化需求的非热销商品。

而在网络时代，由于关注的成本大大降低，人们有可能以很低的成本关注正态分布曲线的"尾部"，关注"尾部"产生的总体效益甚至会超过"头部"。例如，某著名网站是世界上最大的网络广告商，它没有一个大客户，收入完全来自被其他广告商忽略的中小企业。安德森认为，网络时代是关注"长尾"、发挥"长尾"效益的时代。

长尾市场也称为"利基市场"。"利基"一词是英文niche的音译，意译为"壁龛"②，有拾遗补缺或见缝插针的意思。菲利普·科特勒在《营销管理》一书中对利基的定义如下：利基是更窄地确定某些群体，这是一个小市场并且它的需要没有被服务好，或者说"有获取利益的基础"。通过对市场的细分，企业集中力量于某个特定的目标市场，或严格针对一个细分市场，或重点经营一个产品和服务，创造出产品和服务优势。

(2) 长尾理论的经典案例。

Google是一个典型的"长尾"公司，其成长历程就是把广告商和出版商的"长尾"商业化的过程。以占据了Google半壁江山的AdSense为例，它面向的客户是"数以百万计"的中小型网站和个人。对于普通的媒体和广告商而言，这个群体的价值微小得简直不值一提，但是Google通过为其提供个性化定制的广告服务，将这些数量众多的群体汇集起来，获得了非常可观的经济利润。2024年2月2日，Google的市值已达1.78万亿美元，被视为"最有价值的媒体公司"，远远超过了那些传统的老牌传媒。

图书出版业是"小众产品"行业，市场上流通的图书达300万种。大多数图书很难找到自己的目标读者，只有极少数的图书最终能成为畅销书。由于长尾书的印数及销量少，而出版、印刷、销售及库存的成本又较高，因此，长期以来，出版商和书店的经营模式多以畅销书为中心。

网络书店Amazon的长足发展为长尾书销售提供了无限的空间市场。在这个市场中，长尾书的库存和销售成本几乎为零，于是，长尾图书的价值开始体现。销售成千上万的小众图书，哪怕每种仅卖一两本，其利润累计起来可以相当于甚至超过那些动辄销售几百万册的畅销书。

---

① 幂律源于20世纪人们对于英语单词频率的分析。语言学家发现单词的使用频率和其使用优先度是一个常数次幂的反比关系。简单来说，幂律包含两个通俗的定律，一个是长尾理论，另一个是马太效应。

② 壁龛[bì kān]最早在宗教上是指摆放佛像的小空间。

(3) 长尾理论与二八定律。

"长尾理论"被视为对传统的"二八定律"的彻底叛逆,事实上这不难理解。人类一直在用"二八定律"来界定主流,计算投入和产出的效率,它贯穿了整个生活和商业社会。这是1897年意大利经济学家维尔弗雷多·帕累托(Vilfredo Pareto)归纳出的一个统计结论,即20%的人口享有80%的财富。

当然,这并不是一个准确的比例,但表现了一种不平衡关系,即少数主流的人(或事物)可以造成主要的、重大的影响。以至于在传统的营销策略当中,商家主要关注在20%的商品上创造80%收益的客户群,往往会忽略了那些在80%的商品上创造20%收益的客户群。

在上述理论中,被忽略的80%就是长尾商品。正如安德森所说:"我们的思维被阻塞在由主流需求驱动的经济模式下。"但是人们可以看到,在互联网的促力下,被奉为传统商业圣经的"二八定律"开始有了被改变的可能性。这一点在媒体和娱乐行业尤为明显,经济驱动模式呈现从主流市场向非主流市场转变的趋势。长尾理论的体现无处不在。

传统的市场曲线是符合"二八定律"的,为了抢夺那带来80%利润的畅销品市场,人们厮杀得天昏地暗,但那些所谓的热门商品却越来越名不副实。简而言之,尽管人们仍然对大热门着迷,但它们的经济力量已经今非昔比。那么,那些反复无常的消费者究竟转向了什么地方?

答案并非唯一。他们散向了四面八方,因为市场已经分化成了无数不同的领域。互联网的出现,使得99%的商品都有机会进行销售,市场曲线中那条长长的尾部(即利基产品)也咸鱼翻身,成为人们可以寄予厚望的新的利润增长点。

图6-1中,横轴是品种,纵轴是销量。典型的情况是只有少数产品销量较高,其余多数产品销量很低。传统的"二八定律"关注其中短头部分,认为20%的品种带来了80%的销量,因此应该只保留这部分,其余的都应舍弃。

与"二八定律"不同是,长尾理论中"长长的尾巴"的作用是不能忽视的,经营者不应该只关注头部的作用,更应该关注长长的尾部。长尾理论认为这部分积少成多,可以积累成足够大,甚至超过短头部分的市场份额。

(4) 长尾理论的实现条件。

长尾理论已经成为一种新型的经济模式,被成功应用于网络经济领域。如果Google只是将市场的注意力放在20%的大企业身上(像许多门户网站的网络广告策略那样),就很难创造如今的辉煌了。

同样,亚马逊的销售品类包罗万象,不限于那些可以创造高利润的少数商品,结果证明,亚马逊模式是成功的,而那些忽视长尾,仅仅关注少数畅销商品的网站,其经营状况并不理想。长尾理论的实现条件如下。

首先,长尾理论统计的是销量,并非利润。管理成本是其中的关键因素。销售每件产品需要一定的成本,增加品种所带来的成本也要分摊。因此,每个品种的利润与销量成正比,当销量低到一个限度就会亏损。理智的零售商是不会销售引起亏损的商品的。这就是"二八定律"的基础。

超市通过降低单品销售成本来降低每个品种的止亏销量,以扩大销售品种。为了吸引顾客并打造货品齐全的形象,超市甚至可以承受亏损销售一些商品。但迫于仓储和配送成本的压力,超市的承受能力是有限的。

互联网企业可以进一步降低单品销售成本、扩大销售品种，这是因为无需真正的库存，而且网站流量和维护费用远比传统店面低，Amazon就是如此。此外，互联网经济有赢者通吃的特点，因此互联网企业在前期可以不计成本、大力投入，这进一步加剧了品种的扩张。

如果互联网企业销售的是虚拟产品，支付和配送成本几乎为0，就可以把长尾理论发挥到极致。Google Adwords、iTunes音乐下载都属于这种情况。可以说，虚拟产品的销售天生就适合长尾理论。

其次，要使长尾理论更有效，应该尽量增大"尾巴"。也就是降低门槛，制造小额消费者。不同于传统商业的拿大单和传统企业的会员费，互联网营销应该把注意力放在把蛋糕做大。通过鼓励用户尝试，将众多可以忽略不计的零散流量汇集成巨大的商业价值。

Google Adsense就是这样一个"蛋糕制造机"。之前，普通个人网站几乎没有盈利机会。Adsense通过在小网站上发布相关广告，给站长们提供一种全新的低门槛的盈利渠道。同时，把众多小网站的流量汇集成为统一的广告媒体。

长尾理论对于搜索引擎营销中的关键词策略非常有用。虽然少数核心关键词或通用关键词可以为网站带来可能超过一半的访问量，但那些搜索人数不多然而非常明确的关键词的总和(即长尾关键词)，同样能为网站带来可观的访问量，并且这些长尾关键词检索所形成的顾客转化率往往高于通用关键词的转化率。

例如，一个利用通用词汇"律师"进行检索到达网站的访问者，与一个搜索"北京商标权纠纷律师"到达网站的访问者相比，后者更加容易转化成该网站的客户。这也就是研究用户关键词检索行为分散性和分散关键词策略的价值所在。

当然，在这里还有一个降低管理成本的问题。如果处理不好，客服成本就会迅速上升，成为主要矛盾。Google通过算法降低人工管理工作量。因此，使用长尾理论必须谨慎，保证任何一项成本都不随销量的增加而激增，最差也是同比增长。否则，就会走入死路。最理想的长尾商业模式：成本是定值，而销量可以无限增长。这就需要可以低成本扩展的基础设施，Google的BigTable就是如此。

3) 预测性物流

2013年12月，亚马逊获得了"预测性物流"专利。该专利将大数据应用系统与物流系统相结合，使该公司能在客户点击"购买"之前就开始递送商品。该系统会根据某一地区客户的过往订单和其他相关因素，预测客户可能购买但还未订购的商品，并且开始对这些商品进行包装和递送。

这些预寄送的商品在客户下单之前，会被存放在快递公司的配送中心或卡车上，在顾客下单购买后就可以更快地送达，有效地减少了交货时间。在对"预测性物流"商品进行预测时，亚马逊会综合考虑顾客以前的订单、搜索的产品、愿望清单、购物车的内容、退换货的情况，甚至是顾客的鼠标停留在某件商品的时长等各种因素，以提高预测的准确度。

亚马逊表示，预测性物流的方法尤其适用于预售的商品，特别是预先定于某一天开售的热门书籍等。这项专利体现了一个正在兴起的趋势——智能预测，即技术和消费企业越来越倾向于在消费者采取购买行动之前预测其需求，而不是在消费者购买之后做统计。

亚马逊的预测性物流是一种先进的物流系统，其优势在于智能性和准确性。

首先，亚马逊旗下的无人超市Amazon Go，结合了RFID、计算机视觉、感测融合、深度机器学习等技术，实现了店内商品、消费者、计算机三者的实时互联。通过这种方式，亚马逊可以更准确地预测哪些商品可能会受到顾客的青睐，并为这些商品提前准备库存。这种预测性的智能性使亚马逊能够更好地满足顾客的需求，提高销售额。

其次，配送中心配备了先进的技术和设备，如无人机、机器人、自动化仓储和检索系统。这些技术和设备可以在不断变化的市场需求和购物习惯下，快速而准确地为顾客提供所需的商品和服务。这是准确性的体现。

最后，亚马逊可通过大数据、物联网等技术，构建具有实时可视、智能分析、决策执行三层架构能力的新时代智能塔台。从共享服务中心的视角协调整个供应链，通过预测顾客的需求，亚马逊可以更好地规划和管理其供应链，从而更好地管理库存和订单处理，减少库存积压和延误。这种优化的效益可以让亚马逊更好地满足客户需求，提高效率和利润。这是智能性的体现。

2. 大数据在零售领域的应用

前文提到了用户行为数据对互联网企业的重要作用，但真正让用户行为数据登上万众瞩目的商业舞台，并迅速向"C位"(核心位置)靠近的是传统企业的觉醒和入局。这些传统企业掌握着社会中的绝大部分商业资源，以及经年累月积累的海量数据资产，但一直苦于无法让数据充分发挥商业价值。随着数字化转型逐渐开展，用户行为数据正在成为引爆这些数据资产的导火索。

面向用户，重视用户行为，是由整个社会生产能力的升级决定的。当社会进入一个生产能力相对过剩、商品供应极大丰富的时代时，卖方市场变为买方市场，明确消费者的所思所想成了商业竞争的关键。用户行为数据既是消费者心思的代言人，又是连接消费行为的关键。

目前，大数据和人工智能在零售领域的应用已经十分广泛，如无人超市(见图6-6)、智能供应链、客流统计等都是热门的方向。例如，将人工智能技术应用于客流统计，通过人脸识别用户及统计功能，门店可以从性别、年龄、表情、新老顾客、滞留时长等维度，建立到店用户画像，为调整运营策略提供数据基础，帮助门店运营从匹配真实至到店用户的角度提升转换率。

图6-6　无人超市

大数据在零售领域中的典型应用包括发现关联购买行为、开展精准营销等。

1) 发现关联购买行为

业内津津乐道的"啤酒与尿布"的故事就是发现关联购买行为的经典代表，详见第5章的导入案例和"5.4.1数据分析与数据挖掘"中有关"关联分析"的内容，以及本章前面关于"基于关联规则的推荐"的内容。此外，沃尔玛发现关联购买行为的例子也十分典型。

专栏6-13

蛋挞与飓风用品

沃尔玛是一家美国的世界性连锁企业，以营业额计算为全球最大的公司，连续7年在美国《财富》杂志世界500强企业中居首位。在网络带来海量数据之前，沃尔玛在美国企业中拥有的数据资源应该是最多的。沃尔玛有8500家门店，分布于全球15个国家，拥有员工220万。

20世纪90年代，随着条码等自动识别技术的广泛应用，零售链通过把每一个产品记录为数据而彻底改变了零售行业。沃尔玛让供应商监控销售速率、数量和存货情况，并通过打造透明度来迫使供应商更好地管理自己的物流。在许多情况下，沃尔玛不接受产品的"所有权"，除非产品已经开始销售，这样就避免了存货的风险，也降低了成本，减少了资金的占用。沃尔玛运用这些数据使其成为了世界上最大的"寄售店"。

2004年，沃尔玛对历史交易记录这个庞大的数据库进行了观察。这个数据库不仅记录了每个顾客的购物清单和消费额，还记录了购物篮中的物品、具体购买时间，甚至购买当日的天气。

沃尔玛注意到，每当季节性飓风来临之前，不仅手电筒的销量增加了，蛋挞的销量也增加了。因此，每当季节性飓风来临时，沃尔玛就会把库存的蛋挞放在靠近飓风用品的位置，以便顾客购买，从而增加销量。

大数据相关分析的极致，非美国折扣零售商Target公司莫属了。该公司运用大数据的相关分析已经有许多年了。《纽约时报》的记者查尔斯·杜西格(Charles Duhigg)曾经发布过一条引起轰动的关于美国第二大折扣零售商Target公司成功推销孕妇用品的报道，让人们再次感受到了大数据的威力。

在这则报道中阐述了Target公司是怎样在完全不和准妈妈对话的前提下预测一个女性是否怀孕。实际上，就是收集一个人可以收集到的所有数据，然后通过相关关系分析得出事情的真实情况。

专栏6-14

Target公司与怀孕预测

《习惯的力量》(The Power of Habit)一书中讲了这样一个真实的故事：一天，一名美国男子闯入他家附近的Target门店，抗议说该公司竟然给他17岁的女儿邮寄尿布、婴儿服、婴儿床和童车的优惠券，这是赤裸裸的侮辱，他要起诉该公司。他气愤地说："我女儿还是高中生，你们是在鼓励她怀孕吗？"

而几天后，Target门店经理打电话向这个男人致歉时，这个男人的语气变得平和起来。他说："我和我的女儿谈过了，她的预产期是8月份，是我完全没有意识到这个事情的发生，应该说抱歉的人是我。"

那么，Target公司是怎么知道的呢?原来这就是神秘的大数据起的作用。Target公司从数据仓库中挖掘出了25项与怀孕高度相关的商品，制作了一个怀孕预测的指数，根据指数能够在很小的误差范围内预测顾客是否怀孕。实际上这个女孩只是买了一些没有味道的湿纸巾和一些补镁的药品，就被Target公司锁定为孕妇了。

2) 开展精准营销

众所周知，对于零售业而言，孕妇是一个非常重要的消费群体，具有很大的消费潜力，孕妇从怀孕到生产的全过程，需要购买保健品、无香味护手霜、婴儿尿布、爽身粉、婴儿服装等各种商品，且表现出非常稳定的刚性需求。因此，孕妇产品零售商如果能够提前获得孕妇信息，在孕妇怀孕初期就对其进行有针对性的产品宣传和引导，无疑会获得巨大的收益。

在美国，出生记录是公开的，等婴儿出生后，新生儿的母亲会被铺天盖地的产品优惠广告包围，此时，商家再行动就已经晚了，因为此时会面临很多的市场竞争者。

因此，如何有效识别哪些顾客属于孕妇群体成为核心问题。但是，在传统的方式下，要从茫茫人海里识别出哪些是怀孕的顾客，需要投入惊人的人力、物力和财力，使得这种客户群体细分行为毫无商业意义。

面对这个棘手的难题，Target公司另辟蹊径，把焦点从传统方式移开，转向大数据技术。Target公司的大数据系统会为每一个顾客分配一个唯一的ID号，顾客刷信用卡、使用优惠券、填写调查问卷、邮寄退货单、打客服电话、开启广告邮件、访问官网等所有操作，都会与自己的ID号关联起来并存储在大数据系统。

仅有这些数据还不足以全面分析顾客的群体属性特征，还必须借助公司外部的各种数据来辅助分析。为此，Target公司还从其他相关机构购买了关于顾客的其他必要信息，包括年龄、婚姻状况、子女情况、所在市区、住址离Target门店的车程、薪水情况、最近是否搬过家、信用卡情况、常访问的网址、就业史、破产记录、婚姻史、购房记录、求学记录、阅读习惯等。

以这些关于顾客的海量数据为基础，借助大数据分析技术，Target公司可以挖掘出客户的深层次需求，从而可以开展更加精准的营销。

Target公司通过分析发现，有一些明显的购买行为可以用来判断顾客是否已经怀孕。例如，第2个妊娠期(指孕中期，即孕周13 ～ 28周的阶段)开始时，许多孕妇会购买大量的大包装无香味护手霜；在怀孕的最初20周内，孕妇往往会大量购买补钙、镁、锌之类的保健品；等等。

在大量数据分析的基础上，Target公司选出25种典型商品的消费数据构建了"怀孕预测指数"，通过这个指数，Target公司能够在很小的误差范围内预测到顾客的怀孕情况。因此，当其他商家还在茫然无措地满大街发广告寻找目标群体的时候，Target公司已经早早锁定了目标客户，并把孕妇优惠广告单寄发给了顾客。

而且，Target公司还注意到，有些孕妇在怀孕初期可能并不想让别人知道自己已经怀孕，如果贸然给顾客邮寄孕妇用品广告单，那么很可能适得其反，会因暴露了顾客隐私而惹怒顾客。为此，Target公司选择了一种比较隐秘的做法，把孕妇用品的优惠广告单夹在其他一大堆与怀孕不相关的商品优惠广告单当中，这样顾客就不知道Target公司知道她怀孕了。

Target公司这种润物细无声式的精准营销，使得许多孕妇在浑然不知的情况下成了Target公司的忠实拥趸。与此同时，许多孕妇产品专卖店也在浑然不知的情况下失去了很多潜在的客户，甚至最终走向破产。

Target公司通过这种方式，默默地取得了巨大的市场收益。终于有一天，一个父亲通过Target公司邮寄来的广告单意外地发现自己正在读高中的女儿怀孕了，此事很快被《纽约时报》报道，使得Target公司这种隐秘的营销模式广为人知。

3. 大数据在金融领域的应用

金融领域是典型的数据驱动领域，是数据的重要生产者，每天都会生成交易、报价、业绩报告、消费者研究报告、官方统计数据公报、调查、新闻报道等各种数据。然而，传统金融体系一直存在资金配置效率不高、普惠金融发展不均、风险防控手段单一等问题。

智能金融

为了解决这些问题，人工智能、区块链等新兴技术通过赋能改造金融业，创造出"新金融"这一新业态。"新金融"主要包括两种新模式：一是"区块链+金融"，该模式通过利用去中心化的区块链技术，在支付、征信、众筹、资产确权和清算结算等业务中减少冗长的中间环节，以实现节省交易时间、降低交易成本的目的；二是"人工智能+金融"，该模式在前端可以服务客户，在中台支持授信、各类金融交易和金融分析中的决策，在后台用于风险防控和监督，推动金融服务更加个性化与智能化。扫描二维码获悉智能金融的有关内容。

目前，金融领域高度依赖大数据等新兴技术，大数据已经在银行、证券、保险、支付清算、互联网金融等领域都得到了广泛应用。

1) 金融大数据应用的四个维度

虽然大金融的不同细分行业在大数据应用上各有特点，但在动因上无不是为了寻求数据价值变现。因此，以数据价值变现为中轴，金融大数据应用从总体上看主要包括四个维度：客户画像、精准营销、风险管控与运营优化，如图6-7所示。

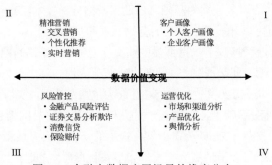

图6-7　金融大数据应用场景的维度分布

(1) 客户画像。

客户画像是根据客户的社会属性、生活习惯和消费行为等信息而抽象出的标签化的客户模型，也称为用户画像。构建客户画像的核心工作是给客户贴"标签"，而标签是通过分析客户信息而得出的高度精练的特征标识，目的是进行客户识别。

客户识别就是了解客户的有效需求，为下一步产品营销提供依据。在大数据时代，企业需要以"上帝的视角"，识别客户，找到客户。客户画像分为个人客户画像和企业客户画像。在大数据时代，构建客户画像并不是金融行业的独特应用，早已被各行业所普遍采用。一个典型的个人客户画像如图6-8所示。

图6-8　个人客户画像

个人客户画像包括人口属性、消费能力数据、兴趣数据、风险偏好等；企业客户画像包括企业的生产、流通、运营、财务、销售和客户数据、相关产业链上下游等数据。客户画像数据分布在客户关系管理、交易系统、渠道和产品系统等不同信息系统中。

构建客户画像分五大步骤：①画像相关数据的整理与集中；②找到同业务场景强相关的数据，例如，为普通消费者画像和为金融客户画像的侧重点是有区别的，如图6-9和图6-10所示；③对数据进行分类和标签化(定性定量)；④依据业务需求引入数据；⑤按照业务需求，利用DMP(数据管理平台)筛选客户。

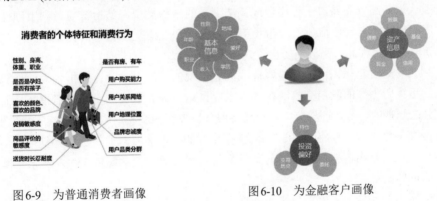

图6-9　为普通消费者画像　　　　　　图6-10　为金融客户画像

(2) 精准营销。

关于精准营销，前文已有多处涉及。在客户画像的基础上企业可以有效开展精准营销。精准营销主要应用于：①精准定位营销对象；②精准提供智能决策方案；③精准业务流程，实现精准营销的"一站式"操作，实现客户生命周期管理。

营销手段包括：①实时营销。根据客户实时状态进行营销，如根据客户当时所在地、客户最近一次消费等信息有针对性地进行营销。②交叉营销。分析客户交易记录，有效识别客户，进行交叉销售。③个性化推荐。例如，根据客户年龄、资产规模、理财偏好等，对客户群进行精准定位，分析其潜在的金融服务需求，进而有针对性地进行个性化推荐。

(3) 风险管控。

大数据风险管控是指通过运用大数据构建模型的方法对客户进行风险控制和风险提示。与传统风控多由各机构内设风险团队，以人工方式对客户进行经验式风控不同，通过采集大量客户的各项指标进行数据建模的大数据风控更为科学有效。

风险管控对金融行业而言有特殊的意义和非常重要的作用。大数据风控可以用于金融产品风险评估、保险赔付、证券欺诈交易分析、黑产防范、消费信贷等多个具体业务领域。

(4) 运营优化。

运营优化的目的是让企业在一个集成且开放的平台上建立增长的完整体系，从连接全渠道到各种用户数据的集中管理，从大数据分析到可执行的最佳运营策略，从自动化执行到效果监测，帮助企业内外协同，跨越从数据到增长的鸿沟。运营优化的主要内容包括市场和渠道分析、产品优化、舆情分析等。

金融大数据应用的四大维度各司其职而又相互关联，以数据价值发掘为核心，形成了严密的内在逻辑关系，凭借金融大数据分析的先进技术处理手段，共同助推大数据的价值实现，提升金融服务效率。

2) 大数据在金融领域的典型应用场景

大数据在金融领域的典型应用场景包括高频交易、市场情绪分析、信贷风险分析和大数据征信。

(1) 高频交易。

高频交易(high-frequency trading，HFT)是指从那些人们无法利用的极为短暂的市场变化中寻求获利的计算机化交易。例如，某种证券买入价和卖出价差价的微小变化，或者某只股票在不同交易所之间的微小价差。

一般认为，高频交易属于程序化或算法交易的一种类型，是指交易者利用硬件设备和交易程序的优势，自动获取、处理市场信息并生成和发送交易指令，在短时间内频繁买进卖出以获取利润。因此，高额交易也称为程序化交易。

高频交易是近年来国内外财经媒体上高频出现的词汇之一。这种由强大的计算机系统和复杂的运算所主导的股票交易能在毫秒之内自动完成大量买、卖及取消指令。而为了争取这千分之一秒的优势，证券公司甚至还将服务器安置在交易所附近或同一座建筑里。

高频交易自兴起至今不过20年，但其在全球的扩散速度却非常迅速。复旦大学金融学教授施东辉撰文指出，据统计，目前高频交易占美国股市交易量的55%左右，占欧洲股市交易量的40%左右。

随着采取高频交易策略的情形不断增多，其所能带来的利润开始大幅下降。为了从高频交易中获得更高的利润，一些金融机构开始引入大数据技术来决定交易。例如，采取"战略顺序交易"(strategic sequential trading)，即通过分析金融大数据识别出特定市场参与者留下的足迹，然后预判该参与者在其余交易时段的可能交易行为，并执行与之相同的行为，如此一来，该参与者继续执行交易时将付出更高的价格，这样使用大数据技术的金融机构就可以趁机获利。

一些业界人士认为，这种越来越神秘的金钱游戏将使没有技术支持的普通投资者置于一种被动状态，而高频交易的计算机系统一旦出现错误，将会在短时间内给股市带来巨大冲击。

批评者则认为，高频交易者使用的几种个别策略可能对市场质量和投资者产生不同的影响，特别是动量点火和流动性监测等激进策略有可能恶化市场交易成本，降低市场运行质量。

以动量点火策略为例，高频交易公司先建立早期仓位，然后通过频繁报单、撤单，制造虚假流动性，以吸引其他投资者"上钩"并伺机从中获利。这种行为具有诱导成交，进而操纵市场价格的可能，即所谓的"幌骗"行为。

又如，流动性监测交易，高频交易员可能会反复提交小型试探性交易指令，同时使用计算机算法识别存在于暗池或其他交易场所的大型机构买卖委托，以便在大额委托之前进行交易，如果随后的大额委托影响了证券的价格，那么高频交易公司将从中受益。

由于负责高频交易的计算机发生故障而引起的大小事故也频频见诸报端，除了骑士资本的巨额亏损和BATS交易所①的"闪电崩盘"，个股上的微小事故几乎每天都在发生。

2010年5月6日，道琼斯工业指数盘中自10460点开始近乎直线式下跌，仅5分钟便暴跌至9870点附近。当天指数高低点差近一千点，最大跌幅9%，近1万亿美元瞬间蒸发，这一交易日也创下美股有史以来最大单日盘中跌幅。美股闪电崩盘事件，震惊了整个华尔街和全球金融市场。

2015年8月1日，由于新安装的软件模块出现差错，美国骑士资本在不到45分钟的时间里用高频率向纽交所发送了几百万笔交易订单，在不到1个小时的交易时间里损失了4.6亿美元。

在国内金融市场，也曾出现过光大证券"8·16事件"和伊世顿公司"操纵期指市场"等由高频交易引发的恶性事件。近年来，随着量化私募基金在国内市场的迅速发展，量化策略下的中高频交易日益活跃。

当下较为流行的高频交易策略主要有两种：一种是通过一级市场申赎、融券等方式变相地实现T+0交易；另一种则是通过技术因子结合非线性的机器学习算法等手段实现日频价量策略。在实践中，这两种策略往往会使用短期信息和自适应算法，因此具有较多的动量策略特点。

施东辉指出，高频交易本质上代表了金融市场拥抱技术进步的潮流，而技术本身是中性的，因此需要建立完善的监管体系来控制高频交易可能带来的破坏力和风险。

2023年9月1日，中国证券监督管理委员会(以下简称中国证监会)指导证券交易所出台加强程序化交易监管系列举措，这标志着我国股票市场正式建立起程序化交易报告制度和相应的监管安排。中国证监会指出，近年来，A股市场程序化交易规模持续上升，逐步成为国内证券市场投资者重要交易方式之一。从境内外经验看，程序化交易在提升交易效率、增强市场流动性等方面具有一定积极作用，但在特定市场环境下存在加大市场波动的风险，有必要因势利导促进其规范发展。

(2) 市场情绪分析。

市场情绪是整体市场中所有市场参与人士观点的综合体现。例如，交易者对经济的看法悲观与否，新发布的经济指标是否会让交易者明显感觉到未来市场将会上涨或下跌，等等。市场情绪对金融市场有着重要的影响，换句话说，市场上大多数参与者的主流观点决定了当前市场的总体方向。

市场情绪分析是交易者在日常交易工作中不可或缺的一环，根据市场情绪分析、技术

---

① 美国第三大股票交易运营商。

非理性情绪
从何而来

分析和基本面分析，可以帮助交易者做出更好的决策。大数据技术在市场情绪分析中大有用武之地。在移动网络时代，每个市场交易参与者都可以借助智能移动终端(手机、平板电脑等)实时获得各种外部世界的信息，同时，每个人又都扮演着对外信息发布主体的角色，通过博客、微博、微信、个人主页、QQ等各种社交媒体发布个人的市场观点。想要识别市场情绪的波动，首先要理解这样的非理性情绪到底从何而来，可扫描二维码获悉。

英国布里斯托尔大学的团队研究了从2009年7月到2012年1月，由超过980万英国人创造的约4.84亿条Twitter消息，发现公众的负面情绪变化与财政紧缩及社会压力高度相关。因此，海量的社交媒体数据形成了一座可用于市场情绪分析的宝贵金矿，利用大数据分析技术，可以从中抽取市场情绪信息，开发交易算法，确定市场交易策略，获得更大利润空间。

例如，可以设计一个交易算法，一旦获得关于自然灾害和恐怖袭击等意外信息，就立即抛出订单，或者一旦网络上出现关于某个上市企业的负面新闻，就立即抛出该企业股票。2008年，精神病专家理查德·彼得森(Richard Reterson)在美国加州圣莫尼卡建立了名为MarketPsy Capial的对冲基金，并通过市场情绪分析确定基金交易策略，到2010年，该基金获得了高达40%的回报率。

(3) 信贷风险分析。

信贷风险是指金融机构在发放贷款时面临的可能无法收回本息或无法按时收回本息的风险，是金融机构所面临的主要的风险之一，直接关系到机构自身的生存和发展。我国众多的中小企业是金融机构不可忽视的目标客户群体，其市场潜力巨大。

但是，与大型企业相比，中小企业先天的不足之处主要表现在以下几个方面：贷款偿还能力差；财务制度普遍不健全，难以有效评估其真实经营状况；信用度低，逃废债情况严重，银行维权难度较大。此外，据测算，金融机构给中小企业贷款的管理成本是大型企业的5倍左右。因此，对于金融机构而言，放贷给中小企业的潜在信贷风险和成本明显高于大型企业。由于成本、收益和风险不对称，金融机构更愿意贷款给大型企业。但是，这种做法不仅会限制机构自身的成长，也限制了中小企业的成长，不利于经济社会的发展。

如果能够有效加强风险的可审性和管理力度，支持精细化管理，那么毫无疑问，金融机构和中小企业都将迎来新一轮的发展。如今，大数据分析技术已经能够为企业信贷风险分析助一臂之力。

通过收集和分析大量中小企业用户日常交易行为的数据，可以判断其业务范畴、经营状况、信用状况、用户定位、资金需求和行业发展趋势，解决由于其财务制度的不健全而无法真正了解其真实经营状况的难题，让金融机构放贷有信心、管理有保障。

阿里小贷

对于个人贷款申请者而言，金融机构可以充分利用申请者的社交网络数据分析得出个人信用评分。例如，美国的Movenbank、德国的Kreditech等新型中介机构，都在积极尝试利用社交网络数据构建个人信用分析平台，将社交网络资料转换成个人互联网信用。它们试图说服LinkedIn、Facebook等其他社交网络平台对金融机构开放用户相关资料和用户在各网站的活动记录，然后借助大数据分析技术，分析用户在社交网络中好友的信用状况，以此作为生成客户信用评分的重要依据。阿里小贷(扫描二维码获悉)就是采用大数据技术进行小额贷款风险管理的典型应用。

(4) 大数据征信。

征信是指依法采集、整理、保存、加工自然人、法人及其他组织的信用信息，并对外提供信用报告、信用评估、信用信息咨询等服务，帮助客户判断和控制信用风险，进行信用管理的活动。简单来说，信用就是一个信息集合，征信的本质在于利用信用信息对金融主体进行数据刻画。

换言之，征信就是专业化的、独立的第三方机构(信用征信机构)为个人或企业建立信用档案，依法采集、客观记录其信用信息，并依法对外提供信用信息服务的一种活动，它为专业化的授信机构提供了信用信息共享的平台。

信用作为一国经济领域(特别是金融市场)的基础性要素，对经济和金融的发展起到了至关重要的作用。准确的信用信息可以有效降低金融系统的风险和交易成本，健全的征信体系能够显著提高信用风险管理能力，培育和发展征信市场对维护经济金融系统持续、稳定发展具有重要价值。因此，征信是现代金融体系的重要基础设施。

在征信方式上，传统的征信机构主要使用的是金融机构产生的信贷数据，一般是从数据库中直接提取的结构化数据，来源单一，采集频率也比较低。对于没有产生信贷行为的个体，金融机构并没有此类对象的信贷数据，因此使用传统的方式就无法给出合理的评价。对有信贷数据个体进行评价，主要是根据过去的信用记录给出评分，作为对未来信用水平的判断，应用的场景也普遍局限于金融信贷领域的贷款审批、信用卡审批环节。

大数据等新兴技术的发展，使我们具备了处理实时海量数据的能力，搜索和数据挖掘能力也得到了长足进步。征信行业本就严重依赖数据，信息技术的进步则为征信行业注入了新的活力，带来了新的发展机遇。例如，大数据可以解决海量征信数据的采集和存储问题，机器学习和人工智能方法可对征信数据进行深入挖掘和风险分析，借助云计算和移动互联网等手段可提高征信服务的便捷性和实时性，等等。

征信系统对个人信息进行处理的方式和目的是，通过采集、整理、保存、加工个人的基本信息、信贷信息和反映其信用状况的其他信息，建立个人信用信息共享机制，有效解决金融交易中的信息不对称问题，防范金融风险、推动信贷市场发展、支持实体经济发展、优化营商环境、提升社会信用意识。

大数据征信就是利用信息技术优势，将不同信贷机构、不同消费场景，以及零散的海量数据整合起来，经过数据清洗、模型分析、校验等一系列流程后，加工融合成真正有用的信息。征信大数据的来源十分广泛，包括社交(人脉、兴趣爱好等)、司法行政、日常生活(公共交通、铁路飞机、加油、水电气费、物业取暖费等)、社会行为(旅游住宿、互联网金融、电子商务等)、政务办理(护照签证、办税、登记注册等)、社会贡献(爱心捐献、志愿服务等)、经济行为等，如图6-11所示。扫描二维码可查看彩色图片。

征信大数据的来源

图6-11　征信大数据的来源

大数据征信中的数据不仅包括传统征信的信贷历史数据，还记录了所有的"足迹"数据，这其中既有结构化数据，也有大量非结构化数据，能够多维度地刻画一个人的信用状况。同时，大数据具有实时性、动态性，能够实时监测信用主体的信用变化，以便企业可以及时拿出解决方案，避免不必要的风险。

大数据征信主要通过迭代模型从海量数据中寻找关联，并由此推断个人身份特质、性格偏好、经济能力等相对稳定的指标，进而对个人的信用水平进行评价，给出综合的信用评分。采用的数据挖掘方法包括机器学习、神经网络、PageRank算法等数据处理方法。

随着现代征信系统的发展，从事经济活动的个人有了除居民身份证外的又一个"经济身份证"，也就是个人信用报告。2023年10月，中国人民银行征信中心(扫描二维码获悉)的互联网个人信用信息服务平台正式面向社会公众提供个人征信异议申请服务。

中国人民银行
征信中心

大数据征信的应用场景有很多，在金融领域，个人征信产品主要用于消费信贷、信用卡、网络购物平台等；在生活领域，个人征信产品主要用于签证审核和发放、个人职业升迁评判、法院判决、个人参与社会活动(诸如找工作、相亲等)。

总而言之，未来的征信不只局限于金融领域，在当今互联网飞速发展的时代背景下，通过共享经济等新经济形式，征信会逐渐渗透到人们衣食住行的方方面面，在大数据的助力下帮助社会形成"守信者处处受益，失信者寸步难行"的良好局面。

4. 大数据在物流领域的应用

智能物流是大数据在物流领域的典型应用。智能物流融合了大数据、物联网、云计算和人工智能等新兴IT技术，实现了物流资源优化调度和有效配置，大幅提升了物流系统的效率。

智能物流又称为智慧物流，是利用集成智能化技术，使物流系统能模仿人的智能，具有思维、感知、学习、推理判断和自行解决物流中某些问题的能力，从而实现物流资源优化调度和有效配置、物流系统效率提升的现代化物流管理模式。

1) 智能物流的特点

(1) 先进：是指采用先进的物联网技术，数据多由感应设备、识别设备、定位设备产生，替代人为获取。这使得物流可实现动态可视化自动管理。

(2) 互连：是指整体供应链联网，不仅包括客户、供应商的联网，也包括零件、产品，以及智能设备的联网。这就用到了互联网和云计算技术，联网赋予供应链整体计划决策的能力。

(3) 智能：是指采用人工智能技术，通过仿真模拟和分析，帮助管理者评估多种可能性选择风险和约束条件。这意味着供应链具有学习、预测和自动决策的能力，无须人为介入。

(4) 一体化与层次化：是指以物流管理为核心，实现物流过程中运输、存储、包装、装卸等环节的一体化和智能物流系统的层次化。

(5) 柔性化与社会化：智能物流的发展会更加突出"以顾客为中心"的理念，根据消费者需求的变化来灵活调节运输配送。同时，智能物流的发展将会促进区域经济的发展和世界资源优化配置，实现社会化。

概括起来，智能物流具有以下三个方面的重要作用：一是提高物流的信息化和智能化水平；二是降低物流成本和提高物流效率；三是提高物流活动的一体化和社会化。

UPS与汽车修理预测

UPS(美国联合包裹运送服务公司)从2000年就开始使用预测性分析来监测其全美60 000辆车规模的车队，以便及时进行预防性修理。如果车在路上抛锚，那么损失会非常大，因为那样就需要再派一辆车，会造成延误和再装载的负担，并消耗大量的人力和物力。

以前，UPS每两三年就会对车辆的零件进行定时更换。但这种方法会造成很大的浪费，因为有的零件并没有什么问题就被换掉了。现在，通过监测车辆的各个部位，UPS只需要更换有问题的零件，从而节省了开支。有一次，监测系统甚至帮助UPS发现了一辆新车的一个零件有问题，因此避免了可能出现的麻烦。

UPS的最佳行车路线

为了使总部能在车辆出现晚点的时候跟踪到车辆的位置和预防引擎故障，UPS在货车上装有传感器、无线适配器和GPS。同时，这些设备也方便了公司监督管理员工和优化行车路线。UPS可以根据过去行车数据为货车定制最佳行车路线。

这个项目的效果非常显著。2011年，UPS的驾驶员们少跑了近4828万千米的路程，节省了300万加仑的燃料，并且减少了3万吨二氧化碳的排放。系统也设计了尽量少左转的路线，因为左转要求货车在十字路口左转弯穿过去，所以更容易出事故。而且，货车往往需要等待一会儿才能左转，也会更耗油。因此，减少左转使得行车的安全性和效率都得到了大幅提升。

2) 大数据是智能物流的关键

大数据技术是智能物流发挥重要作用的基础和核心。物流行业在货物流转、车辆追踪、仓储等各个环节中都会产生海量的数据，通过分析这些物流大数据，有助于人们深刻认识物流活动背后隐藏的规律，优化物流过程，提升物流效率。

"黑大陆"学说

在物流领域有两个著名的理论——"黑大陆"学说和"物流冰山说"(可扫描二维码获悉)。这两个理论都说明了物流活动的模糊性和巨大潜力。物流这座冰山，沉在水下人们看不到的黑色区域，即"黑大陆"，这正是物流尚待开发的领域，也是物流的潜力所在。对于如此模糊而又具有巨大潜力的领域，人们该如何去了解、掌控和开发呢？

"物流冰山说"

答案就是借助于大数据技术，发现隐藏在海量数据背后的有价值的信息。大数据是打开物流领域这块神秘的"黑大陆"的一把金钥匙。有了物流大数据，物流"黑大陆"将不复存在，人们可以通过数据充分了解物流背后的规律。

大数据将推动物流行业从粗放式服务到个性化服务的转变，甚至颠覆整个物流行业的商业模式。通过对物流企业内部和外部的相关信息进行收集、整理和分析，可以为每个客户量身定制个性化产品、提供个性化服务。

3) 智能物流的具体运用

物流企业在利用条码、射频识别技术、传感器、全球定位系统等优化改善运输、仓储、分拣、配送、装卸等物流业基本活动的同时，也在尝试使用智能搜索、推理规划、计算机视觉，以及智能机器人等技术，实现货物运输过程的自动化运作和高效率优化管理，以降低物流成本、提高物流效率。

例如，在仓储环节，智能物流通过分析大量历史库存数据，建立相关预测模型，可实现物流库存商品的动态调整。智能物流也可以支撑商品配送规划，进而实现物流供给与需求匹配、物流资源优化与配置等，其中无人仓储将极大提高工作效率，降低出错率。

专栏6-17

无人仓储

无人仓储采用大量智能物流机器人进行协同与配合，通过人工智能、深度学习、图像智能识别、大数据应用等技术，使机器人可以进行自主的判断，完成各种复杂的任务，在商品分拣、运输、出库等环节实现自动化，大大压缩订单商品出库时间，使物流仓库的存储密度、搬运的速度、拣选的精度均有大幅度提升。无人仓储场景如图6-12所示。

无人仓储场景

图6-12　无人仓储场景(更多场景可扫描二维码获悉)

6.2.2　数字社会

《数字中国建设整体布局规划》指出，构建普惠便捷的数字社会。促进数字公共服务普惠化，大力实施国家教育数字化战略行动，完善国家智慧教育平台，发展数字健康，规范互联网诊疗和互联网医院发展。推进数字社会治理精准化，深入实施数字乡村发展行动，以数字化赋能乡村产业发展、乡村建设和乡村治理。普及数字生活智能化，打造智慧便民生活圈、新型数字消费业态、面向未来的智能化沉浸式服务体验。

下面主要介绍大数据在疫情防控、数字健康、智慧医疗、智能交通、自动驾驶、智能安防、智能家居等方面的应用。

1. 大数据在疫情防控中的应用

1) 在非洲埃博拉病毒疫情中的应用

2014年初，非洲的几内亚、利比里和塞拉利昂等国受到埃博拉病毒的严重威胁，根据世界卫生组织2014年11月发布的数据，已知埃博拉病毒感染病例为13 042例，死亡人数为4818人，并且疫情呈现继续扩大的趋势。疫情防控人员迫切需要掌握疫情严重地区的人口流动规律，从而有针对性地制订疾病防控措施和投放医疗物资的计划。

但是，由于大部分非洲国家经济比较落后，公共卫生管理水平较低，疾病防控工作人员只能依靠人口普查数据和调查推断下一个可能的疫区，不仅效率低，而且准确性差，这给这场抗击埃博拉病毒的"战役"增加了很大的困难。

为此，流行病学领域的研究人员提出，可以尝试利用通信大数据防止埃博拉病毒的快速传播。当用户使用移动电话进行通信时，电信运营网络会生成一个呼叫数据记录，包含主叫方、接收方、呼叫时间和处理这次呼叫的基站(能够粗略指示移动设备的位置)。通过对电信运营商提供的海量用户呼叫数据记录进行分析，就可以得到当地人口流动规律，疾病防控工作人员就可以提前判断下一个可能的疫区，从而把有限的医疗资源和相关物资进行有针对性的投放。

2) 在新冠疫情防控中的应用

(1) 整合系统，追踪疫情发展动态。政府部门和企业通过整合各种资源，利用大数据技术对疫情进行追踪、溯源与预警，以控制疫情的扩散。例如，工信部的电信大数据分析模型、运营商的手机信令数据①，以及其他来源的社会交往、物流运输等数据，都被用于预测疫情传播趋势和提升防控工作效率。

(2) 辅助医疗，提高救治与科研效率。大数据技术的应用有助于病例的确诊与救治，减轻医务人员的工作压力，并通过使用智能机器人，避免了人员交叉感染。人工智能和其他医学技术也用于辅助科研工作，如基因检测和疫苗研发。

(3) 构建知识图谱，追踪传播路径。大数据技术能够帮助构建感染者的移动轨迹知识图谱，追踪人群接触史，为精准定位疫情传播路径和遏制疫情扩散提供重要信息。这通常涉及位置数据(如航空、铁路、公路、轮渡等交通运输部门的出行数据)，以及手机信令、社交平台、通信网络等数据。

(4) 移动定位数据分析。大数据分析技术通过手机信号等数据源获取人员移动定位的信息，实时追踪和分析人口流动情况。这有助于判断人员的流动轨迹和与感染者的接触情况，及时发现并隔离疑似病例。

(5) 医疗资源调配。大数据技术可以帮助医疗单位进行资源的合理调配，实现对医疗资源的科学配置，确保患者能够及时得到合适的救治。

2. 大数据在数字健康、智慧医疗中的应用

2016年，国务院办公厅印发的《关于促进和规范健康医疗大数据应用发展的指导意见》提出，到2020年，建成国家医疗卫生信息分级开放应用平台，实现与人口、法人、空间地理等基础数据资源跨部门、跨区域共享，医疗、医药、医保和健康各相关领域数据融合应用取得明显成效；统筹区域布局，依托现有资源建成100个区域临床医学数据示范中心，基本实现城乡居民拥有规范化的电子健康档案和功能完备的健康卡，健康医疗大数据相关政策法规、安全防护、应用标准体系不断完善，适应国情的健康医疗大数据应用发展模式基本建立，健康医疗大数据产业体系初步形成、新业态蓬勃发展，人民群众得到更多实惠。

国务院办公厅印发的《关于促进"互联网+医疗健康"发展的意见》提出，健全"互联网+医疗健康"服务体系。发展"互联网+"医疗服务，创新"互联网+"公共卫生服务，优化"互联网+"家庭医生签约服务，完善"互联网+"药品供应保障服务，推进"互联网+"

---

① 手机数据一般可以分为两种类型：一种是手机通话数据(Mobile CDR Data)，即通过手机用户之间的通话频率和时长来反映城市之间的信息联系强度；另一种是手机信令数据(Mobile Signal Data)，即通过手机用户在基站之间的信息交换来确定用户的空间位置，能相对准确地记录人流的时空轨迹。相比而言，后者对于规划研究的意义更大。

医疗保障结算服务，加强"互联网+"医学教育和科普服务，推进"互联网+"人工智能应用服务，加快实现医疗健康信息互通共享。

因此，需要建立一套智慧的医疗信息网络平台体系，包括智慧医院系统、区域卫生系统和家庭健康系统，使患者用较短的等疗时间、支付基本的医疗费用，就可以享受安全、便利、优质的诊疗服务和家庭健康服务。从根本上解决"看病难、看病贵"等问题，真正做到"人人健康，健康人人"。

专栏6-18

智慧医疗

智慧医疗，是近年来兴起的专有医疗名词，是指通过打造健康档案区域医疗信息平台，利用最先进的物联网技术，实现患者与医务人员、医疗机构、医疗设备之间的互动，并逐步达到信息化和智能化。

近些年，智慧医疗在辅助诊疗、疾病预测、医疗影像辅助诊断、药物开发等方面发挥了重要作用。在不久的将来，医疗行业将融入更多人工智能、传感器技术等高科技，使医疗服务走向真正意义的智能化，推动医疗行业的繁荣发展。在中国新医改的大背景下，智慧医疗正在走进寻常百姓的生活。

由于国内公共医疗管理系统不完善，医疗成本高、渠道少、覆盖面低等问题困扰着大众民生。尤其以"效率较低的医疗体系、质量欠佳的医疗服务、看病难且贵的就医现状"为代表的医疗问题成为社会关注的焦点。大医院人满为患、社区医院无人问津、病人就诊手续烦琐等问题都是医疗信息不畅、医疗资源两极化、医疗监督机制不健全等原因导致的，这些问题已经成为影响社会和谐发展的重要因素。

因此，人们对远程医疗(见图6-13)、电子医疗(E-health)等系统和平台的需求非常迫切。借助物联网/云计算技术、人工智能的专家系统、嵌入式系统的智能化设备，可以构建完善的物联网医疗体系，使全民平等地享受顶级的医疗服务，解决或减少医疗资源缺乏导致的看病难、医患关系紧张、事故频发等问题。

远程医疗示例

图6-13 远程医疗(更多示例可扫描二维码获悉)

3. 大数据在城市交通中的应用

随着汽车数量的急剧增加，交通拥堵已经成为亟待解决的城市管理难题。许多城市纷纷将目光转向智能交通，期望通过实时获得关于道路和车辆的各种信息，分析道路交通状况，发布交通诱导信息，优化交通流量，提高道路通行能力，有效缓解交通拥堵问题。发达国家的数据显示，智能交通管理技术可以使交通工具的使用效率提升50%以上，交通事故中死亡人数减少30%以上。

专栏6-19

智能交通系统

智能交通系统(intelligent transportation system，ITS)又称为智能运输系统(intelligent transportation system)，是将先进的科学技术(信息技术、计算机技术、数据通信技术、传感器技术、电子控制技术、自动控制理论、运筹学、人工智能等)有效地综合运用于交通运输和服务控制，加强车辆、道路、使用者三者之间的联系，从而形成一种在大范围内全方位发挥作用的，实时、安全、准确、高效的综合交通运输管理系统。

例如，通过交通信息采集系统采集道路中的车辆流量、行车速度等信息，信息分析处理系统将信息处理后形成实时路况，决策系统据此调整道路红绿灯时长，调整可变车道或潮汐车道的通行方向等，同时通过信息发布系统将实时路况推送到导航软件和广播中，使人们合理规划行驶路线。又如，通过电子不停车收费(electronic toll collection，ETC)系统对通过ETC入口站的车辆自动进行信息采集、处理、收费和放行，从而有效提高通行能力、简化收费管理、降低环境污染。智能交通的应用场景如图6-14所示。

智能交通的
应用场景

图6-14　智能交通的应用场景(更多场景可扫描二维码获悉)

遍布城市各个角落的智能交通基础设施(如摄像头、感应线圈、车辆与手机定位设施等)，每时每刻都在生成大量数据，这些数据构成了智能交通大数据。利用事先构建的模型对交通大数据进行实时分析和计算，就可以实现交通实时监控、交通智能诱导、公共车辆管理、旅行信息服务、车辆辅助控制等。

用户只要在智能手机上安装"掌上交通"等软件，就可以通过手机随时随地查询各条公交线路和公交车的当前位置。如果用户赶时间却发现自己要乘坐的公交车还需要很长时间才能达到，就可以选择打出租车或叫网约车。

目前，智能交通系统建设是解决城市交通现状问题行之有效的手段，更是"智慧城市"建设的重要指标。

专栏6-20

自动驾驶汽车

自动驾驶汽车又称为无人驾驶汽车、轮式移动机器人，是一种通过计算机系统实现无人驾驶的智能汽车。20世纪70年代自动驾驶汽车的概念被正式提出，21世纪初呈现接近实用化的趋势。

自动驾驶汽车依靠人工智能、视觉计算、雷达、监控装置和全球定位系统协同合作，使计算机可以在没有任何人类操作的情况下，自动、安全地操作机动车辆。无人驾驶汽车经常被描绘成一个可以解放驾驶者的技术奇迹，探索者络绎不绝。

2004年3月，美国国防部高级研究计划署组织了一次无人驾驶汽车竞赛，参赛车辆需要穿越内华达州的山区和沙漠地区，路况非常复杂，既有深沟险滩，也有峭壁悬崖，正常完成比赛是一件富有挑战性的事。最终，摘得此次比赛冠军的是来自斯坦福大学的参赛车辆，它在全程无人控制的情况下，耗时6小时53分钟跑完了全程212千米。这次比赛给人们带来的一个直观感受就是，无人驾驶汽车不再是遥不可及的梦想，在不远的将来必能成为现实。

谷歌自动驾驶汽车于2012年5月获得了美国首个自动驾驶车辆许可证，2015年夏天在加利福尼亚州山景城的公路上对其自动驾驶汽车进行了测试。2018年5月14日，深圳市向腾讯公司核发了智能网联汽车道路测试通知书和临时行驶车号牌。12月28日，百度Apollo自动驾驶全场景车队在长沙高速上行驶，如图6-15所示。

图6-15　百度Apollo自动驾驶汽车

2019年6月21日，长沙市颁布了《长沙市智能网联汽车道路测试管理实施细则(试行)V2.0》，并颁发了49张自动驾驶测试牌照。其中，百度Apollo获得了45张自动驾驶测试牌照。同年9月，由百度和一汽联手打造的中国首批量产L4级自动驾驶乘用车——红旗EV，获得了5张北京市自动驾驶道路测试牌照。9月26日，百度在长沙宣布，自动驾驶出租车队Robotaxi试运营正式开启。首批45辆Apollo与红旗EV Robotaxi车队在长沙部分已开放测试路段开始试运营。

2022年2月2日，北京冬季奥运会依托在首钢园区部署的5G智能车联网业务系统，完成了无人车火炬接力。这是奥运历史上首次基于5G无人车实现火炬接力。

4. 大数据在智能安防和智能家居等方面的应用

近年来，随着网络、大数据等技术在安防领域的发展，高清摄像头在安防领域应用的不断升级，以及平安城市建设的不断推进，安防领域积累了海量的视频监控数据，并且每天还在以惊人的速度生成大量新的数据。

除此之外，安防领域还包含大量的其他类型的数据，如报警记录、人口信息、地理数据信息、车管信息等，这些数据一起构成了安防大数据的基础。之前这些数据的价值没有被充分发挥出来，跨部门、跨领域、跨区域的联网共享较少，检索视频数据仍然以人工手段为主，不仅效率低下，而且效果并不理想。

基于大数据的安防要实现的目标是通过跨区域、跨领域安防系统联网，实现数据共享、信息公开，以及智能化的信息分析、预测和报警。

专栏6-21

智能安防

随着大数据、云计算、物联网、人工智能等技术的飞速发展，智能安防技术已迈入了一个全新的阶段。智能安防系统应具备防盗报警系统、视频监控报警系统、出入口控制报警系统、保安人员巡更报警系统、GPS车辆报警管理系统和110报警联网传输系统等。

物联网技术的普及和应用，使得城市的安防从过去简单的安全防护系统向城市综合化体系演变。城市的安防项目涉及众多的领域，包括街道社区、楼宇建筑、银行邮局、道路监控、机动车辆、警务人员、移动物体、船只等。特别是一些重要场所，如机场、码头、水电气厂、桥梁大坝、河道、地铁等，引入物联网技术后，可以通过无线移动、跟踪定位等手段建立全方位的立体防护。

智能安防是兼顾了整体城市管理系统、环保监测系统、交通管理系统、应急指挥系统等应用的综合体系。特别是车联网的兴起，在公共交通管理、车辆事故处理、车辆偷盗防范上可以更加快捷准确地跟踪定位处理，还可以随时随地通过车辆获取更加精准的灾难事故信息、道路流量信息、车辆位置信息、公共设施安全信息、气象信息等。

智能家居是以住宅为平台，利用综合布线技术、网络通信技术、安全防范技术、自动控制技术、音视频技术将家居生活有关的设施集成，构建高效的住宅设施与家庭日程事务的管理系统，提升家居安全性、便利性、舒适性、艺术性，并实现环保节能的居住环境。换句话说，智能家居并不是一个单一的产品，而是通过技术手段将家中所有的产品连接成一个有机的系统，主人可随时随地甚至远程控制该系统。

专栏6-22

智能家居

智能家居是在互联网影响之下物联化的体现。智能家居通过物联网技术将家中的各种设备(如音视频设备、照明系统、窗帘控制、空调控制、安防系统、数字影院系统、影音服务器、影柜系统、网络家电、自动喂养等)与网络相连接，提供家电控制、照明控制、电话远程控制、室内外遥控、防盗报警、环境监测、暖通控制、红外转发，以及可编程定时控制等多种功能，如图6-16所示。扫描二维码可查看彩色图片。

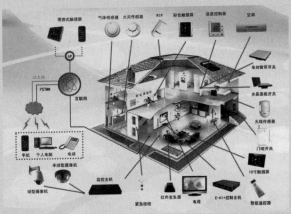

智能家居示意图

图6-16 智能家居示意图

与普通家居相比，智能家居不仅具有传统的居住功能，而且兼备建筑、网络通信、信息家电、设备自动化，可以提供全方位的信息交互功能，甚至可以节约各种能源的使用费用。例如，借助智能语音技术，用户可以应用自然语言实现对家居系统各设备的操控，如开关窗帘(窗户)、操控家用电器和照明系统、打扫卫生等；借助机器学习技术，智能电视可以从用户看电视的历史数据中分析其兴趣和爱好，并将相关的节目推荐给用户；借助声纹识别、脸部识别、指纹识别等技术可以进行开锁；借助大数据技术，可以使智能家电实现对自身状态及环境的自我感知，具有故障诊断能力；通过收集产品运行数据，可以发现产品异常，主动提供服务，降低故障率。此外，还可以通过大数据分析、远程监控和诊断，快速发现问题、解决问题、提高效率。

6.2.3 数字政务

《数字中国建设整体布局规划》指出，发展高效协同的数字政务。加快制度规则创新，完善与数字政务建设相适应的规章制度。强化数字化能力建设，促进信息系统网络互联互通、数据按需共享、业务高效协同。提升数字化服务水平，加快推进"一件事一次办"，推进线上线下融合，加强和规范政务移动互联网应用程序管理。

《国务院关于加强数字政府建设的指导意见》(以下简称《指导意见》)指出，加强数字政府建设是适应新一轮科技革命和产业变革趋势、引领驱动数字经济发展和数字社会建设、营造良好数字生态、加快数字化发展的必然要求，是建设网络强国、数字中国的基础性和先导性工程，是创新政府治理理念和方式、形成数字治理新格局、推进国家治理体系和治理能力现代化的重要举措，对加快转变政府职能，建设法治政府、廉洁政府和服务型政府意义重大。

近年来，经过各方面共同努力，各级政府业务信息系统建设和应用成效显著，数据共享和开发利用取得积极进展，一体化政务服务和监管效能大幅提升，"最多跑一次""一网通办""一网统管""一网协同""接诉即办"等创新实践不断涌现，数字技术在新冠肺炎疫情防控中发挥了重要支撑作用，数字治理成效不断显现，为迈入数字政府建设新阶段打下了坚实基础。

政府数据的整合、开放共享，可以为群众提供个性化、高效、便捷的服务；政府部门的流程再造，可以实现跨部门、跨系统、跨地域、跨层级的高效协同，推动实现政府数字化转型。"最多跑一次"是政府数字化转型过程中优化服务的很好诠释。

要想实现"最多跑一次"，就要"让群众少跑腿、让数据多跑路"，这是我国新一轮行政体制改革的一大亮点。而要实现"让数据多跑路"，就必须让数据"有路可走"，因此必须打通不同部门之间数据的"断头路"，实现数据在各部门之间的互联互通。

打通不同部门的数据壁垒以后，普通公民去政务服务中心办事，只要填张表，输入姓名和身份证号，各种相关信息都可以自动获取，就不用到这个部门窗口填一个表，到那个部门窗口又填一张表。浙江省对此做出了有益的尝试，可扫描二维码获悉。

浙江省在数字政务方面的尝试

《指导意见》同时指出，数字政府建设仍存在一些突出问题，主要是顶层设计不足，体制机制不够健全，创新应用能力不强，数据壁垒依然存在，网络安全保障体系还有不少突出短板，干部队伍数字意识和数字素养有待提升，政府治理数字化水平与国家治理现代化要求还存在较大差距。

《指导意见》明确提出，将数字技术广泛应用于政府管理服务，推进政府治理流程优化、模式创新和履职能力提升，构建数字化、智能化的政府运行新形态，充分发挥数字政府建设对数字经济、数字社会、数字生态的引领作用，促进经济社会高质量发展，不断增强人民群众获得感、幸福感、安全感，为推进国家治理体系和治理能力现代化提供有力支撑。

为了有效落实上述意见，《全国一体化政务大数据体系建设指南》指出，加快推进全国一体化政务大数据体系建设的决策部署，加强数据汇聚融合、共享开放和开发利用，促进数据依法有序流动，结合实际统筹推动本地区本部门政务数据平台建设，积极开展政务大数据体系相关体制机制和应用服务创新，增强数字政府效能，营造良好数字生态，不断提高政府管理水平和服务效能。

厦门市在政府数据共享与开放方面已经走出了一条独具特色的道路，成为全国的一个重要典型。财政部四川监管局在财政智慧监管、云南省财政厅在提升财政治理能力方面做出了有益尝试。可扫描二维码获悉具体内容。

数字政务示例

6.2.4　数字文化

《数字中国建设整体布局规划》指出，打造自信繁荣的数字文化。大力发展网络文化，加强优质网络文化产品供给，引导各类平台和广大网民创作生产积极健康、向上向善的网络文化产品。推进文化数字化发展，深入实施国家文化数字化战略，建设国家文化大数据体系，形成中华文化数据库。提升数字文化服务能力，打造若干综合性数字文化展示平台，加快发展新型文化企业、文化业态、文化消费模式。

在市场经济下，影视作品必须能够满足观众的需求，才能够获得成功。否则，就算是邀请了著名导演、明星演员和实力编辑，拍出的作品还是可能无人问津。例如，由宁浩导演、影帝刘德华主演的喜剧影片《红毯先生》于2024年2月10日(大年初一)上映，截至16日晚宣布退出春节档，票房仅为8221万元(拍摄经费2.6亿元)；而同期上映的由贾玲执导，贾玲、雷佳音领衔主演的《热辣滚烫》的票房则突破了34亿元(制作成本3.5亿元)。

传统的影视投资通常是由专业人士凭借多年的市场经验做出判断，或者简单地跟风。而现在，大数据分析可以帮助投资方做出明智的选择。专栏6-1中提供了典型的例证，Netflix公司利用预测分析技术对大量数据进行了分析，并根据预测结果投资一亿美元拍摄了新版《纸牌屋》，该剧红遍北美且风靡全球，创收视率新高，开创了大数据在影视行业应用的先河。

专栏6-23

大数据分析节目收视特征

湖南卫视代际互动观察类游戏综艺《元气满满的哥哥》于2020年7月31日首播，即迎来了口碑和收视的双向开门红。十位年龄跨度三十多岁的哥哥初次见面，将各自的性格特征全方位展现，而两代人之间的代际差异也在首期节目中显露端倪。

节目首播的收视情况非常可观，年轻人群极致，代际收看明显；00代人群份额为6.42%，占比24.8%，是占比最高的分众人群；80后观众份额为6.82%，占比19.3%。女性观众占绝对主导，女性观众比例为65.4%，高于市面上绝大多数综艺节目。在代表高消费能力与传播价值的智能电视端表现优异，欢网份额为7.03%，同时段排名省级卫视第一。

专栏6-24

大数据分析电影票房

截至2021年12月23日，三大视频平台网络电影分账票房破千万的作品共有61部，累计分账票房10.86亿元。其中，爱奇艺上线作品数量达到33部，领先优酷视频和腾讯视频，如图6-17所示。三大平台的作品元素丰富，喜剧、动作、冒险、悬疑、科幻为主要类型，如图6-18所示。但是整体质量偏低，大部分作品的内容制作水平有待提高。在腾讯视频播出的惊悚、悬疑、冒险片《兴安岭猎人传说》以4449万元总票房位居榜首，高出第二名《无间风暴》近1100万元。(扫描二维码可查看彩色版图片)

图片彩色版

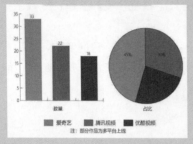

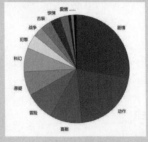

图6-17 三大视频平台上线电影数量及占比　　图6-18 网络电影类型元素统计

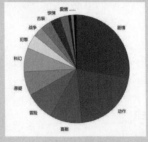
《意见》的主要内容

2020年，文化和旅游部印发的《关于推动数字文化产业高质量发展的意见》(以下简称《意见》)提出，以满足人民日益增长的美好生活需要为根本目的，顺应数字产业化和产业数字化发展趋势，实施文化产业数字化战略，加快发展新型文化企业、文化业态、文化消费模式，改造提升传统业态，提高质量效益和核心竞争力，健全现代文化产业体系，围绕产业链部署创新链、围绕创新链布局产业链，促进产业链和创新链精准对接，推进文化产业"上云用数赋智"，推动线上线下融合，扩大优质数字文化产品供给，促进消费升级，积极融入以国内大循环为主体、国内国际双循环相互促进的新发展格局，促进满足人民文化需求和增强人民精神力量相统一。扫描二维码可获悉《意见》的主要内容。

6.2.5　数字生态文明

《数字中国建设整体布局规划》指出，建设绿色智慧的数字生态文明。推动生态环境智慧治理，加快构建智慧高效的生态环境信息化体系，运用数字技术推动山水林田湖草沙一体化保护和系统治理，完善自然资源三维立体"一张图"和国土空间基础信息平台，构建以数字孪生流域为核心的智慧水利体系。加快数字化绿色化协同转型。倡导绿色智慧生活方式。

2023年7月，习近平总书记在全国生态环境保护大会上指出，推进产业数字化智能化同绿色化的深度融合，加快建设以实体经济为支撑的现代化产业体系，大力发展战略性新兴产业、高技术产业、绿色环保产业、现代服务业。

《生态环境大数据建设总体方案》(以下简称《方案》)提出，生态环境大数据总体架构为"一个机制、两套体系、三个平台"。一个机制即生态环境大数据管理工作机制，两套体系即组织保障和标准规范体系、统一运维和信息安全体系，三个平台即大数据环保云平台、大数据管理平台和大数据应用平台，如图6-19所示。

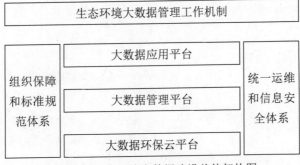

图6-19　生态环境大数据建设总体架构图

一个机制：生态环境大数据管理工作机制包括数据共享开放、业务协同等工作机制，以及生态环境大数据科学决策、精准监管和公共服务等创新应用机制，促进大数据形成和应用。

两套体系：组织保障和标准规范体系为大数据建设提供组织机构、人才资金及标准规范等体制保障；统一运维和信息安全体系为大数据系统提供稳定运行与安全可靠等技术保障。

三个平台：生态环境大数据平台分为基础设施层、数据资源层和业务应用层。其中，大数据环保云平台是集约化建设的IT基础设施层，为大数据处理和应用提供统一基础支撑服务；大数据管理平台是数据资源层，为大数据应用提供统一数据采集、分析和处理等支撑服务；大数据应用平台是业务应用层，为大数据在各领域的应用提供综合服务。

《方案》还提出，通过生态环境大数据建设和应用，在未来五年实现以下目标。

实现生态环境综合决策科学化。将大数据作为支撑生态环境管理科学决策的重要手段，实现"用数据决策"。利用大数据支撑环境形势综合研判、环境政策措施制定、环境风险预测预警、重点工作会商评估，提高生态环境综合治理科学化水平，提升环境保护参与经济发展与宏观调控的能力。

实现生态环境监管精准化。充分运用大数据提高环境监管能力，助力简政放权，健全事中事后监管机制，实现"用数据管理"。利用大数据支撑法治、信用、社会等监管手段，提高生态环境监管的主动性、准确性和有效性。

实现生态环境公共服务便民化。运用大数据创新政府服务理念和服务方式，实现"用数据服务"。利用大数据支撑生态环境信息公开、网上一体化办事和综合信息服务，建立公平普惠、便捷高效的生态环境公共服务体系，提高公共服务共建能力和共享水平，发挥生态环境数据资源对人民群众生产、生活和经济社会活动的服务作用。

扫描二维码可获悉数字生态文明建设示例。

数字生态文明
建设示例

关键术语

长尾理论；推荐系统；个性化推荐；决策；大数据预测；关联物；客户生命周期价值；AARRR模型；RARRA模型；大数据营销；SCRM；CRM；分工协作模式；平台模式；DTC模式；网络化精准营销；点告；窄告；广告；数据库营销；超级用户；人力资源数字化；财务大数据分析；大数据研发；智能制造；工业4.0；推荐方法；利基市场；二八定律；预测性物流；无人超市；关联购买行为；精准营销；智能金融；客户画像；大数据风控；大数据征信；智能物流；黑大陆学说；物流冰山说；无人仓储；智慧医疗；

智能交通；自动驾驶；智能安防；智能家居；数字经济；数字社会；数字政务；数字文化；数字生态文明。

本章内容结构

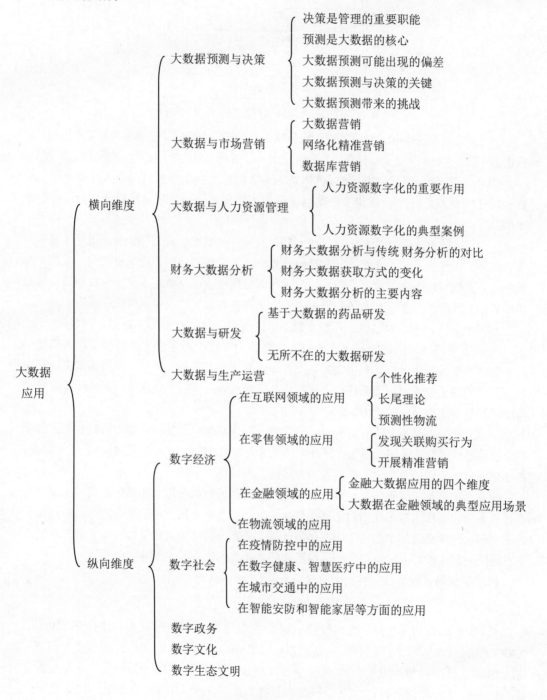

参考文献

[1] 刘平，刘业峰，张超. 大数据管理导论教材存在问题与建构路径研究[C]. 沈阳：2024沈阳工学院教育教学实践探索，2024.

[2] 刘平，吴琼. 构建"5+N"新文科校企协同育人新模式[C]. 沈阳：2023沈阳工学院教育教学实践探索，2023：507-515.

[3] 刘平，张桂林，吴琼. 数字经济助力构建"5+N"新文科校企协同育人新模式[C]. 北京：中国未来研究会2021年学术年会(主题：走向第二个百年的中国与世界)，2022：187-191.

[4] 刘平. 企业战略管理：规划理论、流程、方法与实践[M]. 3版. 北京：清华大学出版社，2020.

[5] 刘平. 自动识别技术概论[M]. 2版. 北京：清华大学出版社，2024.

[6] 章毓晋. 图像工程(下册)图像理解[M]. 4版. 北京：清华大学出版社，2018.

[7] 光明日报. 新文科"新"在哪儿？并非"科技+人文"那么简单[EB/OL]. (2019-07-23) [2024-05-01]. http://edu.people.com.cn/n1/2019/0723/c1006-31250669.html.

[8] 国务院办公厅. 国务院办公厅关于深化产教融合的若干意见[EB/OL]. (2017-12-19) [2024-05-01]. http://www.gov.cn/zhengce/content/2017-12/19/content_5248564.htm.

[9] 张大良. 提高人才培养质量做实科教融合、产教融合、理实融合[EB/OL]. (2019-12-16) [2024-05-01]. http://edu.people.com.cn/n1/2019/1216/c367001-31508340.html.

[10] 国务院. 国务院关于印发促进大数据发展行动纲要的通知[EB/OL]. (2015-09-05) [2024-05-01]. http://www.gov.cn/zhengce/content/2015-09/05/content_10137.htm.

[11] 张溪梦，邢昊. 用户行为分析：如何用数据驱动增长[M]. 北京：机械工业出版社，2021.

[12] 吕本富，刘颖. 飞轮效应：数据驱动的企业[M]. 北京：电子工业出版社，2015.

[13] 维克托·迈尔-舍恩伯格，肯尼思·库克耶. 大数据时代：生活、工作与思维的大变革[M]. 盛杨燕，周涛，译. 杭州：浙江人民出版社，2013.

[14] 林子雨. 大数据导论[M]. 北京：人民邮电出版社，2020.

[15] 查有梁. 教育建模[M]. 南宁：广西教育出版社，1998.

[16] 《管理学》编写组. 管理学[M]. 北京：高等教育出版社，2019.

[17] 深圳国泰安教育技术股份有限公司大数据事业部群，中科院深圳先进技术研究院——国泰安金融大数据研究中心. 大数据导论：关键技术与行业应用最佳实践[M]. 北京：清华大学出版社，2015.

[18] 管同伟. 金融科技概论[M]. 北京：中国金融出版社，2020.

[19] 习近平. 把握数字经济发展趋势和规律 推动我国数字经济健康发展[N]. 人民日报，2021-10-20(1).

[20] 规划司. "十四五"大数据产业发展规划[EB/OL]. (2022-07-06)[2024-05-01]. https://www.miit.gov.cn/jgsj/ghs/zlygh/art/2022/art_5051b9be5d4740daad48e3b1ad8f728b.html.

[21] 国务院. 国务院关于印发"十四五"数字经济发展规划的通知[EB/OL]. (2022-01-12)[2024-05-01]. http://www.gov.cn/zhengce/content/2022/01/12/content_5667817.htm.

[22] 新华社. 中共中央 国务院印发《数字中国建设整体布局规划》[EB/OL]. (2023-02-27)[2024-05-01]. http://www.gov.cn/zhengce/2023/02/27/content_5743484.htm.

[23] 人民网. 数读中国|我国数字经济发展保持强劲势头[EB/OL]. (2023-11-14)[2024-05-01]. http://finance.people.com.cn/n1/2023/1114/c1004-40117690.html.

[24] 中国人大网. 中华人民共和国数据安全法[EB/OL]. (2021-06)[2024-05-01]. http://www.npc.gov.cn/npc/c30834/202106/7c9af12f51334a73b56d7938f99a788a.shtm.

[25] 中国人大网. 中华人民共和国个人信息法[EB/OL]. (2021-08)[2024-05-01]. http://www.npc.gov.cn/npc/c30834/202108/a8c4e3672c74491a80b53a172bb753fe.shtml.

[26] 中国网信网. 数字中国发展报告(2022年)[EB/OL]. (2023-05-23)[2024-05-01]. http://www.cac.gov.cn/2023-05/22/c_1686402318492248.htm?eqid=92ea32790002eede000000036472c790.

[27] 教育部网站. 教育部关于发布《教师数字素养》教育行业标准的通知[EB/OL]. (2022-11-30)[2024-05-01]. https://www.gov.cn/zhengce/zhengceku/2023-02/21/content_5742422.htm.

[28] 会计司. 企业会计准则[EB/OL]. (2006-02-15)[2024-05-01]. http://kjs.mof.gov.cn/zt/kjzzss/kuaijizhunzeshishi/index_3.htm.

[29] 国务院公报. 中共中央 国务院关于构建数据基础制度更好发挥数据要素作用的意见[EB/OL]. (2022-12-02)[2024-05-01]. https://www.gov.cn/gongbao/content/2023/content_5736707.htm.

[30] 数据资产[EB/OL]. 百度百科，https://baike.baidu.com/item/数据资产/23724820?fr=ge_ala

[31] 罗培，王善民. 数据作为生产要素的作用和价值[EB/OL]. [2024-05-01]. http://www.iii.tsinghua.edu.cn/info/1059/2358.htm.

[32] 新华社. 中共中央 国务院印发《新时代公民道德建设实施纲要》[EB/OL]. (2022-01-12)[2024-05-01]. https://www.gov.cn/zhengce/2019/10/27/content_5445556.htm.

[33] 国务院公报. 中共中央办公厅 国务院办公厅印发《关于加强科技伦理治理的意见》[EB/OL]. (2022-01-12)[2024-05-01]. https://www.gov.cn/gongbao/content/2022/content_5683838.htm.

[34] 财政部网站. 关于印发《关于加强数据资产管理的指导意见》的通知[EB/OL]. (2024-01)[2024-05-01]. https://www.gov.cn/zhengce/zhengceku/202401/content_6925470.htm.

[35] 国务院. 国务院关于加强数字政府建设的指导意见[EB/OL]. (2022-06-23)[2024-05-01]. https://www.gov.cn/zhengce/content/2022/06/23/content_5697299.htm?eqid=8146b0ec00055bb70000000364724d05.

[36] 新华社. 中共中央办公厅 国务院办公厅印发《数字乡村发展战略纲要》[EB/OL]. (2015-09-5)[2024-05-01]. https://www.gov.cn/zhengce/2019-05/16/content_5392269.htm.

[37] 新华社. 中共中央 国务院印发《党和国家机构改革方案》[EB/OL]. (2023-03-16)[2024-05-01]. https://www.gov.cn/zhengce/2023-03/16/content_5747072.htm?dzb=true&wd=&eqid=9a3dd84800013e8200000002645b5378.

[38] 贵州省大数据发展局网站. 贵州省大数据发展管理局法定职责[EB/OL]. (2017-02-03)[2024-05-01]. https://dsj.guizhou.gov.cn/zwgk/xxgkml/jggk/fdzz/.

[39] 银保监会网站. 中国银保监会办公厅关于银行业保险业数字化转型的指导意见[EB/OL]. (2022-01-10)[2024-05-01]. https://www.gov.cn/zhengce/zhengceku/2022-01/27/content_5670680.htm.

[40] 工业和信息化部网站. 工业和信息化部办公厅关于发布中小企业数字化水平评测指标(2022年版)的通知[EB/OL]. (2022-11-12)[2024-05-01]. https://www.gov.cn/zhengce/zhengceku/2022-11/12/content_5726411.htm.

[41] 国家发展改革委等部门. 关于深入实施"东数西算"工程加快构建全国一体化算力网的实施意见[EB/OL]. (2023-12-29)[2024-05-01]. https://www.ndrc.gov.cn/xxgk/zcfb/tz/202312/t20231229_1363000_ext.html.

[42] 工业和信息化部网站. 关于印发《物联网新型基础设施建设三年行动计划(2021—2023年)》的通知[EB/OL]. (2021-09-29)[2024-05-01].https://www.gov.cn/zhengce/zhengceku/2021-09/29/content_5640204.htm.

[43] 国务院公报. 关于推进物联网有序健康发展的指导意见[EB/OL]. (2013-02-05)[2024-05-01]. https://www.gov.cn/gongbao/content/2013/content_2339518.htm.

[44] 尚普咨询集团. 2023年生物识别技术行业市场现状分析与发展机遇[EB/OL]. (2023-06-12)[2024-05-01]. https://baijiahao.baidu.com/s?id=1768511464719380147&wfr=spider&for=pc.

[45] 华经情报网. 2022年自动识别与数据采集行业现状、重点企业经营情况及前景展望[EB/OL]. (2023-02-25)[2024-05-01]. https://baijiahao.baidu.com/s?id=1758766973026777033&wfr=spider&for=pc.

[46] 杨博雯. 乌镇峰会发布生成式AI报告：提出十大共识，要明确归责体系[EB/OL]. (2023-11-10)[2024-05-01]. https://baijiahao.baidu.com/s?id=1782156818702627880&wfr=spider&for=pc.

[47] 胡耕硕. 28国联合宣言，建议重视AI在网络安全、生物技术领域影响[EB/OL]. (2023-11-04)[2024-05-01]. https://baijiahao.baidu.com/s?id=1781608770332243169&wfr=spider&for=pc.

[48] 商务部网站. 商务部 中央网信办 发展改革委关于印发《"十四五"电子商务发展规划》的通知[EB/OL]. (2021-10-27)[2024-05-01]. https://www.gov.cn/zhengce/zhengceku/2021-10/27/content_5645853.htm.

[49] 国家统计局. 中华人民共和国2023年国民经济和社会发展统计公报[EB/OL]. (2024-02-29)[2024-05-01]. https://www.stats.gov.cn/sj/zxfb/202402/t20240228_1947915.html.

[50] 李爱君. 组建国家数据局释放哪些关键信号[EB/OL]. (2023-05-15)[2024-05-01]. http://www.rmlt.com.cn/2023/0515/673297.shtml.